建设工程质量检测人员
能力考核辅导用书

（第一册）

《建设工程质量检测人员能力考核辅导用书》编写组　编

建筑材料及构配件

建筑节能

建筑幕墙

合肥工业大学出版社

图书在版编目（CIP）数据

建设工程质量检测人员能力考核辅导用书.第一册/《建设工程质量检测人员能力考核辅导用书》编写组编.—合肥:合肥工业大学出版社,2024

ISBN 978-7-5650-6775-4

Ⅰ.①建…　Ⅱ.①建…　Ⅲ.①建筑工程—工程质量—质量检验—资格考试—自学参考资料　Ⅳ.①TU712

中国国家版本馆 CIP 数据核字（2024）第 096032 号

建设工程质量检测人员能力考核辅导用书

（第一册）

JIANSHE GONGCHENG ZHILIANG JIANCE RENYUAN NENGLI KAOHE FUDAO YONGSHU(DI-YI CE)

《建设工程质量检测人员能力考核辅导用书》编写组　编　　　责任编辑　刘　露

出　版	合肥工业大学出版社		版　次	2024 年 7 月第 1 版	
地　址	合肥市屯溪路 193 号		印　次	2024 年 7 月第 1 次印刷	
邮　编	230009		开　本	787 毫米×1092 毫米　1/16	
电　话	党　政　办　公　室：0551-62903005		印　张	30	
	营销与储运管理中心：0551-62903198		字　数	730 千字	
网　址	press.hfut.edu.cn		印　刷	安徽联众印刷有限公司	
E-mail	hfutpress@163.com		发　行	全国新华书店	

ISBN 978-7-5650-6775-4　　　　　　　　　　　　　　定价：95.00 元

如果有影响阅读的印装质量问题,请与出版社营销与储运管理中心联系调换。

《建设工程质量检测人员能力考核辅导用书（第一册）》
编写组

主　　编　赵贵生

副 主 编　孙爱民　　信　丹　　郑燕燕

　　　　　李亚南

参编人员　薛黎明　　王江伟　　贺传友

　　　　　高春军　　刘　军　　侯高峰

　　　　　胡晓曼　　张元朔　　陈　军

　　　　　许　伟　　徐京京　　宋　京

　　　　　孙　琼　　章家海　　王显红

　　　　　王　啸　　姚钟莹　　陈　瑛

　　　　　董凌霄

序

建筑工程质量事关人民群众生命财产安全，事关城市未来和传承，事关新型城镇化发展水平。党的十八大以来，以习近平同志为核心的党中央高度重视建筑工程质量工作，始终坚持以人民为中心，部署建设质量强国，特别是党的二十大提出"增进民生福祉，提高人民生活品质"的任务要求，要不断增强人民群众的获得感、幸福感和安全感。

近年来，随着建筑业快速发展，建筑市场和检测行业不断发展，人民群众对建筑品质的要求逐步提升，工程建设中涉及结构安全、使用功能、新型材料等内容的检测项目日益丰富，相应的行业发展及监管要求亟待加强完善。为进一步加强建设工程质量检测管理，保障建设工程质量，2022年12月住房和城乡建设部发布《建设工程质量检测管理办法》（住房和城乡建设部令第57号）。为保证新版《建设工程质量检测管理办法》的顺利实施，各省针对其自身情况编制了实施细则。按照住房和城乡建设部的要求，省级住房和城乡建设主管部门应负责指导和监督检测机构加强检测人员培训，并提出检测人员培训的要求和内容，因此编制能指导检测人员进行系统学习的辅导用书至关重要，以便为检测机构提升人员业务能力提供必要的理论依据和学习内容。在属地建设主管部门和工程质量监督机构的高度重视和大力支持下，安徽省建筑工程质量监督检测站有限公司会同国内相关高校、科研单位和检测机构，成立编写组组织编写了《建设工程质量检测人员能力考核辅导用书》，本套用书的问世，为广大建设工程技术人员提供了一份珍贵的学习资料和实践指导书，本人非常荣幸能够为本套用书写序。

本套用书是根据《建设工程质量检测机构资质标准》对检测能力要求及现行相关标准和规范，结合建设工程质量检测实际编写的。它以提高建设工程质量检测人员的专业能力和技术水平为目标，涵盖了建筑材料及构配件、建筑节能、建筑幕墙、主体结构及装饰装修、钢结构、地基基础、市政工程材料、道路工程、桥梁及地下工程，以及公共基础知识等方面的内容。

本套用书荟萃了检测实践经验和专业知识，不仅是建设工程质量检测人员业务知识培训和能力考核的重要参考资料，更是广大建设工程技术人员学习和提高专业技能的实用工具书,同时也为住房和城乡建设主管部门实施监督管理提供参考。本套用书设有不同类型的试题,涵盖建设工程质量检测九大专项的知识点和技能要求。读者可以通过学习了解到实际检测中可能遇到的各种情况和解决方法,加深对相关理论基础知识的理解,快速掌握检测技能,最终达到提升试验检测能力和提高工程质量评价水平的目的。

希望本套用书能够成为建设工程技术人员学习、实践的得力助手,引领他们在建设工程质量检测领域内到达更高的境界,为我国建设工程的质量和安全保驾护航。

感谢所有为本套用书编写和出版付出辛勤劳动的人员,正是他们的专业知识和敬业精神,使得本套用书得以顺利面世。愿此套书助力建设工程质量检测人员在工作中取得更大的发展和成就,为行业的繁荣与进步贡献力量。

国家建筑工程质量检验检测中心

前　言

　　建设工程质量事关人民群众生命财产安全,事关人民群众美好居住要求,事关建筑业高质量发展。工程质量检测是建设工程质量管理的重要手段,公正、客观、准确、及时的检测数据是指导、控制和评判建设工程质量的科学依据。

　　《建设工程质量检测管理办法》(住房和城乡建设部令第57号)规定,在新建、扩建、改建房屋建筑和市政基础设施工程活动中,建设工程质量检测机构应依据国家有关法律、法规和标准,对建设工程涉及结构安全、主要使用功能的检测项目,进入施工现场的建筑材料、建筑构配件、设备以及工程实体质量等进行检测。承担建设工程质量检测的机构应具有相应检测资质,从事检测活动的相关人员应具备相应的检测知识和专业能力。检测机构应加强检测人员培训,确保其检测技术能力持续满足所开展建设工程质量检测活动的要求。

　　为适应建设工程质量检测行业的发展需求,安徽省建筑工程质量监督检测站有限公司会同国内相关高校、科研单位和检测机构,召集60余名行业专家组成编写组,深入研究相关政策,依据《建设工程质量检测机构资质标准》(住房和城乡建设部建质规〔2023〕1号),对照相关技术标准对9个检测专项资质涉及的检测参数、对应的检测方法、仪器设备配置等进行充分的研究和分析,并对检测相关的专业基础知识进行系统梳理,组织编写本套《建设工程质量检测人员能力考核辅导用书》。编写组遵循先进性、实用性原则,注重理论与实践应用相结合,将建设工程质量检测技术和管理方面的相关知识进行凝练,全篇以考核试题作为本辅导用书的主要内容,书中每类题型均涵盖相应检测专项资质的必备检测参数和常用的可选检测参数。本辅导用书内容丰富、系统性强、涵盖面广,共分三册,每册独立成书,可作为建设工程质量检测人员专业知识学习和能力提升用书,也可供建设工程质量责任主体单位、行业主管部门和其他组织开展业务知识培训或人员能力考核参考使用。

　　《建设工程质量检测人员能力考核辅导用书》(第一册)共分四篇:第一篇为建筑材料及构配件,第二篇为建筑节能,第三篇为建筑幕墙,第四篇为公共基础知识。内容包括检测参数及检测方法、填空题、单项选择题、多项选择题、判断题、简答题、综合题、参考答案等。

　　本辅导用书以国家和行业发布的有关现行法律法规、规范性文件及技术标准规范为依据,涉及范围广、内容多,虽经多次校改和全面审查,但难免仍存在不足之处,诚请读者在学习使用过程中多提宝贵意见,及时将发现的问题以电子邮件方式告知我们,以便进一步修订。联系方式:JCZAH@vip.163.com。

　　本辅导用书在编写过程中,得到了安徽省住房和城乡建设厅、合肥市城乡建设局、安徽省建设工程质量与安全协会和有关领导、行业专家的关心与大力支持,在此一并致谢。

《建设工程质量检测人员能力考核辅导用书》编写组

二〇二四年六月

目　　录

第一篇　建筑材料及构配件

第二篇　建筑节能

第三篇　建筑幕墙

第四篇　公共基础知识

第一篇

建筑材料及构配件

第一章 检测参数及检测方法

依据《建设工程质量检测管理办法》(住房和城乡建设部令第 57 号)、《建设工程质量检测机构资质标准》(建质规〔2023〕1 号)等法律法规、规范性文件及标准规范要求,建筑材料及构配件专项涉及的常见检测参数、依据标准及主要仪器设备配置要求见表 1-1-1～表 1-1-23 所列。

表 1-1-1　水　泥

检测项目	检测参数	依据标准	主要仪器设备
必备参数			
水泥	凝结时间	《水泥标准稠度用水量、凝结时间、安定性检验方法》(GB/T 1346)	水泥净浆搅拌机、天平、标准法维卡仪
	安定性	《水泥标准稠度用水量、凝结时间、安定性检验方法》(GB/T 1346)	天平、雷氏夹、雷氏夹膨胀测定仪、沸煮箱
	胶砂强度	《水泥胶砂强度检验方法》(ISO 法)(GB/T 17671)	天平、养护箱、振实台、抗压强度试验机、抗折强度试验机、跳桌、胶砂搅拌机
		《水泥胶砂流动度测定方法》(GB/T 2419)	
		《通用硅酸盐水泥》(GB 175)	
		《砌筑水泥》(GB/T 3183)	
	氯离子含量	《水泥化学分析方法》(GB/T 176)	天平、氯离子(自动)电位测定仪
可选参数			
水泥	保水率	《砌筑水泥》(GB/T 3183)	试模、干燥滤纸(慢速定量滤纸)
	氧化镁含量	《水泥化学分析方法》(GB/T 176)	高温炉、天平、铂坩埚、蒸汽水浴、蒸发皿
	碱含量	《水泥化学分析方法》(GB/T 176)	天平、电炉、火焰光度计
	三氧化硫含量	《水泥化学分析方法》(GB/T 176)	天平、瓷坩埚、高温炉、干燥器

表 1-1-2　钢筋(含焊接与机械连接)

检测项目	检测参数		依据标准	主要仪器设备
		必备参数		
钢筋 (含焊接与 机械连接)	屈服强度		《金属材料拉伸试验　第 1 部分:室温试验方法》 (GB/T 228.1)	万能试验机
			《钢筋混凝土用钢材试验方法》(GB/T 28900)	
	抗拉强度		《金属材料拉伸试验　第 1 部分:室温试验方法》 (GB/T 228.1)	万能试验机
			《钢筋混凝土用钢材试验方法》(GB/T 28900)	
			《钢筋焊接接头试验方法标准》(JGJ/T 27)	
			《钢筋机械连接技术规程》(JGJ 107)	
	断后伸长率		《金属材料拉伸试验　第 1 部分:室温试验方法》 (GB/T 228.1)	游标卡尺
			《钢筋混凝土用钢材试验方法》(GB/T 28900)	
	最大力下 总延伸率		《钢筋混凝土用钢材试验方法》(GB/T 28900)	游标卡尺、引伸计
			《钢筋机械连接技术规程》(JGJ 107)	
	反向弯曲		《钢筋混凝土用钢材试验方法》(GB/T 28900)	万能试验机与 弯曲装置或 钢筋弯曲试验机
			《钢筋混凝土用钢　第 2 部分:热轧带肋钢筋》 (GB/T 1499.2)	
	重量偏差		《钢筋混凝土用钢　第 1 部分:热轧光圆钢筋》 (GB/T 1499.1)	称重测长试验机 或台秤、钢卷尺、 钢直尺
			《钢筋混凝土用钢　第 2 部分:热轧带肋钢筋》 (GB/T 1499.2)	
	残余变形		《钢筋机械连接技术规程》(JGJ 107)	万能试验机、 电子引伸计
		可选参数		
钢筋 (含焊接与 机械连接)	弯曲性能		《钢筋混凝土用钢材试验方法》(GB/T 28900)	万能试验机与 弯曲装置或 钢筋弯曲试验机
			《金属材料　弯曲试验方法》(GB/T 232)	
			《钢筋焊接接头试验方法标准》(JGJ/T 27)	

表 1-1-3　骨料、集料

检测项目		检测参数	依据标准	主要仪器设备
		必备参数		
骨料、 集料	细 骨 料	颗粒级配	《普通混凝土用砂、石质量及检验方法标准》 (JGJ 52)	试验筛、摇筛机、 天平、烘箱
			《建设用砂》(GB/T 14684)	

（续表）

检测项目	检测参数	依据标准	主要仪器设备
必备参数			
骨料、集料	细骨料	含泥量	《普通混凝土用砂、石质量及检验方法标准》(JGJ 52)	试验筛、天平、烘箱
			《建设用砂》(GB/T 14684)	
		泥块含量	《普通混凝土用砂、石质量及检验方法标准》(JGJ 52)	试验筛、天平、烘箱
			《建设用砂》(GB/T 14684)	
		亚甲蓝值与石粉含量（人工砂）	《普通混凝土用砂、石质量及检验方法标准》(JGJ 52)	试验筛、天平、烘箱、石粉含量测定仪或叶轮搅拌器
			《建设用砂》(GB/T 14684)	
		压碎指标（人工砂）	《普通混凝土用砂、石质量及检验方法标准》(JGJ 52)	试验筛、天平、烘箱、压力试验机、受压钢模
			《建设用砂》(GB/T 14684)	
		氯离子含量	《普通混凝土用砂、石质量及检验方法标准》(JGJ 52)	烘箱、天平、滴定管、带塞磨口瓶、三角瓶、移液管
			《建设用砂》(GB/T 14684)	
	粗骨料	颗粒级配	《普通混凝土用砂、石质量及检验方法标准》(JGJ 52)	试验筛、摇筛机、天平、烘箱
			《建设用卵石、碎石》(GB/T 14685)	
		含泥量	《普通混凝土用砂、石质量及检验方法标准》(JGJ 52)	试验筛、天平、烘箱
			《建设用卵石、碎石》(GB/T 14685)	
		泥块含量	《普通混凝土用砂、石质量及检验方法标准》(JGJ 52)	试验筛、天平、烘箱
			《建设用卵石、碎石》(GB/T 14685)	
		压碎值指标	《普通混凝土用砂、石质量及检验方法标准》(JGJ 52)	试验筛、天平、压力试验机、压碎值指标测定仪
			《建设用卵石、碎石》(GB/T 14685)	
		针片状颗粒含量	《普通混凝土用砂、石质量及检验方法标准》(JGJ 52)	针状规准仪和片状规准仪、天平、游标卡尺、试验筛
			《建设用卵石、碎石》(GB/T 14685)	

（续表）

检测项目		检测参数	依据标准	主要仪器设备
			可选参数	
骨料、集料	细骨料	表观密度	《普通混凝土用砂、石质量及检验方法标准》(JGJ 52)	天平、烘箱、容量瓶
			《建设用砂》(GB/T 14684)	
		吸水率	《普通混凝土用砂、石质量及检验方法标准》(JGJ 52)	饱和面干试模、天平、烘箱
			《建设用砂》(GB/T 14684)	
		坚固性	《普通混凝土用砂、石质量及检验方法标准》(JGJ 52)	烘箱、天平、试验筛、容器、三脚网篮
			《建设用砂》(GB/T 14684)	
		碱活性	《普通混凝土用砂、石质量及检验方法标准》(JGJ 52)	天平、试验筛、测长仪、水泥胶砂搅拌机、试模和测头、养护室、跳桌、烘箱、恒温养护箱
			《建设用砂》(GB/T 14684)	
		硫化物和硫酸盐含量	《普通混凝土用砂、石质量及检验方法标准》(JGJ 52)	天平、高温炉、试验筛
			《建设用砂》(GB/T 14684)	
		轻物质含量	《普通混凝土用砂、石质量及检验方法标准》(JGJ 52)	烘箱、天平、比重计、网篮、试验筛
			《建设用砂》(GB/T 14684)	
		有机物含量	《普通混凝土用砂、石质量及检验方法标准》(JGJ 52)	天平、量筒、试验筛
			《建设用砂》(GB/T 14684)	
		贝壳含量	《普通混凝土用砂、石质量及检验方法标准》(JGJ 52)	试验筛、天平、烘箱
			《建设用砂》(GB/T 14684)	
	粗骨料	坚固性	《普通混凝土用砂、石质量及检验方法标准》(JGJ 52)	烘箱、台秤、试验筛、三脚网篮
			《建设用卵石、碎石》(GB/T 14685)	
		碱活性	《普通混凝土用砂、石质量及检验方法标准》(JGJ 52)	烘箱、天平、试验筛、试模、比长仪、水泥胶砂搅拌机、恒温养护箱
			《建设用卵石、碎石》(GB/T 14685)	

（续表）

检测项目	检测参数		依据标准	主要仪器设备
可选参数				
骨料、集料	粗骨料	表观密度	《普通混凝土用砂、石质量及检验方法标准》（JGJ 52）	烘箱、液体天平、吊篮、试验筛
			《建设用卵石、碎石》（GB/T 14685）	
		堆积密度	《普通混凝土用砂、石质量及检验方法标准》（JGJ 52）	烘箱、容量筒、天平
			《建设用卵石、碎石》（GB/T 14685）	
		空隙率	《普通混凝土用砂、石质量及检验方法标准》（JGJ 52）	/
			《建设用卵石、碎石》（GB/T 14685）	
	轻集料	筒压强度	《轻集料及其试验方法　第2部分：轻集料试验方法》（GB/T 17431.2）	压力试验机、承压筒、烘箱
		堆积密度	《轻集料及其试验方法　第2部分：轻集料试验方法》（GB/T 17431.2）	容量筒、电子秤、烘箱
		吸水率	《轻集料及其试验方法　第2部分：轻集料试验方法》（GB/T 17431.2）	筛子、天平、烘箱
		粒型系数	《轻集料及其试验方法　第2部分：轻集料试验方法》（GB/T 17431.2）	容量筒、游标卡尺
		筛分析	《轻集料及其试验方法　第2部分：轻集料试验方法》（GB/T 17431.2）	试验筛、摇筛机、天平、烘箱

表1-1-4　砖、砌块瓦、墙板

检测项目	检测参数	依据标准	主要仪器设备
必备参数			
砖、砌块、瓦、墙板	抗压强度	《砌墙砖试验方法》（GB/T 2542）	材料试验机、振动台、模具、搅拌机、抗压强度试验用净浆材料
		《混凝土砌块和砖试验方法》（GB/T 4111）	
		《蒸压加气混凝土砌块》（GB/T 11968）	
		《蒸压加气混凝土性能试验方法》（GB/T 11969）	
		《建筑墙板试验方法》（GB/T 30100）	
	抗折强度	《砌墙砖试验方法》（GB/T 2542）	材料试验机、抗折夹具、干燥箱、天平
		《混凝土砌块和砖试验方法》（GB/T 4111）	
		《蒸压加气混凝土性能试验方法》（GB/T 11969）	
		《建筑墙板试验方法》（GB/T 30100）	

(续表)

检测项目	检测参数	依据标准	主要仪器设备
		可选参数	
砖、砌块、瓦、墙板	干密度	《砌墙砖试验方法》(GB/T 2542)	烘箱、天平、钢直尺、砖用卡尺
		《混凝土砌块和砖试验方法》(GB/T 4111)	
		《蒸压加气混凝土性能试验方法》(GB/T 11969)	
		《建筑墙板试验方法》(GB/T 30100)	
	吸水率	《砌墙砖试验方法》(GB/T 2542)	烘箱、天平、陶瓷吸水率真空装置
		《混凝土砌块和砖试验方法》(GB/T 4111)	
		《蒸压加气混凝土性能试验方法》(GB/T 11969)	
		《屋面瓦试验方法》(GB/T 36584)	
		《建筑墙板试验方法》(GB/T 30100)	
		《混凝土瓦》(JC/T 746)	
	抗渗性能	《混凝土砌块和砖试验方法》(GB/T 4111)	抗渗装置、试样架、水泥砂浆或熔化剂
		《屋面瓦试验方法》(GB/T 36584)	
		《建筑墙板试验方法》(GB/T 30100)	
	抗弯曲性能(或承载力)	《屋面瓦试验方法》(GB/T 36584)	弯曲强度试验机、钢直尺
		《混凝土瓦》(JC/T 746)	
	耐急冷急热性	《屋面瓦试验方法》(GB/T 36584)	烘箱、水槽
	抗冲击性能	《建筑墙板试验方法》(GB/T 30100)	冲击球、钢直尺、试验架、标准砂袋
	抗弯破坏荷载	《建筑墙板试验方法》(GB/T 30100)	加压装置、钢直尺、百分表
	吊挂力	《建筑墙板试验方法》(GB/T 30100)	位移测量装置、加荷装置
	抗冻性能	《砌墙砖试验方法》(GB/T 2542)	冻融试验箱、压力机、天平、干燥箱
		《混凝土砌块和砖试验方法》(GB/T 4111)	
		《蒸压加气混凝土性能试验方法》(GB/T 11969)	
		《屋面瓦试验方法》(GB/T 36584)	
		《建筑墙板试验方法》(GB/T 30100)	
		《混凝土瓦》(JC/T 746)	

表 1-1-5　混凝土及拌合用水

检测项目		检测参数	依据标准	主要仪器设备
			必备参数	
混凝土及拌合用水	混凝土	抗压强度	《混凝土物理力学性能试验方法标准》(GB/T 50081)	压力试验机、游标卡尺、塞尺、游标量角器

（续表）

检测项目	检测参数		依据标准	主要仪器设备
必备参数				
混凝土及拌合用水	混凝土	抗渗等级	《普通混凝土长期性能和耐久性能试验方法标准》（GB/T 50082）	混凝土抗渗仪
		坍落度	《普通混凝土拌合物性能试验方法标准》（GB/T 50080）	坍落度仪、钢尺、钢板
		氯离子含量	《水运工程混凝土试验检测技术规范》（JTS/T 236）	氯离子选择电极、饱和甘汞电极盐桥、酸度计、恒电位仪、伏特计或电位差计、电位测量仪器、天平、试验电炉
			《混凝土中氯离子含量检测技术规程》（JGJ/T 322）	
	拌合用水	氯离子含量	《水质　氯化物的测定　硝酸银滴定法》（GB/T 11896）	锥形瓶、滴定管、吸管
可选参数				
混凝土及拌合用水	混凝土	限制膨胀率	《混凝土外加剂应用技术规范》（GB 50119）	混凝土搅拌机、千分表、纵向限制器
		抗冻性能	《普通混凝土长期性能和耐久性能试验方法标准》（GB/T 50082）	冻融试验箱、试验架、天平、压力试验机、温度传感器、混凝土动弹性模量测定仪
		表观密度	《普通混凝土拌合物性能试验方法标准》（GB/T 50080）	天平、捣棒、振动台
		含气量	《普通混凝土拌合物性能试验方法标准》（GB/T 50080）	含气量测定仪、天平、振动台
		凝结时间	《普通混凝土拌合物性能试验方法标准》（GB/T 50080）	贯入阻力仪、试验筛、振动台
		抗折强度	《混凝土物理力学性能试验方法标准》（GB/T 50081）	压力试验机、抗折试验装置
		劈裂抗拉强度	《混凝土物理力学性能试验方法标准》（GB/T 50081）	压力试验机、定位支架

(续表)

检测项目	检测参数	依据标准	主要仪器设备
		可选参数	
混凝土及拌合用水	混凝土 静力受压弹性模量	《混凝土物理力学性能试验方法标准》(GB/T 50081)	压力试验机、微变形测量仪器
	抑制碱-骨料反应有效性	《普通混凝土长期性能和耐久性能试验方法标准》(GB/T 50082)	方孔筛、测长仪
	碱含量	《混凝土结构现场检测技术标准》(GB/T 50784)	天平、电热板、火焰光度计、铂皿或聚四氟乙烯器皿
		《水泥化学分析方法》(GB/T 176)	
	配合比设计	《普通混凝土配合比设计规程》(JGJ 55)	混凝土搅拌机、养护室、电子秤、坍落度仪
	拌合用水 pH值	《水质 pH值的测定 玻璃电极法》(GB/T 6920)	酸度计、复合电极
	硫酸根离子含量	《水质 硫酸盐的测定 重量法》(GB/T 11899)	天平、高温炉、瓷坩埚
	不溶物含量	《水质 悬浮物的测定 重量法》(GB/T 11901)	过滤器、0.45μm滤膜、吸滤瓶、真空泵
	可溶物含量	《生活饮用水标准检验方法 第4部分:感官性状和物理指标》(GB/T 5750.4)	干燥箱、水浴锅

表 1-1-6 混凝土外加剂

检测项目	检测参数	依据标准	主要仪器设备
		必备参数	
混凝土外加剂	减水率	《混凝土外加剂》(GB 8076)	混凝土搅拌机、坍落度筒、钢尺
	pH值	《混凝土外加剂匀质性试验方法》(GB/T 8077)	酸度计、甘汞电极、玻璃电极、复合电极、天平
	密度	《混凝土外加剂匀质性试验方法》(GB/T 8077)	比重瓶、天平、干燥器、恒温设备
	细度	《混凝土外加剂匀质性试验方法》(GB/T 8077)	天平、烘箱、试验筛
	抗压强度比	《混凝土外加剂》(GB 8076)	天平、台秤、强制式混凝土搅拌机、振动台、压力试验机、游标卡尺、塞尺、游标量角器
		《混凝土物理力学性能试验方法标准》(GB/T 50081)	

（续表）

检测项目	检测参数	依据标准	主要仪器设备
必备参数			
混凝土外加剂	凝结时间（差）	《混凝土外加剂》(GB 8076)	天平、台秤、强制式混凝土搅拌机、贯入阻力仪、试验筛、振动台、捣棒
		《普通混凝土拌合物性能试验方法标准》(GB/T 50080)	
	含气量	《混凝土外加剂》(GB 8076)	天平、台秤、强制式混凝土搅拌机、含气量测定仪、振动台、捣棒
		《普通混凝土拌合物性能试验方法标准》(GB/T 50080)	
	固体含量（或含水率）	《混凝土外加剂匀质性试验方法》(GB/T 8077)	天平、烘箱、带盖称量瓶、干燥器
		《混凝土防冻剂》(JC/T 475)	
		《喷射混凝土用速凝剂》(GB/T 35159)	
	限制膨胀率	《混凝土膨胀剂》(GB/T 23439)	搅拌机、振动台、试模及下料漏斗、纵向限制器、恒温恒湿养护箱
	泌水率比	《混凝土外加剂》(GB 8076)	天平、台秤、强制式混凝土搅拌机、振动台、带盖容积筒、带塞量筒
	氯离子含量	《混凝土外加剂匀质性试验方法》(GB/T 8077)	电位测定仪或酸度计、银电极或氯电极、甘汞电极、电磁搅拌器、天平
可选参数			
混凝土外加剂	相对耐久性指标	《混凝土外加剂》(GB 8076)	快速冻融装置、天平、混凝土动弹性模量测定仪
		《普通混凝土长期性能和耐久性能试验方法标准》(GB/T 50082)	
	含气量1h经时变化量（坍落度、含气量）	《混凝土外加剂》(GB 8076)	混凝土搅拌机、坍落度仪、钢尺、含气量测定仪、天平、振动台、坍落度筒
		《普通混凝土拌合物性能试验方法标准》(GB/T 50080)	

(续表)

检测项目	检测参数	依据标准	主要仪器设备
	可选参数		
混凝土外加剂	硫酸钠含量	《混凝土外加剂匀质性试验方法》(GB/T 8077)	天平、电阻高温炉、电磁电热式搅拌器、试验用试剂、瓷坩埚
	收缩率比	《混凝土外加剂》(GB 8076) 《普通混凝土长期性能和耐久性能试验方法标准》(GB/T 50082)	卧式混凝土收缩仪
	碱含量	《混凝土外加剂匀质性试验方法》(GB/T 8077)	天平、火焰光度计、试验用试剂、铂皿或聚四氟乙烯器皿

表 1-1-7　混凝土掺合料

检测项目	检测参数	依据标准	主要仪器设备
	必备参数		
混凝土掺合料	细度	《用于水泥和混凝土中的粉煤灰》(GB/T 1596) 《水泥细度检验方法　筛析法》(GB/T 1345)	负压筛析仪、$45\mu m$方孔筛、天平
	烧失量	《用于水泥和混凝土中的粉煤灰》(GB/T 1596) 《水泥化学分析方法》(GB/T 176) 《用于水泥、砂浆和混凝土中的粒化高炉矿渣粉》(GB/T 18046)	高温炉、瓷坩埚、干燥器、天平
	需水量比	《用于水泥和混凝土中的粉煤灰》(GB/T 1596)	天平、跳桌、游标卡尺、胶砂搅拌机
	比表面积	《用于水泥、砂浆和混凝土中的粒化高炉矿渣粉》(GB/T 18046) 《水泥比表面积测定方法　勃氏法》(GB/T 8074)	勃氏比表面积透气仪、天平、烘箱
	活性指数	《用于水泥和混凝土中的粉煤灰》(GB/T 1596) 《用于水泥、砂浆和混凝土中的粒化高炉矿渣粉》(GB/T 18046)	胶砂搅拌机、天平、振实台或振动台、恒温恒湿养护箱、抗压强度试验机
	流动度比	《用于水泥、砂浆和混凝土中的粒化高炉矿渣粉》(GB/T 18046)	天平、跳桌、游标卡尺、胶砂搅拌机
	氯离子含量	《水泥化学分析方法》(GB/T 176)	天平、氯离子(自动)电位测定仪

（续表）

检测项目	检测参数	依据标准	主要仪器设备
		可选参数	
混凝土掺合料	含水率	《用于水泥和混凝土中的粉煤灰》(GB/T 1596)	天平、烘箱
		《用于水泥、砂浆和混凝土中的粒化高炉矿渣粉》(GB/T 18046)	
	三氧化硫含量	《用于水泥和混凝土中的粉煤灰》(GB/T 1596)	天平、电阻炉
		《用于水泥、砂浆和混凝土中的粒化高炉矿渣粉》(GB/T 18046)	
		《水泥化学分析方法》(GB/T 176)	
	放射性	《用于水泥和混凝土中的粉煤灰》(GB/T 1596)	低本底多道γ能谱仪、天平、试验筛
		《用于水泥、砂浆和混凝土中的粒化高炉矿渣粉》(GB/T 18046)	
		《建筑材料放射性核素限量》(GB 6566)	

表 1-1-8　砂浆

检测项目	检测参数	依据标准	主要仪器设备
		必备参数	
砂浆	抗压强度	《建筑砂浆基本性能试验方法标准》(JGJ/T 70)	游标卡尺、压力试验机
	稠度	《建筑砂浆基本性能试验方法标准》(JGJ/T 70)	砂浆稠度仪、钢制捣棒、秒表
	保水率	《建筑砂浆基本性能试验方法标准》(JGJ/T 70)	金属或硬塑料圆环试模、可密封的取样容器、不透水片、天平、烘箱
	拉伸粘结强度（抹灰、砌筑）	《建筑砂浆基本性能试验方法标准》(JGJ/T 70)	拉力试验机、拉伸专用夹具
		可选参数	
砂浆	分层度	《建筑砂浆基本性能试验方法标准》(JGJ/T 70)	砂浆分层度检测仪、砂浆稠度仪
	配合比设计	《砌筑砂浆配合比设计规程》(JGJ/T 98)	电子秤、砂浆稠度仪、电子万能试验机、养护室
	凝结时间	《建筑砂浆基本性能试验方法标准》(JGJ/T 70)	砂浆凝结时间测定仪
	抗渗性能	《建筑砂浆基本性能试验方法标准》(JGJ/T 70)	砂浆渗透仪

表 1-1-9　土

检测项目	检测参数	依据标准	主要仪器设备
必备参数			
土	最大干密度	《土工试验方法标准》(GB/T 50123)	击实仪、天平、台秤、标准筛、试样推出器、烘箱
	最优含水率	《土工试验方法标准》(GB/T 50123)	
	压实系数	《公路路基路面现场测试规程》(JTG 3450)	灌砂筒、取土器、环刀、天平、烘箱
		《土工试验方法标准》(GB/T 50123)	

表 1-1-10　防水材料及防水密封材料

检测项目		检测参数	依据标准	主要仪器设备
必备参数				
防水材料及防水密封材料	防水卷材	可溶物含量	《建筑防水卷材试验方法　第26部分:沥青防水卷材可溶物含量(浸涂材料含量)》(GB/T 328.26)	天平、索氏萃取器、鼓风烘箱、试验筛
		拉力	《建筑防水卷材试验方法　第8部分:沥青防水卷材　拉伸性能》(GB/T 328.8)	拉伸试验机、夹具、伸长计
			《建筑防水卷材试验方法　第9部分:高分子防水卷材　拉伸性能》(GB/T 328.9)	
		延伸率(或最大力时延伸率)	《建筑防水卷材试验方法　第8部分:沥青防水卷材　拉伸性能》(GB/T 328.8)	拉伸试验机、夹具、伸长计
			《建筑防水卷材试验方法　第9部分:高分子防水卷材　拉伸性能》(GB/T 328.9)	
		低温柔度	《建筑防水卷材试验方法　第14部分:沥青防水卷材　低温柔性》(GB/T 328.14)	低温箱、卷材低温柔度测试仪
			《建筑防水卷材试验方法　第15部分:高分子防水卷材　低温弯折性》(GB/T 328.15)	
		热老化后低温柔度	《建筑防水卷材试验方法　第14部分:沥青防水卷材　低温柔性》(GB/T 328.14)	烘箱、低温箱、卷材低温柔度测试仪
			《建筑防水材料老化试验方法》(GB/T 18244)	
		不透水性	《建筑防水卷材试验方法　第10部分:沥青和高分子防水卷材　不透水性》(GB/T 328.10)	不透水仪、金属网
			《高分子防水材料　第1部分:片材》(GB/T 18173.1)	
		耐热度	《建筑防水卷材试验方法　第11部分:沥青防水卷材　耐热性》(GB/T 328.11)	悬挂装置、烘箱

（续表）

检测项目		检测参数	依据标准	主要仪器设备
必备参数				
防水材料及防水密封材料	防水卷材	断裂拉伸强度	《建筑防水卷材试验方法　第8部分:沥青防水卷材　拉伸性能》(GB/T 328.8)	拉伸试验机、夹具、伸长计、裁刀和裁片机、测厚仪、锥形测径计
			《建筑防水卷材试验方法　第9部分:高分子防水卷材　拉伸性能》(GB/T 328.9)	
			《硫化橡胶或热塑性橡胶　拉伸应力应变性能的测定》(GB/T 528)	
		断裂伸长率	《建筑防水卷材试验方法　第8部分:沥青防水卷材　拉伸性能》(GB/T 328.8)	拉伸试验机、夹具、伸长计
			《建筑防水卷材试验方法　第9部分:高分子防水卷材　拉伸性能》(GB/T 328.9)	
		撕裂强度	《硫化橡胶或热塑性橡胶　拉伸应力应变性能的测定》(GB/T 528)	裁刀和裁片机、测厚仪、锥形测径计、拉伸试验机、伸长计
			《建筑防水卷材试验方法　第18部分:沥青防水卷材　撕裂性能(钉杆法)》(GB/T 328.18)	
			《建筑防水卷材试验方法　第19部分:高分子防水卷材　撕裂性能》(GB/T 328.19)	
			《硫化橡胶或热塑性橡胶撕裂强度的测定(裤形、直角形和新月形试样)》(GB/T 529)	
	防水涂料	固体含量	《建筑防水涂料试验方法》(GB/T 16777)	天平、电热鼓风干燥箱、培养皿
		拉伸强度	《建筑防水涂料试验方法》(GB/T 16777)	厚度计、拉伸试验机、裁刀
		耐热性	《建筑防水涂料试验方法》(GB/T 16777)	电热鼓风干燥箱、铝板
		低温柔性	《建筑防水涂料试验方法》(GB/T 16777)	低温冰柜、圆棒或弯板、弯折仪
		不透水性	《建筑防水涂料试验方法》(GB/T 16777)	不透水仪、金属网
		断裂伸长率	《建筑防水涂料试验方法》(GB/T 16777)	厚度计、拉伸试验机、裁刀、引伸计

(续表)

检测项目	检测参数	依据标准	主要仪器设备
		可选参数	
防水材料及防水密封材料	防水卷材　接缝剥离强度	《建筑防水卷材试验方法　第20部分:沥青防水卷材　接缝剥离性能》(GB/T 328.20)	拉伸试验机、引伸计
		《建筑防水卷材试验方法　第21部分:高分子防水卷材　接缝剥离性能》(GB/T 328.21)	
	搭接缝不透水性	《建筑防水工程现场检测技术规范》(JGJ/T 299)	搭接缝不透水仪
		《建筑防水材料工程要求试验方法》(T/CWA 302)	
		《高分子增强复合防水片材》(GB/T 26518)	
	防水涂料　涂膜抗渗性	《聚合物水泥防水涂料》(GB/T 23445)	砂浆渗透仪、养护箱
	浸水168h后拉伸强度	《聚合物水泥防水涂料》(GB/T 23445)	测厚仪、拉伸试验机
	浸水168h后断裂伸长率	《聚合物水泥防水涂料》(GB/T 23445)	引伸计、拉伸试验机
	耐水性	《绿色产品评价　防水与密封材料》(GB/T 35609)	测厚仪、引伸计、拉伸试验机
	抗压强度	《水泥基渗透结晶型防水材料》(GB 18445)	抗压抗折强度试验机、搅拌机
	抗折强度	《水泥基渗透结晶型防水材料》(GB 18445)	抗压抗折强度试验机、搅拌机
	粘结强度	《建筑防水涂料试验方法》(GB/T 16777)	拉伸试验机、电热鼓风烘箱
	抗渗性	《聚合物水泥防水涂料》(GB/T 23445)	砂浆渗透仪、混凝土抗渗仪
	防水密封材料及其他防水材料　耐热性	《膨润土橡胶遇水膨胀止水条》(JG/T 141)	烘箱
		《建筑防水涂料试验方法》(GB/T 16777)	
	低温柔性	《建筑防水涂料试验方法》(GB/T 16777)	低温箱、圆棒或弯板
	拉伸粘结性	《建筑密封材料试验方法　第8部分:拉伸粘结性的测定》(GB/T 13477.8)	养护箱(室)、拉伸试验机
	施工度	《建筑防水沥青嵌缝油膏》(JC/T 207)	针入度仪
		《水泥基渗透结晶型防水材料》(GB 18445)	搅拌机、计时器
	表干时间	《建筑防水涂料试验方法》(GB/T 16777)	计时器、线棒涂布器、模框
		《建筑密封材料试验方法　第5部分:表干时间的测定》(GB/T 13477.5)	

检测项目		检测参数	依据标准	主要仪器设备
可选参数				
防水材料及防水密封材料	防水密封材料及其他防水材料	挤出性	《建筑密封材料试验方法　第 3 部分:使用标准器具测定密封材料挤出性的方法》(GB/T 13477.3)	标准挤出器
			《建筑密封材料试验方法　第 4 部分:原包装单组分密封材料挤出性的测定》(GB/T 13477.4)	
		弹性恢复率	《建筑密封材料试验方法　第 17 部分:弹性恢复率的测定》(GB/T 13477.17)	养护箱(室)、拉伸试验机
		浸水后定伸粘结性	《建筑密封材料试验方法　第 11 部分:浸水后定伸粘结性的测定》(GB/T 13477.11)	养护箱(室)、拉伸试验机
		流动性	《建筑密封材料试验方法　第 6 部分:流动性的测定》(GB/T 13477.6)	烘箱
		单位面积质量	《建筑防水卷材试验方法　第 4 部分:沥青防水卷材厚度、单位面积质量》(GB/T 328.4)	台秤、钢卷尺或钢直尺
		膨润土膨胀指数	《钠基膨润土防水毯》(JG/T 193)	烘箱、天平、量筒
		渗透系数	《钠基膨润土防水毯》(JG/T 193)	渗透系数测定仪
		滤失量	《钠基膨润土防水毯》(JG/T 193)	滤失量测定仪、天平
		拉伸强度	《钠基膨润土防水毯》(JG/T 193)	拉力试验机
		撕裂强度	《建筑防水涂料试验方法》(GB/T 16777)	拉力试验机、测厚仪
		硬度	《硫化橡胶或热塑性橡胶压入硬度试验方法　第 1 部分:邵氏硬度计法(邵尔硬度)》(GB/T 531.1)	邵氏硬度计
		7d 膨胀率	《高分子防水材料　第 3 部分:遇水膨胀橡胶》(GB/T 18173.3)	天平
		最终膨胀率	《遇水膨胀止水胶》(JG/T 312)	天平
		耐水性	《膨润土橡胶遇水膨胀止水条》(JG/T 141)	目测
		体积膨胀倍率	《高分子防水材料　第 3 部分:遇水膨胀橡胶》(GB/T 18173.3)	天平
		压缩永久变形	《硫化橡胶或热塑性橡胶压缩永久变形的测定　第 1 部分:在常温及高温条件下》(GB/T 7759.1)	压缩永久变形装置、老化箱、厚度计
		低温弯折	《建筑防水卷材试验方法　第 15 部分:高分子防水卷材　低温弯折性》(GB/T 328.15)	弯折板、低温试验箱、6 倍放大镜

（续表）

检测项目	检测参数		依据标准	主要仪器设备
			可选参数	
防水材料及防水密封材料	防水密封材料及其他防水材料	剥离强度	《自粘聚合物改性沥青防水卷材》(GB 23441)	拉力试验机
			《建筑防水卷材试验方法　第 20 部分:沥青防水卷材　接缝剥离性能》(GB/T 328.20)	
		浸水 168h 后的剥离强度保持率	《建筑防水卷材试验方法　第 20 部分:沥青防水卷材　接缝剥离性能》(GB/T 328.20)	拉力试验机
		拉力	《建筑防水涂料试验方法》(GB/T 16777)	拉力试验机、厚度计
		延伸率	《建筑防水涂料试验方法》(GB/T 16777)	拉力试验机、厚度计
		固体含量	《建筑防水涂料试验方法》(GB/T 16777)	天平、烘箱、干燥器
		7d 粘结强度	《建筑防水涂料试验方法》(GB/T 16777)	电子万能试验机
			《聚合物水泥防水砂浆》(JC/T 984)	
		7d 抗渗性	《水泥基渗透结晶型防水材料》(GB 18445)	砂浆/混凝土搅拌机、砂浆/混凝土抗渗仪
			《聚合物水泥防水砂浆》(JC/T 984)	
		拉伸模量	《建筑密封材料试验方法　第 8 部分:拉伸粘结性的测定》(GB/T 13477.8)	养护箱(室)、拉伸试验机
		定伸粘结性	《建筑密封材料试验方法　第 10 部分:定伸粘结性的测定》(GB/T 13477.10)	养护箱(室)、拉伸试验机
		断裂伸长率	《建筑密封材料试验方法　第 8 部分:拉伸粘结性的测定》(GB/T 13477.8)	养护箱(室)、拉伸试验机
		剪切性能	《高分子防水卷材胶粘剂》(JC/T 863)	拉力试验机、烘箱(老化试验箱)、恒温水浴箱、天平
			《丁基橡胶防水密封胶粘带》(JC/T 942)	
		剥离性能	《丁基橡胶防水密封胶粘带》(JC/T 942)	拉力试验机、烘箱(老化试验箱)、恒温水浴箱、天平

表 1-1-11　瓷砖及石材

检测项目	检测参数	依据标准	主要仪器设备
		必备参数	
瓷砖及石材	吸水率	《陶瓷砖试验方法　第 3 部分:吸水率、显气孔率、表观相对密度和容重的测定》(GB/T 3810.3)	天平、烘箱、真空容器和真空系统、干燥器、沸煮箱
		《天然石材试验方法　第 3 部分:吸水率、体积密度、真密度、真气孔率试验》(GB/T 9966.3)	

（续表）

检测项目	检测参数	依据标准	主要仪器设备
必备参数			
瓷砖及石材	弯曲强度	《陶瓷砖试验方法　第 4 部分:断裂模数和破坏强度的测定》(GB/T 3810.4)	万能试验机、干燥箱、游标卡尺、万能角度尺、干燥器
		《天然石材试验方法　第 2 部分:干燥、水饱和、冻融循环后弯曲强度试验》(GB/T 9966.2)	
可选参数			
瓷砖及石材	抗冻性 (耐冻融性)	《陶瓷砖试验方法　第 12 部分:抗冻性的测定》(GB/T 3810.12)	干燥箱、天平、冷冻机、抽真空装置、试验机
		《天然石材试验方法　第 1 部分:干燥、水饱和、冻融循环后压缩强度试验》(GB/T 9966.1)	
		《天然石材试验方法　第 2 部分:干燥、水饱和、冻融循环后弯曲强度试验》(GB/T 9966.2)	
	放射性	《建筑材料放射性核素限量》(GB 6566)	低本底多道 γ 能谱仪、天平、试验筛

表 1 - 1 - 12　塑料及金属管材

检测项目		检测参数	依据标准	主要仪器设备
可选参数				
塑料及金属管材	塑料管材	静液压强度	《流体输送用热塑性塑料管道系统耐内压性能的测定》(GB/T 6111)	静液压试验机
		落锤冲击试验	《热塑性塑料管材耐外冲击性能试验方法　时针旋转法》(GB/T 14152)	落锤冲击试验机、低温箱
			《埋地用聚乙烯(PE)结构壁管道系统　第 1 部分:聚乙烯双壁波纹管材》(GB/T 19472.1)	
			《埋地用聚乙烯(PE)结构壁管道系统　第 2 部分:聚乙烯缠绕结构壁管材》(GB/T 19472.2)	
			《建筑排水用硬聚氯乙烯(PVC - U)管材》(GB/T 5836.1)	
		外观质量	《埋地用聚乙烯(PE)结构壁管道系统　第 1 部分:聚乙烯双壁波纹管材》(GB/T 19472.1)	目测
			《埋地用聚乙烯(PE)结构壁管道系统　第 2 部分:聚乙烯缠绕结构壁管材》(GB/T 19472.2)	
			《建筑排水用硬聚氯乙烯(PVC - U)管材》(GB/T 5836.1)	

（续表）

检测项目		检测参数	依据标准	主要仪器设备
			可选参数	
塑料及金属管材	塑料管材	外观质量	《给水用聚乙烯(PE)管道系统　第2部分:管材》(GB/T 13663.2)	目测
			《冷热水用聚丙烯管道系统　第2部分:管材》(GB/T 18742.2)	
			《给水用钢丝网增强聚乙烯复合管道》(GB/T 32439)	
		截面尺寸	《塑料管道系统　塑料部件　尺寸的测定》(GB/T 8806)	游标卡尺、精密π尺、钢卷尺
			《玻璃纤维增强塑料夹砂管》(GB/T 21238)	
		纵向回缩率	《热塑性塑料管材纵向回缩率的测定》(GB/T 6671)	热浴槽、烘箱
		交联度	《交联聚乙烯(PE-X)管材与管件交联度的试验方法》(GB/T 18474)	烘箱、天平、冷凝回流器
		熔融温度	《塑料　差示扫描量热法(DSC)　第3部分:熔融和结晶温度及热焓的测定》(GB/T 19466.3)	差示量热扫描仪
		简支梁冲击	《热塑性塑料管材　简支梁冲击强度的测定　第1部分:通用试验方法》(GB/T 18743.1)	塑料管冲击试验机、低温恒温水槽、简支梁冲击试验机
			《热塑性塑料管材　简支梁冲击强度的测定　第2部分:不同材料管材的试验条件》(GB/T 18743.2)	
			《塑料　简支梁冲击性能的测定　第1部分:非仪器化冲击试验》(GB/T 1043.1)	
			《塑料　简支梁冲击性能的测定　第2部分:仪器化冲击试验》(GB/T 1043.2)	
		炭黑分散度	《聚烯烃管材、管件和混配料中颜料或炭黑分散度的测定》(GB/T 18251)	显微镜、压片装置和仪器、切片机
		炭黑含量	《聚烯烃管材和管件　炭黑含量的测定　煅烧和热解法》(GB/T 13021)	炭黑含量测试仪、马弗炉、天平
		拉伸屈服应力	《热塑性塑料管材　拉伸性能测定　第1部分:试验方法总则》(GB/T 8804.1)	电子万能试验机、游标卡尺
			《热塑性塑料管材　拉伸性能测定　第2部分:硬聚氯乙烯(PVC-U)、氯化聚氯乙烯(PVC-C)和高抗冲聚氯乙烯(PVC-HI)管材》(GB/T 8804.2)	
			《热塑性塑料管材　拉伸性能测定　第3部分:聚烯烃管材》(GB/T 8804.3)	

（续表）

检测项目		检测参数	依据标准	主要仪器设备
			可选参数	
塑料及金属管材	塑料管材	密度	《塑料　非泡沫塑料密度的测定　第1部分:浸渍法、液体比重瓶法和滴定法》(GB/T 1033.1)	天平、温度计、比重瓶、液浴槽
		爆破压力	《流体输送用塑料管材液压瞬时爆破和耐压试验方法》(GB/T 15560)	静液压试验机
		管环剥离力	《铝塑复合压力管　第1部分:铝管搭接焊式铝塑管》(GB/T 18997.1)	万能试验机
		熔体质量流动速率	《塑料　热塑性塑料熔体质量流动速率(MFR)和熔体体积流动速率(MVR)的测定　第1部分:标准方法》(GB/T 3682.1)	熔体流动速率测定仪
		氧化诱导时间	《塑料　差示扫描量热法(DSC)　第6部分:氧化诱导时间（等温 OIT）和氧化诱导温度（动态 OIT）的测定》(GB/T 19466.6)	差示量热扫描仪
		维卡软化温度	《热塑性塑料管材、管件维卡软化温度的测定》(GB/T 8802)	热变形、维卡软化点温度测定仪
			《热塑性塑料维卡软化温度（VST）的测定》(GB/T1633)	
		热变形温度	《塑料　负荷变形温度的测定　第1部分:通用试验方法》(GB/T 1634.1)	热变形、维卡软化点温度测定仪
			《塑料　负荷变形温度的测定　第2部分:塑料和硬橡胶》(GB/T 1634.2)	
			《塑料　负荷变形温度的测定　第3部分:高强度热固性层压材料》(GB/T 1634.3)	
		拉伸断裂伸长率	《塑料　拉伸性能的测定　第1部分:总则》(GB/T 1040.1)	拉力试验机
		拉伸弹性模量	《塑料　拉伸性能的测定　第1部分:总则》(GB/T 1040.1)	拉力试验机（带应变计）
		拉伸强度	《塑料　拉伸性能的测定　第1部分:总则》(GB/T 1040.1)	拉力试验机
			《塑料　拉伸性能的测定　第2部分:模塑和挤塑塑料的试验条件》(GB/T 1040.2)	
			《塑料　拉伸性能的测定　第3部分:薄膜和薄片的试验条件》(GB/T 1040.3)	
			《塑料　拉伸性能的测定　第4部分:各向同性和正交各向异性纤维增强复合材料的试验条件》(GB/T 1040.4)	
			《塑料　拉伸性能的测定　第5部分:单向纤维增强复合材料的试验条件》(GB/T 1040.5)	

（续表）

检测项目		检测参数	依据标准	主要仪器设备
可选参数				
塑料及金属管材	塑料管材	灰分	《塑料 灰分的测定 第1部分:通用方法》(GB/T 9345.1)	马弗炉、天平
		烘箱试验	《注射成型硬质聚氯乙烯(PVC-U)、氯化聚氯乙烯(PVC-C)、丙烯腈-丁二烯-苯乙烯三元共聚物(ABS)和丙烯腈-苯乙烯-丙烯酸盐三元共聚物(ASA)管件热烘箱试验方法》(GB/T 8803)	烘箱
			《埋地用聚乙烯(PE)结构壁管道系统 第1部分:聚乙烯双壁波纹管材》(GB/T 19472.1)	
			《埋地用聚乙烯(PE)结构壁管道系统 第2部分:聚乙烯缠绕结构壁管材》(GB/T 19472.2)	
			《埋地排水用硬聚氯乙烯(PVC-U)结构壁管道系统 第1部分:双壁波纹管材》(GB/T 18477.1)	
		坠落试验	《硬聚氯乙烯(PVC-U)管件坠落试验方法》(GB/T 8801)	恒温水浴或低温箱
	金属管材	屈服强度	《金属材料拉伸试验 第1部分:室温试验方法》(GB/T 228.1)	拉力试验机
			《低压流体输送用焊接钢管》(GB/T 3091)	
			《直缝电焊钢管》(GB/T 13793)	
		抗拉强度	《金属材料拉伸试验 第1部分:室温试验方法》(GB/T 228.1)	拉力试验机
			《低压流体输送用焊接钢管》(GB/T 3091)	
			《直缝电焊钢管》(GB/T 13793)	
		伸长率	《金属材料拉伸试验 第1部分:室温试验方法》(GB/T 228.1)	游标卡尺
			《低压流体输送用焊接钢管》(GB/T 3091)	
			《直缝电焊钢管》(GB/T 13793)	
		厚度偏差	《低压流体输送用焊接钢管》(GB/T 3091)	钢尺、游标卡尺
			《直缝电焊钢管》(GB/T 13793)	
		截面尺寸	《低压流体输送用焊接钢管》(GB/T 3091)	钢尺、游标卡尺
			《直缝电焊钢管》(GB/T 13793)	

表 1-1-13 预制混凝土构件

检测项目	检测参数	依据标准	主要仪器设备
可选参数			
预制混凝土构件	承载力	《混凝土结构工程施工质量验收规范》（GB 50204）	加荷设备、量测仪表
	挠度	《混凝土结构工程施工质量验收规范》（GB 50204）	加荷设备、量测仪表
	裂缝宽度	《混凝土结构工程施工质量验收规范》（GB 50204）	裂缝测宽仪
	抗裂检验	《混凝土结构工程施工质量验收规范》（GB 50204）	加荷设备、量测仪表
	外观质量	《混凝土结构工程施工质量验收规范》（GB 50204）	观察
	构件尺寸	《混凝土结构工程施工质量验收规范》（GB 50204）	卷尺、靠尺、直尺、调平尺
	保护层厚度	《混凝土结构工程施工质量验收规范》（GB 50204） 《混凝土中钢筋检测技术标准》（JGJ/T 152）	钢筋探测仪

表 1-1-14 预应力钢绞线

检测项目	检测参数	依据标准	主要仪器设备
可选参数			
预应力钢绞线	整根钢绞线最大力	《预应力混凝土用钢材试验方法》（GB/T 21839） 《预应力混凝土用钢绞线》（GB/T 5224）	拉力试验机
	最大力总伸长率	《预应力混凝土用钢材试验方法》（GB/T 21839） 《预应力混凝土用钢绞线》（GB/T 5224）	引伸计
	0.2%屈服力	《预应力混凝土用钢材试验方法》（GB/T 21839） 《预应力混凝土用钢绞线》（GB/T 5224）	拉力试验机
	弹性模量	《预应力混凝土用钢材试验方法》（GB/T 21839）	拉力试验机
	松弛率	《预应力混凝土用钢材试验方法》（GB/T 21839） 《预应力混凝土用钢绞线》（GB/T 5224）	应力松弛试验机

表 1-1-15 预应力混凝土用锚具夹具及连接器

检测项目	检测参数	依据标准	主要仪器设备
可选参数			
预应力混凝土用锚具夹具及连接器	外观质量	《预应力筋用锚具、夹具和连接器应用技术规程》（JGJ 85） 《预应力筋用锚具、夹具和连接器》（GB/T 14370）	目测

（续表）

检测项目	检测参数	依据标准	主要仪器设备
可选参数			
预应力混凝土用锚具夹具及连接器	尺寸	《预应力筋用锚具、夹具和连接器应用技术规程》(JGJ 85)	直尺、游标卡尺、螺旋千分尺
		《预应力筋用锚具、夹具和连接器》(GB/T 14370)	
	静载锚固性能	《预应力筋用锚具、夹具和连接器应用技术规程》(JGJ 85)	静载锚固性能试验装置
		《预应力筋用锚具、夹具和连接器》(GB/T 14370)	
	疲劳荷载性能	《预应力筋用锚具、夹具和连接器》(GB/T 14370)	疲劳试验机
	硬度	《预应力筋用锚具、夹具和连接器应用技术规程》(JGJ 85)	洛氏硬度计

表 1-1-16　预应力混凝土用波纹管

检测项目	检测参数		依据标准	主要仪器设备
可选参数				
预应力混凝土用波纹管	金属波纹管	外观质量	《预应力混凝土用金属波纹管》(JG/T 225)	目测、触摸
		尺寸	《预应力混凝土用金属波纹管》(JG/T 225)	游标卡尺、千分尺、钢卷尺、深度尺
		局部横向荷载	《预应力混凝土用金属波纹管》(JG/T 225)	万能试验机
		弯曲后抗渗漏性能	《预应力混凝土用金属波纹管》(JG/T 225)	万能试验机
	塑料波纹管	环刚度	《预应力混凝土桥梁用塑料波纹管》(JT/T 529)	万能试验机
			《热塑性塑料管材　环刚度的测定》(GB/T 9647)	
		局部横向载荷	《预应力混凝土桥梁用塑料波纹管》(JT/T 529)	万能试验机
		纵向载荷	《预应力混凝土桥梁用塑料波纹管》(JT/T 529)	万能试验机
		柔韧性	《预应力混凝土桥梁用塑料波纹管》(JT/T 529)	塑料波纹管柔韧性检测仪
		抗冲击性能	《预应力混凝土桥梁用塑料波纹管》(JT/T 529)	落锤冲击试验机、低温箱
			《热塑性塑料管材耐外冲击性能试验方法　时针旋转法》(GB/T 14152)	
		拉伸性能	《热塑性塑料管材　拉伸性能测定　第3部分：聚烯烃管材》(GB/T 8804.3)	万能试验机
			《热塑性塑料管材　拉伸性能测定　第1部分：试验方法总则》(GB/T 8804.1)	
		拉拔力	《聚乙烯压力管材与管件连接的耐拉拔试验》(GB/T 15820)	管材耐拉拔试验机
		密封性	《预应力混凝土桥梁用塑料波纹管》(JT/T 529)	波纹管真空度检测仪

表 1-1-17　材料中有害物质

检测项目	检测参数	依据标准	主要仪器设备
		可选参数	
材料中有害物质	放射性	《建筑材料放射性核素限量》(GB 6566)	低本底多道γ能谱仪、天平、试验筛
	游离甲醛	《建筑用墙面涂料中有害物质限量》(GB 18582)	蒸馏装置、天平、分光光度计、水浴锅、环境测试舱、采样器、气候箱
		《水性涂料中甲醛含量的测定乙酰丙酮分光光度法》(GB/T 23993)	
		《室内地坪涂料中有害物质限量》(GB 38468)	
		《建筑胶粘剂有害物质限量》(GB 30982)	
		《民用建筑工程室内环境污染控制标准》(GB 50325)	
		《室内装饰装修材料　人造板及其制品中甲醛释放限量》(GB 18580)	
		《人造板及饰面人造板理化性能试验方法》(GB/T 17657)	
		《混凝土外加剂中残留甲醛的限量》(GB 31040)	
		《室内装饰装修材料壁纸中有害物质限量》(GB 18585)	
	VOC	《建筑用墙面涂料中有害物质限量》(GB 18582)	烘箱、天平、密度测定装置、气相色谱仪、卡尔费休水分测定仪、环境测试舱
		《色漆和清漆　挥发性有机化合物(VOC)含量的测定　差值法》(GB/T 23985)	
		《木器涂料中有害物质限量》(GB 18581)	
		《室内装饰装修材料聚氯乙烯卷材地板中有害物质限量》(GB 18586)	
		《含有活性稀释剂的涂料中挥发性有机化合物(VOC)含量的测定》(GB/T 34682)	
		《室内地坪涂料中有害物质限量》(GB 38468)	
		《胶粘剂挥发性有机化合物限量》(GB 33372)	
		《民用建筑工程室内环境污染控制标准》(GB 50325)	
	苯	《建筑用墙面涂料中有害物质限量》(GB 18582)	气相色谱仪、天平
		《涂料中苯、甲苯、乙苯和二甲苯含量的测定　气相色谱法》(GB/T 23990)	

（续表）

检测项目	检测参数	依据标准	主要仪器设备
可选参数			
材料中有害物质	苯	《木器涂料中有害物质限量》(GB 18581)	气相色谱仪、天平
		《室内地坪涂料中有害物质限量》(GB 38468)	
		《建筑胶粘剂有害物质限量》(GB 30982)	
	甲苯、二甲苯、乙苯	《建筑用墙面涂料中有害物质限量》(GB 18582)	气相色谱仪、天平
		《涂料中苯、甲苯、乙苯和二甲苯含量的测定 气相色谱法》(GB/T 23990)	
		《木器涂料中有害物质限量》(GB 18581)	
		《室内地坪涂料中有害物质限量》(GB 38468)	
		《建筑胶粘剂有害物质限量》(GB 30982)	
	游离甲苯二异氰酸酯(TDI)	《木器涂料中有害物质限量》(GB 18581)	气相色谱仪、天平
		《色漆和清漆用漆基 异氰酸酯树脂中二异氰酸酯单体的测定》(GB/T 18446)	
		《建筑胶粘剂有害物质限量》(GB 30982)	
	氨	《混凝土外加剂中释放氨的限量》(GB 18588)	天平、蒸馏装置、碱式滴定管
		《建筑防火涂料有害物质限量及检测方法》(JG/T 415)	

表 1-1-18 建筑消能减震装置

检测项目	检测参数	依据标准	主要仪器设备
可选参数			
建筑消能减震装置	位移相关型阻尼器	屈服承载力 《建筑消能阻尼器》(JG/T 209)	伺服加载试验机
		弹性刚度 《建筑消能阻尼器》(JG/T 209)	伺服加载试验机
		滞回曲线面积 《建筑消能阻尼器》(JG/T 209)	伺服加载试验机
		极限位移 《建筑消能阻尼器》(JG/T 209)	伺服加载试验机
		极限承载力 《建筑消能阻尼器》(JG/T 209)	伺服加载试验机
	速度相关型阻尼器	最大阻尼力 《建筑消能阻尼器》(JG/T 209)	伺服加载试验机
		阻尼力与速度相关规律 《建筑消能阻尼器》(JG/T 209)	伺服加载试验机
		滞回曲线 《建筑消能阻尼器》(JG/T 209)	伺服加载试验机
		极限位移 《建筑消能阻尼器》(JG/T 209)	伺服加载试验机

表 1-1-19　建筑隔震装置

检测项目		检测参数	依据标准	主要仪器设备
			可选参数	
建筑隔震装置	叠层橡胶隔震支座	竖向压缩刚度	《建筑隔震橡胶支座》(JG/T 118)	建筑叠层橡胶支座试验系统
			《橡胶支座　第1部分:隔震橡胶支座试验方法》(GB/T 20688.1)	
		竖向变形性能	《建筑隔震橡胶支座》(JG/T 118)	建筑叠层橡胶支座试验系统
			《橡胶支座　第1部分:隔震橡胶支座试验方法》(GB/T 20688.1)	
		竖向极限压应力	《建筑隔震橡胶支座》(JG/T 118)	建筑叠层橡胶支座试验系统
		当水平位移为支座内部橡胶直径0.55倍状态时的极限压应力	《建筑隔震橡胶支座》(JG/T 118)	建筑叠层橡胶支座试验系统
		竖向极限拉应力	《建筑隔震橡胶支座》(JG/T 118)	建筑叠层橡胶支座试验系统
		竖向拉伸刚度	《建筑隔震橡胶支座》(JG/T 118)	建筑叠层橡胶支座试验系统
		侧向不均匀变形	《建筑隔震橡胶支座》(JG/T 118)	建筑叠层橡胶支座试验系统
		水平等效刚度	《建筑隔震橡胶支座》(JG/T 118)	建筑叠层橡胶支座试验系统
			《橡胶支座　第1部分:隔震橡胶支座试验方法》(GB/T 20688.1)	
		屈服后水平刚度	《建筑隔震橡胶支座》(JG/T 118)	建筑叠层橡胶支座试验系统
			《橡胶支座　第1部分:隔震橡胶支座试验方法》(GB/T 20688.1)	
		等效阻尼比	《建筑隔震橡胶支座》(JG/T 118)	建筑叠层橡胶支座试验系统
			《橡胶支座　第1部分:隔震橡胶支座试验方法》(GB/T 20688.1)	
		屈服力	《建筑隔震橡胶支座》(JG/T 118)	建筑叠层橡胶支座试验系统
			《橡胶支座　第1部分:隔震橡胶支座试验方法》(GB/T 20688.1)	
		水平极限变形能力	《建筑隔震橡胶支座》(JG/T 118)	建筑叠层橡胶支座试验系统

（续表）

检测项目	检测参数	依据标准	主要仪器设备
可选参数			
建筑隔震装置 建筑摩擦摆隔震支座	竖向压缩变形	《建筑摩擦摆隔震支座》(GB/T 37358)	压力试验机、位移传感器
	竖向承载力	《建筑摩擦摆隔震支座》(GB/T 37358)	压力试验机
	静摩擦系数	《建筑摩擦摆隔震支座》(GB/T 37358)	单剪试验机
	动摩擦系数	《建筑摩擦摆隔震支座》(GB/T 37358)	单剪试验机
	屈服后刚度	《建筑摩擦摆隔震支座》(GB/T 37358)	单剪试验机
	极限剪切变形	《建筑摩擦摆隔震支座》(GB/T 37358)	单剪试验机

表 1-1-20　铝塑复合板

检测项目	检测参数	依据标准	主要仪器设备
可选参数			
铝塑复合板	剥离强度	《建筑幕墙用铝塑复合板》(GB/T 17748)	万能试验机、滚筒剥离装置
		《夹层结构滚筒剥离强度试验方法》(GB/T 1457)	
		《普通装饰用铝塑复合板》(GB/T 22412)	
		《装饰用轻质发泡铝塑复合板》(JC/T 2376)	
		《胶粘剂180°剥离强度试验方法　挠性材料对刚性材料》(GB/T 2790)	

表 1-1-21　木材料及构配件

检测项目	检测参数	依据标准	主要仪器设备
可选参数			
木材料及构配件	含水率	《木结构工程施工质量验收规范》(GB 50206)	天平、鼓风干燥箱、电测仪器
		《无疵小试样木材物理力学性质试验方法　第4部分:含水率测定》(GB/T 1927.4)	
		《人造板及饰面人造板理化性能试验方法》(GB/T 17657)	
	弹性模量	《无疵小试样木材物理力学性质试验方法　第10部分:抗弯弹性模量测定》(GB/T 1927.10)	万能试验机、游标卡尺、千分尺、木材含水率测量设备
		《人造板及饰面人造板理化性能试验方法》(GB/T 17657)	
	静曲强度	《木结构工程施工质量验收规范》(GB 50206)	试验机、试验装置、游标卡尺或其他尺寸测量工具、千分尺、秒表、木材含水率测定设备
		《无疵小试样木材物理力学性质试验方法　第9部分:抗弯强度测定》(GB/T 1927.9)	
		《人造板及饰面人造板理化性能试验方法》(GB/T 17657)	
	钉抗弯强度	《木结构工程施工质量验收规范》(GB 50206)	万能试验机

表 1 - 1 - 22　加固材料

检测项目	检测参数	依据标准	主要仪器设备
可选参数			
加固材料	抗拉强度	《树脂浇铸体性能试验方法》(GB/T 2567) 《定向纤维增强聚合物基复合材料拉伸性能试验方法》(GB/T 3354)	拉力试验机
	抗剪强度	《树脂浇铸体性能试验方法》(GB/T 2567) 《建筑结构加固工程施工质量验收规范》(GB 50550) 《胶粘剂　拉伸剪切强度的测定（刚性材料对刚性材料)》(GB/T 7124) 《工程结构加固材料安全性鉴定技术规范》(GB 50728) 《结构加固修复用碳纤维片材》(JG/T 167) 《纤维增强塑料　短梁法测定层间剪切强度》(JC/T 773)	扭转试验机、万能试验机
	正拉粘结强度	《建筑结构加固工程施工质量验收规范》(GB 50550) 《工程结构加固材料安全性鉴定技术规范》(GB 50728)	拉力试验机、粘结强度检测仪
	抗拉强度标准值（纤维复合材)	《定向纤维增强聚合物基复合材料拉伸性能试验方法》(GB/T 3354)	拉力试验机
	弹性模量（纤维复合材)	《定向纤维增强聚合物基复合材料拉伸性能试验方法》(GB/T 3354)	拉力试验机
	极限伸长率（纤维复合材)	《结构加固修复用碳纤维片材》(JG/T 167) 《定向纤维增强聚合物基复合材料拉伸性能试验方法》(GB/T 3354)	拉力试验机
	不挥发物含量（结构胶粘剂)	《建筑结构加固工程施工质量验收规范》(GB 50550) 《工程结构加固材料安全性鉴定技术规范》(GB 50728)	天平、电热鼓风干燥箱
	耐湿热老化性能（结构胶粘剂)	《建筑结构加固工程施工质量验收规范》(GB 50550) 《工程结构加固材料安全性鉴定技术规范》(GB 50728)	万能试验机、电热鼓风干燥箱、可程式恒温恒湿试验机
	单位面积质量（纤维织物)	《增强制品试验方法　第 3 部分:单位面积质量的测定》(GB/T 9914.3)	天平、烘箱
	纤维体积含量（预成型板)	《碳纤维增强塑料孔隙含量和纤维体积含量试验方法》(GB/T 3365)	图像分析仪、金相显微镜、求积仪
	K 数（碳纤维织物)	《建筑结构加固工程施工质量验收规范》(GB 50550)	织物密度镜或直尺

表 1-1-23　焊接材料

检测项目	检测参数	依据标准	主要仪器设备
		可选参数	
焊接材料	抗拉强度	《金属材料焊缝破坏性试验　横向拉伸试验》(GB/T 2651)	拉力试验机
		《金属材料焊缝破坏性试验熔化焊接头焊缝金属纵向拉伸试验》(GB/T 2652)	
	屈服强度	《金属材料拉伸试验　第1部分:室温试验方法》(GB/T 228.1)	拉力试验机
	断后伸长率	《金属材料拉伸试验　第1部分:室温试验方法》(GB/T 228.1)	游标卡尺
	化学成分	《碳素钢和中低合金钢　多元素含量的测定　火花放电原子发射光谱法(常规法)》(GB/T 4336)	光谱仪、高频感应炉、红外吸收仪
		《钢铁　总碳硫含量的测定　高频感应炉燃烧后红外吸收法(常规方法)》(GB/T 20123)	
		《钢铁及合金　总碳含量的测定　感应炉燃烧后红外吸收法》(GB/T 223.86)	
		《钢铁及合金　硫含量的测定　感应炉燃烧后红外吸收法》(GB/T 223.85)	

第二章 填空题

第一节 水　泥

1. 依据 GB 175—2023,水泥取样应有代表性,可连续取,亦可从_____不同部位取等量样品,总量不少于 12kg。

2. 依据 GB/T 1346—2011,采用代用法测定水泥标准稠度用水量,可用调整水量和不变水量两种方法的任意一种。采用调整水量方法时拌合水量按_____找水,采用不变水量时拌合水量用_____ mL。

3. 依据 GB/T 1346—2011,试饼法测定水泥安定性,目测试饼未发现_____,用钢直尺检查也没有_____,试饼安定性合格。

4. 依据 GB/T 1346—2011,水泥安定性测定方法有_____即标准法、_____即代用法两种。

5. 依据 GB/T 17671—2021,水泥胶砂试体成型用水,验收试验或有争议时应使用GB/T 6682规定的_____。

6. 依据 GB/T 17671—2021,水泥样品应贮存在_____的容器里,这个容器应不与水泥_____。

7. 依据 GB/T 17671—2021,水泥胶砂试体 24h 以上龄期的,强度试件应在成型后_____ h 之间脱模。

8. 依据 GB/T 17671—2021,水泥 3d、28d 强度试验的进行时间分别为_____,_____。

9. 依据 GB/T 2419—2005,水泥胶砂流动度是以胶砂在流动桌上扩展后,胶砂底面_____来表示。

10. 依据 GB/T 2419—2005,在水泥胶砂流动度试验中,如跳桌在_____ h 内未被使用,先跳空一个周期_____次。

11. 依据 GB/T 2419—2005,在测定水泥胶砂流动度时,用潮湿棉布擦拭_____、_____、捣棒以及与胶砂接触的用具,将试模放在跳桌台面中央并用潮湿棉布_____。

12. 依据 GB/T 3183—2017,砌筑水泥的保水率测定是用滤纸片吸收流动度在一定范围的新拌水泥砂浆中的水,以吸收处理后砂浆中保留的水量占_____的_____衡量砂浆保水率。

13. 依据 GB/T 176—2017,水泥硫酸盐三氧化硫的测定——硫酸钡重量法,试验中所述恒量是指:用连续对每次_____ min 的灼烧、冷却、称量的方法来检查恒定重量,当连续两次称量之差小于_____ g 时,即为恒量。

14. 依据 GB/T 176—2017,水泥硫酸盐三氧化硫的测定——硫酸钡重量法,试验中称取样品约_____ g,精确至_____ g。

15. 依据 GB/T 176—2017,水泥氧化镁的测定——原子吸收分光光度法(基准法)所使用的原子吸收分光光度计带有镁、钾、钠、铁、锰、锌元素空心阴极灯。试验时使用_____空心阴极灯,于波长_____ nm 处测定溶液的吸光度。

第二节　钢筋(含焊接与机械连接)

1. 钢筋 GB/T 1499.2—2018 中规定钢筋应按批进行检查和验收,每批由同一牌号、_____、同一规格的钢筋组成,每批重量通常不大于_____ t。

2. 依据 GB/T 1499.1—2017,混凝土用钢 HPB300 10mm,其中"HPB"代表_____。

3. 依据 GB/T 1499.2—2018,热轧带肋钢筋测量钢筋重量偏差时,试样应从不同根钢筋上截取数量不少于 5 支,每支试样长度不小于_____ mm,长度应逐支测量,应精确到_____ mm。

4. 依据 YB/T 081—2013,某钢筋拉伸试验断后伸长率 25.50%,按 GB/T 1499.2—2018 进行评定,则其测定结果的修约值为_____%。

5. 依据 GB/T 228.1—2021,钢筋拉伸试验一般在室温_____ ℃范围内进行,对温度要求严格的试验,试验温度应为_____ ℃。

6. 依据 GB/T 1499.2—2018,牌号为 HRB400E 的热轧带肋钢筋实测抗拉强度与实测下屈服强度之比应不小于_____,实测下屈服强度与屈服强度特征值之比应不大于_____。

7. 依据 GB/T 1499.2—2018,HRB400E 公称直径 40mm 的钢筋进行反向弯曲试验时,弯曲压头直径为_____ mm。

8. JGJ/T 27—2014 规定钢筋焊接接头拉伸试验夹紧装置应依据试样规格选用,在拉伸试验过程中不得与钢筋产生相对滑移,夹持长度可按试样直径确定。钢筋直径不大于 20mm 时,夹持长度宜为_____ mm;钢筋直径大于 20mm 时,夹持长度宜为_____ mm。

9. 依据 GB/T 1499.2—2018,钢筋反向弯曲试验中,应先正向弯曲_____,把经正向弯曲后的试样在_____ ℃温度下保温不少于_____ min,经自然冷却后再反向弯曲_____。

10. 依据 JGJ 18—2012,公称直径 10mm 的 HPB300 热轧光圆钢筋闪光对焊接头试件弯曲试验,弯曲压头直径应为_____ mm。

11. GB/T 1499.2—2018 中规定公称直径 28~40mm 各牌号钢筋的断后伸长率 A 可降低_____%,公称直径大于 40mm 各牌号钢筋的断后伸长率 A 可降低_____%。

12. GB/T 1499.2—2018 中规定钢筋的伸长率类型可从 A 或 A_{gt} 中选定,但仲裁时应采用_____。

13. 依据 GB/T 228.1—2021,采用室温试验方法测定金属材料上屈服强度试验中,当钢材弹性模量大于等于 150GPa 时,弹性阶段拉伸的应力速率为_____ MPa/s,当钢材弹性模量小于 150GPa 时,拉伸的应力速率为_____ MPa/s。

14. 依据 GB/T 28900—2022,钢筋弯曲试验时,除非另有规定,试验应在_____ ℃的温度下进行。

15. 依据 JGJ/T 27—2014,钢筋焊接接头在进行弯曲试验时,其试验速率应为_____ mm/s。

16. 依据 JGJ 107—2016,钢筋机械连接接头单向拉伸测量残余变形试验时的变形测量表应在钢筋两侧对称布置,两侧测点相对偏差不宜大于_____ mm,加载应力速率宜采用_____。

17. 依据 GB/T 1499.2—2018,HRB500E 公称直径为 32mm、HRB600 公称直径为 25mm 钢筋的反向弯曲试验时弯曲压头直径应分别为_____ mm、_____ mm。

18. 依据 JGJ 107—2016,钢筋机械工艺检验,检验项目包括单向拉伸极限抗拉强度和_____,每种规格钢筋接头试件不应少于_____ 根。

19. 依据 JGJ 18—2012,钢筋闪光对焊接头进行力学性能检验时,应从外观检查合格的每一个检验批接头中随机切取_____ 个接头进行拉伸试验。

20. 依据 GB 55008—2021,钢筋机械连接或焊接连接接头试件应从完成的_____ 中截取,并应按规定进行性能检验。

第三节　骨料、集料

1. 依据 JGJ 52—2006,砂、石含泥量是指公称粒径小于_____ μm 颗粒的含量。

2. 依据 JGJ 52—2006,除_____ 砂外,砂的颗粒级配可按公称直径_____ μm 筛孔的累计筛余百分率,分成三个级配区。

3. 依据 JGJ 52—2006,砂的泥块含量是指砂中公称粒径大于_____ mm,经水洗、手捏后变成小于_____ μm 的颗粒的含量。

4. 依据 JGJ 52—2006,石的泥块含量是指石中公称粒径大于_____ mm,经水洗、手捏后变成小于_____ mm 的颗粒的含量。

5. 依据 JGJ 52—2006,石粉含量是指人工砂中公称粒径小于_____ μm,且其矿物组成和化学成分与被加工母岩相同的颗粒含量。

6. 依据 JGJ 52—2006,砂的筛分析试验,试验前应先将来样通过公称直径_____ mm 的方孔筛,并计算筛余。

7. 依据 JGJ 52—2006,砂的筛分析试验,准确称取烘干试样_____ g,特细砂可称_____ g,置于按筛孔大小顺序排列的套筛上。

8. 依据 JGJ 52—2006,砂的筛分析试验,以_____ 次试验结果的算术平均值作为测定值,精确至 0.1,当两次试验所得的细度模数之差大于_____ 时,应重新取试样进行试验。

9. 依据 JGJ 52—2006,砂中含泥量试验,以_____ 个试样试验结果的算术平均值作为测定值,两次结果之差大于_____ %时,应重新取样进行试验。

10. 依据 JGJ 52—2006,砂中泥块含量试验,称取 2 份试样,每份约_____ g 置于容器中,并注入饮用水,使水面高出砂面 150mm,充分拌匀后,浸泡_____ h。

11. 依据 JGJ 52—2006,人工砂及混合砂中的石粉含量的测定,亚甲蓝试验结果 MB 值＜_____时,则判定是以石粉为主。

12. 依据 JGJ 52—2006,人工砂的压碎指标试验,以_____份试样试验结果的算术平均值作为该单粒级试样的测定值。

13. 依据 JGJ 52—2006,测定砂中氯离子含量试验,称取试样 500g,装入带塞磨口瓶中,用容量瓶取 500mL 蒸馏水,注入磨口瓶内,加上塞子,摇动一次,放置_____h,然后每隔 5min 摇动一次,共摇动_____次,使氯盐充分溶解。

14. 依据 JGJ 52—2006,碎石或卵石计算分计筛余(各筛上筛余量除以试样的百分率)时,应精确至_____%。

15. 依据 JGJ 52—2006,碎石或卵石含泥量试验,称取试样装入容器中摊平,并注入饮用水,使水面高出石子表面 150mm,浸泡_____h。

16. 依据 JGJ 52—2006,碎石或卵石泥块量试验,将试样在容器中摊平,加入饮用水使水面高出试样表面,浸泡_____h。

17. 依据 JGJ 52—2006,碎石或卵石压碎值指标试验,标准试样一律采用公称粒级为_____mm 的颗粒,并在风干状态下进行试验。

18. 依据 JGJ 52—2006,碎石或卵石压碎值指标试验,卸荷压力后,取出测定筒,倒出筒中的试样并称其质量,用公称直径为_____mm 的方孔筛筛除被压碎的细粒。

19. 依据 JGJ 52—2006,碎石或卵石压碎值指标试验,以_____次试验结果的算术平均值作为压碎指标测定值。

20. 依据 JGJ 52—2006,碎石或卵石中针状和片状颗粒的总含量,试验结果精确至_____%。

21. 依据 JGJ 52—2006,砂的表观密度试验,以_____次试验结果的算术平均值作为测定值,两次结果之差大于_____kg/m³ 时,应重新取样进行试验。

22. 依据 JGJ 52—2006,砂的吸水率试验,以_____次试验结果的算术平均值作为测定值,当两次结果之差大于_____%时,应重新取样进行试验。

23. 依据 JGJ 52—2006,砂的坚固性试验,将试样分别装入网篮并浸入盛有硫酸钠溶液的容器中,浸泡一定时间后,从溶液中提出网篮,放在烘箱中烘烤 4h,至此,完成了第一次循环。该试验应进行_____次循环。

24. 依据 JGJ 52—2006,砂的碱活性试验,以_____个试件膨胀率的平均值作为某一龄期的的膨胀率测定值。

25. 依据 JGJ 52—2006,砂中硫酸盐含量试验,以_____次试验的算术平均值作为测定值。

26. 依据 JGJ 52—2006,砂中轻物质的含量试验,计算结果应精确到_____%。

27. 依据 JGJ 52—2006,砂中有机物含量试验结果可以用于近似地判断天然砂中有机物含量是否会影响_____质量。

28. 依据 JGJ 52—2006,海砂中贝壳含量试验结果,以_____次试验的算术平均值作为测定值。

29. 依据 JGJ 52—2006,碎石或卵石坚固性试验,将试样分别装入三脚网篮并浸入盛有硫酸钠溶液的容器中,浸泡一定时间后,从溶液中提出网篮,放在烘箱中烘烤 4h,至此,完成了第一次循环。该试验应进行_____次循环。

30. 依据 JGJ 52—2006,用砂浆长度法检测碎石或卵石的碱活性试验时,制样时每组为_____个试件。

31. 依据 JGJ 52—2006,碎石或卵石表观密度试验,结果应精确至_____ kg/m³。

32. 依据 JGJ 52—2006,碎石或卵石紧密密度试验时,取试样一份,分_____层装入容量筒。

第四节 砖、砌块、瓦、墙板

1. 依据 GB/T 2542—2012,砌墙砖的长度和宽度应在相应方向两个_____中间处分别测量_____尺寸;高度应在两个_____的中间处分别测量两个尺寸。

2. 依据 GB/T 2542—2012,砌墙砖抗折试验的加荷形式为_____点加荷。

3. 依据 GB/T 5101—2017,烧结普通砖抗压强度试验时,砖样数量为_____块、结果评定是按抗压强度平均值、_____进行评定。

4. 依据 GB/T 5101—2017,烧结普通砖检验批的构成原则为:_____块为一批,不足_____块按一批计。

5. 依据 GB/T 11969—2020,蒸压加气混凝土干密度试验取试件 1 组,逐一量取_____个方向的尺寸,精确至_____ mm。

6. 依据 GB/T 11969—2020,蒸压加气混凝土吸水率试验对比样放入鼓风干燥箱内,在_____℃温度,保持_____ h,再在(80±5)℃温度下保持 24h,再在(105±5)℃温度下烘至恒质。

7. 依据 GB/T 11969—2020,蒸压加气混凝土抗冻试验样品的尺寸为_____,共_____组。

8. 依据 GB/T 11969—2020,蒸压加气混凝土抗冻性按_____平均值和_____平均值进行评定。

9. 依据 GB/T 2542—2012,砌墙砖吸水率和饱和系数试验所需样品分别为_____块和_____块。

10. 依据 GB/T 2542—2012,砌墙砖抗压强度用材料试验机的示值相对误差不超过_____%,其上、下加压板至少应有一个球铰支座,预期最大破坏荷载应在量程的_____%范围内。

11. 依据 GB/T 30100—2013,建筑墙板抗弯荷载试验,依据加载方式的不同分为_____和_____两种方法。

12. 依据 GB/T 30100—2013,建筑墙板抗冲击性试验,依据冲击装置的不同分为_____和_____两种方法。

第五节 混凝土及拌合用水

1. 依据 GB/T 50081—2019,混凝土强度等级小于 C60 时,用非标准试件测得的强度值均应乘以尺寸换算系数,对 200mm×200mm×200mm 试件可取为_____;对 100mm×

100mm×100mm 试件可取为_____。

2. 依据 GB/T 50081—2019,混凝土力学试验室的试验环境相对湿度不宜小于_____%,温度应保持在_____℃。

3. 依据 GB/T 50081—2019,混凝土试件各边长 d 的尺寸公差不得超过_____ mm;试件承压面的平面度公差不得超过_____ d(d 为试件边长)。

4. 依据 GB/T 50081—2019,混凝土立方体试块抗压强度为 30MPa 时,其均匀加荷速度宜为每秒_____ MPa。

5. 依据 GB/T 50081—2019,一组混凝土三块试件抗压强度数值为 31.5MPa、36.7MPa、30.7MPa,则该组试件抗压强度值为_____ MPa。

6. 依据 GB/T 50082—2009,混凝土抗渗试验中,当 6 个试件中有_____个试件表面渗水,或加至规定压力在 8h 内 6 个试件中表面渗水试件少于_____个时,可停止试验。

7. 依据 GB/T 50082—2009,混凝土抗渗试验中,6 个试件中出现 3 个试件渗水时压力为 H(MPa),则抗渗等级 $P=$_____。

8. 依据 JGJ 55—2011,抗渗混凝土使用的细骨料宜采用中砂,含泥量不得大于_____%,泥块含量不得大于_____%。

9. 依据 JGJ 55—2011,抗渗混凝土配合比设计时,配制混凝土的抗渗水压值应比设计值提高_____ MPa。

10. 依据 GB/T 50081—2019,混凝土试件标准养护应放入温度为_____℃,相对湿度为_____%以上的标准养护室中养护。标准养护室内的试件应放在支架上,彼此间隔_____ mm,试件表面应保持潮湿,但不得用水直接冲淋试件。

11. 依据 GB/T 50080—2016,混凝土坍落度试验中,将拌合物分_____层均匀地装入坍落度筒内,每层用捣棒插捣_____次。

12. 依据 JGJ/T 322—2013,当检测硬化混凝土中氯离子含量时,可采用_____试件、同条件养护试件。

13. 依据 GB/T 11896—1989,混凝土拌合用水中氯化物试验方法采用的是_____滴定法。

14. 依据 JGJ 55—2011,泵送混凝土宜用中砂,其通过公称直径为 315μm 筛孔的颗粒含量不宜少于_____%。

15. 依据 JGJ 55—2011,混凝土配合比设计应采用工程实际使用的原材料,其中细骨料的含水率应小于_____%,粗骨料含水率应小于_____%。

16. 依据 JGJ 55—2011,对泵送混凝土掺加外加剂应掺用泵送剂或_____剂,并宜掺用矿物掺合料。

17. 依据 GB/T 50081—2019,混凝土静力受压弹性模量试验,每次试验应制备_____个试件,其中_____个用于测定轴心抗压强度,另外_____个用于测定静力受压弹性模量。

18. 依据 GB/T 50082—2009,混凝土抗冻性试验(慢冻法)试件在标准养护室内养护的试件,应在养护龄期为_____ d 时提前将试件从养护地点取出,随后应将试件放在_____℃水中浸泡。

19. 依据 JGJ 55—2011,普通混凝土的干表观密度范围为_____。

20. 依据 GB/T 50081—2019,混凝土抗折强度试验时的标准试件尺寸为_____或

_____的棱柱体。

21. 依据 GB/T 5750.4—2023,混凝土拌合用水样经过滤后,在一定温度下烘干,所得的固体残渣称为溶解性总固体,包括不易挥发的_____类、有机物及能通过滤器的不溶性微粒等。

22. 依据 GB/T 50080—2016,测定混凝土凝结时间时,当单位面积贯入阻力为_____时对应的时间为初凝时间,单位面积贯入阻力为_____时对应的时间为终凝时间。

23. 依据 GB/T 50081—2019,混凝土劈裂抗拉试验,根据试件尺寸的不同可分为立方体试件与_____。

24. 依据 JGJ 55—2011,未掺外加剂时,流动性或大流动性混凝土每立方米的用水量以 90mm 坍落度的用水量为基础,每增大_____mm 坍落度相应增加_____的用水量,当坍落度增大到 180mm 以上时,随坍落度相应增加的用水量可减少。

25. 依据 GB/T 50082—2009,测定混凝土碱-骨料反应时,应将测量基准长度后的混凝土试件再放入_____℃的养护室或养护箱里养护。

26. 依据 GB/T 50784—2013,混凝土碱含量测定所用试样的制备应将试样缩分至 100g,研磨至全部通过_____mm 的筛。

27. 依据 GB/T 11899—1989,混凝土拌合用水硫酸盐的测定原理:在盐酸溶液中,硫酸盐与加入的氯化钡反应形成 $BaSO_4$ 沉淀,$BaSO_4$ 质量换算为 SO_4 的因素为_____。

28. 依据 GB/T 11901—1989,水质中的悬浮物是指水样通过孔径为_____的滤膜,截留在滤膜上并于_____℃烘干至恒重的固体物质。

第六节　混凝土外加剂

1. 依据 GB 8076—2008,混凝土外加剂减水率应以三次试验的算术平均值计,应精确到_____%,若最大值或最小值中有一个与中间值之差超过中间值的_____%时,则把最大值与最小值一并舍去,取中间值作为该组试验的减水率。若有两个测值与中间值之差超过_____%时,则该批试验结果无效。

2. 依据 GB/T 8077—2023,对混凝土外加剂的 pH 值进行测定时,被测溶液的温度应为_____℃。

3. 依据 GB/T 8077—2023,混凝土外加剂密度的测定方法有_____、精密密度计法。

4. 依据 GB 8076—2008,混凝土搅拌应采用公称容量为 60L 的_____搅拌机。

5. 依据 GB 8076—2008,用贯入阻力仪测定混凝土外加剂凝结时间时,贯入阻力值达_____时对应的时间为初凝时间,贯入阻力值达_____时对应的时间为终凝时间。

6. 依据 GB/T 50080—2016,测定混凝土外加剂含气量时应先进行混凝土_____的含气量测定。

7. 依据 GB/T 8077—2023,采用干燥法测定混凝土外加剂含固量时,将洁净带盖称量瓶放入烘箱内,于_____℃烘_____min,取出置于干燥器内,冷却至少 30min 后称量,重复上述步骤直至恒量。

8. 依据 GB/T 23439—2017,测定混凝土膨胀剂限制膨胀率脱模时间以试体的抗压强度达到_____MPa 的时间确定。

9. 依据 GB 8076—2008,混凝土外加剂泌水率的检验,泌水率取_____个试样的算术平均值,精确到 0.1%。

10. 依据 GB/T 8077—2023,混凝土外加剂氯离子的测定方法有_____和离子色谱法。

11. 依据 GB 8076—2008,相对耐久性指标是以掺外加剂的受检混凝土冻融_____(快冻法)次后的动弹性模量保留值表示。

12. 依据 GB 8076—2008,检验混凝土外加剂时,掺高性能减水剂或泵送剂的基准混凝土和受检混凝土的坍落度应控制在_____ mm。

13. 依据 GB/T 8077—2023,混凝土外加剂硫酸钠含量的测定方法有_____和离子交换重量法。

14. 依据 GB 8076—2008,混凝土外加剂收缩率试验的恒温恒湿室应使室温保持在_____℃,相对湿度保持在(60±5)%。

15. 依据 GB/T 8077—2023,混凝土外加剂中的总碱量 = _____ × K_2O(%) + Na_2O(%)。

第七节　混凝土掺合料

1. 依据 GB/T 1596—2017,粉煤灰细度试验时,所用试验筛规格尺寸为_____ μm,负压应稳定在_____ Pa 之间。

2. 依据 GB/T 176—2017,粉煤灰烧失量检测的灼烧温度为_____℃。

3. 依据 GB/T 1596—2017,粉煤灰需水量比是测定试验胶砂和对比胶砂的流动度,以二者流动度达到_____时的加水量之比确定。

4. 依据 GB/T 1596—2017,掺合料强度活性指数是指试验胶砂与对比胶砂在规定龄期的_____。

5. 依据 GB/T 1596—2017,拌制混凝土和砂浆用粉煤灰按_____、_____和烧失量分为三个等级。

6. 依据 GB/T 18046—2017,S95 级矿渣粉的比表面积应大于等于_____ m^2/kg。

7. 依据 GB/T 18046—2017,只有当流动度比大于等于_____%时,该矿渣粉才可用于水泥、砂浆和混凝土中。

8. 依据 GB/T 1596—2017,粉煤灰含水量试验称取的试样质量约为_____ g,精确至_____ g。

9. 依据 GB/T 1596—2017,Ⅱ级 F 类粉煤灰的三氧化硫含量标准要求为_____。

10. 依据 GB/T 1596—2017,用于水泥和混凝土中粉煤灰的_____应符合 GB 6566 中建筑主体材料规定的指标要求。

第八节　砂　浆

1. 依据 JGJ/T 70—2009,在试验室制备砂浆试样时,所用材料应提前_____ h 运入室内。

2. 依据 JGJ/T 70—2009,在试验室制备砂浆试样时,试验所用砂应通过_____

mm 筛。

3. 依据 JGJ/T 70—2009,在试验室制备砂浆试样时,水泥、外加剂、掺合料等的称量精度应为_____%。

4. 依据 JGJ/T 70—2009,在试验室制备砂浆试样时,细骨料的称量精度应为_____%。

5. 依据 JGJ/T 70—2009,在试验室采用机械搅拌砂浆时,搅拌的用量宜为搅拌机容量的_____。

6. 依据 JGJ/T 70—2009,在试验室采用机械搅拌不含外加剂和掺合料的砂浆时,搅拌时间不应少于_____s。

7. 依据 JGJ/T 70—2009,砂浆稠度试验前,应先采用少量_____轻擦滑杆,使滑杆能自由滑动。

8. 依据 JGJ/T 70—2009,砂浆稠度试验,当两次试验值之差大于_____mm 时,应重新取样测定。

9. 依据 JGJ/T 70—2009,砂浆保水性试验中,应将砂浆拌合物_____次装入试模。

10. 依据 JGJ/T 70—2009,砂浆保水性试验中,当装入的砂浆略高于试模边缘时,用抹刀以_____角一次性将试模表面多余的砂浆刮去。

11. 依据 JGJ/T 70—2009,砂浆保水率试验时,当两个测定值之差超过_____%时,试验结果无效。

12. 依据 JGJ/T 70—2009,砂浆含水率试验时,应称取_____±10g 拌合物试样。

13. 依据 JGJ/T 70—2009,砂浆含水率试验结果应精确至_____%。

14. 依据 JGJ/T 70—2009,砂浆立方体抗压强度试件成型时,使用的试模尺寸为_____。

15. 依据 JGJ/T 70—2009,砂浆立方体抗压强度试件成型时,试模内应涂刷薄层机油或_____。

16. 依据 JGJ/T 70—2009,砂浆立方体抗压强度试件成型时,当稠度大于_____mm 时,宜采用人工插捣成型。

17. 依据 JGJ/T 70—2009,砂浆立方体抗压强度试件成型过程,当使用机械振动时,应振动_____s 或持续到表面泛浆为止。

18. 依据 JGJ/T 70—2009,砂浆立方体抗压强度试验,砂浆强度不大于_____MPa 时,加荷速度宜取规定值的下限。

19. 依据 JGJ/T 70—2009,砂浆立方体抗压强度计算公式中,换算系数 K 为_____。

20. 依据 JGJ/T 70—2009,砂浆拉伸粘结强度试验中,拉力试验机最小示值应为_____N。

21. 依据 JGJ/T 70—2009,砂浆拉伸粘结强度试验中,基底水泥砂浆块应采用 JGJ 52 规定的_____砂。

22. 依据 JGJ/T 70—2009,砂浆拉伸粘结强度试验,成型基底水泥砂浆块的配合比按质量计应为水泥:砂:水 =_____。

23. 依据 JGJ/T 70—2009,砂浆拉伸粘结强度试验的每组砂浆试件应制备_____个试件。

24. 依据 JGJ/T 70—2009,砂浆拉伸粘结强度试验结果应精确至_____MPa。

25. 依据 JGJ/T 70—2009,砂浆拉伸粘结强度试验结果,当有效数据不足_____个时,结果应为无效。

26. 依据 JGJ/T 70—2009,砂浆快速法测定分层度试验中,砂浆装入分层度筒后,应振动_____s。

27. 依据 JGJ/T 70—2009,砂浆凝结时间试验,测定贯入阻力值时贯入试针应垂直压入砂浆内部_____mm 深。

28. 依据 JGJ/T 70—2009,砂浆凝结时间试验,测定贯入阻力值时,当贯入阻力值达到_____MPa 时,应改为每 15min 测定一次。

29. 依据 JGJ/T 70—2009,砂浆抗渗性能试验时,应从_____MPa 开始加压。

30. 依据 JGJ/T 98—2010,砌筑砂浆所用水泥宜采用通用硅酸盐水泥或_____。

31. 依据 JGJ/T 98—2010,砌筑砂浆配合比设计时,对于有抗冻性要求的砌体工程,砌筑砂浆应进行_____试验。

32. 依据 JGJ/T 98—2010,砌筑砂浆试配时,对水泥砂浆和水泥混合砂浆,搅拌时间不得少于_____s。

33. 依据 JGJ/T 98—2010,砌筑砂浆试配时至少应采用三个不同的配合比,其中一个配合比应为基准配合比,其余两个配合比的水泥用量应按基准配合比分别增加及减少_____%。

第九节　土

1. 依据 GB/T 50123—2019,土料轻型击实试验制样时,烘干或风干土样需通过筛孔尺寸为_____mm 的标准筛。

2. 依据 GB/T 50123—2019,土料重型击实试验制样时,烘干或风干土样需通过筛孔尺寸为_____mm 的标准筛。

3. 依据 GB/T 50123—2019,土料的轻型击实试验时,从制备好的试样中称取一定量的土料,分_____层倒入击实筒(容积 947.4cm³)内并将土面平整、分层击实,每层击数为_____击。

4. 依据 GB/T 50123—2019,土料的重型击实试验时,从制备好的试样中称取一定量的土料,分_____层倒入击实筒(容积 2103.9cm³)内并将土面平整、分层击实,每层击数为_____击。

5. 依据 JTG 3450—2019,挖坑灌砂法检测压实度,称量储砂筒内剩余砂质量需精确至_____g,称量洞内材料质量需精确至_____g。

6. 依据 JTG 3450—2019,环刀法检测压实度,称取环刀质量需精确至_____g,称取环刀及试样合计质量需精确至_____g。

第十节　防水材料及防水密封材料

1. 依据 GB/T 328.26—2007,建筑防水卷材可溶物含量试验,试件在试验前至少在(23±2)℃和相对湿度 30%~70% 的条件下放置_____h。

2. 依据 GB/T 328.26—2007,建筑防水卷材可溶物含量试验,试件在试样上距边缘
_____ mm 以上任意裁取。

3. 依据 GB/T 328.8—2007,沥青防水卷材拉伸性能测定用试验机应有连续记录力和
对应距离的装置,试验机有足够的量程(至少 2000N),夹具移动速度为_____,夹具宽度
不小于 50mm。

4. 依据 GB/T 328.8—2007,沥青防水卷材拉伸性能测定,试验机的夹具能随着试件拉
力的增加而保持或增加夹具的夹持力,对于厚度不超过 3mm 的产品能夹住试件使其在夹具
中的滑移不超过_____ mm,更厚的产品不超过_____ mm。

5. 依据 GB/T 328.8—2007,沥青防水卷材拉伸性能测定,应将试件紧紧地夹在拉伸试
验机的夹具中,试件长度方向的中线与试验机夹具中心在一条线上,当用引伸计时,试验前
应设置标距间距离为_____ mm。

6. 依据 GB/T 328.8—2007,沥青防水卷材拉伸性能测定,最大拉力单位为 N/50mm,
对应的延伸率用百分率表示,作为试件同一方向结果。分别记录每个方向_____个试件
的拉力值和延伸率,计算平均值。

7. 依据 GB/T 328.8—2007,沥青防水卷材拉伸性能测定,拉力的平均值修约到
_____ N,延伸率的平均值修约到_____ %。

8. 依据 GB/T 328.11—2007,建筑防水卷材规定温度下耐热性的测定,制备好的试件
垂直悬挂在烘箱中的相同高度,间隔至少 _____ mm,放入试件后加热时间为
_____ min。

9. 依据 GB/T 328.9—2007,高分子防水卷材拉伸性能试件方法 A 中矩形试件尺寸为
_____ mm。

10. 依据 GB/T 328.14—2007,沥青防水卷材低温柔性试验的矩形试件尺寸(150±1)
mm×(25±1)mm,试件从试样_____方向上均匀地裁取,长边在卷材的纵向,试件裁取
时应距卷材边缘不少于 150mm。

11. 依据 GB/T 328.15—2007,高分子防水卷材低温弯折性试验试件在低温箱中放置
_____ h 后,弯折试验机从超过 90°的垂直位置到水平位置,1s 内合上,保持该位置 1s,整
个操作过程在低温箱中进行。

12. 依据 GB/T 529—2008,高分子防水片材撕裂强度试验中厚度的测量应在其撕裂区
域内进行,厚度测量不少于三点,取_____。任何一个试样的厚度值不应偏离该试样厚度
中位数的 2%。

13. 依据 GB/T 16777—2008,建筑防水涂料含固量试验,样品(对于固体含量试验不能
添加释剂)搅匀后,取_____ g 的样品倒入已干燥称量的培养皿并铺平底部。

14. 依据 GB/T 16777—2008,建筑防水涂料耐热性试件垂直悬挂在已调节到规定温度
的电热鼓风干燥箱内,试件与干燥箱壁间的距离不小于_____ mm,试件的中心宜与温度
计的探头在同一位置,在规定温度下放置 5h 后取出,观察表面现象。

15. 依据 GB/T 19250—2013,聚氨酯防水涂料不透水性能试验用金属网孔径应为
_____ mm。

16. 依据 GB/T 328.20—2007,建筑防水卷材接缝剥离性能试验,裁取试件时应预先放
置至少 20h,从每个试样上裁取 5 个矩形试件,宽度为_____ mm 并与接头垂直。

17. 依据 GB/T 16777—2008,聚氨酯防水涂料粘结强度试验时,拉伸速度应控制在_____ mm/min。

18. 依据 GB/T 16777—2008,高聚物改性沥青防水涂料粘结强度采用 B 法试验时,结果计算要去除表面未被粘住面积超过_____%的试件,粘结强度以剩下的不少于 3 个试件的算术平均值表示。

19. 依据 GB/T 18445—2012,水泥基渗透结晶性防水涂料抗折、抗压强度试验按GB/T 17671规定进行,试件成型后移入标准养护室养护,1d 后脱模,继续在标准条件下养护,但不能_____。

20. 依据 GB/T 18445—2012,水泥基渗透结晶性防水涂料砂浆湿基面粘结强度试验,试件粘结尺寸为_____ mm,10 个试件为一组。

21. 依据 GB/T 18445—2012,水泥基渗透结晶性防水涂料抗渗性能试验,每次试验同时成型三组试件,每组_____个试件。

22. 依据 JG/T 193—2006,膨润土防水毯在进行单位面积质量试验时喷洒少量水,以防止防水毯裁剪处的膨润土散落,沿长度方向距外层端部_____ mm,沿宽度方向距边距_____ mm 处裁取试样。

23. 依据 GB/T 13477.5—2002,单组分密封材料表干时间试验,将制备好的试件在标准条件下静置一定的时间,然后在试样表面纵向 1/2 处放置聚乙烯薄膜,薄膜上中心位置加放黄铜板。30s 后移去黄铜板,将薄膜以 90°角从试样表面在_____ s 内匀速揭下。相隔适当时间在另外部位重复上述操作,直至无试样粘附在聚乙烯条上为止。记录试件成型后至试样不再粘附在聚乙烯条上所经历的时间。

24. 依据 GB/T 531.1—2008,使用邵氏 A 型硬度计测定硬度时,测量位置距离任一边缘至少_____ mm。

25. 依据 GB/T 531.1—2008,止水带用邵尔 A 型硬度计测定硬度时,试样的厚度至少为_____ mm。

26. 依据 GB/T 7759.1—2015,橡胶止水带压缩永久变形 C 以初始压缩的_____表示。

27. 依据 GB/T 18173.3—2014,体积膨胀率试验方法 I 中,试样浸泡在_____℃的蒸馏水中,浸泡 72h 后,先用天平称出其在蒸馏水中的质量,然后用滤纸轻轻吸干试样表面的水分,称出试样在空气中的质量。

28. 依据 GB/T 13477.3—2017,单组分密封材料从挤出筒中挤出试样,挤出时间为_____ s,用秒表测量该时间,气动挤出后,用天平称量挤出试样的质量,计时结束后从挤出孔内出来的试样数量不计,试验后挤出筒不应是空的。

29. 依据 GB/T 13477.17—2017,单组分密封材料弹性恢复率试验 A 法,将制备好的试件在标准试验条件下放置_____ d。

第十一节　瓷砖及石材

1. 依据 GB/T 3810.4—2016,陶瓷砖进行破坏强度试验前,应将烘干后试样冷却至室温,并在达到室温后_____ h 内进行试验。

2. 依据 GB/T 3810.4—2016,陶瓷砖进行破坏强度试验时,将试样置于支撑棒上,使

_____或_____朝上。

3. 依据 GB/T 3810.3—2016,陶瓷砖吸水率检验有_____法与_____法。

4. 依据 GB/T 3810.3—2016,陶瓷砖吸水率检验使用_____水或_____水。

5. 依据 GB/T 3810.3—2016,陶瓷砖吸水率试验中,将干燥至恒重的砖放入干燥器冷却至室温,不能使用_____干燥剂。

6. 依据 GB/T 3810.3—2016,陶瓷砖煮沸法测定吸水率时,将砖竖直地放在盛有去离子水的加热装置中,使砖互不接触。砖的上部和下部应保持有_____cm 深度的水。

7. 依据 GB/T 3810.4—2016,陶瓷砖做破坏强度测定时,对边长大于_____mm 的砖和一些非矩形的砖,有必要时可进行切割。

8. 依据 GB/T 3810.4—2016,陶瓷砖做断裂模数计算时,应测量试样断裂面的_____厚度。

9. 依据 GB/T 9966.3—2020,天然石材吸水率试验的试样为边长_____mm 的正方体。

10. 依据 GB/T 9966.3—2020,天然石材吸水率试验结果应保留_____位有效数字。

11. 依据 GB/T 9966.2—2020,天然石材弯曲强度试验机的示值相对误差不超过_____%。

12. 依据 GB/T 9966.2—2020,天然石材弯曲强度试验,采用方法 A 中的实际厚度样品,当样品厚度为 15mm 时,试件长度应为_____mm。

13. 依据 GB/T 9966.2—2020,天然石材弯曲强度试验,具有层理的试样应采用_____在试样上标明层理方向。

14. 依据 GB/T 9966.2—2020,天然石材干燥弯曲强度试验,每个层理方向试验为一组,每组试样数量为_____块。

15. 依据 GB/T 9966.2—2020,天然石材干燥弯曲强度试验,试样安装时装饰面应朝_____,使加载过程中试样装饰面处于弯曲拉伸状态。

16. 依据 GB/T 9966.2—2020,天然石材干燥弯曲强度试验,加荷速率应为_____MPa/s。

17. 依据 GB/T 9966.2—2020,天然石材干燥弯曲强度试验,破坏荷载读数精度不低于_____N。

18. 依据 GB/T 9966.2—2020,天然石材冻融循环后弯曲强度试验,应反复冻融_____次。

第十二节　塑料及金属管材

1. 依据 GB/T 1634.1—2019,塑料负荷变形温度试验,每个试样中间 $\frac{1}{3}$ 长度部分任何地方的厚度和宽度都不能偏离平均值的_____%以上。

2. 依据 GB/T 1634.1—2019,塑料负荷变形温度试验,一般情况下每次试验开始时,加热装置温度应低于_____℃。

3. 依据 GB/T 1040.2—2022,模塑和挤塑塑料拉伸性能试验,当使用多用途试样时,试件标距优选_____mm。

4. 依据 GB/T 9345.1—2008,塑料灰分试验,若相关标准中没有规定,则进行二次测定,二次测定结果之差不大于其平均值的_____%。

5. 依据 GB/T 19472.1—2019,聚乙烯双壁波纹管烘箱试验,应取_____ mm 长的管材_____段。

第十三节　预制混凝土构件

1. 依据 GB 50204—2015,预制构件检验数量要求:同一类型预制构件不超过_____个为一批,每批随机抽取_____个构件进行结构性能检验。

2. 依据 GB 50204—2015,预制构件结构性能检验采用均布加载时,荷重块应按区格成垛堆放,垛与垛之间的间隙不宜小于_____ mm,荷重块的最大边长不宜大于_____ mm。

3. 依据 GB 50204—2015,每级加载完成后,预制构件承载力应持续_____ min;在标准荷载作用下,应持续_____ min。

4. 依据 GB 50204—2015,预制构件裂缝宽度宜采用_____ mm 的刻度放大镜等仪器进行观测,也可采用满足精度要求的裂缝检验卡进行观测。

5. 依据 GB/T 50344—2019,静力荷载结构性能检验的_____、_____和测试方法应依据设计要求和构件的实际情况综合确定。

6. 依据 GB 50204—2015,预制墙板宽度及高(厚)的允许偏差为_____ mm。

7. 依据 GB/T 50152—2012,简支梁预制构件采用三分点集中力加载模拟均布荷载加载时挠度修正系数为_____。

8. 依据 GB/T 50784—2013,静载检验可分为结构构件的_____、_____和承载力检验。

9. 依据 GB/T 50784—2013,确定受弯构件弹性挠度曲线,可采用_____法,测点数目不应少于_____个。

10. 依据 GB/T 50152—2012,非实验室条件进行预制构件试验、原位加载试验等受场地、条件限制时,可采用满足试验要求的其他加载方式,加载量值的允许误差为_____%。

11. 依据 GB 50204—2015,进行结构性能检验时,当设计要求的最大裂缝宽度限值为 0.3mm 时,构件检验的最大裂缝宽度允许值为_____ mm。

12. 依据 GB/T 50152—2012,进行结构性能检验时,被检试件的支承装置应有足够的_____、_____和稳定性。

13. 依据 GB/T 50152—2012,进行结构性能检验时,被检试件的支承装置不应产生影响试件_____和_____的变形。

14. 依据 GB/T 50152—2012,进行结构性能检验时结构原位加载试验应采用_____加载确定检测方法。

15. 依据 GB/T 50152—2012,批量生产的预制混凝土构件宜进行_____检验。

16. 依据 GB/T 50152—2012,钢筋混凝土构件和允许出现裂缝的预应力混凝土构件,应进行_____、_____和_____检验。

17. 依据 GB/T 50152—2012,要求不出现裂缝的预应力混凝土构件,应进行_____、_____和_____检验。

18. 依据 GB/T 50152—2012,预制构件进行裂缝宽度检验时,应在使用状态试验荷载值下_____时量测最大裂缝宽度,并取量测结果的最大值作为最大裂缝宽度实测值 $W_{s,max}^o$。

19. 依据 GB/T 50152—2012,对一般梁、板类叠合构件的结构性能检验,后浇层混凝土强度等级宜与底部预制构件相同;厚度宜取底部预制构件厚度的_____倍;当预制底板为预应力板时,还应配置界面抗剪构造钢筋。

20. 依据 GB/T 50152—2012,批量生产的预制混凝土构件,生产单位在批量生产之前宜进行_____检验。

第十四节　预应力钢绞线

1. 依据 GB/T 5224—2023,如无特殊要求,预应力混凝土用钢绞线松弛试验的初始力为实际最大力的_____%,允许使用推算法进行_____h 松弛试验确定1000h 松弛率。

2. 依据 GB/T 21839—2019,预应力钢材的伸直性测量方法是,把预应力钢材放置在间距为_____ m 的两个固定支撑点上,在同一平面内测量出预应力钢材的_____。

3. 依据 GB/T 5224—2023,整根钢绞线的最大力试验,按 GB/T 21839—2019 的规定进行。计算抗拉强度时取钢绞线的_____为应力计算面积。

4. 依据 GB/T 5224—2023,在进行外形尺寸检验中,钢绞线的直径应用分度值不大于_____ mm 的量具测量,测量位置距离端头不小于_____ mm。

5. 依据 GB/T 5224—2023,1×19 结构西鲁式钢绞线的直径应测量钢绞线的_____直径。

6. 依据 GB/T 5224—2023,标记为"预应力钢绞线 1×7 - 15.20 - 1860 - GB/T 5224—2023"的钢绞线的参考截面积是_____ mm²。

7. 对于 1×7－15.20 钢绞线,GB/T 5224—2023 中给出了弹性模量取值为_____ GPa,且可不作为交货条件。

8. 依据 GB/T 5224—2023,钢绞线拉伸试样如在夹头内或距钳口_____倍钢绞线公称直径内断裂,达不到本规范性能要求时,试验无效,应补充样品进行试验,直至获取有效的试验数据。

第十五节　预应力混凝土用锚具夹具及连接器

1. 依据 GB/T 14370—2015,预应力用锚具、夹具和连接器按锚固方式不同,可分为_____、支承式、_____、组合式四种基本类型。

2. 依据 GB/T 14370—2015,试验用锚具、夹具或连接器应采用外观、_____和_____检验合格的产品。组装时不应在锚固件零件上添加或擦除影响锚固性能的介质。

3. 依据 GB/T 14370—2015,多根预应力筋的组装件中各根预应力筋应等长、平行、初应力均匀,其受力长度应不小于_____ m;单根钢绞线的组装件,钢绞线受力长度应不小于_____ m。

4. 依据 GB/T 14370—2015,用预应力钢材-锚具组装件静载试验测定的_____和达到实测极限抗拉力时组装件受力长度的_____来判断锚具静载锚固性能是否合格。

5. 依据 JGJ 85—2010,预应力筋-锚具组装件的破坏形式应是_____的破断,_____不应碎裂。

6. 依据 JGJ 85—2010,在预应力筋-锚具组装件进行静载锚固性能试验中,测量总应变的量具的标距不宜小于_____ m,其标距的不确定度不应大于标距的_____%。

7. 依据 JGJ 85—2010,锚具硬度检验如无明确规定时,锚板宜在_____检测,夹片宜在背面或_____检测。

8. 依据 GB/T 14370—2015,预应力筋-锚具组装件经受_____次疲劳荷载性能试验的循环荷载后,锚具不应发生疲劳破坏,预应力筋因锚具夹持作用发生疲劳破坏的截面面积不应大于组装件中预应力筋总截面面积的_____%。

第十六节　预应力混凝土用波纹管

1. 依据 JT/T 529—2016,预应力混凝土桥梁用塑料波纹管的真实冲击率指_____与_____的比值,以百分数表示。

2. 依据 JT/T 529—2016,预应力混凝土桥梁用圆形塑料波纹管环刚度不应小于_____ kN/m²,扁形塑料波纹管环刚度不应小于_____ kN/m²。

3. 依据 JT/T 529—2016,预应力混凝土桥梁用塑料波纹管按规范要求反复弯曲_____次后,采用专用_____塞规,应能顺利地从塑料波纹管节中通过。

4. 依据 JT/T 529—2016,预应力混凝土桥梁用塑料波纹管试样试验前在_____℃环境下放置_____ h 以上。

5. 依据 JT/T 529—2016,预应力混凝土桥梁用塑料波纹管进行环刚度试验时,按GB/T 9647的规定进行,上压板下降速度为_____ mm/min。当试样垂直方向内径变形量为原内径(或扁形管节短轴)的_____%时,记录此时试样所受荷载。

6. 依据 JT/T 529—2016,预应力混凝土桥梁用塑料波纹管进行局部横向荷载试验时,在 30s 内达到规定荷载值持荷_____ min 后,观察试样表面是否破裂。卸荷 5min 后,在加载处测量塑料波纹管管节外径(或扁形管节短轴)变形量。

7. 依据 JG/T 225—2020,预应力混凝土用金属波纹管进行抗渗漏性能检验时,在承受规定的局部横向荷载作用后或在规定的弯曲情况下,金属波纹管不应渗出_____。

8. 依据 JG/T 225—2020,预应力混凝土用金属波纹圆管进行局部横向荷载检验时,在承受规定的局部横向荷载作用_____ N 时,波纹管不应出现_____、_____等现象,且变形量应符合规范要求。

第十七节　材料中有害物质

1. 依据 GB 6566—2010,建筑材料放射性试验用到的设备是_____能谱仪。

2. 依据 GB 33372—2020,水基型胶粘剂 VOC 含量测定时,需称取搅拌均匀后的试样重量为_____。

3. 依据 GB/T 18446—2009,气相色谱法检测油漆中二异氰酸酯单体的含量,样品应储存在_____、干燥、暗处。

4. 依据 GB 18588—2001,混凝土外加剂中释放氨的量应小于等于_____%(质量分数)。

第十八节　建筑消能减震装置

1. 依据 JG/T 209—2012,建筑消能阻尼器定义为安装在建筑物中,用于_____与_____由风、地震、移动荷载和动力设备等引起的结构振动能量的装置。

2. 依据 JG/T 209—2012,黏滞阻尼器极限位移实测值不应小于设计容许位移的_____%,当最大位移大于或等于_____ mm 时实测值不应小于黏滞阻尼器设计容许位移的_____%。

3. 依据 JG/T 209—2012,黏滞阻尼器耐久性试验要求阻尼器在试验后无_____、无_____。

4. 依据 JG/T 209—2012,金属屈服型阻尼器各部件尺寸偏差不得超过产品设计值的_____ mm。

5. 依据 JG/T 209—2012,金属屈服型阻尼器疲劳循环次数应大于等于_____次。

第十九节　建筑隔震装置

1. 依据 JG/T 118—2018,不同使用要求的建筑隔震橡胶支座可有不同的叠层结构、尺寸、制造工艺和配方设计。建筑隔震橡胶支座应满足所需要的_____、竖向和水平刚度、水平变形能力、阻尼比等性能要求,并应具有不少于_____年的使用寿命。

2. 依据 JG/T 118—2018,隔震支座竖向压缩刚度实测值允许偏差为_____%;平均值允许偏差为_____%。

3. 依据 JG/T 118—2018,隔震支座竖向拉伸刚度实测值允许偏差为_____%;平均值允许偏差为_____%。

4. 依据 JG/T 118—2018,隔震天然橡胶支座水平等效刚度水平滞回曲线在正向、负向应具有对称性,正负向最大变形和剪力的差异应不大于_____%;实测值允许偏差为_____%;平均值允许偏差为_____%。

5. 依据 JG/T 118—2018,隔震铅芯橡胶支座屈服后水平刚度水平滞回曲线在正、负向应具有对称性,正负向最大变形和剪力的差异应不大于_____%;实测值允许偏差为_____%;平均值允许偏差为_____%。

6. 依据 JG/T 118—2018,隔震高阻尼橡胶支座等效阻尼比,实测值允许偏差为_____%;平均值允许偏差为_____%。

7. 依据 JG/T 118—2018,隔震支座水平极限变形能力试验,被试支座在一定竖向压应力作用下,水平向缓慢或分级加载,往复一次,绘出_____曲线,同时观察支座四周表现,当支座外观出现_____时,视为破坏。

8. 依据 JG/T 118—2018,隔震支座水平极限变形能力试验,测量水平极限变形能力的竖向压应力,当第二形状系数不小于 5 时,型式检验取_____ MPa,出厂检验取设计压应力;当第二形状系数不小于 4 且小于 5 时,竖向压应力降低_____%;当第二形状系数不小于 3 且小于 4 时,竖向压应力降低_____%。

9. 依据 GB/T 37358—2019,按照滑动摩擦面结构形式,可将摩擦摆隔震支座分为两类,Ⅰ型为_____;Ⅱ型为_____。

第二十节　铝塑复合板

1. 依据 GB/T 22412—2016,普通装饰用铝塑复合板 180°剥离强度按 GB/T 2790 的规定进行,当试件刚度不足时,可在_____面进行增强处理。

2. 依据 GB/T 22412—2016,铝塑复合板试验前,试件应在 GB/T 2918 规定的标准环境下放置_____h,除特殊规定外,试验也应该在该条件下进行。

3. 依据 GB/T 1457—2022,铝塑复合板滚筒剥离强度试验用滚筒剥离装置的滚筒直径为_____ mm,滚筒凸缘直径为(125±0.10)mm,采用铝合金材料制作,质量不超过_____kg;滚筒应沿轴平衡,用加工减轻孔或平衡块来平衡;加载带为柔韧的钢带或索。

4. 依据 GB/T 17748—2016,在制备铝塑板滚筒剥离试样时,试件边部距产品边部距离应大于_____ mm。

第二十一节　木材料及构配件

1. 依据 GB/T 1927.14—2022,木材顺纹抗拉强度试验的原理是沿试样_____方向,以均匀速度施加拉力至破坏,求出强度。

2. 依据 GB/T 1927.11—2022,木材顺纹抗压强度试验的原理是沿木材_____方向以均匀速度施加压力至破坏,以确定木材的抗压强度。

3. 依据 GB/T 1927.11—2022,木材顺纹抗压强度试样横截面为_____形。

4. 依据 GB/T 1927.9—2021,木材抗弯强度测定原理是在试样测试跨距的_____,以均匀速度加荷至破坏,通过测试中的最大荷载求出木材的抗弯强度。

5. 依据 GB/T 1927.9—2021,木材抗弯强度测定时,测试跨距应为_____ mm。

6. 依据 GB/T 1927.9—2021,木材抗弯强度测定时,试样尺寸为_____。

第二十二节　加固材料

1. 依据 GB/T 2567—2021,树脂浇铸体外观检查检验时,每组有效试样不少于_____个。

2. 依据 GB/T 7124—2008,胶粘剂拉伸剪切强度试验时,将试样对称地夹在夹具上,夹持处至距离最近的粘结端的距离为_____ mm。

第二十三节　焊接材料

1. 依据 GB/T 2652—2022,除非另有规定,熔敷金属拉伸室温试验应在_____℃范围内进行。

2. 依据 GB/T 4336—2016,火花放电原子发射光谱法测定碳素钢和中低合金钢多元素含量试验,校准曲线法是在所选定的工作条件下,激发一系列标准样品,原则上使用_____个水平以上的标准样品,每个样品至少激发_____次,绘制分析元素的发光强度(或强度比)与含量(或含量比)的关系曲线。

第三章 单项选择题

第一节 水 泥

1. 依据 GB 175—2023,通用硅酸盐水泥按 _____ 的品种和掺量分为硅酸盐水泥、普通硅酸盐水泥、矿渣硅酸盐水泥、火山灰质硅酸盐水泥、粉煤灰硅酸盐水泥和复合硅酸盐水泥。（　　）

A. 原材料　　　　B. 硅酸盐熟料　　　C. 混合材料　　　　D. 原材料的矿物成份

2. 依据 GB 175—2023,普通硅酸盐水泥的代号为 _____。（　　）

A. P·Ⅰ　　　　B. P·Ⅱ　　　　C. P·O　　　　D. P·P

3. 依据 GB/T 1346—2011,水泥初凝时间测定时,试件在湿气养护箱中养护至加水后 _____ 进行第一次测定。（　　）

A. 15min　　　B. 30min　　　C. 45min　　　D. 60min

4. 依据 GB/T 17671—2021,关于水泥胶砂试体带模养护,以下要求不正确的是 _____。（　　）

A. 养护 24h

B. 温度(20±2)℃、相对湿度不低于 90%

C. 温度(20±1)℃、相对湿度不低于 90%

D. 养护箱的温度和湿度在工作期间至少每 4h 记录一次

5. 依据 GB/T 17671—2021,下列关于水泥胶砂试件养护池和试件在水中养护,不正确的说法是 _____。（　　）

A. 养护池(带篦子)的材料不应与水泥发生反应

B. 试体养护池水温度应保持在(20±1)℃

C. 试体养护池的水池温度在工作期间每天至少记录一次

D. 每个养护池可养护不同类型的水泥试体

6. 依据 GB/T 17671—2021,水泥试体成型试验室的温度应保持在 _____,相对湿度应不低于 50%。（　　）

A. (20±1)℃　　　B. (20±2)℃　　　C. (20±3)℃　　　D. (23±2)℃

7. 依据 GB/T 17671—2021,水泥抗折强度试验时,试验机的加荷速度为 _____。（　　）

A. (50±10)N/s　　　　　　　　B. (50±20)N/s

C. (100±10)N/s　　　　　　　D. (100±20)N/s

8. 依据 GB/T 17671—2021，水泥抗压强度试验时，试验机的加荷速度为_____。（　　）

　　A.(2000±100)N/s　　　　　　　　B.(2000±200)N/s

　　C.(2400±100)N/s　　　　　　　　D.(2400±200)N/s

9. 依据 GB/T 17671—2021，水泥胶砂强度检验方法（ISO）规定，制备水泥胶砂试样的水泥、标准砂、水的质量比为_____。（　　）

　　A. 1∶2∶0.5　　　B. 1∶2.5∶0.5　　　C. 1∶3∶0.5　　　D. 1∶3∶1

10. 依据 GB/T 176—2017，水泥氯离子的测定——硫氰酸铵容量法（基准法），如果滴定时消耗硫氰酸铵标准滴定溶液的体积小于 0.5mL，需重新试验的样品量应为_____。（　　）

　　A. 5g　　　　　　B. 2.5g　　　　　　C. 4g　　　　　　D. 2g

第二节　钢筋（含焊接与机械连接）

1. 依据 GB/T 228.1—2021，钢筋拉伸试验一般应在 _____ 温度条件下进行。（　　）

　　A.(23±5)℃　　　B. 0～35℃　　　　C. 5～40℃　　　　D. 10～35℃

2. 依据 GB/T 28900—2022，当产品标准没有规定人工时效工艺时，可采用下列工艺条件：加热试样到_____，在_____下保温 60～75min，然后在静止的空气中自然冷却到室温。（　　）

　　A. 100℃，(100±10)℃　　　　　　B. 100℃，(100±5)℃

　　C. 110℃，(110±5)℃　　　　　　D. 110℃，(110±5)℃

3. 依据 GB/T 228.1—2021，在进行钢筋拉伸试验时，所用万能试验机测力计示值误差不大于极限荷载的_____。（　　）

　　A. ±5%　　　　　B. ±2%　　　　　C. ±1%　　　　　D. ±3%

4. 依据 GB/T 13788—2017，冷轧带肋钢筋做弯曲试验时，取样数量为_____。（　　）

　　A. 每盘1个　　　B. 每盘2个　　　C. 每批1个　　　D. 每批2个

5. 依据 GB/T 13788—2017，冷轧带肋钢筋做拉伸试验时，取样数量为_____。（　　）

　　A. 每盘1个　　　B. 每盘2个　　　C. 每批1个　　　D. 每批2个

6. 依据 GB/T 1499.2—2018，钢筋冷弯试验时，试样弯曲到规定的弯曲角度，然后观察_____是否有裂纹、起皮或断裂等现象，评定钢筋的冷弯性能。（　　）

　　A. 钢筋受弯曲内表面　　　　　　B. 钢筋受弯曲外表面

　　C. 钢筋受弯曲处两侧表面　　　　D. 钢筋受弯曲部位表面

7. 依据 GB/T 1499.2—2018，钢筋拉伸和冷弯检验，如有某一项试验结果不符合标准要求，则从同一批中任取_____倍数量的试样进行该不合格项目的复验。（　　）

　　A. 2　　　　　　B. 3　　　　　　C. 4　　　　　　D. 1

8. 依据 GB/T 1499.2—2018，热轧带肋钢筋按_____分为 400、500、600 级。（　　）

　　A. 屈服强度　　　　　　　　　　　　B. 抗拉强度

　　C. 屈服强度特征值　　　　　　　　　D. 抗拉强度特征值

9. 依据 GB/T 1499.2—2018，热轧带肋钢筋"弯曲"项目检验的取样方法为_____（　　）。

　　A. 不同的两根（盘）钢筋切取　　　　B. 任选三根钢筋切取

　　C. 随机选取两根钢筋切取　　　　　　D. 随机选取三根钢筋切取

10. 依据 GB/T 1499.2—2018，钢筋内径的测量应精确到_____ mm。（　　）

　　A. 0.1　　　　　　B. 0.25　　　　　　C. 0.5　　　　　　D. 1

11. 依据 GB/T 1499.2—2018，HRB600 钢筋推荐采用_____方式进行连接。（　　）

　　A. 钢筋闪光对焊　　B. 电渣压力焊　　C. 机械连接　　D. 灌浆套筒连接

12. 依据 JGJ/T 27—2014，HRB400 公称直径 28mm 钢筋闪光对焊焊接接头弯曲试验应选用的弯曲压头直径应为_____ mm。（　　）

　　A. 140　　　　　　B. 168　　　　　　C. 112　　　　　　D. 216

13. 依据 GB/T 1499.2—2018，热轧带肋钢筋在进行重量偏差检测时，切取的试样长度应不小于_____ mm。（　　）

　　A. 300　　　　　　B. 400　　　　　　C. 500　　　　　　D. 1000

14. 依据 GB/T 1499.2—2018，有抗震要求的热轧带肋钢筋实测下屈服强度与标准规定的屈服强度特征值之比不大于_____。（　　）

　　A. 1.05　　　　　　B. 1.25　　　　　　C. 1.30　　　　　　D. 1.35

15. 依据 GB/T 228.1—2021，试验测定的性能结果数值应按照相关产品标准的要求进行修约。如未规定具体要求，则强度性能值修约至_____。（　　）

　　A. 1MPa　　　　　B. 5MPa　　　　　C. 10MPa　　　　　D. 0.1MPa

16. 依据 GB/T 1499.2—2018，HRB400 公称直径为 32mm 钢筋的冷弯试验时弯曲压头直径应为_____。（　　）

　　A. 4d　　　　　　B. 5d　　　　　　C. 6d　　　　　　D. 7d

17. 依据 GB/T 1499.2—2018，HRB400E 公称直径为 28mm 钢筋反向弯曲试验时，应先正向弯曲 90°，再反向弯曲_____。（　　）

　　A. 90°　　　　　　B. 60°　　　　　　C. 45°　　　　　　D. 20°

18. 依据 GB/T 228.1—2021，钢筋拉伸试验最大力总延伸率、断后伸长率可使用_____级或优于_____级准确度的引伸计。（　　）

　　A. 1，2　　　　　　B. 2，2　　　　　　C. 2，1　　　　　　D. 1，1

19. 依据 GB/T 228.1—2021，钢材拉伸试验时，当钢材的弹性模量大于 150GPa 时，测定上屈服强度拉伸的应力速率最大不应超过_____ N/mm² · s⁻¹。（　　）。

　　A. 2　　　　　　　B. 6　　　　　　　C. 20　　　　　　　D. 60

20. 依据 JGJ 355—2015（2023 年版），套筒灌浆连接的钢筋应采用符合现行国家标准 GB/T 1499.2、GB 13014 要求的带肋钢筋；钢筋直径不宜小于_____ mm，且不宜大于_____ mm。（　　）

　　A. 14，32　　　　　B. 12，40　　　　　C. 14，40　　　　　D. 12，32

21. 依据 JGJ 107—2016，钢筋连接工程现场检验连续_____个验收批抽样试件抗拉

强度试验一次合格率为 100% 时,验收批接头数量可扩大 1 倍。(　　)

A. 5　　　　　　B. 8　　　　　　C. 10　　　　　　D. 15

22. 依据 JGJ 107—2016,施工现场随机抽检的钢筋机械连接接头试件的抗拉强度试验应采用零到破坏_____加载制度。(　　)

A. 一次　　　　B. 二次　　　　C. 三次　　　　D. 四次

23. 依据 JGJ 107—2016,Ⅲ级钢筋机械连接接头试件抗拉强度应不小于被连接钢筋屈服强度标准值 f_{yk} 的_____倍。(　　)

A. 1　　　　　　B. 1.1　　　　C. 1.25　　　　D. 1.5

24. 依据 JGJ 18—2012,钢筋焊接接头力学性能试验,2 个试件断于钢筋母材,呈延性断裂,其抗拉强度不小于钢筋母材抗拉强度标准值;另 1 个试件断于焊缝处,呈脆性断裂,抗拉强度大于钢筋母材抗拉强度标准值。评定该组接头试件_____。(　　)

A. 复验　　　　B. 合格　　　　C. 不合格品　　　　D. 废品

第三节　骨料、集料

1. 依据 JGJ 52—2006,中砂的细度模数范围为_____。(　　)

A. 2.0~3.0　　B. 2.1~3.0　　C. 2.3~3.0　　D. 2.2~3.1

2. 依据 JGJ 52—2006,配制混凝土时宜优先选用_____砂。(　　)

A. Ⅰ区　　　　B. Ⅱ区　　　　C. Ⅲ区　　　　D. Ⅳ区

3. 依据 JGJ 52—2006,砂的筛分析试验所需试样的最少取样质量为_____g。(　　)

A. 4400　　　　B. 3000　　　　C. 4000　　　　D. 4500

4. 依据 JGJ 52—2006,对于有抗冻、抗渗或其他特殊要求的小于或等于 C25 混凝土用砂,其含泥量不应大于_____。(　　)

A. 1.0%　　　　B. 2.0%　　　　C. 3.0%　　　　D. 4.0%

5. 依据 JGJ 52—2006,砂的含泥量试验标准法不适用于_____砂的含泥量检验。(　　)

A. 粗　　　　　B. 中　　　　　C. 细　　　　　D. 特细

6. 依据 JGJ 52—2006,对于有抗冻、抗渗或其他特殊要求的小于或等于 C25 混凝土用砂,其泥块含量不应大于_____。(　　)

A. 0.5%　　　　B. 1.0%　　　　C. 1.5%　　　　D. 2.0%

7. 依据 JGJ 52—2006,人工砂及混合砂中的石粉含量的测定,亚甲蓝试验结果 MB 值大于等于_____时,则判定为以泥粉为主的石粉。(　　)

A. 1.0　　　　　B. 1.2　　　　C. 1.4　　　　D. 2.0

8. 依据 JGJ 52—2006,人工砂的总压碎值指标应小于_____。(　　)

A. 10%　　　　B. 15%　　　　C. 20%　　　　D. 30%

9. 依据 JGJ 52—2006,对于钢筋混凝土用砂,其氯离子含量(以干砂的质量百分率计)不得大于_____。(　　)

A. 0.02%　　　B. 0.03%　　　C. 0.06%　　　D. 0.10%

10. 依据 JGJ 52—2006，对于预应力混凝土用砂，其氯离子含量（以干砂的质量百分率计）不得大于_____。（   ）

A. 0.02%　　　　　B. 0.03%　　　　　C. 0.06%　　　　　D. 0.10%

11. 依据 JGJ 52—2006，最大粒径 31.5mm 碎石或卵石，针片状含量试验所需试样的最少取样质量为_____kg。（   ）

A. 40　　　　　　B. 20　　　　　　C. 15　　　　　　D. 12

12. 依据 JGJ 52—2006，碎石或卵石计算累计筛余（该筛的分计筛余与筛孔大于该筛的各筛的分计筛余百分率之总和），应精确至_____。（   ）

A. 0.01%　　　　　B. 0.1%　　　　　C. 1%　　　　　　D. 5%

13. 依据 JGJ 52—2006，对于有抗冻、抗渗或其他特殊要求的混凝土，其所用碎石或卵石中含泥量不应大于_____。（   ）

A. 0.5%　　　　　B. 1.0%　　　　　C. 1.5%　　　　　D. 2.0%

14. 依据 JGJ 52—2006，对于有抗冻、抗渗或其他特殊要求的强度等级小于 C30 的混凝土，其所用碎石或卵石中泥块含量不应大于_____。（   ）

A. 0.5%　　　　　B. 1.0%　　　　　C. 1.5%　　　　　D. 2.0%

15. 依据 JGJ 52—2006，碎石或卵石压碎指标试验，置圆筒于底盘上，取试样一份，分_____层装入筒内。（   ）

A. 一　　　　　　B. 二　　　　　　C. 三　　　　　　D. 四

16. 依据 JGJ 52—2006，砂表观密度（标准法）试验，称取烘干的试样_____，装入盛有半瓶冷开水的容量瓶中。（   ）

A. 200g　　　　　B. 300g　　　　　C. 500g　　　　　D. 1000g

17. 依据 JGJ 52—2006，对于长期处于潮湿环境的重要混凝土结构用砂，应进行骨料的碱活性检验，判断为有潜在危害时，应控制混凝土中的碱含量不超过_____。（   ）

A. 1kg/m³　　　　B. 2kg/m³　　　　C. 3kg/m³　　　　D. 4kg/m³

18. 依据 JGJ 52—2006，轻物质是指砂中表观密度小于_____kg/m³ 的物质。（   ）

A. 2400　　　　　B. 2000　　　　　C. 1800　　　　　D. 2600

19. 依据 JGJ 52—2006，砂中硫酸盐含量结果，以两次试验的算术平均值作为测定值，当两次试验结果之差大于_____时，须重做试验。（   ）。

A. 0.10%　　　　　B. 0.15%　　　　　C. 0.20%　　　　　D. 0.30%

20. 依据 JGJ 52—2006，碎石或卵石坚固性试验所需试剂为_____。（   ）
A. 氢氧化钠　　　B. 硫酸　　　　　C. 无水硫酸钠　　D. 盐酸

21. 依据 JGJ 52—2006，碎石表观密度标准法试验中，称取后的试样应首先浸水_____h。（   ）

A. 4　　　　　　　B. 8　　　　　　C. 12　　　　　　D. 24

22. 依据 JGJ 52—2006，测定碎石的堆积密度时，铁锹的齐口至容量筒上口的距离应保持为_____mm 左右。（   ）

A. 100　　　　　　B. 50　　　　　　C. 80　　　　　　D. 150

第四节 砖、砌块、瓦、墙板

1. 依据 GB/T 2542—2012,砖抗折试验选取的试验样品数量为_____。( )

A. 5 块 B. 8 块 C. 10 块 D. 12 块

2. 依据 GB/T 4111—2013,六面体混凝土砌块抗折强度试验样品数量为_____。( )

A. 5 块 B. 8 块 C. 10 块 D. 12 块

3. 依据 GB/T 4111—2013,混凝土砌块抗渗试验样品要求为_____。( )

A. 3 个直径 100mm 圆柱体试件 B. 5 个直径 100mm 圆柱体试件

C. 3 个直径 50mm 圆柱体试件 D. 5 个直径 50mm 圆柱体试件

4. 依据 GB/T 36584—2018,以下哪个不是瓦耐急冷急热性试验使用的设备_____。( )

A. 烘箱 B. 冷水槽 C. 温度计 D. 天平

第五节 混凝土及拌合用水

1. 依据 GB/T 50081—2019,立方体抗压强度小于 30MPa 时,抗压试验加荷速度宜为_____。( )

A. 0.1～0.3MPa/s B. 0.3～0.5MPa/s

C. 0.5～0.8MPa/s D. 0.8～1.0MPa/s

2. 依据 GB/T 50081—2019,混凝土立方体抗压强度试件标准尺寸为_____。( )

A. 100 mm×100 mm×100 mm B. 150 mm×150 mm×150 mm

C. 200 mm×200 mm×200 mm D. 70.7 mm×70.7 mm×70.7 mm

3. 依据 GB/T 50081—2019,混凝土抗折强度试验时的标准试件尺寸为_____。( )

A. 100mm×100mm×400mm B. 100mm×100mm×100mm

C. 150mm×150mm×300mm D. 150mm×150mm×550mm

4. 依据 GB/T 50081—2019,一组混凝土立方体抗压试件中,最大值和最小值与中间值的差均超过中间值的 15%,则该组试件强度值为_____。( )

A. 取最小值 B. 取三块的平均值

C. 取中间值的 85% D. 结果无效

5. 依据 GB/T 50081—2019,混凝土试件拆模后应立即放在温度、相对湿度分别为_____的标养室养护。( )

A.(20±1)℃,95%以上 B.(20±2)℃,95%以上

C.(20±2)℃,90%以上 D.(20±1)℃,90%以上

6. 依据 GB/T 50081—2019,混凝土试件各边长、直径和高的尺寸公差不得超过_____,相邻面间的夹角为 90°,其公差不得超过_____。( )

A. 0.01d,1.0°   B. 0.005d,1.5°   C. 1mm,0.5°   D. 2mm,0.3°

7. 依据 GB/T 50082—2009,混凝土抗水渗透性能试验(逐级加压法)试验时,水压应从 0.1MPa 开始,以后应每隔_____增加 0.1MPa 水压,并应随时观察试件端面渗水情况。( )

A. 6h   B. 10h   C. 8h   D. 5h

8. 依据 GB/T 50080—2016,混凝土拌合物坍落度和坍落扩展度值测量精确至_____。( )

A. 1mm   B. 5mm   C. 1cm   D. 5cm

9. 依据 GB/T 50080—2016,混凝土坍落度试验,拌合物分_____层装入。( )

A. 1   B. 2   C. 3   D. 4

10. 依据 GB/T 50080—2016,坍落度试验宜用骨料最大公称粒径不大于_____、坍落度不小于_____的混凝土拌合物坍落度测定。( )

A. 40mm,40mm   B. 40mm,10mm   C. 20mm,10mm   D. 20mm,20mm

11. 依据 GB/T 50476—2019,配筋混凝土中氯离子含量用单位体积混凝土中氯离子与胶凝材料的重量比表示,其中预应力混凝土中氯离子的最大含量不超过_____。( )

A. 0.3%   B. 0.2%   C. 0.06%   D. 0.1%

12. 依据 GB/T 50081—2019,测定混凝土静力受压弹性模量时,棱柱体标准试件的尺寸为_____。( )

A. 100mm×100mm×300mm   B. 200mm×200mm×400mm

C. 150mm×150mm×300mm   D. 100mm×100mm×100mm

13. 依据 GB/T 50082—2009,混凝土慢冻法抗冻试验,每_____次循环对冻融试件进行一次外观观察,当出现严重破坏时,应立即进行称重。( )

A. 10   B. 20   C. 25   D. 30

14. 依据 GB/T 50080—2016,混凝土拌合物表观密度试验结果精确至_____。( )

A. 1kg/m³   B. 5kg/m³   C. 10kg/m³   D. 20kg/m³

15. 依据 JGJ 55—2011,普通混凝土的干表观密度为_____kg/m³。( )

A. 2600~2800   B. 2000~2600   C. 2000~2800   D. 2000~3000

16. 依据 GB/T 23439—2017,测定混凝土膨胀剂限制膨胀率脱模时间以试体的抗压强度达到_____MPa 的时间确定。( )

A.(10±3)   B.(10±2)   C.(5±3)   D.(5±2)

17. 依据 JGJ 55—2011,抗渗混凝土是抗渗等级等于或大于_____的混凝土。( )

A. P4   B. P6   C. P8   D. P10

18. 依据 GB/T 50080—2016,混凝土拌合物未校正的含气量应以两次测量结果的平均值作为试验结果,两次测量结果的含气量相差大于_____时,应重新试验。( )

A. 0.5%   B. 1.0%   C. 0.2%   D. 0.8%

19. 依据 JGJ 55—2011,混凝土配合比设计时,采用查表法选择砂率,应考虑_____。( )

A. 坍落度

B. 水胶比和粗集料最大公称粒径

C. 水胶比和粗集料品种及最大公称粒径

D. 粗集料品种及最大公称粒径

20. 依据 JGJ 55—2011,配制抗渗混凝土时,细骨料宜采用中砂,含泥量不得大于_____%,泥块含量不得大于_____%。（　　）

　　A. 2.0,0.5　　　　B. 2.0,1.0　　　　C. 3.0,1.0　　　　D. 3.0,2.0

21. 依据 JGJ 55—2011,混凝土试配时应采用三个不同的配合比,依据 JGJ 55 规定,其中一个配合比为试拌配合比,另外两个配合比的水胶比宜较试拌配合比分别增加和减少_____,用水量应与试拌配合比相同,砂率可分别增加和减少_____。（　　）

　　A. 0.04,1%　　　B. 0.05,1%　　　C. 0.04,2%　　　D. 0.05,2%

22. 依据 JGJ 55—2011,关于高强混凝土,不正确的是_____。（　　）

A. 水泥用量不宜大于 550kg/m^3

B. 水泥应选用硅酸盐水泥或普通硅酸盐水泥

C. 强度等级为 C60 及其以上的混凝土

D. 宜采用减水率不小于 25% 的高性能减水剂

23. 依据 JGJ 55—2011,C35 混凝土配合比设计过程中,经统计混凝土强度标准差计算值为 2.5MPa 时,混凝土强度标准差应取_____。（　　）

　　A. 3.0MPa　　　　B. 2.5MPa　　　　C. 4.0MPa　　　　D. 5.0MPa

24. 依据 JGJ 55—2011,对于有抗冻、抗渗要求的混凝土,其所用碎石或卵石中泥块含量不得大于_____。（　　）

　　A. 1.0%　　　　B. 2.0%　　　　C. 1.5%　　　　D. 0.5%

25. 依据 JGJ 55—2011,设计强度等级为 C30 的普通混凝土,混凝土强度标准差为 5.0MPa 时,其配制强度应不小于_____。（　　）

　　A. 36.6MPa　　　B. 38.2MPa　　　C. 26.2MPa　　　D. 48.2MPa

26. 依据 GB/T 50082—2009,当试件的质量损失率达到_____时,可停止其冻融循环试验。（　　）

　　A. 5%　　　　　B. 10%　　　　　C. 15%　　　　　D. 20%

27. 依据 JGJ 55—2011,某混凝土配合比坍落度为 90mm 的用水量为205kg/m^3,现要求其坍落度为 150mm,掺加减水剂的减水率为 20%,其实际用水量为_____。（　　）

　　A. 176kg/m^3　　　B. 194kg/m^3　　　C. 205kg/m^3　　　D. 220kg/m^3

28. 依据 JGJ 63—2006,钢筋混凝土使用拌合用水的 pH 值（酸碱度）应不小于_____。（　　）

　　A. 7　　　　　　B. 5　　　　　　C. 4.5　　　　　D. 6

第六节　混凝土外加剂

1. 依据 GB 8076—2008,某混凝土外加剂三批混凝土的减水率分别为 13.0%、14.0%、17.0%、则该砼外加剂的减水率为_____。（　　）

A. 14%　　　　　B. 15%　　　　　C. 13%　　　　　D. 14.0%

2. 依据 GB/T 8077—2023,混凝土外加剂 pH 值测定时,固体样品溶液的浓度为_____。(　　)

A. 10g/L　　　　B. 20g/L　　　　C.(10±1)g/L　　D. 20±1g/L

3. 依据 GB/T 8077—2023,混凝土外加剂测定密度时,被测溶液的温度为_____。(　　)

A.(20±1)℃　　　B.(20±2)℃　　　C.(20±3)℃　　　D. 20℃

4. 依据 GB/T 8077—2023,采用手工筛析法测定混凝土外加剂细度时,采用孔径为0.315mm 或者_____的试验筛,其中_____的试验筛适用于膨胀剂。(　　)

A. 0.630mm,0.315mm　　　　　　B. 1.180mm,0.315mm

C. 0.630mm,0.630mm　　　　　　D. 1.180mm,1.180mm

5. 依据 GB 8076—2008,掺高性能减水剂或泵送剂的基准混凝土和受检混凝土的单位水泥用量为_____kg/m³。(　　)

A. 390　　　　　B. 330　　　　　C. 360　　　　　D. 380

6. 依据 GB 8076—2008,凝结时间测试时,将砂浆试样筒置于贯入阻力仪上,测针端部与砂浆表面接触,然后在_____内均匀地使测针贯入砂浆(25±2)mm 深度。(　　)

A.(5±2)s　　　　B. 5~10s　　　　C.(10±2)s　　　D. 10s

7. 依据 GB 8076—2008,1h 含气量经时变化量指标中的"+"号表示含气量_____。(　　)

A. 增加　　　　　B. 减少　　　　　C. 没变化　　　　D. −5%

8. 依据 GB 8076—2008,混凝土外加剂含固量应符合_____规定的限值。(　　)

A. GB 8076　　　B. GB/T 8077　　C. GB/T 50081　　D. 生产厂控制值

9. 依据 GB/T 23439—2017,混凝土膨胀剂各龄期限制膨胀率取_____作为限制膨胀率的测量结果,计算值精确至 0.001%。(　　)

A. 3 个试件侧定值的平均值　　　　B. 相近的 2 个试件侧定值的平均值

C. 中间值　　　　　　　　　　　　D. 最大值与最小值的平均值

10. 依据 GB 8076—2008,基准混凝土和受检混凝土进行泌水率试验时,自抹面开始计算时间,在前 60min,每隔 10min 用吸液管吸出泌水一次,之后每隔_____min 吸水一次,直至连续三次无泌水为止。(　　)

A. 20　　　　　　B. 30　　　　　　C. 10　　　　　D. 5

11. 依据 GB 8076—2008,对于有耐久性要求的混凝土,应控制外加剂中碱的数量和_____。(　　)

A. 碱含量　　　B. 氯离子含量　　C. 碱性无机物含量　D. 氨含量

12. 依据 GB 8076—2008,受检混凝土的相对耐久性指标为_____。(　　)

A. 强制性指标　　B. 推荐性指标　　C. 不做要求　　　D. 生产厂商控制值

13. 依据 GB 8076—2008,某砼外加剂三批混凝土拌合物的含气量分别为 3.2%、4.2%、3.5%,则该砼外加剂的含气量为_____。(　　)

A. 4.0%　　　　　B. 3.6%　　　　　C. 3.5%　　　　　D. 无效重做

14. 依据 GB 8076—2008,泵送剂坍落度 1h 经时变化量的三次试验结果分别是 95mm、

80mm、75mm,则该泵送剂坍落度 1h 经时变化量为_____mm。( )

    A. 105   B. 80   C. 75   D. 90

    15. 依据 GB/T 8077—2023,混凝土外加剂硫酸钠含量重量法测定的原理为,氯化钡溶液与外加剂试样中的硫酸盐生成溶解度极小的_____沉淀,称量经高温灼烧后的沉淀来计算硫酸钠的含量。( )

    A. 氯化银   B. 硝酸银   C. 硫酸钡   D. 碳酸钡

    16. 依据 GB/T 50082—2009,混凝土外加剂收缩试验应在恒温恒湿环境中进行,恒温恒湿室应能使室温保持在(20±2)℃,相对湿度保持在_____%。( )

    A.(60±5)   B.(60~80)   C.(70±5)   D.(45~75)

    17. 依据 GB 8076—2008,混凝土外加剂的总碱量指标要求_____。( )

    A. 应在 GB 8076 所控制范围内   B. 应控制在 $D±0.02$

    C. 不超过生产厂控制值   D. 应控制在 $0.90S~1.10S$

第七节 混凝土掺合料

    1. 依据 GB/T 1596—2017,用于水泥和混凝土中的粉煤灰,细度试验采用_____进行。( )

    A. $80\mu m$ 负压筛析法   B. $45\mu m$ 负压筛析法

    C. $80\mu m$ 水筛法   D. $45\mu m$ 水筛法

    2. 依据 GB/T 1596—2017,粉煤灰强度活性指数试验采用的试验胶砂组分为_____。( )

    A. 对比水泥 450g、标准砂 1350g、水 225g

    B. 对比水泥 315g、粉煤灰 135g、标准砂 1350g、水 225g

    C. 对比水泥 175g、粉煤灰 75g、标准砂 750g、水 125g

    D. 对比水泥 250g、标准砂 750g、水 125g

    3. 依据 GB/T 176—2017,烧失量试验称取样品重量为_____。( )

    A. 约 1g,精确至 0.01g   B. 约 1g,精确至 0.001g

    C. 约 1g,精确至 0.0001g   D. 约 2g,精确至 0.001g

    4. 依据 GB/T 2419—2005,粉煤灰需水量比中,跳动完毕,应量取_____的直径。( )

    A. 相互平行方向   B. 互相垂直的两个方向

    C. 两个最大   D. 两个最小

    5. 依据 GB/T 8074—2008,测定比表面积时试验室的相对湿度应_____。( )

    A. 不低于 50%   B. 不大于 50%   C. 不低于 90%   D. 不大于 90%

    6. 依据 GB/T 1596—2017,粉煤灰强度活性指数试验,试验胶砂强度为 33.1MPa,对比胶砂强度为 43.6MPa,则强度活性指数计算结果为_____。( )

    A. 76%   B. 75.9%   C. 131.7%   D. 132%

    7. 依据 GB/T 2419—2005,在矿粉的流动度比试验中,拌好的胶砂分两次注入试模,第

一次需要捣压 15 次,第二次需要捣压_____。( )

A. 25 次　　　　B. 15 次　　　　C. 10 次　　　　D. 5 次

8. 依据 GB/T 18046—2017,用于水泥、砂浆和混凝土中的粒化高炉矿渣粉,氯离子含量应不超过_____%。( )

A. 0.02　　　　B. 0.06　　　　C. 0.01　　　　D. 以上说法都不正确

9. 依据 GB/T 1596—2017,水泥活性混合材用粉煤灰技术要求项目不包含_____。( )

A. 需水量比　　　B. 安定性　　　C. 游离氧化钙　　D. 强度活性指数

10. 依据 GB/T 18046—2017,矿渣粉含水量试验,烘干前样品与蒸发皿质量为 55.25g,烘干后样品与蒸发皿质量为 54.83g,已知蒸发皿质量为 5.02g,则矿渣粉含水量为_____。( )

A. 1%　　　　B. 0.8%　　　　C. 0.84%　　　　D. 0.836%

11. 依据 GB/T 1596—2017,粉煤灰含水量试验采用的天平最小分度值不大于_____。( )

A. 1g　　　　B. 0.1g　　　　C. 0.01g　　　　D. 0.001g

12. 依据 GB/T 18046—2017,矿渣粉中三氧化硫含量不大于_____%。( )

A. 4.0　　　　B. 3.0　　　　C. 1.0　　　　D. 0.5

第八节　砂　浆

1. 依据 JGJ/T 70—2009,在试验室制备砂浆试样时,试验室的温度应保持在_____℃。( )

A.(20±1)　　B.(20±2)　　C.(20±3)　　D.(20±5)

2. 依据 JGJ/T 70—2009,在试验室采用机械搅拌砂浆时掺有掺合料和外加剂的砂浆,其搅拌时间不应少于_____s。( )

A. 60　　　　B. 120　　　　C. 180　　　　D. 300

3. 依据 JGJ/T 70—2009,砂浆稠度试验,同盘砂浆应取两次试验结果的算数平均值作为测定值,并精确至_____mm。( )

A. 0.1　　　　B. 1　　　　C. 5　　　　D. 10

4. 依据 JGJ/T 70—2009,砂浆保水性试验过程中,用金属滤网覆盖在砂浆表面,再在滤网表面放上_____片滤纸。( )

A. 1　　　　B. 5　　　　C. 10　　　　D. 15

5. 依据 JGJ/T 70—2009,砂浆保水率的试验结果,应精确至_____%。( )

A. 0.1　　　　B. 0.5　　　　C. 1　　　　D. 10

6. 依据 JGJ/T 70—2009,砂浆含水率试验结果,当两个测定值之差超过_____%时,应为无效。( )

A. 0.1　　　　B. 0.2　　　　C. 1　　　　D. 2

7. 依据 JGJ/T 70—2009,砂浆立方体抗压强度试验,使用的压力试验机精度应为_____。( )

第一篇 建筑材料及构配件

A. 0.1%　　　　B. 0.5%　　　　C. 1%　　　　D. 2%

8. 依据 JGJ/T 70—2009,砂浆立方体抗压强度试验的结果应精确至_____ MPa。（　）

A. 0.1　　　　B. 0.5　　　　C. 1　　　　D. 5

9. 依据 JGJ/T 70—2009,砂浆拉伸粘结强度试验中的基底水泥砂浆块应采用_____级水泥。（　）

A. 32.5　　　　B. 42.5　　　　C. 52.5　　　　D. 62.5

10. 依据 JGJ/T 70—2009,砂浆拉伸粘结强度试件的制备过程中,应将制备好的基底水泥砂浆块在水中浸泡_____h。（　）

A. 4　　　　B. 8　　　　C. 12　　　　D. 24

11. 依据 JGJ/T 70—2009,砂浆拉伸粘结强度试件的制备过程中,将制备好的基底水泥砂浆块在水中浸泡后,应提前_____min 取出。（　）

A. 3~5　　　　B. 5~10　　　　C. 10~15　　　　D. 15~30

12. 依据 JGJ/T 70—2009,测定砂浆拉伸粘结强度时,以_____mm/min 速度加荷至试件破坏。（　）

A.(5±1)　　　　B.(5±2)　　　　C.(10±2)　　　　D.(10±5)

13. 依据 JGJ/T 70—2009,测定砂浆拉伸粘结强度时,当单个试件的强度值与平均值之差大于_____%时,应逐次舍弃偏差最大的试验值。（　）

A. 5　　　　B. 10　　　　C. 15　　　　D. 20

14. 依据 JGJ/T 70—2009,砂浆分层度试验中,当两次分层度试验值之差大于_____mm 时,应重新取样测定。（　）

A. 5　　　　B. 10　　　　C. 15　　　　D. 20

15. 依据 JGJ/T 70—2009,砂浆分层度试验结果应精确至_____mm。（　）

A. 1　　　　B. 5　　　　C. 10　　　　D. 20

16. 依据 JGJ/T 70—2009,砂浆凝结时间试验中,将制备好的砂浆拌合物装入凝结时间测定仪的盛浆容器内,砂浆应低于容器上口_____mm。（　）

A. 1　　　　B. 5　　　　C. 10　　　　D. 20

17. 依据 JGJ/T 70—2009,测定砂浆凝结时间试验时,贯入杆离开容器边缘或已贯入部位应至少_____mm。（　）

A. 5　　　　B. 6　　　　C. 10　　　　D. 12

18. 依据 JGJ/T 70—2009,砂浆凝结时间测定仪的测定读数结果单位为_____。（　）

A.N　　　　B. min　　　　C.MPa　　　　D.s

19. 依据 JGJ/T 70—2009,砂浆凝结时间试验,实际贯入阻力值应在砂浆成型后_____h 开始测定。（　）

A. 0.5　　　　B. 1　　　　C. 2　　　　D. 3

20. 依据 JGJ/T 70—2009,测定砂浆凝结时间,两次试验结果的误差不应大于_____min。（　）

A. 10　　　　B. 15　　　　C. 20　　　　D. 30

21. 依据 JGJ/T 70—2009,砂浆抗渗性能试验,应成型_____个试件。( )
   A. 3   B. 6   C. 9   D. 12

22. 依据 JGJ/T 98—2010,砌筑砂浆试配用砂应全部通过_____mm 的筛孔。( )
   A. 2.36   B. 4.75   C. 10   D. 16

23. 依据 JGJ/T 98—2010,预拌砌筑砂浆生产前应进行试配,试配稠度取_____mm。( )
   A. 50~60   B. 60~70   C. 70~80   D. 80~100

第九节　土

1. 依据 GB/T 50123—2019,酒精燃烧法检测土的含水率试验,应进行两次平行测定取其算术平均值,当含水率为 10%~40%时,最大允许平行差值为_____。( )
   A. ±0.5%   B. ±1.0%   C. ±2.0%   D. ±3.0%

2. 依据 GB/T 50123—2019,土的干密度试验,应进行两次平行测定取其算术平均值,其最大允许平行差值为_____。( )
   A. ±0.01g/cm³   B. ±0.02g/cm³   C. ±0.03g/cm³   D. ±0.04g/cm³

3. 依据 GB/T 50123—2019,土料击实试验中,至少应制备不同含水量试样_____个。( )
   A. 3   B. 4   C. 5   D. 6

4. 依据 GB/T 50123—2019,含水率为 5.0%的砂类土样 65.00g,将其烘干后的质量为_____g。( )
   A. 61   B. 61.90   C. 61.75   D. 62

5. 依据 GB/T 50123—2019,环刀法可以测定_____土的密度。( )
   A. 细粒   B. 粗粒   C. 坚硬   D. 各种

第十节　防水材料及防水密封材料

1. 依据 GB/T 328.26—2007,沥青防水卷材可溶物含量三个试件的检测值分别为 2210g/m²、2240g/m²、2255g/m²,则最终结果为_____。( )
   A. 2240g/m²   B. 2235g/m²   C. 2248g/m²   D. 2210g/m²

2. 依据 GB/T 328.8—2007,沥青防水卷材拉伸性能测定用试验机应有连续记录力和对应距离的装置,试验机有足够的量程(至少 2000N)和夹具,移动速度_____mm/min,夹具宽度不小于50mm。( )
   A.(10±1)   B.(50±5)   C.(100±10)   D.(200±10)

3. 依据 GB/T 328.8—2007,沥青防水卷材最大拉力和延伸率应记录每个方向_____个试件拉力值和延伸率,计算平均值。( )
   A. 3   B. 5   C. 7   D. 10

4. 依据 GB/T 328.9—2007,聚氯乙烯防水卷材方法 B 哑铃型试件,厚度为 1.20mm,

宽度为 6.0mm,断裂荷载为 86.52N,拉伸强度为_____。(　　)

 A. 12.0MPa B. 12MPa C. 721N/50mm D. 720N/50mm

 5. 依据 GB/T 328.14—2007,沥青防水卷材在规定温度的柔度结果,一个试验面 5 个试件在规定温度下至少_____个无裂缝为通过。(　　)

 A. 2   B. 3   C. 4   D. 5

 6. 依据 GB/T 328.15—2007,高分子防水卷材低温弯折性试验,试件在低温箱中放置 1h 后,弯折试验机从超过 90°的垂直位置到水平位置,_____秒内合上,保持该位置 1s,整个操作过程在低温箱中进行。(　　)

 A. 1   B. 2   C. 3   D. 5

 7. 依据 GB/T 18173.1—2012,高分子防水片材撕裂强度试验按 GB/T 529 中_____执行,复合片材取其拉伸至断裂时的最大力值为撕裂强度,试验结果取五个试样的中位数。(　　)

 A. 有割口直角试样   B. 裤形试样

 C. 新月形   D. 无割口直角试样

 8. 依据 GB/T 19250—2013,单组分聚氨酯防水涂料固体含量试验结果应取_____,计算结果精确到 0.1%。(　　)

 A. 两次试验的平均值   B. 三次试验的平均值

 C. 三次试验的中值   D. 三次试验的最小值

 9. 依据 GB/T 16777—2008,建筑防水涂料耐热性试件垂直悬挂在已调节到规定温度的电热鼓风干燥箱内,试件与干燥箱壁间的距离不小于 50mm,试件的中心与温度计的探头在同一位置,在规定温度下放置_____后取出,试件都不产生流淌、滑动、滴落,表面无密集气泡为合格。(　　)

 A. 2h   B. 30min   C. 1h   D. 5h

 10. 依据 GB/T 16777—2008,聚氨酯防水涂料不透水试验裁取三个试件后,在标准试验条件下放置_____,试验在(23±5)℃进行,将装置中充水直到满出,彻底排出装置中空气。(　　)

 A. 30min   B. 1h   C. 2h   D. 5h

 11. 依据 GB/T 16777—2008,低延伸率防水涂料的拉伸性能试验应按_____速度将试件拉伸至断裂。(　　)

 A. 50mm/min   B. 100mm/min

 C. 200mm/min   D. 500mm/min

 12. 依据 GB 23441—2009,对于 N 类自粘卷材剥离强度按 GB/T 328.20—2007 试验,用最大力计算剥离强度,取_____作为计算结果。(　　)

 A. 5 个试件的算术平均值   B. 3 个试件的算术平均值

 C. 3 个试件的中值   D. 5 个试件的中值

 13. 依据 GB/T 16777—2008,聚氨酯防水涂料粘结强度试验,试验机拉伸速度应控制在_____mm/min。(　　)

 A.(5±1)   B.(10±1)   C.(50±5)   D.(100±10)

 14. 依据 T/CWA 302—2023,对于 H 类湿铺防水卷材搭接缝不透水性能试验,其透水

盘内径不小于_____mm。(　　)

A. 150　　　　　B. 250　　　　　C. 200　　　　　D. 300

15. 依据 GB/T 16777—2008,高聚物改性沥青防水涂料粘结强度采用 B 法试验时,去除表面未被粘住面积超过_____的试件,粘结强度以剩下的不少于 3 个试件的算术平均值表示。(　　)

A. 20%　　　　　B. 15%　　　　　C. 30%　　　　　D. 50%

16. 依据 GB/T 18445—2012,水泥基渗透结晶性防水涂料湿基面粘结强度试验,_____个试件为一组。(　　)

A. 3　　　　　B. 5　　　　　C. 6　　　　　D. 10

17. 依据 JG/T 193—2006,膨润土膨胀指数的试验,膨润土过_____目标准筛,于(105±5)℃烘干至恒重,然后放在干燥器内冷却至室温。(　　)

A. 100　　　　　B. 80　　　　　C. 200　　　　　D. 300

18. 依据 GB/T 18445—2012,水泥基渗透结晶性防水涂料应采用_____mm 的筛进行细度试验。(　　)

A. 0.315　　　　　B. 0.45　　　　　C. 0.63　　　　　D. 0.80

19. 依据 GB/T 531.1—2008,遇水膨胀橡胶止水带使用邵尔 A 型硬度计测定硬度时,不同测试位置两两相距至少 6mm,在试件表面不同位置进行_____。(　　)

A. 5 次测量取算术平均值　　　　　B. 3 次测量取算术平均值
C. 3 次测量取中值　　　　　D. 5 次测量取中值

20. 依据 GB/T 528—2009,钢边橡胶止水带拉伸试样为 2 型,其试样拉伸速度应为_____mm/min。(　　)

A.(100±10)　　　B.(200±20)　　　C.(250±25)　　　D.(500±50)

21. 依据 GB/T 18173.3—2014,遇水膨胀橡胶体积膨胀倍率浸泡在(23±5)℃的蒸馏水中,浸泡_____h 后,先用天平称出其在蒸馏水中的质量,然后用滤纸轻轻吸干试样表面的水分,称出试样在空气中的质量。(　　)

A. 24　　　　　B. 48　　　　　C. 72　　　　　D. 168

22. 依据 GB/T 13477.6—2002,单组分密封材料流动性测定时将制备好的试件立即垂直放置在已调节至规定温度的干燥箱和/或低温箱内,模具的延伸端向下,放置_____h。然后从干燥箱或低温箱中取出试件。用钢板尺在垂直方向上测量每一试件中试样从底面往延伸端向下移动的距离。(　　)

A. 24　　　　　B. 48　　　　　C. 72　　　　　D. 168

23. 依据 GB/T 13477.11—2017,单组分密封材料按规定的方法处理后,除去隔离垫块,将试件在温度为(23±2)℃的水中浸泡_____d,然后将试件于标准试验条件下放置24h。(　　)

A. 3　　　　　B. 4　　　　　C. 5　　　　　D. 7

24. 依据 GB/T 13477.8—2017,试件制备时使用的隔离垫块尺寸为_____。(　　)

A. 12mm×12mm　　　　　B. 10mm×10mm
C. 15mm×15mm　　　　　D. 25mm×25mm

第十一节　瓷砖及石材

1. 依据 GB/T 9966.2—2020,天然饰面石材弯曲强度的试验结果,数值修约到_____ MPa（　　）

A. 1　　　　　　B. 0.1　　　　　　C. 0.01　　　　　　D. 0.15

2. 依据 GB/T 3810.3—2016,陶瓷砖煮沸法测定吸水率时,将水加热至沸腾并保持沸煮_____ h。（　　）

A. 1　　　　　　B. 2　　　　　　C. 3　　　　　　D. 3.5

3. 依据 GB/T 3810.3—2016,陶瓷砖煮沸法测定吸水率时,煮沸时间到达后切断热源,使砖完全浸泡在水中冷却至室温,并保持_____ h。（　　）

A.（1±0.25）　　B.（2±0.25）　　C.（3±0.25）　　D.（4±0.25）

4. 依据 GB/T 3810.3—2016,使用真空法检测陶瓷砖吸水率时,加入足够的水让试样浸泡_____ min。（　　）

A. 5　　　　　　B. 10　　　　　　C. 15　　　　　　D. 20

5. 依据 GB/T 3810.3—2016,使用真空法检测陶瓷砖吸水率时,应抽真空至_____ kPa。（　　）

A.（10±1）　　　B.（100±1）　　C.（10±0.1）　　D.（9±1）

6. 依据 GB/T 3810.3—2016,陶瓷砖吸水率试验,一般情况下每种类型的砖用_____块整砖测试。（　　）

A. 10　　　　　　B. 7　　　　　　C. 15　　　　　　D. 3

7. 依据 GB/T 9966.3—2020,天然石材吸水率试验的试样为每组_____块。（　　）

A. 3　　　　　　B. 5　　　　　　C. 6　　　　　　D. 10

8. 依据 GB/T 9966.3—2020,天然石材吸水率试验中,应将试样置于_____℃的鼓风干燥箱内干燥至恒重。（　　）

A.（60±5）　　　B.（65±5）　　C.（100±5）　　D.（105±5）

9. 依据 GB/T 9966.2—2020,天然石材弯曲强度试验,试样破坏载荷应在试验机示值的_____范围内。（　　）

A. 10%～80%　　B. 10%～90%　　C. 20%～80%　　D. 20%～90%

10. 依据 GB/T 9966.2—2020,天然石材弯曲强度试验,固定力矩弯曲强度法的下支座跨距应为_____倍的厚度。（　　）

A. 2　　　　　　B. 5　　　　　　C. 10　　　　　　D. 与厚度无关

11. 依据 GB/T 9966.2—2020,天然石材弯曲强度试验,集中荷载弯曲强度法的下支座跨距应为_____ mm。（　　）

A. 150　　　　　B. 200　　　　　C. 250　　　　　D. 10 倍厚度

12. 依据 GB/T 9966.2—2020,天然石材冻融循环后弯曲强度试验,冷冻箱内温度应为_____。（　　）

A.（−20±2）℃　　B.（−20±5）℃　　C.（−18±2）℃　　D.（−18±5）℃

13. 依据 GB/T 9966.2—2020,天然石材冻融循环后弯曲强度试验,如采用自动化控制

冻融试验机时,应每隔_____个循环后将试样上下翻转一次。(　　)

　　A. 5　　　　　　　　B. 7　　　　　　　　C. 14　　　　　　　　D. 25

　　14. 依据 GB/T 9966.1—2020,天然石材冻融循环后压缩强度试验,试样在恒温水箱内浸泡时,试样间隔应不小于_____mm。(　　)

　　A. 3　　　　　　　　B. 5　　　　　　　　C. 10　　　　　　　　D. 15

　　15. 依据 GB/T 9966.1—2020,天然石材冻融循环后压缩强度试验,每次循环试样应在冷冻箱内冷冻_____h。(　　)

　　A. 4　　　　　　　　B. 6　　　　　　　　C. 8　　　　　　　　D. 12

　　16. 依据 GB/T 9966.1—2020,天然石材冻融循环后压缩强度试验过程中如遇到非正常中断时,试样应浸泡在_____℃清水中。(　　)

　　A.(20±1)　　　　　B.(20±2)　　　　　C.(20±5)　　　　　D.(23±2)

　　17. 依据 GB/T 9966.1—2020,天然石材冻融循环后压缩强度检测结果数值应修约至_____MPa。(　　)

　　A. 0.5　　　　　　　B. 1　　　　　　　　C. 5　　　　　　　　D. 10

　　18. 依据 GB 6566—2010,天然石材放射性试验,应随机抽取样品两份,每份不少于_____kg。(　　)

　　A. 1　　　　　　　　B. 2　　　　　　　　C. 5　　　　　　　　D. 12

　　19. 依据 GB 6566—2010,天然石材放射性试验,应将试样磨细至粒径不大于_____mm。(　　)

　　A. 0.16　　　　　　B. 0.45　　　　　　C. 0.83　　　　　　D. 0.10

第十二节　　塑料及金属管材

　　1. 依据 GB/T 6111—2018,热塑性塑料管道系统耐内压性能试验中,恒温箱(非烘箱)内充满水或其他液体时,保持恒定的温度,平均温差为_____℃。(　　)

　　A. ±0.5　　　　　　B. ±1　　　　　　　C. ±2　　　　　　　D. ±5

　　2. 依据 GB/T 6111—2018,热塑性塑料管道系统耐内压性能试验中管材试样制备时,当管材公称外径小于等于 315mm,自由长度应不小于其公称外径的 3 倍,且不应小于_____mm。(　　)

　　A. 200　　　　　　　B. 250　　　　　　　C. 300　　　　　　　D. 500

　　3. 依据 GB/T 6111—2018,热塑性塑料管道系统耐内压性能试验中管材试样制备时,当管材公称外径大于 315mm,其自由长度应不小于公称外径的_____倍。(　　)

　　A. 2　　　　　　　　B. 3　　　　　　　　C. 4　　　　　　　　D. 5

　　4. 依据 GB/T 6111—2018,以下_____数据参与热塑性塑料管道系统耐内压性能试验压力的计算。(　　)

　　A. 最大外径　　　　B. 最小外径　　　　C. 最大壁厚　　　　D. 最小壁厚

　　5. 依据 GB/T 6111—2018,热塑性塑料管道系统耐内压性能试验中,如果试样在距离密封接头小于_____的自由长度处发生破坏,则试验结果无效。(　　)

　　A. 0.02 倍　　　　　B. 0.05 倍　　　　　C. 0.1 倍　　　　　　D. 0.2 倍

6. 依据 GB/T 14152—2001,热塑性塑料管材耐外冲击性能试验中,落锤冲击试验机的释放装置应可使落锤从至少_____ m 高的任何高度落下。（　　）

　　A. 0.5　　　　　　　B. 1　　　　　　　C. 1.5　　　　　　　D. 2

7. 依据 GB/T 14152—2001,热塑性塑料管材耐外冲击性能试验中,落锤冲击试验机应具有防止落锤二次冲击的装置,落锤回跳捕捉率应保证_____%。（　　）

　　A. 90　　　　　　　B. 92　　　　　　　C. 95　　　　　　　D. 100

8. 依据 GB/T 14152—2001,热塑性塑料管材耐外冲击性能试验中,试样长度应为_____ mm。（　　）

　　A.（200±10）　　B.（250±10）　　C.（300±5）　　D.（500±10）

9. 依据 GB/T 14152—2001,热塑性塑料管材耐外冲击性能试验中,试样外径大于_____ mm 的试样应沿其长度方向画出等距离标线。（　　）

　　A. 40　　　　　　　B. 50　　　　　　　C. 60　　　　　　　D. 100

10. 依据 GB/T 14152—2001,热塑性塑料管材耐外冲击性能试验中,试样应在_____℃或（20±2）℃的水浴或空气浴中进行状态调节。（　　）

　　A.（0±0.1）　　B.（0±0.5）　　C.（0±1）　　D.（0±2）

11. 依据 GB/T 14152—2001,热塑性塑料管材耐外冲击性能试验中,状态调节后,壁厚小于或等于 8.6mm 的试样,应在空气浴中取出_____ s 内完成试验。（　　）

　　A. 5　　　　　　　B. 10　　　　　　　C. 15　　　　　　　D. 20

12. 依据 GB/T 14152—2001,热塑性塑料管材耐外冲击性能试验中,若试样冲击破坏数在 TIR 值为 10% 时判定图的_____,则应进一步取样试验。（　　）

　　A. A 区　　　　　　B. B 区　　　　　　C. C 区　　　　　　D. D 区

13. 依据 GB/T 8806—2008,塑料管道系统中平均壁厚的测量,在每个选定的被测截面上沿环向均匀间隔至少_____点进行壁厚测量。（　　）

　　A. 2　　　　　　　B. 4　　　　　　　C. 6　　　　　　　D. 8

14. 依据 GB/T 6671—2001,热塑性塑料管材纵向回缩率烘箱试验,试样长度应为_____ mm。（　　）

　　A.（200±5）　　B.（200±10）　　C.（200±15）　　D.（200±20）

15. 依据 GB/T 6671—2001,热塑性塑料管材纵向回缩率烘箱试验,划线器应能保证两标线间距为_____ mm。（　　）

　　A. 50　　　　　　　B. 100　　　　　　　C. 150　　　　　　　D. 200

16. 依据 GB/T 6671—2001,热塑性塑料管材纵向回缩率烘箱试验,对于公称直径小于 400mm 的管材,应从一根管材上截取_____个试样。（　　）

　　A. 1　　　　　　　B. 2　　　　　　　C. 3　　　　　　　D. 5

17. 依据 GB/T 6671—2001,热塑性塑料管材纵向回缩率烘箱试验,对于公称直径≥400mm 的管材,可沿轴向均匀切成_____片进行试验。（　　）

　　A. 2　　　　　　　B. 4　　　　　　　C. 6　　　　　　　D. 8

18. 依据 GB/T 18474—2001,交联聚乙烯管材与管件交联度试验的萃取时间为_____。（　　）

　　A. 2h±5min　　B. 4h±5min　　C. 6h±5min　　D. 8h±5min

19. 依据 GB/T 1043.1—2008,塑料简支梁冲击性能非仪器化冲击试验,除受试材料标准另有规定,试样应按在规范要求的条件下调节_____h 以上。(　　)

A. 2　　　　　　B. 4　　　　　　C. 8　　　　　　D. 16

20. 依据 GB/T 1043.1—2008,塑料简支梁冲击性能非仪器化冲击试验过程中,测量每个试样中部的厚度和宽度,精确至_____mm。(　　)

A. 0.01　　　　　B. 0.02　　　　　C. 0.1　　　　　D. 0.5

21. 依据 GB/T 18743.1—2022,热塑性塑料管材简支梁冲击强度试验冲击完成后,破坏形式的表述存在错误的是_____。(　　)

A. 不破坏　　　　B. 部分破坏　　　C. 连接破坏　　　D. 完全破坏

22. 依据 GB/T 18743.1—2022,除非相关标准另有规定,热塑性塑料管材简支梁冲击强度试验应在环境温度为_____℃下进行。(　　)

A.(20±2)　　　　B.(22±2)　　　　C.(23±2)　　　　D.(25±2)

23. 依据 GB/T 18251—2019,聚烯烃管材、管件和混配料中炭黑分散度试验,不会用到以下_____设备。(　　)

A. 比色计　　　　B. 显微镜　　　　C. 烘箱　　　　　D. 手术刀

24. 依据 GB/T 18251—2019,聚烯烃管材、管件和混配料中炭黑分散度试验,使用切片方法制备炭黑分散度试样时,厚度应为_____μm。(　　)

A.(20±10)　　　B.(30±10)　　　C.(50±10)　　　D.(60±10)

25. 依据 GB/T 8804.1—2003,热塑性塑料管材拉伸性能试验应在_____℃温度下进行。(　　)

A.(20±2)　　　　B.(22±2)　　　　C.(23±2)　　　　D.(25±2)

26. 依据 GB/T 8804.1—2003,热塑性塑料管材拉伸性能试验,应测量试样标距间中部的宽度和最小厚度,精确至_____mm。(　　)

A. 0.01　　　　　B. 0.02　　　　　C. 0.1　　　　　D. 0.5

27. 依据 GB/T 8804.1—2003,热塑性塑料管材拉伸性能试验中拉伸屈服应力结果应保留_____。(　　)

A. 1 位有效数字　B. 2 位有效数字　C. 3 位有效数字　D. 小数点后 2 位

28. 依据 GB/T 8804.2—2003,硬聚氯乙烯(PVC - U)管材拉伸性能试验速率应为_____mm/min。(　　)

A.(1±0.5)　　　　B.(5±0.5)　　　　C.(10±0.5)　　　D.(20±0.5)

29. 依据 GB/T 8804.2—2003,硬聚氯乙烯(PVC - U)管材拉伸性能试验,使用冲裁方法制备试样时,试样在烘箱中加热时间按每毫米壁厚加热_____min 计算。(　　)

A. 1　　　　　　B. 2　　　　　　C. 3　　　　　　D. 5

30. 依据 GB/T 8804.2—2003,硬聚氯乙烯(PVC - U)管材拉伸性能试验,使用冲裁方法制备试样时,标线间长度应为_____mm。(　　)

A.(20±1)　　　　B.(25±1)　　　　C.(50±1)　　　　D.(75±1)

31. 依据 GB/T 8804.2—2003,硬聚氯乙烯(PVC - U)管材拉伸性能试验,使用冲裁方法制备试样时,夹具间距离应为_____mm。(　　)

A.(80±1)　　　　B.(80±2)　　　　C.(80±5)　　　　D.(80±10)

32. 依据 GB/T 8804.1—2003,热塑性塑料管材拉伸性能试验,除相关标准另有规定外,制备试样数量和_____有关。(　　)

　　A. 公称外径　　　　B. 公称壁厚　　　　C. 平均外径　　　　D. 最小壁厚

33. 依据 GB/T 1033.1—2008,_____不是非泡沫塑料密度的试验方法。(　　)

　　A. 浸渍法　　　　B. 液体比重瓶法　　　　C. 滴定法　　　　D. 密度计法

34. 依据 GB/T 1033.1—2008,非泡沫塑料密度试验浸渍法的试样为除粉料以外的任何无气孔材料,试样尺寸应适宜,质量应至少为_____g。(　　)

　　A. 1　　　　　　　B. 2　　　　　　　C. 3　　　　　　　D. 5

35. 依据 GB/T 1033.1—2008,非泡沫塑料密度试验液体比重瓶法,恒温液浴温度可以为_____℃。(　　)

　　A.(20±0.5)　　　B.(21±0.5)　　　C.(22±0.5)　　　D.(23±0.5)

36. 依据 GB/T 8802—2001,热塑性塑料管材维卡软化温度试验,若两个试样结果相差大于_____℃时,应重新取不少于两个的试样进行试验。(　　)

　　A. 1　　　　　　　B. 2　　　　　　　C. 3　　　　　　　D. 4

37. 依据 GB/T 15560—1995,流体输送用塑料管材液压瞬时爆破试验,恒温系统应保证温度保持在_____℃偏差内。(　　)

　　A. ±0.5　　　　　B. ±1　　　　　　C. ±2　　　　　　D. ±3

38. 依据 GB/T 15560—1995,流体输送用塑料管材液压瞬时爆破试验的压力系统应能够在_____s内完成试样爆破。(　　)

　　A. 40~50　　　　B. 60~70　　　　C. 80~100　　　　D. 100~120

39. 依据 GB/T 18997.1—2020,铝塑复合压力管管环最小平均剥离力试验,试样数量为_____个。(　　)

　　A. 3　　　　　　　B. 5　　　　　　　C. 7　　　　　　　D. 10

40. 依据 GB/T 8802—2001,热塑性塑料管材维卡软化温度试验,标准压针压入试样_____mm 时的温度即为该试样的维卡软化温度。(　　)

　　A. 1　　　　　　　B. 2　　　　　　　C. 3　　　　　　　D. 5

41. 依据 GB/T 8802—2001,热塑性塑料管材维卡软化温度试验,用来测量压针压入深度的测量仪器,精度应小于等于_____mm。(　　)

　　A. 1　　　　　　　B. 0.1　　　　　　C. 0.01　　　　　D. 0.001

42. 依据 GB/T 8802—2001,热塑性塑料管材维卡软化温度试验,加热浴槽应使液体按每小时_____℃等速升温。(　　)

　　A.(20±5)　　　　B.(30±5)　　　　C.(40±5)　　　　D.(50±5)

43. 依据 GB/T 8802—2001,热塑性塑料管材维卡软化温度试验,如果试样厚度大于_____mm,则用适宜方法加工外表面,使壁厚减至 4mm。(　　)

　　A. 4　　　　　　　B. 5　　　　　　　C. 6　　　　　　　D. 7

44. 依据 GB/T 8802—2001,热塑性塑料管材维卡软化温度试验,如果试样壁厚小于_____mm,则可将两个弧形管段叠加在一起。(　　)

　　A. 2.2　　　　　　B. 2.3　　　　　　C. 2.4　　　　　　D. 2.5

45. 依据 GB/T 8802—2001,热塑性塑料管材维卡软化温度试验时,将加热浴槽温度调

至约低于试样软化温度_____℃并保持恒温。(　　)

A. 20　　　　　　B. 30　　　　　　C. 40　　　　　　D. 50

第十三节　预制混凝土构件

1. 依据 GB 50204—2015,预制构件结构性能检验试验报告宜在_____完成,及时审核、签字、盖章,并登记归档。(　　)

A. 试验室　　　　B. 试验现场　　　　C. 二天内　　　　D. 验收前

2. 依据 GB/T 50152—2012,荷载传感器的精度不应低于_____;对于长期试验,精度不应低于_____。(　　)

A. A 级,C 级　　B. C 级,B 级　　C. B 级,B 级　　D. C 级,A 级

3. 依据 GB/T 50152—2012,荷载传感器仪表的最小分度值不宜大于被测力值总量的_____;示值允许误差为量程的_____。(　　)

A. 1.0%,0.5%　　B. 0.5%,0.5%　　C. 1.0%,1.0%　　D. 0.5%,1.0%

4. 依据 GB/T 22082—2017,管片钢筋保护层厚度允许偏差_____。(　　)

A. ±1mm　　　　B. ±3mm　　　　C. ±5mm　　　　D. ±10mm

5. 依据 GB/T 50152—2012,当采用悬挂重物加载时,可通过直接称量加载物的重量计算加载力值,并应计入承载盘重量;称量加载物及承载盘重量的仪器允许误差为量程的_____。(　　)

A. ±1.0%　　　　B. ±1.5%　　　　C. ±2%　　　　D. ±0.5%

6. 依据 GB/T 50152—2012,采用均布加载时,水加载以量测水的深度,再乘以水的重度计算均布加载值,或采用精度不低于_____的水表按水的流量计算加载量,再换算为荷载值。(　　)

A. 1.6 级　　　　B. 1.5 级　　　　C. 0.5 级　　　　D. 1.0 级

7. 依据 GB/T 50152—2012,位移量测采用的水准仪和经纬仪的精度等级不应低于_____和_____。(　　)

A. $DS_{0.5}$,DJ_0　　B. DS_1,DJ_1　　C. DS_3,DJ_2　　D. DS_5,DJ_1

8. 依据 GB/T 50152—2012,位移量测采用的位移传感器的精度不低于_____。(　　)

A. 1.6 级　　　　B. 1.5 级　　　　C. 1.0 级　　　　D. 0.5 级

9. 依据 GB/T 50152—2012,位移量测采用的倾角仪的最小分度不宜大于_____,电子倾角计的示值允许误差为量程的_____。(　　)

A. 1″,1.0%　　B. 2″,0.5%　　C. 4″,1.5%　　D. 5″,1.0%

10. 依据 GB/T 50152—2012,量测结构构件应变时,对轴心受力构件,应在构件量测截面两侧或四测沿轴线方向对称布置测点,每个截面不应少于_____个。(　　)

A. 1　　　　　　B. 2　　　　　　C. 3　　　　　　D. 4

11. 依据 GB/T 50152—2012,量测混凝土应变的应变计或电阻片的长度不应小于_____和_____倍粗骨料粒径。(　　)

A. 100mm,5　　B. 50mm,2　　C. 100mm,4　　D. 50mm,4

12. 依据 GB/T 50344—2019,当采用稳态正弦激振的方法进行动力测试时,宜采用旋

转惯性机械起振机,也可采用液压伺服激振器,使用频率范围宜在_____Hz,频率分辨率应高于_____Hz。(　　)

A. 0.5~3,0.01　　　B. 0.5~30,0.01　　　C. 0.5~30,0.1　　　D. 0.5~3,0.01

13. 依据 GB/T 50152—2012,受压试件荷载试验时,试件端部应_____。(　　)

A. 不能自由转动、无约束弯矩　　　　　B. 能自由转动、无约束弯矩

C. 能自由转动、有约束弯矩　　　　　　D. 不能自由转动、无有约束弯矩

14. 依据 GB/T 50152—2012,简支受弯试件试验中支座单位长度上的荷载为 2.0~6.0kN/mm 时,支座采用的钢滚轴直径宜采用_____。(　　)

A. 50mm　　　　　B. 60~80mm　　　　　C. 80~100mm　　　　D. 60~100mm

15. 依据 GB/T 50152—2012,当采用千分表或位移传感器等位移计构成的装置量测应变时,其标距允许误差为_____,最小分度值不宜大于被测总应变的_____。(　　)

A. ±1%,1.0%　　　B. ±1%,0.5%　　　C. ±0.5%,1.0%　　　D. ±0.5%,0.5%

16. 依据 GB/T 50152—2012,工程验证性试验的分级加载,接近开裂荷载计算值时,每级加载值不宜大于_____,试件开裂后每级加载值可取_____。(　　)

A. $0.05Q_s$,$0.10Q_s$　　　　　　　　B. $0.05Q_s$,$0.20Q_s$

C. $0.10Q_s$,$0.20Q_s$　　　　　　　　D. $0.20Q_s$,$0.20Q_s$

17. 依据 GB/T 50152—2012,预制构件进行挠度检验时,应在_____持荷结束时测量试件的变形。(　　)

A. 使用状态试验荷载值下　　　　　　　B. 承载力状态荷载设计值下

C. 承载力状态荷载计算值下　　　　　　D. 临界试验荷载值下

18. 依据 GB/T 50152—2012,电子裂缝观测仪的测量精度不应低于_____mm。(　　)

A. 0.03　　　　　　B. 0.01　　　　　　C. 0.02　　　　　　D. 0.05

19. 依据 GB/T 50152—2012,振弦式测缝计的量程不应大于_____,分辨率不应大于量程的_____。(　　)

A. 10mm,1.0%　　　B. 20mm,0.5%　　　C. 30mm,0.1%　　　D. 50mm,0.05%

20. 依据 GB/T 50152—2012,当检验构件承载力时,试验最大加载限值宜取承载力状态荷载设计值与结构重要性系数 γ_0 乘积的_____倍。(　　)

A. 1.00　　　　　　B. 1.30　　　　　　C. 1.40　　　　　　D. 1.60

21. 依据 GB 50204—2015,专业企业生产的预制构件进场时,对大型梁板类简支受弯构件及有可靠应用经验的构件,可只检验_____项目。(　　)

A. 裂缝宽度、挠度、承载力　　　　　　B. 抗裂、挠度、承载力

C. 裂缝宽度、抗裂、挠度、承载力　　　D. 裂缝宽度、抗裂、挠度

第十四节　预应力钢绞线

1. 依据 GB/T 5224—2023,1×7 结构钢绞线的最大力总伸长率检测,其初始标距应大于_____。(　　)

A. 200mm　　　　　B. 300mm　　　　　C. 400mm　　　　　D. 500mm

2. 依据 GB/T 5224—2023,用七根冷拉光圆钢丝捻制后再经冷拔成的模拔型钢绞线的代号为_____。(　　)

　　A. (1×7)C　　　　　　B. 1×7I　　　　　　C. 1×7S　　　　　　D. 1×7W

3. 依据 GB/T 5224—2023,用六根刻痕钢丝和一根冷拉光圆中心钢丝捻制的钢绞线的代号为_____。(　　)

　　A. 1×7C　　　　　　B. 1×7I　　　　　　C. 1×7S　　　　　　D. 1×7W

4. 依据 GB/T 5224—2023,所有规格的钢绞线的最大力总延伸率应大于等于_____。(　　)

　　A. 3.0%　　　　　　B. 3.5%　　　　　　C. 4.5%　　　　　　D. 5.0%

5. 依据 GB/T 5224—2023,预应力混凝土用钢绞线应成批检验和验收,每批由同一牌号、同一直径、同一生产工艺捻制的钢绞线组成,每批重量不大于_____吨。(　　)

　　A. 30　　　　　　B. 50　　　　　　C. 60　　　　　　D. 100

6. 依据 GB/T 5224—2023,测量不同结构钢绞线的直径,要围绕圆周的不同方向测量_____,测量值的平均值为钢绞线的实测直径。(　　)

　　A. 二次　　　　　　B. 三次　　　　　　C. 四次　　　　　　D. 六次

7. 依据 GB/T 5224—2023,预应力混凝土用钢绞线屈服力检测中所使用的引伸计的标距为_____。(　　)

　　A. 不小于 0.5 倍捻距　　　　　　B. 不小于 1 倍捻距

　　C. 不小于 1.5 倍捻距　　　　　　D. 不小于 2 倍捻距

8. 依据 GB/T 5224—2023,其标记为:1×7 - 15.20 - 1860 - GB/T 5224—2023 表示_____。(　　)

　　A. 公称直径为 15.20mm,强度级别为 1860MPa 的七根钢丝捻制的标准型钢绞线

　　B. 公称直径为 15.24mm,强度级别为 1860MPa 的七根钢丝捻制的标准型钢绞线

　　C. 公称直径为 15.20mm,强度级别为 1570MPa 的七根钢丝捻制的标准型钢绞线

　　D. 公称直径为 15.24mm,强度级别为 1570MPa 的七根钢丝捻制的标准型钢绞线

9. 依据 GB/T 21839—2019,拉伸试验设备的测力系统其准确度至少应为_____级,用于测定 A_{gt} 的引伸计可以为_____级。(　　)

　　A. 0.5,1　　　　　　B. 0.5,0.5　　　　　　C. 1,1　　　　　　D. 1,2

10. 依据 GB/T 5224—2023,关于钢绞线应力松弛试验,下列说法错误的是_____。(　　)

　　A. 试样制备后不得进行任何热处理和冷加工

　　B. 试验标距长度不小于公称直径的 50 倍

　　C. 在整个试验中,力的施加应平稳,无振荡

　　D. 允许用至少 120h 的测试数据推算 1000h 的松弛值

第十五节　预应力混凝土用锚具夹具及连接器

1. 依据 GB/T 14370—2015,预应力筋—夹具组装件的静载锚固性能试验测定的夹具效率系数应符合_____的要求。(　　)

A. 大于等于 0.88　　　　　　　　　　　B. 大于等于 0.90

C. 大于等于 0.92　　　　　　　　　　　D. 大于等于 0.95

2. 依据 GB/T 14370—2015,预应力筋—夹具组装件的静载锚固性能试验前,应抽取至少_____根预应力筋试件进行力学性能试验。(　　)

A. 1　　　　　　B. 3　　　　　　C. 6　　　　　　D. 9

3. 依据 GB/T 14370—2015,预应力筋-锚具组装件达到实测极限拉力时预应力筋的总应伸长率应不小于_____。(　　)

A. 1.0%　　　　B. 2.0%　　　　C. 3.0%　　　　D. 4.0%

4. 依据 GB/T 230.1—2018,洛氏硬度 HRBW 检测的压头类型为_____。(　　)

A. 金刚石圆锥　　　　　　　　　　　B. 四棱锥

C. 直径 1.5875mm 球　　　　　　　　D. 直径 3.175mm 球

5. 依据 JGJ 85—2010,预应力筋-锚具组装件的破坏形式应是预应力筋的破断,锚具零件不应碎裂;夹片式锚具的夹片在预应力筋拉应力未超过_____f_{pk} 时不应出现裂纹。(　　)

A. 0.75　　　　B. 0.8　　　　C. 0.85　　　　D. 0.95

6. 依据 GB/T 14370—2015,锚固 12 根直径为 15.2mm 钢绞线的圆形夹片式群锚锚具正确表示应为_____。(　　)

A. YJM15 – 12　　B. YJM12 – 15　　C. YJJ15 – 12　　D. YJJ12 – 15

第十六节　预应力混凝土用波纹管

1. 依据 JT/T 529—2016,圆形塑料波纹管的环刚度应不小于_____ kN/m²。(　　)

A. 5　　　　　　B. 6　　　　　　C. 8　　　　　　D. 10

2. 依据 JG/T 225—2020,公称内径 70mm 的预应力混凝土用金属波纹圆管,其均布荷载标准值为_____。(　　)

A. 800N　　　　B. 500N　　　　C. 1519N　　　　D. 1744N

3. 依据 JG/T 225—2020,关于预应力混凝土用金属波纹管的尺寸测量,以下说法错误的是_____。(　　)

A. 内外径尺寸测量用游标卡尺

B. 钢带厚度测量用螺旋千分尺

C. 圆管内径尺寸为单个实测值

D. 扁管短轴方向内径为试件两端尺寸的平均值

4. 依据 JG/T 225—2020,关于金属波纹管弯曲后抗渗漏性能试验,以下说法错误的是_____。(　　)

A. 每根试件测试 1 次

B. 试件长度 1500mm

C. 用水灰比为 0.45 的普通硅酸盐水泥浆灌满试件

D. 可以用清水代替水泥浆进行试验

5. 依据 JG/T 225—2020,金属波纹管抗局部横向荷载试验,试验机加载速度不超过

_____。( )

A. 10N/s　　　　B. 20N/s　　　　C. 10kN/min　　　　D. 20kN/min

6. 依据JT/T 529—2016,塑料波纹管局部横向荷载试验,卸载5min后管材变形量不应超过管节外径的_____。( )

A. 1%　　　　B. 2%　　　　C. 5%　　　　D. 10%

7. 依据JT/T 529—2016、GB/T 14152—2001,塑料波纹管抗冲击性试验,下列说法正确的是_____。( )

A. 试验温度为(23 ± 2)℃

B. 落锤重量为0.5kg

C. 试样长度为(200 ± 10)mm

D. 对外径小于等于60mm的波纹管,每个试样只能进行一次冲击

8. 依据JG/T 225—2020,公称内径55mm的金属波纹圆管,其均布荷载标准值为_____。( )

A. 800N　　　　B. 500N　　　　C. 1116N　　　　D. 938N

9. 依据JT/T 529—2016,塑料波纹管低温落锤冲击试验的真实冲击率TIR最大允许值为_____。( )

A. 5%　　　　B. 10%　　　　C. 12%　　　　D. 15%

10. 依据JG/T 225—2020,预应力混凝土用金属波纹圆管抗外荷载性能试验,试样长度取圆管公称内径或扁管等效公称内径的5倍,且不应小于_____。( )

A. 100mm　　　　　　　　　　　　B. 200mm

C. 300mm　　　　　　　　　　　　D. 400mm

11. 依据JG/T 225—2020,预应力混凝土用金属波纹扁管抗均布荷载性能试验,采用万能试验机加载时,加载速度不应超过。( )

A. 10mm/s　　　　　　　　　　　　B. 20mm/s

C. 10N/s　　　　　　　　　　　　D. 20N/s

12. 依据JT/T 529—2016,预应力混凝土桥梁用塑料波纹管承受横向局部荷载时,管材表面不应破裂,卸荷_____后管材残余变形不得超过管材外径的_____。( )

A. 5min,5%　　B. 5min,10%　　C. 10min,5%　　D. 10min,10%

13. 依据JG/T 225—2020,预应力混凝土用金属波纹管规定其标记为:JBG -65×20Z表示_____。( )

A. 公称内长轴为65mm、公称内短轴为20mm的标准型扁管

B. 公称内径为65mm的标准型圆管

C. 公称内长轴为65mm、公称内短轴为20mm的增强型扁管

D. 公称内径为65mm的增强型圆管

14. 依据JG/T 225—2020,预应力混凝土用金属波纹管规定其标记为 JBG - 105B 表示_____。( )

A. 公称内径为105mm的标准型扁管　　B. 公称内径为105mm的标准型圆管

C. 公称内径为105mm的增强型扁管　　D. 公称内径为105mm的增强型圆管

第十七节　材料中有害物质

1. 依据 GB 6566—2010,建筑材料放射性试验取样要求为_____。(　　)
A. 随机取两份,每份不少于 2kg
B. 随机取一份,每份不少于 2kg
C. 随机取两份,每份不少于 3kg
D. 随机取一份,每份不少于 3kg

2. 依据 GB 18581—2020,溶剂型涂料中 VOC 含量试验密度测量环境条件是_____。(　　)
A. (23±0.5)℃
B. (20±3)℃
C. (23±5)℃
D. (20±0.5)℃

第十八节　建筑消能减震装置

1. 依据 JG/T 209—2012,板式黏弹性阻尼器阻尼力设计值 300kN,表观剪应变设计值 250%,标记为_____。(　　)
A. VED－P×300×250
B. VED－P×250×300
C. VED－T×300×250
D. VED－T×250×300

2. 依据 JG/T 209—2012,筒式黏弹性阻尼器阻尼力设计值 200kN,表观剪应变设计值 150%,标记为_____。(　　)
A. VED－P×200×150
B. VED－P×150×200
C. VED－T×200×150
D. VED－T×150×200

3. 依据 JG/T 209—2012,屈服约束耗能支撑有焊接连接部位,焊缝等级应为_____。(　　)
A. 一级
B. 二级
C. 三级
D. 依据设计图纸要求确定

4. 依据 JG/T 209—2012,黏滞阻尼器的力学性能试验在伺服加载试验机上进行,其试验环境是_____。(　　)
A. (20±5)℃
B. (20±3)℃
C. (23±2)℃
D. 与使用环境一致

第十九节　建筑隔震装置

1. 依据 JG/T 118—2018,天然橡胶隔震支座、有效直径 500mm,标记为_____。(　　)
A. LDR500
B. LNR500
C. LNR50
D. LDR50

2. 依据 JG/T 118—2018,高阻尼橡胶隔震支座、有效直径 600mm,标记为_____。(　　)
A. LDR600
B. HDR600
C. HDR60
D. LDR60

3. 依据 GB/T 37358—2019,支座结构类型为 Ia 类,基准竖向承载力为 5000kN,极限位移为 400mm,摆动周期为 4s 的摩擦摆隔震支座,其型号表示为_____。(　　)

A. FPS－Ia－400－5000－4 　　　　　　B. FPS－Ia－5000－400－4

C. FPS－Ia－400－4－5000 　　　　　　D. FPS－Ia－5000－4－400

第二十节　铝塑复合板

1. 依据 GB/T 22412—2016,普通装饰用铝塑复合板 180°剥离强度试件数量纵向和横向分别为_____块。(　　)

A. 5 　　　　　　B. 6 　　　　　　C. 7 　　　　　　D. 10

2. 依据 GB/T 17748—2016,建筑幕墙用铝塑复合板滚筒剥离强度纵向和横向的试件数量分别为_____块。(　　)

A. 5 　　　　　　B. 6 　　　　　　C. 7 　　　　　　D. 10

3. 依据 GB/T 1446—2005,建筑幕墙用铝塑复合板滚筒剥离强度试验中,试验机使用吨位的选择应使试样施加载荷落在满载的_____范围内。(　　)

A. 10%～90% 　　B. 20%～80% 　　C. 10%～80% 　　D. 20%～90%

第二十一节　木材料及构配件

1. 依据 GB/T 1927.14—2022,木材抗拉破坏荷载应精确至_____N。(　　)

A. 10 　　　　　　B. 100 　　　　　　C. 1 　　　　　　D. 500

2. 依据 GB/T 1927.4—2021,木材的含水率是木材中水分的重量与_____的百分比。(　　)

A. 木材全干时质量 　　　　　　B. 木材烘干前质量

C. 木材中水分、油分的重量 　　　D. 其他质量

3. 依据 GB/T 1927.9—2021,木材抗弯破坏最大荷载应精确至_____N。(　　)

A. 1 　　　　　　B. 10 　　　　　　C. 100 　　　　　　D. 500

4. 依据 GB/T 1927.14—2022,木材顺纹抗拉强度应精确到_____。(　　)

A. 0.001MPa 　　B. 0.01MPa 　　C. 0.1MPa 　　D. 1MPa

5. 依据 GB/T 1927.11—2022,木材顺纹抗压强度应精确到_____。(　　)

A. 0.001MPa 　　B. 0.01MPa 　　C. 0.1MPa 　　D. 1MPa

6. 依据 GB/T 1927.9—2021,木材抗弯强度应精确到_____。(　　)

A. 0.001MPa 　　B. 0.01MPa 　　C. 0.1MPa 　　D. 1MPa

7. 依据 GB/T 1927.9—2021,木材抗弯强度检测试验采用的方法是_____。(　　)

A. 直接中央加荷 　　　　　　B. 三点弯曲中央加荷

C. 四点弯曲中央加荷 　　　　　D. 五点弯曲中央加荷

8. 依据 GB/T 1927.4—2021,木材含水率试验试样最小尺寸为_____。(　　)

A. 50mm×50mm×50mm 　　　　B. 40mm×40mm×40mm

C. 30mm×30mm×30mm 　　　　D. 20mm×20mm×20mm

第二十二节　加固材料

1. 依据 GB/T 7124—2008,胶粘剂拉伸剪切强度试验选取的试验样品数量原则上不少于_____。(　　)

A. 3 个　　　　　B. 5 个　　　　　C. 8 个　　　　　D. 10 个

2. 依据 GB/T 2567—2021,树脂浇铸体试样试验前,应在试验标准环境条件下,至少放置_____h,状态调节后的试样应在与状态调节相同的试验标准环境条件下试验。(　　)

A. 12　　　　　B. 24　　　　　C. 48　　　　　D. 72

第二十三节　焊接材料

1. 依据 GB/T 228.1—2021,熔敷金属断后伸长率的试验结果数值修约至_____。(　　)

A. 0.1%　　　　　B. 0.2%　　　　　C. 0.5%　　　　　D. 1.0%

2. 依据 GB/T 4336—2016,在用火花放电原子发射光谱法测定碳素钢和中低合金钢多元素含量时,为保证仪器的稳定性,电源电压变化应小于_____,频率变化小于_____,保证交流电源为正弦波。(　　)

A. ±10%,±5%　　B. ±5%,±2%　　C. ±10%,±2%　　D. ±5%,±1%

第一节 水 泥

1. 依据 GB 175—2023,矿渣硅酸盐水泥的代号为＿＿＿＿。( )

A. P•Ⅰ   B. P•Ⅱ   C. P•S•A   D. P•S•B

2. 依据 GB 175—2023,出厂检验时,水泥的＿＿＿＿不满足该标准规定要求的为不合格品。( )

A. 三氧化硫(质量分数)   B. 凝结时间

C. 安定性   D. 强度

3. 依据 GB 175—2023,以下属于通用硅酸盐水泥化学指标的为＿＿＿＿。( )

A. 不溶物   B. 安定性   C. 三氧化硫   D. 烧失量

4. 依据 GB 175—2023,水泥的物理指标包括＿＿＿＿。( )

A. 强度   B. 凝结时间   C. 安定性   D. 烧失量

5. 依据 GB/T 1346—2011,对试饼法测定水泥安定性描述正确的有＿＿＿＿。( )

A. 试饼中心厚约 10mm

B. 试饼的直径为(60±10)mm

C. 沸煮时恒沸时间为(180±5)min

D. 试饼无裂纹,即认为水泥安定性合格

6. 依据 GB/T 2419—2005,对水泥胶砂流动度测定描述正确的有＿＿＿＿。( )

A. 如跳桌在 24h 内未被使用,先空跳一个周期 25 次

B. 胶砂要分两层装入试模

C. 跳桌的跳动频率为每分钟 30 次

D. 流动度试验应在 6 分钟内结束

7. 依据 GB/T 1346—2011,对水泥标准稠度用水量标准方法测定描述正确的有＿＿＿＿。( )

A. 水泥用量为 500g

B. 拌合结束后的整个操作过程应在搅拌后 1.5min 内完成

C. 以试杆沉入净浆并距底板为(5±1)mm 时的用水泥净浆为标准稠度净浆

D. 标准稠度用水量按水泥质量的百分比计

8. 依据 GB/T 1346—2011,对水泥初凝时间的测定描述正确的有＿＿＿＿。( )

A. 观察试针停止下沉或释放试针 30s 时指针的读数

B. 临近初凝时每隔 10min 测一次

C. 当试针沉至距底板为(4±1)mm 时,水泥达到初凝状态

D. 水泥全部加入水中至初凝状态的时间为水泥的初凝时间

9. 依据 GB/T 1346—2011,采用雷氏夹法测定水泥安定性时,以下描述正确的有_____。(　　　)

A. 净浆装入雷氏夹后应在养护箱内养护(24±3)h

B. 试件需要进行沸煮

C. 沸煮时间为(180±5)min

D. 沸煮时指针向下

10. 依据 GB/T 17671—2021,对水泥胶砂的振实台描述正确的有_____。(　　　)

A. 振实台应安装在高约 400mm 的混凝土基座上

B. 混凝土基座质量应不小于 500kg

C. 混凝土基座体积应大于 0.5m³

D. 振实台用地脚螺丝固定在基座上

11. 依据 GB/T 17671—2021,对胶砂搅拌机工作程序描述正确的有_____。(　　　)

A. 把水泥加入锅里,再加入水,把锅固定在固定支架上,上升至工作位置

B. 标准砂在开始搅拌时均匀加入

C. 标准砂在第二个 30s 开始时均匀加入

D. 停拌时间为 90s

12. 依据 GB/T 17671—2021,对振实台成型胶砂过程描述正确的有_____。(　　　)

A. 胶砂分两层装入试模

B. 装入后,每层要振实 30 次

C. 振实后应用金属直尺刮平

D. 两个龄期以上的试体,编号时同一试模中的 3 条试体分在两个以上龄期内

13. 依据 GB/T 176—2017,采用火焰光度法(基准法)分别测定水泥中氧化钾和氧化钠含量时,用到的仪器设备有_____。(　　　)

A. 分析天平　　　　B. 聚四氟乙烯器皿　C. 移液管　　　　　D. 火焰光度计

14. 依据 GB/T 176—2017,采用火焰光度法(基准法)测定水泥中氧化钾和氧化钠的含量的步骤:试样经酸处理后,使用火焰光度计测定滤液中的钾、钠含量,其中测定钾、钠的谱线强度分别为_____。(　　　)

A. 可稳定地测定钾在波长 589nm 处的谱线强度

B. 可稳定地测定钠在波长 589nm 处的谱线强度

C. 可稳定地测定钾在波长 768nm 处的谱线强度

D. 可稳定地测定钠在波长 768nm 处的谱线强度

第二节　钢筋(含焊接与机械连接)

1. 依据 GB/T 1499.2—2018,下列牌号的钢筋属于普通热轧钢筋的有_____。(　　　)

A. HRB500   B. HRB400   C. HRBF400   D. CRB550

2. 依据 JGJ 18—2012,下列哪些钢筋焊接方法制作的试件需要进行弯曲试验_____。(　　)

A. 闪光对焊   B. 电渣压力焊   C. 电弧焊   D. 气压焊

3. 依据 YB/T 081—2013,金属材料拉伸强度的修约间隔依据抗拉强度的大小可分为_____。(　　)

A. 1MPa   B. 2MPa   C. 5MPa   D. 10MPa

4. 依据 GB/T 1499.2—2018,热轧钢筋试验项目包括_____。(　　)

A. 下屈服强度   B. 抗拉强度   C. 残余变形   D. 断后伸长率

5. 依据 JGJ 18—2012,钢筋气压焊接头质量验收主控项目包括_____。(　　)

A. 拉伸试验   B. 弯曲试验   C. 伸长率   D. 外观检查

6. 依据 GB/T 228.1—2021,钢筋进行拉伸试验时,可在室温_____进行。(　　)

A. 5℃   B. 15℃   C. 25℃   D. 34℃

7. 依据 GB/T 1499.1—2017,热轧光圆钢筋应按批进行检查和验收,每批由_____的钢筋组成。(　　)

A. 同一牌号   B. 同一炉罐号   C. 同一冶炼方法   D. 同一尺寸

8. 依据 JGJ/T 27—2014,HRB400 公称直径为 20mm 钢筋焊接接头弯曲试样的长度宜为两支辊内侧距离加 150mm,则以下钢筋焊接接头弯曲试验样品长度符合标准要求的是_____。(　　)

A. 295mm   B. 306mm   C. 310mm   D. 320mm

9. 依据 GB/T 232—2024,金属材料弯曲试验时,应当缓慢地施加弯曲力,以使材料能够自由地进行塑性变形。当出现争议时,试验速率应为_____。(　　)

A. 1.0mm/s   B. 1.2mm/s   C. 1.4mm/s   D. 0.8mm/s

10. 依据 JGJ 107—2016,机械连接接头拉伸试验时,接头连接件破坏指_____。(　　)

A. 断于钢筋镦粗过渡段   B. 断于套筒外钢筋丝头

C. 套筒纵向开裂   D. 钢筋从套筒中拔出

11. 依据 JGJ 107—2016,钢筋机械连接接头进行工艺检验,检验项目包括_____。(　　)

A. 接头屈服强度   B. 单向拉伸极限抗拉强度

C. 单向拉伸残余变形   D. 单向拉伸最大力下总伸长率

12. 依据 GB/T 1499.2—2018,HRB400 热轧带肋钢筋公称直径_____的钢筋进行弯曲试验时,弯曲压头直径是 5d。(　　)

A. 22mm   B. 25mm   C. 28mm   D. 32mm

13. 依据 GB/T 1499.2—2018,下列牌号的钢筋属于普通热轧带肋钢筋的有_____。(　　)

A. HRB500   B. HRB400E   C. HRBF400   D. HRB600

14. 依据 JGJ 107—2016,钢筋机械连接接头应依据_____性能分为Ⅰ、Ⅱ、Ⅲ级三个等级。(　　)

A. 极限抗拉强度　　　　　　　　　　B. 最大力下总伸长率

C. 残余变形　　　　　　　　　　　　D. 高应力和大变形条件下反复拉压

15. 依据 GB/T 28900—2022,如图 1-4-1 所示,某机构对牌号为 HRB400E 公称直径 28mm 的钢筋最大力总延伸率 A_{gt} 的测定,满足本次检测结果有效,以下条件正确的是_____。(　　)

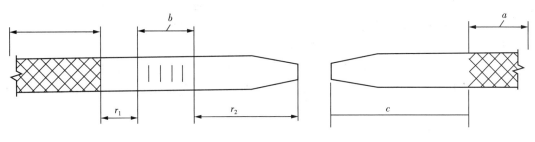

图 1-4-1　测量 A_{gt} 示意图

A. $r_1+r_2+b>C$　　B. $r_2 \geq 50\text{mm}$　　　C. $r_2 \geq 56\text{mm}$　　　D. $r_1 \geq 28\text{mm}$

16. 依据 GB/T 1499.2—2018,热轧带肋钢筋的_____试验试样不允许进行车削加工。(　　)

A. 拉伸　　　　　　B. 弯曲　　　　　　C. 反向弯曲　　　　　D. 尺寸

17. 某钢筋按照 GB/T 228.1—2021 进行拉伸试验过程的应力与延伸率曲线如图 1-4-2所示,下列关于图示中上、下屈服强度对应采集点确定正确的是_____。(　　)

A. $R_{eH}\ a$　　　　B. $R_{eH}\ b$　　　　C. $R_{eL}\ c$　　　　D. $R_{eL}\ d$

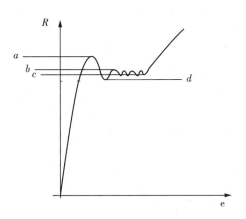

图 1-4-2　应力与延伸率曲线图

第三节　骨料、集料

1. 依据 JGJ 52—2006,天然砂依据不同产源,可分为_____。(　　)

A. 海砂　　　　　　B. 山砂　　　　　　C. 河砂　　　　　　D. 粗砂

2. 依据 JGJ 52—2006,砂或石用火车、货船、汽车运输的,应以_____为一验收批。(　　)

A. 200m³　　　　　B. 300t　　　　　C. 400m³　　　　　D. 600t

3. 依据 JGJ 52—2006,每验收批砂石至少应进行的检验项目是_____。(　　)

A. 颗粒级配　　　B. 坚固性　　　　C. 含泥量　　　　D. 泥块含量

4. 依据 JGJ 52—2006,配制混凝土时,混凝土的砂率应依据砂的分区作相应调整,以下说法正确的是_____。(　　)

A. 采用 Ⅰ 区砂时,宜降低砂率　　　　　B. 采用 Ⅰ 区砂时,应提高砂率

C. 采用 Ⅲ 区砂时,宜降低砂率　　　　　D. 采用 Ⅲ 区砂时,应提高砂率

5. 依据 JGJ 52—2006,砂的粗细程度按细度模数分为_____。(　　)

A. 粗砂　　　　　B. 中砂　　　　　C. 细砂　　　　　D. 特细砂

6. 依据 JGJ 52—2006,测定粗砂、中砂和细砂的含泥量试验,所用到的试验筛为_____。(　　)

A. 80μm 方孔筛　　　　　　　　　　B. 160μm 方孔筛

C. 1.25mm 方孔筛　　　　　　　　　　D. 2.5mm 方孔筛

7. 依据 JGJ 52—2006,关于砂中含泥量试验(标准法)中试样的制备,以下叙述正确的是_____。(　　)

A. 样品缩分至1100g,置于温度为(105±5)℃的烘箱中烘干至恒重

B. 样品缩分至1100g,摊在洁净的地面上风干后备用

C. 将烘干至恒重的试样冷却至室温后,称取各为 400g 的试样两份备用

D. 将试样风干后,称取各为 400g 的试样两份备用

8. 依据 JGJ 52—2006,关于碎石筛分试验,以下说法正确的是_____。(　　)

A. 计算分计筛余的百分率时精确至0.1%

B. 计算分计筛余的百分率时精确至1%

C. 计算累计筛余百分率时精确至0.1%

D. 计算累计筛余百分率时精确至1%

9. 依据 JGJ 52—2006,碎石的强度可用岩石的_____表示。(　　)

A. 坚固性　　　B. 抗压强度　　　C. 针片状颗粒含量　D. 压碎值指标

10. 依据 JGJ 52—2006,以下碎石或卵石公称粒级属于连续粒级的有_____mm。(　　)

A. 5~20　　　　　B. 5~25　　　　　C. 16~31.5　　　　D. 20~40

11. 依据 JGJ 52—2006,关于碎石或卵石含泥量以下表述正确的是_____。(　　)

A. 混凝土强度等级小于等于 C25,含泥量小于等于 2.0%

B. 混凝土强度等级小于等于 C25,含泥量小于等于 3.0%

C. 混凝土强度等级 C30~C55,含泥量小于等于 1.5%

D. 混凝土强度等级 C30~C55,含泥量小于等于 1.0%

12. 依据 JGJ 52—2006,关于碎石或卵石针、片状颗粒含量以下表述正确的是_____。(　　)

A. 混凝土强度等级小于等于 C25,针、片状颗粒含量小于等于 20%

B. 混凝土强度等级小于等于 C25,针、片状颗粒含量小于等于 25%

C. 混凝土强度等级 C30~C55,针、片状颗粒含量小于等于 10%

D. 混凝土强度等级 C30~C55,针、片状颗粒含量小于等于 15%

13. 依据 JGJ 52—2006,砂中的有害物质主要包括_____。(　　)

A. 云母 　　　　　B. 轻物质 　　　　　C. 有机物 　　　　　D. 硫化物及硫酸盐

14. 依据 JGJ 52—2006,砂坚固性试验需要的试剂有_____。(　　)

A. 氢氧化钠 　　　B. 氯化钡 　　　　　C. 无水硫酸钠 　　　D. 盐酸

15. 依据 JGJ 52—2006,碎石或卵石的表观密度(标准法)试验可能用到的设备有_____。(　　)

A. 液体天平 　　　B. 吊篮 　　　　　　C. 烘箱 　　　　　　D. 试验筛

16. 依据 JGJ 52—2006,碎石或卵石空隙率为导出量值,应先计算出_____试验参数。(　　)

A. 碎石或卵石的堆积密度 　　　　　　B. 碎石或卵石的含水率

C. 碎石或卵石的表观密度 　　　　　　D. 碎石或卵石的吸水率

第四节　砖、砌块、瓦、墙板

1. 依据 GB/T 2542—2012,砌墙砖抗折试验试样应放在温度为_____的水中浸泡_____时间后取出。(　　)

A.(20±5)℃ 　　　B.(20±3)℃ 　　　C. 12h 　　　　　　D. 24h

2. 依据 GB/T 11969—2020,蒸压加气混凝土干密度试验能用到的设备有_____。(　　)

A. 鼓风干燥箱 　　B. 恒温水槽 　　　C. 游标卡尺 　　　　D. 电子天平

3. 依据 GB/T 11969—2020,蒸压加气混凝土干密度、含水率、吸水率试验用鼓风干燥箱,需要校准的温度点有_____。(　　)

A. 60℃ 　　　　　B. 70℃ 　　　　　C. 80℃ 　　　　　　D. 105℃

4. 依据 GB/T 4111—2013,混凝土砌块抗渗试验用到的设备有_____。(　　)

A. 抗渗装置 　　　B. 烘箱 　　　　　C. 支架 　　　　　　D. 钻芯机

5. 依据 GB/T 30100—2013,建筑墙板吊挂力试验用到的设备有_____。(　　)

A. 锚固件 　　　　B. 不锈钢垫板 　　C. 位移测量装置 　　D. 加荷装置

第五节　混凝土及拌合用水

1. 依据 GB/T 50081—2019,混凝土抗压强度试验过程中加荷速度描述正确的是_____。(　　)

A. 立方体抗压强度 35MPa 时,加荷速度为 0.6MPa/s

B. 立方体抗压强度 65MPa 时,加荷速度为 0.9MPa/s

C. 立方体抗压强度 25MPa 时,加荷速度为 0.4MPa/s

D. 立方体抗压强度 40MPa 时,加荷速度为 0.7MPa/s

2. 依据 GB/T 50081—2019,混凝土抗折强度试验过程中加荷速度描述正确的是_____。(　　)

A. 对应的立方体抗压强度 35MPa 时,加荷速度为 0.06MPa/s

B. 对应的立方体抗压强度 65MPa 时,加荷速度为 0.12MPa/s

C. 对应的立方体抗压强度 25MPa 时,加荷速度为 0.04MPa/s

D. 对应的立方体抗压强度 40MPa 时,加荷速度为 0.07MPa/s

3. 依据 GB/T 50081—2019,混凝土抗折强度试验中描述正确的是_____。(　　)

A. 试件尺寸 100mm×100mm×400mm 非标准试件,应乘以尺寸换算系数 0.95

B. 当混凝土强度等级大于等于 C60 时,宜采用标准试件

C. 三个试件中若有两个试件的下边缘断裂位置位于两个集中荷载作用线之外,则该组试件试验无效

D. 试件安装尺寸偏差不得大于 2mm

4. 依据 GB/T 50081—2019,关于混凝土立方体抗压、抗折强度试件尺寸表述正确的是_____。(　　)

A. 边长 150mm 的立方体为抗压标准试件

B. 边长 100mm 的立方体为抗压非标准试件

C. 边长 200mm 的立方体为抗压非标准试件

D. 边长 100mm×100mm×400mm 的试件为抗折非标准试件

5. 依据 GB/T 50081—2019,下列混凝土标准养护条件符合标准要求的是_____。(　　)

A. 温度 21.5℃　　　　　　　　　B. 相对湿度 94%

C. 相对湿度 97%　　　　　　　　D. 温度 22.5℃

6. 依据 GB/T 50081—2019,混凝土试件制作过程描述不正确的是_____。(　　)

A. 用振动台振实的,拌合物应一次性装入试模

B. 用振动台振实的,拌合物应分两次装入试模

C. 用人工插捣的,拌合物应一次性装入试模

D. 用人工插捣的,拌合物应分两次装入试模

7. 依据 GB/T 50082—2009,混凝土抗水渗透性能试验逐级加压法步骤正确的有_____。(　　)

A. 试验时,水压应从 0.1MPa 开始

B. 加至规定压力在 8h 内,只有两个试件表面渗水,可以停止试验

C. 试验过程中每隔 8h 增加 0.1MPa 水压

D. 水从试件周边渗出时,应按规定重新进行密封

8. 依据 GB/T 50082—2009,下列_____试验项目属于混凝土长期性能和耐久性能试验的内容。(　　)

A. 抗水渗透　　　　　　　　　　B. 抗氯离子渗透

C. 碳化　　　　　　　　　　　　D. 抗折强度

9. 依据 GB/T 50081—2019,混凝土立方体抗压试件的尺寸公差符合标准要求的有_____。(　　)

A. 试件各边长、直径和高的尺寸公差不超过 1mm

B. 试件承压面的平面度公差不得超过 $0.0005d$,d 为试件边长

C. 试件相邻面的夹角应为 90°,其公差不得超过 0.5°

D. 试件长宽高均不应超过基准尺寸的 2mm

10. 依据 JGJ 55—2011,下列关于抗渗混凝土所使用的原材料描述正确的有_____。(　　)

A. 水泥宜选用硅酸盐水泥　　　　　　B. 混凝土中宜掺外加剂和矿物掺合料

C. 细骨料宜用中砂　　　　　　　　　D. 粗骨料宜用连续级配

11. 依据 JGJ 55—2011,普通混凝土配合比设计应满足_____的设计要求。(　　)

A. 配制强度　　　B. 拌合物性能　　　C. 长期性能　　　D. 耐久性能

12. 依据 GB/T 50082—2009,混凝土抗冻试验(慢冻法)中,冻融循环出现下列_____情况之一时,可停止试验。(　　)

A. 已达到规定的循环次数　　　　　　B. 抗压强度损失率已达到 25%

C. 抗压强度损失率已达到 10%　　　　D. 质量损失率已达到 5%

13. 依据 JGJ 55—2011,大体积混凝土配合比应符合以下规定_____。(　　)

A. 水胶比不宜大于 0.55,用水量不宜小于 175kg/m³

B. 在保证混凝土性能要求的前提下,宜提高每立方米混凝土中的粗骨料用量

C. 砂率宜为 38%~45%

D. 在保证混凝土性能要求的前提下,应减少胶凝材料中的水泥用量,提高矿物掺合料掺量,矿物掺合料掺量应符合规定

14. 依据 GB/T 50080—2016,混凝土凝结时间试验步骤说法正确的是_____。(　　)

A. 试样制备完毕,应置于温度为(20±2)℃的环境中待测,并在整个测试过程中,环境温度应始终保持在(20±2)℃,在整个测试过程中,除在吸取泌水或进行贯入试验外,试样筒应始终加盖。现场同条件测试时,试验环境应与现场一致。

B. 凝结时间测定从混凝土搅拌加水开始计时。依据混凝土拌合物的性能,确定测针试验时间,以后每隔 0.5h 测试一次,在临近初凝和终凝时,应缩短测试间隔时间

C. 在每次测试前 5min,将一片(20±5)mm 厚的垫块垫入筒底一侧使其倾斜,用吸液管吸去表面的泌水,吸水后应复原

D. 测试时,将砂浆试样筒置于贯入阻力仪上,测针端部与砂浆表面接触,应在(10±2)s内均匀地使测针贯入砂浆(25±2)mm 深度,记录最大贯入阻力值,精确至 10N;记录测试时间,精确至 1min

15. 依据 JGJ 55—2011,下列相关术语表达正确的是_____。(　　)

A. 普通混凝土干表观密度为 2000~2800kg/m³

B. 抗渗混凝土的抗渗等级不低于 P6

C. 高强混凝土的强度等级大于 C50

D. 大体积混凝土是指构件体积大于 1m³

16. 依据 JGJ 55—2011,下列关于泵送混凝土所使用的原材料描述正确的有_____。(　　)

A. 粗骨料宜用连续级配　　　　　　　B. 混凝土中应掺泵送剂或减水剂

C. 细骨料宜用中砂　　　　　　　　　D. 水泥宜选用硅酸盐水泥、普通硅酸盐水泥等

17. 依据 JGJ 55—2011,混凝土配合比计算公式 $W/B = \alpha_a f_b/(f_{cu,0} + \alpha_a \alpha_b f_b)$ 中,各符号的意义正确的是_____。(　　)

A. W/B——混凝土水胶比

B. f_b——胶凝材料 28d 胶砂抗压强度

C. $f_{cu,0}$——混凝土配制强度

D. α_a、α_b——回归系数

第六节　混凝土外加剂

1. 依据 GB 8076—2008,以三批试验的算术平均值作为检测结果,若三批试验的最大值或最小值中有一个与中间值之差超过中间值的 15% 时,则把最大值与最小值一并舍去,取中间值作为该组试验的结果。若有两个测值与中间值之差均超过 15% 时,则该批试验结果无效,应该重做。在混凝土外加剂检测中试验结果按以上评定的检测项目有_____。(　　)

A. 减水率

B. 泌水率

C. 基准混凝土抗压强度

D. 含气量

2. 依据 GB 8076—2008,混凝土外加剂检验用砂应满足_____。(　　)

A. 细度模数为 2.3～2.9

B. Ⅱ区中砂

C. 细度模数为 2.6～2.9

D. 含泥量小于 1%

3. 依据 GB 8076—2008,高效减水剂包括_____。(　　)

A. 早强型　　　　B. 缓凝型　　　　C. 标准型　　　　D. 引气型

4. 依据 GB/T 23439—2017,混凝土膨胀剂按限制膨胀率分为_____。(　　)

A. Ⅰ型　　　　B. Ⅱ型　　　　C. Ⅲ型　　　　D. Ⅳ型

5. 依据 GB 8076—2008,外加剂检验的用水量包括_____材料中所含的水量。(　　)

A. 液体外加剂　　　B. 粉状外加剂　　　C. 石子　　　　D. 砂子

6. 依据 GB 8076—2008,进行混凝土外加剂泌水率试验时,下列描述正确的是_____。(　　)

A. 先用湿布润湿容积为 5L 的带盖筒(内径 185mm,高 20mm)

B. 将混凝土拌合物一次装入带盖筒

C. 装入混凝土拌合物后在振动台上振动 20s

D. 自抹面开始计算时间,在前 60min,每隔 10min 用吸液管吸出泌水一次,以后每隔 20min 吸水一次,直至连续三次无泌水为止

7. 依据 GB 8076—2008,混凝土泵送剂 1h 坍落度保留值测定时,基准混凝土与受检混凝土应满足的要求是_____。(　　)

A. 水泥用量 360kg/m³

B. 砂率为 43%～47%

C. 砂率为 40%

D. 坍落度均为(100±20)mm

8. 依据 GB 8076—2008,下列表述正确的是_____。(　　)

A. 搅拌机的拌合量应不少于 15L

B. 搅拌出料后,在铁板上用人工翻拌至均匀,再行试验

C. 坍落度试验,分三层装料

D. 测定终凝时间用截面积 20mm² 的试针

9. 依据 JC 475—2004,强电解质无机盐类混凝土防冻剂按其成分可分为_____。(　　)

A. 氯盐类　　　　　B. 氯盐阻锈类　　　　C. 无氯盐类　　　　D. 无机盐复合类

10. 依据 GB/T 8077—2023,混凝土外加剂硫酸钠含量测定方法有_____。(　　)

A. 电位滴定法　　　B. 重量法　　　　　C. 离子交换重量法　D. 离子色谱法

11. 依据 GB/T 23439—2017,混凝土膨胀剂限制膨胀率试验(方法 A)说法正确的是_____。(　　)

A. 试件脱模时间以规定的配比试体的抗压强度达到(10±2)MPa 时的试件确定

B. 测量仪读数应精确至 0.001mm

C. 不同龄期的试体应在规定时间±1h 内测量

D. 结果取相近的 2 个试体测定值的平均值

12. 依据 GB/T 8077—2023,混凝土外加剂总碱量的测定方法有_____。(　　)

A. 火焰光度法　　　　　　　　　　B. 电位滴定法

C. 离子色谱法　　　　　　　　　　D. 原子吸收分光光度法

第七节　混凝土掺合料

1. 依据 GB/T 1596—2017,依据燃煤品种,粉煤灰分为_____。(　　)

A. C 类粉煤灰　　　B. D 类粉煤灰　　　C. E 类粉煤灰　　　D. F 类粉煤灰

2. 依据 GB/T 1596—2017,粉煤灰有下列情况之一时应进行型式检验_____。(　　)

A. 原料、工艺有较大改变,可能影响产品性能时

B. 正常生产时,每半年检验一次(放射性除外)

C. 产品长期停产后,恢复生产时

D. 出厂检验结果与上次型式检验有较大差异时

3. 依据 GB/T 1596—2017,水泥活性混合材用粉煤灰,出厂检验项目为_____。(　　)

A. 三氧化硫　　　　B. 含水量　　　　　C. 烧失量　　　　　D. 安定性

4. 依据 GB/T 18046—2017,矿渣粉的检测项目计算结果处理正确的是_____。(　　)

A. 矿渣粉 7d 活性指数计算结果保留至整数

B. 矿渣粉 28d 活性指数计算结果保留至整数

C. 矿渣粉初凝时间比计算结果保留至整数

D. 矿渣粉流动度比计算结果保留至整数

第八节　砂　浆

1. 依据 JGJ/T 70—2009,在试验室制备砂浆试样,应在试验记录中记录以下内容_____。(　　)

A. 试验室温、湿度　　　　　　　　　B. 原材料品种

C. 每盘砂浆的材料用量　　　　　　　D. 仪器设备名称

2. 依据 JGJ/T 70—2009,砂浆保水性试验中,会使用到的仪器有_____。(　　　)

A. 金属滤网　　　　B. 超白滤纸　　　　C. 1kg 重物一个　　　D. 橡胶锤

3. 依据 JGJ/T 70—2009,关于砂浆立方体抗压强度试验,下列说法错误的是_____。(　　　)

A. 试件破坏荷载应不小于压力机量程的 10%

B. 试件破坏荷载不应大于压力机全量程的 80%

C. 每组试件应为 6 个

D. 试件拆模后应浸水养护

4. 依据 JGJ/T 70—2009,关于砂浆立方体抗压强度试件成型及养护,下列说法正确的是_____。(　　　)

A. 养护期间试件彼此间隔 5～10mm

B. 养护龄期从浆体成型时开始计算

C. 砂浆养护环境温度为(20±2)℃

D. 试件制作后应在温度为(20±5)℃的环境下静置(24±2)h

5. 依据 JGJ/T 70—2009,关于砂浆立方体抗压强度试验,下列说法错误的是_____。(　　　)

A. 试验前应将试件表面擦干,测量尺寸

B. 当实测尺寸与公称尺寸之差不超过 2mm 时,可按照公称尺寸进行计算

C. 加荷速度应为 0.5～1.5kN/s

D. 试件的承压面应与成型时的顶面平行

6. 依据 JGJ/T 70—2009,砂浆拉伸粘结强度试验条件应符合_____。(　　　)

A. 温度(20±2)℃　　　　　　　　　B. 温度(20±5)℃

C. 相对湿度 40%～60%　　　　　　　D. 相对湿度 45%～75%

7. 依据 JGJ/T 70—2009,关于砂浆拉伸粘结强度试验中干混砂浆浆料的制备,下列说法正确的是_____。(　　　)

A. 待检样品应在试验条件下放置 24h 以上

B. 应称取不少于 5kg 的待检样品

C. 搅拌时间 2～3min

D. 搅拌好的料应在 2h 内用完

8. 依据 JGJ/T 70—2009,关于砂浆拉伸粘结强度试验的试件制备,下列说法错误的是_____。(　　　)

A. 制备好的试件在标准试验条件下养护 7d

B. 在试件表面以及上夹具表面涂上环氧树脂

C. 除去夹具周围溢出的胶粘剂,继续养护 48h

D. 当破坏形式为拉伸夹具与胶粘剂破坏时,试验结果应无效

9. 依据 JGJ/T 70—2009,砂浆分层度试验中会使用到的仪器有_____。(　　　)

A. 砂浆分层度筒　　B. 砂浆稠度仪　　　C. 振动台　　　　　D. 滤纸

10. 依据 JGJ/T 98—2010,砌筑砂浆试配所用原材料不应对_____造成有害的影响。(　　)

A. 人体　　　　　　B. 生物　　　　　　C. 仪器　　　　　　D. 环境

11. 依据 JGJ/T 98—2010,砌筑砂浆配合比设计时,_____应同时满足要求。(　　)

A. 稠度　　　　　　B. 密度　　　　　　C. 保水率　　　　　　D. 试配抗压强度

第九节　土

1. 依据 GB/T 50123—2019,土样含水率的试验方法有_____。(　　)

A. 密度计法　　　　B. 蜡封法　　　　　C. 烘干法　　　　　D. 酒精燃烧法

2. 依据 GB/T 50123—2019,采用烘干法对黏性土进行含水率试验,其烘箱温度可为_____。(　　)

A. 100℃　　　　　B. 105℃　　　　　C. 110℃　　　　　D. 115℃

3. 依据 GB/T 50123—2019,土体原位密度的试验方法有_____。(　　)

A. 密度计法　　　　B. 灌砂法　　　　　C. 灌水法　　　　　D. 微波法

4. 依据 GB/T 50123—2019,重型击实试验中,每层击数可能是_____。(　　)

A. 25　　　　　　　B. 42　　　　　　　C. 56　　　　　　　D. 94

5. 依据 GB/T 50123—2019,击实试验可分为_____。(　　)

A. 微型击实　　　　B. 轻型击实　　　　C. 重型击实　　　　D. 超重型击实

第十节　防水材料及防水密封材料

1. 依据 GB/T 328.26—2007,沥青防水卷材可溶物含量试验前至少在温度_____℃和相对湿度30%~70%的条件下放置_____h。(　　)

A.(20±5)　　　　　B.(23±2)　　　　　C. 20　　　　　　　D. 2

2. 依据 GB/T 328.8—2007,沥青防水拉伸性能试验,下面说法错误的是_____。(　　)

A. 拉力的平均值修约到 5N　　　　　　B. 延伸率修约到 1%

C. 拉力的平均值修约到 1N　　　　　　D. 延伸率修约到 0.1%

3. 依据 GB 18242—2008,弹性体改性沥青防水卷材按胎基可分为_____。(　　)

A. 聚酯毡　　　　　　　　　　　　　　B. 玻纤毡

C. 玻纤增强聚酯毡　　　　　　　　　　D. 聚酯毡-玻纤网格布复合毡

4. 依据 GB/T 328.11—2007,建筑防水卷材规定温度下耐热性(A 法)的测定说法正确的是_____。(　　)

A. 一组两个试件

B. 露出的胎体处用悬挂装置夹住,涂盖层不要夹到

C. 试件放入后的加热时间为(120±2)min

D. 试件取出后冷却至少 2h

5. 依据 GB/T 328.9—2007,高分子防水卷材拉伸试验中,采用方法 B 制备哑铃型试件

时,以下哪些说法是正确的_____。( )

    A. 拉伸速度为(100±10)mm/min   B. 试件宽度为(6±0.4)mm

    C. 拉伸速度为(500±50)mm/min   D. 试件宽度为(10±1)mm

    6. 依据 GB/T 529—2008,下列关于高分子防水片材撕裂强度试验说法错误是_____。( )

    A. 试样厚度的测量应在其撕裂区域内进行,厚度测量不少于三点,取平均值

    B. 直角形试样拉伸速度为(100±10)mm/min

    C. 试验结果以每个方向试样的平均值表示

    D. 每个方向各取 3 个试样

    7. 依据 GB/T 16777—2008,关于建筑防水涂料含固量涂料加热温度说法正确的是_____。( )

    A. 水性防水涂料(105±2)℃   B. 反应型防水涂料(120±2)℃

    C. 溶剂型防水涂料(120±2)℃   D. 水乳型沥青防水涂料(110±2)℃

    8. 依据 GB/T 19250—2013,聚氨酯防水涂料的拉伸性能试验在_____情况下数据应剔除。( )

    A. 试件在狭窄部分以外断裂时

    B. 试验数据与平均值的偏差超过 15% 时

    C. 试验数据低于标准值时

    D. 试验数据与平均值的偏差超过 25% 时

    9. 依据 GB/T 16777—2008,关于聚氨酯防水涂料低温弯折性试验说法错误的是_____。( )

    A. 试件尺寸为 100mm×50mm   B. 试件数量为 5 个

    C. 在低温箱中规定温度下放置 2h   D. 整个弯折过程在试验箱中进行

    10. 依据 GB/T 16777—2008,关于建筑防水涂料拉伸性能试验说法正确的是_____。( )

    A. 试件厚度为标线中间和两端三点的厚度,取其算术平均值作为试件厚度

    B. 调整拉伸试验机夹具间距约 70mm

    C. 若有试件断裂在标线外,应舍弃用备用件补测

    D. 低延伸率涂料拉伸速度应设置为 200mm/min

    11. 依据 T/CWA 302—2023,搭接缝不透水性试验中当采用水泥基类胶粘剂搭接试件时,应采用丁基胶带或双组分聚氨酯防水涂料等材料填充试件密封圈部位的搭接缝,以避免试验时密封区域的试件因受力压坏胶粘剂导致透水。在不影响试验结果的前提下,沿橡胶密封圈一圈,采用_____等形式将试件与透水盘之间密封,同时消除卷材搭接后迎水面产生的高度差。( )

    A. 胶带   B. 密封胶

    C. 尺寸厚度适合的卷材   D. 钢垫片

    12. 依据 JG/T 193—2006,关于钠基膨润土防水渗透系数试验,下列说法正确的是_____。( )

    A. 测定装置包括加压系统、流动测量系统和渗透室等

B. 需要使用直径(70±2)mm 的滤纸

C. 试验结果保留两位有效数字

D. 应在 20℃下进行试验,当试验温度不符合要求应进行修正

13. 依据 GB/T 528—2009,遇水膨胀橡胶止水带拉伸性能试样为 2 型,其哑铃型试样用裁刀尺寸叙述正确的是_____。(　　)

A. 总长度(最小)75mm　　　　　　　B. 狭窄部分长度(25.0±1.0)mm

C. 端部宽度(25±1.0)mm　　　　　　D. 狭窄部分宽度(4.0±1.0)mm

14. 依据 GB/T 13477.3—2017,单组分密封材料挤出性试验报告中应记录包括_____内容。(　　)

A. 挤出时间　　　　　　　　　　　　B. 每个质量挤出率试验结果及其算术平均值

C. 挤出压力　　　　　　　　　　　　D. 挤出筒的试验体积和挤出孔的直径

15. 依据 GB/T 13477.17—2017,单组分密封材料弹性恢复率(B 法)先按照 A 法处理,然后将试件按下列_____程序处理 3 个循环。(　　)

A. 在(70±2)℃干燥箱内存放 3d　　　B. 在(23±2)℃蒸馏水中存放 1d

C. 在(70±2)℃干燥箱内存放 2d　　　D. 在(23±2)℃蒸馏水中存放 2d

16. 依据 GB/T 13477.7—2002,单组分弹性溶剂型密封材料低温柔性的测定在循环处理周期结束时,使低温箱里的试件和圆棒同时处于规定的试验温度下,用手将试件绕规定直径的圆棒弯曲,弯曲时试件粘有试样的一面朝内,弯曲操作在 1～2s 内完成,规定直径的圆棒包括_____。(　　)

A. 6mm　　　　　　B. 15mm　　　　　　C. 25mm　　　　　　D. 30mm

第十一节　瓷砖及石材

1. 依据 GB/T 3810.3—2016,陶瓷砖吸水率试验会用到以下_____设备。(　　)

A. 天平　　　　　　B. 干燥器　　　　　　C. 麂皮　　　　　　D. 干燥箱

2. 依据 GB/T 3810.3—2016,陶瓷砖吸水率试验,每种类型的砖一般取_____块整砖测试。如每块砖的表面积不小于 0.04 平方米时,只需要取_____块整砖测试。(　　)

A. 10　　　　　　B. 7　　　　　　C. 5　　　　　　D. 3

3. 依据 GB/T 3810.3—2016,关于陶瓷砖吸水率试验,下列说法正确的是_____。(　　)

A. 应取 10 块整砖进行测试

B. 如每块砖的表面积不小于 0.04m^2 时,只需用 5 块整砖进行测试

C. 如每块砖的质量小于 50g,则需足够数量的砖使每个试样质量达到 50～100g

D. 若砖的边长不小于 400mm 时,至少在 5 块整砖的中间部位切取最小边长 100mm 的 5 块试样

4. 依据 GB/T 9966.2—2020,关于天然石材水饱和弯曲强度试验,下列说法错误的是_____。(　　)

A. 将试样侧立置于恒温水箱中,试样间隔不小于 10mm

B. 首次加入自来水(20±10)℃到试样高度的三分之一,静置 1h

C. 加满水后,水面应超过试样高度(20±5)mm

D. 试样在清水中浸泡(24±2)h 后取出

5. 依据 GB/T 3810.3—2016,关于陶瓷砖真空法测定吸水率试验,下列说法正确的是_____。(　　)

A. 将砖竖直放入真空容器中,使砖互不接触,抽真空至(10±1)kPa

B. 保持 15min 后停止抽真空

C. 加入足够的水将砖覆盖并高出 5cm

D. 用干燥的麂皮轻轻擦干每块砖的表面

6. 依据 GB/T 3810.4—2016,关于陶瓷砖破坏强度试验,下列说法错误的是_____。(　　)

A. 对边长大于 400mm 的砖,必要时可进行切割

B. 切制成可能最大尺寸的矩形试样,其中心应与切割前砖的中心一致

C. 用整砖和用切制过的砖测得的结果一致

D. 试样经切割后,中心与切割前砖的中心不一致时,需在报告中予以说明

7. 依据 GB/T 9966.3—2020,天然石材吸水率试验,会用到下列_____仪器。(　　)

A. 鼓风干燥箱　　　　B. 天平　　　　　　C. 水箱　　　　　　D. 比重瓶

8. 依据 GB/T 9966.3—2020,关于天然石材吸水率试验,下列说法正确的是_____。(　　)

A. 试样可以是直径、高度均为 50mm 的圆柱体

B. 试验结果保留至小数点后三位

C. 干燥至恒重过程中,干燥箱温度应为(105±5)℃

D. 特殊要求时可选用其他规则形状的试样

第十二节　塑料及金属管材

1. 依据 GB/T 14152—2001,关于热塑性塑料管材耐外冲击性能试验,说法正确的有_____。(　　)

A. 试样长度(200±10)mm

B. 外径大于 40mm 的试样应沿其长度方向画出等距离标线

C. 外径小于或等于 40mm 的管材,每个试样只进行一次冲击

D. 试样应在规定温度的水浴或空气浴中进行状态调节

2. 依据 GB/T 14152—2001,热塑性塑料管材耐外冲击性能试验中,关于样品状态调节时间描述正确的有_____。(　　)

A. 壁厚≤8.6mm,水浴 15min 或空气浴 60min

B. 8.6mm<壁厚≤14.1mm,水浴 30min 或空气浴 120min

C. 8.6mm<壁厚≤14.1mm,水浴 60min 或空气浴 120min

D. 壁厚>14.1mm,水浴 60min 或空气浴 240min

第十三节　预制混凝土构件

1. 依据 GB/T 50152—2012,简支受弯试件试验时的支座采用的钢滚轴直径宜采用_____。（　　）

A. 支座单位长度上的荷载<2.0kN/mm 时,直径采用 60mm

B. 支座单位长度上的荷载 2.0~4.0kN/mm 时,直径采用 80mm

C. 支座单位长度上的荷载 2.0~6.0kN/mm 时,直径采用 60mm

D. 支座单位长度上的荷载 2.0~6.0kN/mm 时,直径采用 80~100mm

2. 依据 GB/T 50784—2013,进行结构构件适用性检验时,应依据委托方要求选择_____参数进行观测。（　　）

A. 跨中挠度　　　　　　　　　　B. 管线位移和变形

C. 设备的相对位移及运行情况　　D. 装饰装修层的应变

3. 依据 GB/T 50152—2012,原位加载试验使用状态试验结果的判断应包含_____检验项目。（　　）

A. 挠度　　　　　　　　　　　　B. 开裂荷载

C. 裂缝形态和最大裂缝宽度　　　D. 试验方案要求检验的其他变形

4. 依据 GB 50204—2015、GB/T 50152—2012,下列关于预制构件结构性能检验的观点,正确的是_____。（　　）

A. 构件在试验前应量测其实际尺寸,并检查其外观质量

B. 试验荷载布置不能完全与设计要求相符时,应按荷载等效的原则换算

C. 梁板简支类受弯预制构件进场时应进行结构性能试验

D. 一般梁、板类叠合构件的结构性能检验,后浇层混凝土厚度宜取底部预制构件厚度的 1.0 倍

5. 依据 GB/T 50152—2012,试件混凝土开裂可采用_____等方法进行判断。（　　）

A. 直接观察法　　　　　　　　　B. 仪表动态判定法

C. 挠度转折法　　　　　　　　　D. 应变量测判断法

6. 依据 GB/T 50152—2012,在结构使用阶段时,结构材料性能劣化的监测可选取_____进行。（　　）

A. 观察法　　　B. 剔凿法　　　C. 电阻率法　　　D. 碳化深度测定法

7. 依据 GB/T 50152—2012,简支预制混凝土楼板采用重物进行加载时,以下_____表述符合规范规定。（　　）

A. 加载物应重量均匀一致,形状规则

B. 不宜采用有吸水性的加载物

C. 铁块、混凝土块、砖块等加载物重量应满足加载分级的要求,单块重量不宜大于 500kg

D. 试验前应对加载物称重,求得其平均重量

8. 依据 GB/T 50152—2012,混凝土结构试验时,试验荷载在试件上布置的形式,包括

_____。(　　)

　　A. 荷载类型　　　　　B. 加载速度　　　　　C. 作用位置　　　　　D. 加载方式

　　9. 依据 GB/T 50784—2013,构件挠度检测时宜对受检范围内存在挠度变形的构件进行全数检验,当不具备全数检验条件时,可按约定的抽样原则抽取_____构件进行检测。(　　)

　　A. 重要的构件　　　　　　　　　　B. 跨度较大的构件

　　C. 外观质量差或损失严重的构件　　　D. 变形较大的构件

　　10. 依据 GB/T 50784—2013,构件裂缝检测时宜对受检范围内存在挠度变形的构件进行全数检验,当不具备全数检验条件时,可按约定的抽样原则抽取_____构件进行检测。(　　)

　　A. 重要的构件　　　　　　　　　　B. 跨度较大的构件

　　C. 裂缝较多或裂缝宽度较大的构件　　D. 存在变形的构件

　　11. 依据 GB/T 50152—2012,实验室采用验证性试验时,出现下列_____标志之一时,判断该混凝土试件达到承载能力极限状态。(　　)

　　A. 受扭构件腹部斜裂缝宽度达到 1.50mm

　　B. 受弯构件受拉主筋处裂缝宽度达到 1.50mm

　　C. 受弯构件挠度达到 1/60 跨度

　　D. 受剪构件沿斜截面斜压裂缝,混凝土破碎

　　12. 依据 GB/T 50152—2012,预制构件结构性能试验的检验记录应包含_____。(　　)

　　A. 试验检验方案　　B. 试验记录　　　C. 试验检验背景　　D. 检验结论

　　13. 依据 GB/T 50152—2012,预制构件结构性能试验的检验记录中裂缝观测应包含_____。(　　)

　　A. 开裂荷载　　　　B. 裂缝发展　　　　C. 宽度变化　　　　D. 裂缝分布图

　　14. 依据 GB/T 50152—2012,结构动力特性测试项目包括_____。(　　)

　　A. 自振频率　　　　B. 振型　　　　　　C. 位移　　　　　　D. 阻尼比

　　15. 依据 GB/T 50784—2013,当遇到_____情形时,宜进行结构性能检测。(　　)

　　A. 混凝土结构达到设计使用年限要继续使用

　　B. 混凝土使用环境改变或受到环境侵蚀

　　C. 混凝土结构改变用途、改造、加层或扩建

　　D. 相关法律、标准规定的结构使用期间的鉴定

　　16. 依据 GB/T 50784—2013,构件挠度检测时,当需要确定受检构件荷载-挠度变化曲线时,宜采用_____等设备直接测量挠度值。(　　)

　　A. 挠度计　　　　　B. 位移传感器　　　C. 水准仪　　　　　D. 百分表

　　17. 依据 GB/T50152—2012,下列关于试验试件支承的表述,正确的是_____。(　　)

　　A. 支承装置应保证试验试件的边界约束条件和受力状态符合试验方案的计算简图

　　B. 为保证支承面紧密接触,支承装置上下钢垫板不宜预埋在试件或支墩内

　　C. 支承试件的装置应有足够的刚度、承载力和稳定性

D. 试件的支承装置不应产生影响试件正常受力和测试精度的变形

18. 依据 GB/T 22082—2017,关于管片尺寸偏差检验说法正确的是_____。(　　　)

A. 检测宽度时,用游标卡尺、软性游标卡尺在内外表面端部及中部测量各三点,精确至 0.1mm

B. 检测厚度时,用游标卡尺在二个侧面端部及中部测量各三点,取 6 点的平均值,精确至 0.1mm

C. 检测宽度时,用游标卡尺、软性游标卡尺在内外表面端部及中部测量各五点,精确至 0.1mm

D. 检测厚度时,用游标卡尺在二个侧面端部及中部测量各三点,取 6 点的平值,精确至 0.01mm

19. 依据 GB/T 50344—2019,结构构件静力荷载的检验方案应预判结构可能出现的_____,并应制订相关的应急预案。(　　　)

A. 开裂　　　　　　B. 损伤　　　　　　C. 变形　　　　　　D. 破坏

20. 依据 GB/T 50344—2019,结构构件的适用性应以_____未受到影响以及使用者的感受为基准进行评定。(　　　)

A. 管线设施　　　B. 外观质量　　　C. 围护结构　　　D. 装饰装修

21. 依据 GB/T 50784—2013,关于外观缺陷检测,说法正确的有_____。(　　　)

A. 露筋长度可采用钢卷尺量测

B. 麻面的位置和范围可用钢尺或卷尺测量

C. 孔洞深度可用游标卡尺测量

D. 蜂窝和疏松位置和范围可用钢尺或卷尺测量

第十四节　预应力钢绞线

1. 依据 GB/T 5224—2023,在预应力混凝土用钢绞线表面质量检验中,表面不得有影响使用性能的有害缺陷,允许存在_____。(　　　)

A. 深度小于单根钢丝直径 4% 的轴向表面缺陷

B. 表面轻微浮锈

C. 目视可见的锈蚀凹坑

D. 回火颜色

2. 依据 GB/T 5224—2023,预应力混凝土用钢绞线应力松弛试验性能试验说法正确的是_____。(　　　)

A. 试验标距长度不小于公称直径的 60 倍

B. 试样制备后不得进行任何热处理

C. 试样制备后不得进行任何冷加工

D. 允许用至少 120h 的测试数据推算 1000h 的松弛率

3. 依据 GB/T 21839—2019,对于钢丝、钢棒、钢筋 A_{gt} 的测定,测量已拉伸试验过的试样最长部分,测量区的范围应处于距离断裂处至少_____,距离夹头至少为_____。测量用的原始标距应等于产品标准中规定的值。(　　　)

A. 5d　　　　　　B. 2.5d　　　　　　C. 4d　　　　　　D. 2d

4. 依据 GB/T 5224—2023,钢绞线的检验分为_____检验和_____检验。(　　)

A. 出厂　　　　　　B. 型式　　　　　　C. 交货　　　　　　D. 特征值

第十五节　预应力混凝土用锚具夹具及连接器

1. 依据 JGJ 85—2010,锚具产品进场验收,通常需进行_____进场检验。(　　)

A. 外观检查　　　　　　　　　　B. 硬度检验

C. 静载锚固性能试验　　　　　　D. 锚具的内缩量试验

2. 依据 GB/T 14370—2015,锚具、夹具和连接器有下列_____情况时,应进行型式检验。(　　)

A. 新产品鉴定或老产品转厂生产时

B. 正式生产后,如结构、材料、工艺有较大改变,可能影响产品性能时

C. 正常生产时,每 3 年进行一次检验

D. 产品停产 2 年后,恢复生产时

3. 依据 GB/T 230.1—2018,锚夹具洛氏硬度试验,下列说法正确的是_____。(　　)

A. 试样表面应平坦光滑,不应有氧化皮

B. 试样表面的不应有油脂

C. 在试验过程中,硬度计应避免受到冲击或振动

D. 试验一般在 5～35℃室温下进行

4. 依据 GB/T 14370—2015,预应力筋-锚具疲劳荷载性能试验,结果合格的标准为_____。(　　)

A. 试验后,锚夹具不应发生疲劳破坏

B. 锚具夹持区域预应力筋不应破断

C. 预应力筋因锚具夹持作用发生疲劳破坏的截面面积不大于试件总截面积的 5%

D. 锚具零件的变形不应过大

第十六节　预应力混凝土用波纹管

1. 依据 JT/T 529—2016、GB/T 14152—2001,塑料波纹管抗冲击性试验,下列说法错误的是_____。(　　)

A. 试样长度为(300±10)mm

B. 对外径小于等于 40mm 的波纹管,每个试样只能进行一次冲击

C. 试验温度为(23±2)℃

D. 落锤重量为 1.0kg

2. 依据 JT/T 529—2016、GB/T 9647—2015,塑料波纹管环刚度试验,下列说法是正确的_____。(　　)

A. 试样应在试验温度的环境中调节状态 12h 后,进行试验

B. 如果能确定试样在某位置环刚度最小,把第一个试样的该位置和压力机上板相接触

C. 如果实验过程中管壁厚度变化超过 5%,则应通过直接测量试样内径的变化来得到相关数据

D. 塑料波纹管环刚度应大于 6kN/m²

3. 依据 JG/T 225—2020,关于金属波纹管的尺寸测量,以下说法正确的是_____。(　)

A. 圆管内径尺寸为相互垂直两个方向的内径平均值

B. 扁管内短轴尺寸为试件两端内短轴尺寸的平均值

C. 内外径尺寸测量用游标卡尺

D. 钢带厚度测量用千分尺

4. 依据 JG/T 225—2020,关于金属波纹管抗渗漏试验,以下说法正确的是_____。(　)

A. 试件长度取圆管公称内径或扁管等效公称内径的 5 倍,且不应小于 300mm

B. 可用清水灌满试件,如果不渗水,可不再用水泥浆进行试验

C. 每根试件测试 3 次

D. 抗渗漏试验不得用清水代替水泥浆进行试验

5. 依据 JT/T 529—2016,对于预应力混凝土桥梁用塑料波纹管下列说法正确的是_____。(　)

A. 塑料波纹管低温落锤冲击试验的真实冲击率 TIR 最大允许值为 10%

B. 塑料波纹管局部横向荷载试验时,施加横向荷载 100N

C. 塑料波纹管以批为单位进行验收,每批数量不超过 1000m

D. 塑料波纹管拉伸屈服应力不小于 20MPa

6. 依据 JG/T 225—2020,对于预应力混凝土用金属波纹管下列说法正确的是_____。(　)

A. 预应力混凝土用金属波纹管分为标准型和增强型

B. 预应力混凝土用金属波纹管按截面形状分为圆形和扁形

C. 预应力混凝土用金属波纹管按每两个相邻折叠咬口之间凸起波纹的数量分双波和多波

D. 预应力混凝土用金属波纹管螺旋向宜为右旋

7. 依据 JT/T 529—2016,对于预应力混凝土桥梁用塑料波纹管下列说法正确的是_____。(　)

A. 局部横向荷载试验规定卸荷 5min 后加载处管节变形量不得超过管节外径的 10%

B. 柔韧性试验按规定的方法反复弯曲五次后,专用塞规能顺利地从塑料波纹管中通过

C. 按规定反复弯曲作用后,进行抗渗漏性能检验

D. 按规定在集中荷载下进行径向刚度检验

第十七节　材料中有害物质

1. 依据 GB 6566—2010,依据建筑材料放射性水平大小装修材料分为_____

类。(　　)

A. A 类　　　　　B. B 类　　　　　C. C 类　　　　　D. D 类

2. 依据 GB/T 18446—2009,采用气相色谱法检测油漆中二异氰酸酯单体的含量用到的仪器设备有_____。(　　)

A. 气相色谱仪　　B. 样品注射器　　C. 移液管　　　　D. 分析天平

第十八节　建筑消能减震装置

1. 依据 JG/T 209—2012,黏弹性阻尼器长度允许偏差和截面有效尺寸允许偏差分别是_____。(　　)

A. 不超过设计值的±4mm　　　　　B. 不超过设计值的±3mm

C. 不超过设计值的±2mm　　　　　D. 不超过设计值的±5mm

2. 依据 JG/T 209—2012,黏滞阻尼材料要求黏温关系稳定,材料具有_____特点。(　　)

A. 闪点高　　　　B. 不易燃烧　　　C. 不易挥发　　　D. 抗老化性能强

第十九节　建筑隔震装置

1. 依据 JG/T 118—2018,隔震支座竖向极限压应力要求包括_____内容。(　　)

A. 当 3≤第二形状系数≤4 时,应不小于 60MPa

B. 当 4<第二形状系数≤5 时,应不小于 75MPa

C. 当第二形状系数>5 时,应不小于 90MPa

D. 当第二形状系数>7 时,应不小于 120MPa

2. 依据 JG/T 118—2018,对于隔震支座的竖向性能,当水平位移为支座内部橡胶直径 0.55 倍状态时的极限压应力要求包括_____内容。(　　)

A. 当 3≤第二形状系数≤4 时,应不小于 20MPa

B. 当 4<第二形状系数≤5 时,应不小于 25MPa

C. 当第二形状系数>5 时,应不小于 30MPa

D. 当第二形状系数>7 时,应不小于 40MPa

3. 依据 JG/T 118—2018,隔震橡胶支座侧向不均匀变形试验:在设计竖向压应力下,采用直角尺和塞尺测量支座侧面最大鼓出位置的鼓出量。测量侧向不均匀变形时的竖向压应力,当第二形状系数不小于 5 时,型式检验取 15MPa,出厂检验取设计压应力;当第二形状系数不小于 4 且小于 5 时,竖向压应力降低_____;当第二形状系数不小于 3 且小于 4 时,竖向压应力降低_____。(　　)

A. 10%　　　　　B. 20%　　　　　C. 30%　　　　　D. 40%

4. 依据 GB/T 37358—2019,以下关于建筑摩擦摆隔震支座竖向承载力试验描述正确的是_____。(　　)

A. 试验室的标准温度是(23±5)℃

B. 试验前在标准温度下停放 24h

C. 试验过程分为预压和正式加载

D. 竖向压缩变形取 2 个传感器的算术平均值

第二十节 铝塑复合板

1. 依据 GB/T 1457—2022,铝塑板复合板滚筒剥离强度试验中典型的破坏类型有_____。（ ）

A. 面板侧粘结破坏

B. 芯子侧粘结破坏

C. 胶粘剂内聚破坏

D. 芯子破坏

第二十一节 木材料及构配件

1. 依据 GB/T 1927.11—2022,木材顺纹抗压强度试验样品的要求正确的是_____。（ ）

A. 试样横截面为正方形

B. 边长至少为 20mm

C. 顺纹方向长度为边长的 1.5 倍

D. 当生长轮长度大于 4mm 时,应增大边长,使试样包含 5 个生长轮

第二十二节 加固材料

1. 依据 GB/T 3354—2014,碳纤维复合材拉伸试样在状态调节后,测量并记录试样工作段 3 个不同截面的宽度和厚度,分别取算术平均值。宽度测量应精确到_____,厚度测量应精确到_____。（ ）

A. 0.02mm   B. 0.01mm   C. 0.05mm   D. 0.1mm

第二十三节 焊接材料

1. GB/T 2652—2022 标准中规定,其他金属材料的取样不应采用_____。（ ）

A. 机械加工方法   B. 剪切方法   C. 热切割方法   D. 锯削方法

第五章 ▶ 判断题

第一节　水　泥

1. 依据 GB 175—2023,硅酸盐水泥初凝时间不小于 45min,终凝时间不大于 390min。
（　　）

2. 依据 GB/T 1346—2011,水泥的标准稠度用水量测定有两种方法,即标准法、代用法。
（　　）

3. 依据 GB/T 1346—2011,水泥净浆拌制,用水泥净浆搅拌机搅拌,搅拌锅和搅拌叶片先用湿布擦过,将称好的 500 克水泥倒入搅拌锅内,然后在 5～10s 内小心将水加入水泥中,防止水和水泥溅出。
（　　）

4. 依据 GB/T 1346—2011,水泥净浆拌制水泥净浆拌制时,锅放在搅拌机的锅座上,升至搅拌位置,启动搅拌机,低速搅拌 120s,停 15s,同时将叶片和锅壁上的水泥浆刮入锅中间,接着高速搅拌 120s 停机。
（　　）

5. 依据 GB/T 1346—2011,用雷氏法测定安定性时,当两个试件煮后增加距离的平均值大于 5.0mm 时,即认为水泥安定性合格。
（　　）

6. 依据 GB/T 1346—2011,用雷氏法测定安定性时,当两个试件煮后增加距离的平均值不小于 5.0mm 时,应用同一样品立即重做一次试验。以复检结果为准。
（　　）

7. 依据 GB/T 1346—2011,试饼法测定水泥安定性,当两个试饼判别结果有矛盾时,该水泥的安定性为不合格。
（　　）

8. 依据 GB/T 2419—2005,水泥胶砂流动度测定用的跳桌宜通过膨胀螺栓安装在已硬化的水平混凝土基座上。基座容重至少为 2000kg/m³,基部约为 400mm×400mm 见方,高约 660mm。
（　　）

9. 依据 GB/T 17671—2021,除 24h 龄期或延迟至 48h 脱模的试体外,任何到龄期的试体应在试验(破型)前 15min 从水中取出。擦去试体表面沉积物,并用湿布覆盖至试验为止。
（　　）

10. 依据 GB/T 17671—2021,一组水泥抗折强度值中有一个超出平均值±10％时,应剔除后再取平均值作为抗折强度的试验结果。
（　　）

11. 依据 GB/T 17671—2021,水泥试件水平放置于水中养护时,刮平面应向上。试件上表面的水深不应小于 3mm。
（　　）

12. 依据 GB/T 17671—2021,一组水泥抗压强度值中,如测定值中有一个超出六个平均值的±10％,就应剔除这个结果,而以剩下五个的平均值为结果。如果五个测定值中再有超过平均值±10%的,则此组结果作废。单个抗压强度结果精确到 0.1MPa,算术平均值精确到 1MPa。　　　　　　　　　　　　　　　　　　　　　　　　　　　　　　　　（　　）

13. 依据 GB/T 176—2017,氧化镁的测定——原子吸收分光光度法(基准法),试验时以分解法制备溶液,称取样品约 0.1g;以熔融方法制备溶液,称取样品约 0.2g,均精确至 0.0001g。　　　　　　　　　　　　　　　　　　　　　　　　　　　　　（　　）

第二节　钢筋(含焊接与机械连接)

1. 依据 GB/T 1499.2—2018,钢筋牌号 HPB300 中 300 指钢筋的屈服强度标准值。
　　　　　　　　　　　　　　　　　　　　　　　　　　　　　　　　　　　（　　）

2. 依据 JGJ/T 27—2014,HRB500 公称直径为 25mm 闪光对焊接头钢筋的弯曲试验时弯曲压头直径应为 150mm。　　　　　　　　　　　　　　　　　　　　　　　（　　）

3. 依据 JGJ 18—2012,钢筋焊接接头弯曲试验中,当试验结果弯至 90°,有 2 个或 3 个试件外侧(含焊缝和热影响区)未发生裂纹,应评定该检验批接头弯曲试验合格。　（　　）

4. 依据 GB/T 1499.1—2017,热轧光圆钢筋拉伸性能、重量偏差不合格,可取双倍数量试样进行复检。　　　　　　　　　　　　　　　　　　　　　　　　　　　　　（　　）

5. 依据 JGJ 18—2012,焊接钢筋拉伸试验中,有一个试件断于钢筋母材,且呈脆性断裂;或有一个试件断于钢筋母材,其抗拉强度又小于钢筋母材抗拉强度标准值。试验结果记录无效。　　　　　　　　　　　　　　　　　　　　　　　　　　　　　　　　（　　）

6. 依据 GB/T 1499.2—2018,对牌号带 E 的钢筋应进行反向弯曲试验。经反向弯曲试验后,钢筋受弯曲部位表面不得产生裂纹。　　　　　　　　　　　　　　　　　（　　）

7. 依据 JGJ 18—2012,钢筋焊接接头力学性能试验:1 个试件断于钢筋母材,呈延性断裂,其抗拉强度等于钢筋母材抗拉强度标准值;另 2 个试件断于焊缝处,呈脆性断裂。评定该组接头应进行复验。　　　　　　　　　　　　　　　　　　　　　　（　　）

8. 依据 GB/T 1499.2—2018,公称直径 25～40mm 各牌号热轧带肋钢筋的断后伸长率 A 可降低 1%;公称直径大于 40mm 各牌号钢筋的断后伸长率 A 可降低 2%。　（　　）

9. 依据 GB/T 228.1—2021 钢筋拉伸试验时,除非另行规定,试验应在(22±5)℃室温进行。　　　　　　　　　　　　　　　　　　　　　　　　　　　　　　　　（　　）

10. 依据 GB/T 1499.2—2018,热轧带肋钢筋实测抗拉强度与实测下屈服强度之比不小于 1.25。　　　　　　　　　　　　　　　　　　　　　　　　　　　　　　　（　　）

11. 依据 GB/T 1499.2—2018,热轧带肋钢筋下屈服强度实测值与下屈服强度标准值之比不小于 1.25。　　　　　　　　　　　　　　　　　　　　　　　　　　　　（　　）

12. 依据 GB/T 1499.2—2018,热轧带肋钢筋按规范要求弯曲 180°后,钢筋受弯曲部位表面不产生裂纹,可视为弯曲性能合格。　　　　　　　　　　　　　　　　　（　　）

13. 依据 GB/T 1499.2—2018,热轧带肋钢筋反向弯曲试验的弯曲压头直径比弯曲试验相应增加一个钢筋公称直径。　　　　　　　　　　　　　　　　　　　　　（　　）

14. 依据 GB/T 1499.1—2017,钢筋混凝土用钢热轧光圆钢筋的拉伸、弯曲试验可进行车削加工。　　　　　　　　　　　　　　　　　　　　　　　　　　　　　　（　　）

15. 依据 GB/T 1499.2—2018,钢筋混凝土用钢筋检测重量偏差时,试样应从不同根钢

筋上截取,数量不少于 3 支,每支试样长度不小于 500mm。　　　　　　　（　）

16. 依据 GB/T 1499.2—2018,热轧钢筋在进行交货检验时,不允许不同炉罐号的钢筋混合组批。　　　　　　　　　　　　　　　　　　　　　　　　　　　　（　）

17. 依据 JGJ 107—2016,对钢筋机械连接接头的现场抽检项目应包括极限抗拉强度、加工和安装质量检验。　　　　　　　　　　　　　　　　　　　　　　　（　）

18. 依据 GB/T 228.1—2021,钢筋在进行室温拉伸测定下屈服强度试验时,应依据材料弹性模量的不同,在弹性范围内采用不同的加荷应力速率范围。　　　　　（　）

19. 依据 GB/T 228.1—2021,金属材料室温拉伸试验的断后伸长率表示钢筋断后标距的残余伸长与原始标距之比的百分率。　　　　　　　　　　　　　　　　（　）

20. 依据 JGJ 18—2012,钢筋气压焊接头进行检验时,只做拉伸试验,不做弯曲试验。
　　　　　　　　　　　　　　　　　　　　　　　　　　　　　　　　　　（　）

21. 依据 GB/T 1499.1—2017,HPB300 钢筋做弯曲性能检验时,弯曲压头直径为 $2a$,a 为钢筋公称直径。　　　　　　　　　　　　　　　　　　　　　　　　（　）

22. 依据 JGJ 107—2016,钢筋机械连接接头试件在测量残余变形后不能再进行抗拉强度试验。　　　　　　　　　　　　　　　　　　　　　　　　　　　　　（　）

23. 依据 JGJ 107—2016,钢筋机械连接接头工艺性检测的每根试件极限抗拉强度和残余变形均应符合标准要求。　　　　　　　　　　　　　　　　　　　　　（　）

24. 依据 JGJ 107—2016,钢筋机械连接接头试件变形测量标距与最大力下总伸长率测量标距相同。　　　　　　　　　　　　　　　　　　　　　　　　　　　　（　）

第三节　骨料、集料

1. 依据 JGJ 52—2006,对于长期处于潮湿环境的重要混凝土结构所用的砂、石,应进行碱活性检验。　　　　　　　　　　　　　　　　　　　　　　　　　　　（　）

2. 依据 JGJ 52—2006,配制泵送混凝土,宜选用粗砂。　　　　　　　　　（　）

3. 依据 JGJ 52—2006,砂的粗细程度按细度模数分为粗、中、细三级。　　（　）

4. 依据 JGJ 52—2006,砂的颗粒级配是依据砂的筛分析试验所得的累计筛余百分率来评定的。　　　　　　　　　　　　　　　　　　　　　　　　　　　　　（　）

5. 依据 JGJ 52—2006,配制混凝土时宜优先选用Ⅱ区砂,当采用Ⅰ区砂时,应降低砂率。
　　　　　　　　　　　　　　　　　　　　　　　　　　　　　　　　　　（　）

6. 依据 JGJ 52—2006,配制混凝土采用Ⅲ区砂时宜适当降低砂率。　　　（　）

7. 依据 JGJ 52—2006,砂筛分析试验中,取 500g 砂试样,各筛的分计筛余量和底盘中的剩余量的总和为 496g,则试验有效。　　　　　　　　　　　　　　　　　（　）

8. 依据 JGJ 52—2006,砂中含泥量试验以三个试样试验结果的算术平均值作为测定值。
　　　　　　　　　　　　　　　　　　　　　　　　　　　　　　　　　　（　）

9. 依据 JGJ 52—2006,砂中含泥量试验(标准法)中,将试样浸泡 2h 后,用手在水中淘洗试样,再把试样放在公称直径为 $630\mu m$ 的方孔筛上用水淘洗。　　　　　（　）

10. 依据 JGJ 52—2006,在检测人工砂中的石粉含量时,当亚甲蓝值小于 1.4 时,则判定是以石粉为主;当亚甲蓝值大于等于 1.4 时,则判定为以泥粉为主的石粉。　（　）

11. 依据 JGJ 52—2006,人工砂压碎值指标试验,将装好砂样的受压钢模置于压力机的支承板上,以 500N/s 的速度加荷,加荷至 25kN。 （ ）

12. 依据 JGJ 52—2006,对于预应力混凝土用砂,其氯离子含量不得大于 0.06%（以干砂的质量百分率计）。 （ ）

13. 依据 JGJ 52—2006,碎石或卵石的筛分析试验应采用方孔筛。 （ ）

14. 依据 JGJ 52—2006,混凝土用石应采用单粒级。 （ ）

15. 依据 JGJ 52—2006,碎石或卵石筛分试验以两份试样试验结果的算术平均值作为测定值。 （ ）

16. 依据 JGJ 52—2006,碎石或卵石中含泥量试验结果,应精确至 0.1%。 （ ）

17. 依据 JGJ 52—2006,对于碎石或卵石粒径小于 5.0mm 的颗粒,不需要进行针片状颗粒含量试验。 （ ）

18. 依据 JGJ 52—2006,进行碎石或卵石的压碎值指标试验时,应剔除针状和片状颗粒。 （ ）

19. 依据 JGJ 52—2006,标准法检测砂的表观密度试验中,所使用的容量瓶容量为 2000mL。 （ ）

20. 依据 JGJ 52—2006,用比色法检验砂有机物含量,颜色不应深于标准色。当颜色深于标准色时,应按水泥胶砂强度试验方法进行强度对比试验,抗压强度比不应低于 0.95。 （ ）

21. 依据 JGJ 52—2006,砂的坚固性试验通过测定硫酸钠饱和溶液渗入砂中形成结晶时的裂胀力对砂的破坏程度,来间接地判断其坚固性。 （ ）

22. 依据 JGJ 52—2006,砂的碱活性试验方法有快速法和砂浆长度法两种方法。 （ ）

23. 依据 JGJ 52—2006,硫酸盐及硫化物不属于砂中的有害物质。 （ ）

24. 依据 JGJ 52—2006,碎石或卵石的碱活性（快速法）试验中,当 14d 膨胀率小于 0.10% 时,可判定为无潜在危害。 （ ）

25. 依据 JGJ 52—2006,碎石或卵石的表观密度（简易法）试验,不宜用于测定最大公称粒径超过 40mm 的碎石或卵石的表观密度。 （ ）

26. 依据 JGJ 52—2006,碎石或卵石堆积密度或紧密密度试验结果,应精确至 20kg/m³。 （ ）

第四节　砖、砌块、瓦、墙板

1. 依据 GB/T 2542—2012,砌墙砖的抗折强度试验需要 8 个试样,抗压强度试验需要 10 个试样。 （ ）

2. 依据 GB/T 11969—2020,蒸压加气混凝土砌块干密度计算精确至 1kg/m³,质量含水率、体积含水率、质量吸水率和体积吸水率计算精确至 0.1%。 （ ）

3. 依据 GB/T 30100—2013,建筑墙板抗弯性能试验用到的设备有加压装置、钢卷尺、百分表、试验架等。 （ ）

4. 依据 GB/T 30100—2013,建筑墙板落球法抗冲击试验样品要求使用厚度小于或等于 25mm 的薄板。取两块整板,在每块板距板边不小于 25mm 的中间部分对称位置截取两块 500mm×400mm×板厚的试件,共 4 个试件。　　　　　　　　　　　　　　　　(　　)

5. 依据 GB/T 36584—2018,屋面瓦抗弯曲性能以自然干燥状态下的整件瓦作为试样,试样数量是 10 个。　　　　　　　　　　　　　　　　　　　　　　　　　　　(　　)

6. 依据 GB/T 36584—2018,屋面瓦抗冻性能试验以自然干燥状态下的整件瓦作为试样,试样数量是 5 个。　　　　　　　　　　　　　　　　　　　　　　　　　(　　)

7. 依据 GB/T 36584—2018,屋面瓦耐急冷急热性,试验结果以每件试样的外观破坏程度表示。　　　　　　　　　　　　　　　　　　　　　　　　　　　　　(　　)

第五节　混凝土及拌合用水

1. 依据 GB/T 50081—2019,混凝土抗压强度试验时,强度等级大于等于 C60 时,试件周围应设防崩裂网罩。　　　　　　　　　　　　　　　　　　　　　　　(　　)

2. 依据 GB/T 50081—2019,混凝土立方体抗压强度 30MPa 时,其加荷速度宜为 0.3~0.5MPa/s。　　　　　　　　　　　　　　　　　　　　　　　　　　　(　　)

3. 依据 GB/T 50081—2019,混凝土抗折强度标准试件尺寸为 150mm×150mm×450mm。
　　　　　　　　　　　　　　　　　　　　　　　　　　　　　　　　(　　)

4. 依据 GB/T 50080—2016,试验室拌合混凝土时,材料用量应以质量计。骨料、水、水泥、掺合料、外加剂的称量精度均为±1%。　　　　　　　　　　　　　　　　(　　)

5. 依据 GB/T 50080—2016,混凝土拌合物坍落度值以毫米为单位,测量精确至 1mm,结果表达修约至 5mm。　　　　　　　　　　　　　　　　　　　　　　(　　)

6. 依据 GB/T 50080—2016,混凝土拌合物凝结时间试验,取样混凝土坍落度不大于 90mm 时,宜用振动台振实砂浆,取样混凝土坍落度大于 90mm 时,宜用捣棒人工捣实。
　　　　　　　　　　　　　　　　　　　　　　　　　　　　　　　　(　　)

7. 依据 GB/T 50080—2016,进行混凝土拌合物坍落度试验,坍落度筒的提离过程应在 5~10s 内完成。从开始装料到提坍落度筒的整个过程应不间断地进行,并应在 150s 内完成。
　　　　　　　　　　　　　　　　　　　　　　　　　　　　　　　　(　　)

8. 依据 GB/T 50082—2009,混凝土的抗渗等级应以每组 6 个试件中有 4 个试件出现渗水时的最大水压力来确定。　　　　　　　　　　　　　　　　　　　　　　(　　)

9. 依据 GB/T 50081—2019,混凝土标准养护室内的试件应放在支架上,彼此间隔 5~10mm。　　　　　　　　　　　　　　　　　　　　　　　　　　　　(　　)

10. 依据 GB/T 50080—2016,测定坍落度时,混凝土拌合物试样应分三层均匀地装入坍落度筒内,每装一层混凝土拌合物,应用捣棒由中心到边缘按螺旋形均匀插捣 25 次。　(　　)

11. 依据 GB/T 50081—2019,混凝土立方体抗压强度试验,将试件安放在试验机的下压板上时,试件的承压面应与成型时的顶面垂直。　　　　　　　　　　　　(　　)

12. 依据 GB/T 50081—2019,混凝土强度等级小于 C60 时,对 200mm×200mm×200mm 非标准试件测得的抗压强度值均应乘以尺寸换算系数,其值为 0.95。　(　　)

13. 依据 GB/T 50080—2016,混凝土拌合物表观密度试验结果精确至 5kg/m³。
　　　　　　　　　　　　　　　　　　　　　　　　　　　　　　　　(　　)

14. 依据 GB/T 50080—2016,混凝土凝结时间试验应从混凝土拌合物试样中取样,用 10mm 标准筛筛出砂浆,每次应筛净,然后将其拌合均匀。　　　　　　（　　）

15. 依据 GB/T 50080—2016,混凝土拌合物的取样,宜从同一盘混凝土或同一车混凝土中的 1/4 处、1/2 处、3/4 处分别取样。　　　　　　　　　　　　　（　　）

16. 依据 GB/T 50081—2019,混凝土抗压强度检测时,压力试验机测量精度不大于±1%,试件破坏荷载应大于压力机全量程的 20% 且小于压力机全量程的 80%。　（　　）

17. 依据 JGJ 55—2011,抗渗混凝土配合比设计时,试配要求的抗渗水压值应比设计值提高 0.5MPa。　　　　　　　　　　　　　　　　　　　　　　　　（　　）

18. 依据 GB/T 50081—2019,混凝土试模应定期进行自检,自检周期宜为六个月。

（　　）

19. 依据 GB/T 50080—2016,混凝土拌合物试样进行凝结时间试验时,单位面积贯入阻力为 18MPa 时,选用的测针面积应为 20mm^2。　　　　　　　　　（　　）

第六节　混凝土外加剂

1. 依据 GB 8076—2008,外加剂减水率以三批试验的算术平均值计,应精确到 1%。

（　　）

2. 依据 GB 8076—2008,外加剂减水率、泌水率、抗压强度比性能指标测定结果以三批试验的平均值表示。若三批试验的最大值或最小值中有一个与中间值之差超过中间值的 15% 时,则把最大值与最小值一并舍去,取中间值作为该批试验的结果。　　　（　　）

3. 依据 GB 8076—2008,液体泵送剂密度应在生产厂控制值的±0.02g/cm^3 之内。　　　　　　　　　　　　　　　　　　　　　　　　　　　　　　（　　）

4. 依据 GB 8076—2008,抗压强度比为推荐性指标。　　　　　　　　　（　　）

5. 依据 GB 8076—2008,混凝土外加剂具有减弱碱-集料反应的功能。　　（　　）

6. 依据 GB 8076—2008,凝结时间之差性能指标中的"—"号表示提前,"＋"号表示延缓。

（　　）

7. 依据 GB 8076—2008,所有混凝土外加剂的检验中基准混凝土配合比按 JGJ 55 进行设计,受检混凝土与基准混凝土的水泥、砂、石用量相同。　　　　　　　（　　）

8. 依据 GB/T 23439—2017,混凝土膨胀剂在符合标准的包装、运输、贮存的条件下贮存期为 3 个月。　　　　　　　　　　　　　　　　　　　　　　　　（　　）

9. 依据 GB 8076—2008,混凝土外加剂的含气量是受检混凝土含气量与基准混凝土含气量之差。　　　　　　　　　　　　　　　　　　　　　　　　　　　（　　）

10. 依据 GB 8076—2008,检验混凝土外加剂的水只能采用符合要求的饮用水。

（　　）

11. 依据 GB 8076—2008,炎热环境条件下混凝土宜使用早强剂、早强减水剂。

（　　）

12. 依据 GB 8076—2008,外加剂为粉状时,将水泥、砂、石、外加剂一次投入搅拌机,干拌均匀,再加入拌合水,一起搅拌 2min。　　　　　　　　　　　　　　（　　）

13. 依据 GB 8076—2008,掺引气减水剂的受检混凝土的砂率应比基准混凝土的砂率低

$3\% \sim 5\%$。　　　　　　　　　　　　　　　　　　　　　　　　　　(　　)

14. 依据 JC/T 474—2008,混凝土防水剂检验渗透高度比的混凝土一律采用坍落度为 (180 ± 10)mm 的配合比。　　　　　　　　　　　　　　　　　　(　　)

15. 依据 GB/T 23439—2017,混凝土膨胀剂限制膨胀率(方法 A)测量前 3h,将测量仪、标准杆放在标准试验室内,用标准杆校正测量仪并调整千分表零点。测量前,将试体及测量仪测头擦净。每次测量时,试体记有标志的一面与测量仪的相对位置应一致,纵向限制器测头与测量仪测头应正确接触,读数应精确至 0.01mm。不同龄期的试体应在规定时间 ±1h 内测量。　　　　　　　　　　　　　　　　　　　　　　　　(　　)

第七节　混凝土掺合料

1. 依据 GB/T 1345—2005,细度试验筛修正系数在 1.15 时,试验筛可继续使用,1.15 可作为结果修正系数。　　　　　　　　　　　　　　　　　　　　(　　)

2. 依据 GB/T 1596—2017,粉煤灰细度试验,采用负压筛析法,筛析时间与水泥筛析时间一致。　　　　　　　　　　　　　　　　　　　　　　　　　(　　)

3. 依据 GB/T 8074—2008,水泥比表面积是指单位体积的物料所具有的质量。　　　　　　　　　　　　　　　　　　　　　　　　　　　　　(　　)

4. 依据 GB/T 17671—2021,矿渣粉活性指数试体脱模要非常小心,对于 24 小时龄期的,应在破型试验前 30min 内脱模,对于 24h 以上龄期的,应在成型后 20～24h 之间脱模。　　　　　　　　　　　　　　　　　　　　　　　　　(　　)

5. 依据 GB/T 1596—2017,粉煤灰含水量试验,应先将粉煤灰试样放在烘箱中烘 30min,取出冷却至室温后再称量。　　　　　　　　　　　　　　　　(　　)

6. 依据 GB/T 1596—2017,粉煤灰需水量比试验样品是对比样品和被检验粉煤灰按 6：4 质量比混合而成。　　　　　　　　　　　　　　　　　　　(　　)

7. 依据 GB/T 1596—2017,粉煤灰中的碱含量按 $MgO + 0.658K_2O$ 计算值表示。　　　　　　　　　　　　　　　　　　　　　　　　　　　　(　　)

第八节　砂　浆

1. 依据 JGJ/T 70—2009,砂浆稠度试验中,盛浆容器内的砂浆,可以重复测定二次稠度,结果取平均值。　　　　　　　　　　　　　　　　　　　(　　)

2. 依据 JGJ/T 70—2009,砂浆立方体抗压强度试件的成型试模应为 70.7mm×70.7mm×70.7mm 的无底试模。　　　　　　　　　　　　　　　(　　)

3. 依据 JGJ/T 70—2009,砂浆立方体抗压强度试件成型时,应将拌制好的砂浆分两次装满砂浆试模。　　　　　　　　　　　　　　　　　　　(　　)

4. 依据 JGJ/T 70—2009,砂浆立方体抗压强度试件标准养护龄期应为 28d,也可依据相关标准要求增加 7d 或 14d。　　　　　　　　　　　　　　　(　　)

5. 依据 JGJ/T 70—2009,砂浆分层度试验分为标准法和快速法两种。　(　　)

6. 依据 JGJ/T 70—2009,砂浆凝结时间的确定可采用图示法或内插法,有争议时应以

内插法为准。　　　　　　　　　　　　　　　　　　　　　　　（　　）

7. 依据 JGJ/T 70—2009,测定砂浆凝结时间,以三个试验结果的算数平均值作为凝结时间值。　　　　　　　　　　　　　　　　　　　　　　　　　　　　（　　）

8. 依据 JGJ/T 70—2009,砂浆抗渗性能试验过程中,当发现水从试件周边渗出时,应停止试验,记录为该试件渗水。　　　　　　　　　　　　　　　　　　　　　（　　）

9. 依据 JGJ/T 70—2009,砂浆抗渗压力值应以每 6 个试件中 3 个试件未出现渗水时的最大压力计。　　　　　　　　　　　　　　　　　　　　　　　　　　　（　　）

10. 依据 JGJ/T 98—2010,砌筑砂浆试配时,当采用细砂时,用水量取规定值下限。
　　　　　　　　　　　　　　　　　　　　　　　　　　　　　　　　（　　）

第九节　土

1. 依据 GB/T 50123—2019,烘干法测量有机质含量为 5％～10％的土,其烘干温度应控制为 65～70℃。　　　　　　　　　　　　　　　　　　　　　　　　　（　　）

2. 依据 GB/T 50123—2019,烘干法测量含水率 10％～40％的土,其最大允许平行差值±2.0％。　　　　　　　　　　　　　　　　　　　　　　　　　　　　　（　　）

3. 依据 GB/T 50123—2019,粗粒土压实度宜采用环刀法检测。　　　　　（　　）

4. 依据 GB/T 50123—2019,重型击实试验和轻型击实试验的主要区别之一为所使用的击实功不同。　　　　　　　　　　　　　　　　　　　　　　　　　　（　　）

5. 依据 GB/T 50123—2019,击实试验试样制备有干法制备和湿法制备两种。
　　　　　　　　　　　　　　　　　　　　　　　　　　　　　　　　（　　）

6. 依据 JTG 3450—2019,挖坑灌砂法适用于填石路堤等有大孔洞或大孔隙的结构压实度测试。　　　　　　　　　　　　　　　　　　　　　　　　　　　　（　　）

第十节　防水材料及防水密封材料

1. 依据 GB/T 328.26—2007,建筑防水卷材可溶物含量试验前,试件至少在(23±2)℃和相对湿度 30％～70％的条件下放置 2h。　　　　　　　　　　　　　　（　　）

2. 依据 GB/T 328.8—2007,沥青防水卷材拉伸试验时,为防止试件从夹具中的滑移超过极限值,允许用冷却的夹具,实际的试件伸长用引伸计测量。　　　　　（　　）

3. 依据 GB/T 328.8—2007,为防止试件产生任何松弛,推荐加载不超过 20N 的力。
　　　　　　　　　　　　　　　　　　　　　　　　　　　　　　　　（　　）

4. 依据 GB/T 328.8—2007,沥青防水卷材拉伸性能试验应去除任何在夹具 20mm 以内断或在试验机中滑移超过极限值的试件的试验结果,用备用件重测。　　　（　　）

5. 依据 GB/T 328.9—2007,试件制备时表面的非持久层应去除。　　　　（　　）

6. 依据 GB/T 328.15—2007,高分子防水卷材的低温弯折温度为任何试件不出现裂纹和断裂的最低的 5℃间隔。　　　　　　　　　　　　　　　　　　　　　（　　）

7. 依据 GB/T 18173.1—2012,高分子防水片材撕裂强度取其拉伸至断裂时的最大力值为撕裂强度,试验结果取五个试样的平均值。　　　　　　　　　　　　（　　）

8. 依据 GB/T 19250—2013,单组分水固化聚氨酯防水涂料固体含量试验,应按规定加水试验,试验结果按单组分聚氨酯防水涂料固体含量规定判定。　　　　　（　　）

9. 依据 GB/T 16777—2008,高聚物改性沥青防水涂料耐热性试件在标准条件下养护96h 脱模,然后在(40±2)℃养护 72h,再标准养护 4h。　　　　　　　　　（　　）

10. 依据 GB/T 19250—2013,聚氨酯防水涂料拉伸性能试验时,其拉伸速度为(200±20)mm/min。　　　　　　　　　　　　　　　　　　　　　　　　　　（　　）

11. 依据 GB/T 19250—2013,聚氨酯防水涂料拉伸性能试验结果取 5 个试件的平均值,若试验数据与平均值的偏差超过 15%,则剔除该数据,以剩下的至少 3 个试件的中值作为试验结果。　　　　　　　　　　　　　　　　　　　　　　　　　　（　　）

12. 依据 GB/T 16777—2008,聚氨酯防水涂料不透水性试验在达到规定压力后,保持压力(30±2)min,所有试件在规定时间应无透水现象为合格。　　　　　　　（　　）

13. 依据 GB/T 16777—2008,聚合物水泥防水涂料在进行拉伸试验时若出现试件断裂在标线外应舍弃,并用备用件补测。　　　　　　　　　　　　　　　　　（　　）

14. 依据 GB 23441—2009,对于 N 类自粘卷材进行剥离强度试验时,一个试件的上表面应与另一个试件的上表面粘结,粘合面积为 50mm×75mm。　　　　　　（　　）

15. 依据 GB/T 16777—2008,聚氨酯防水涂料粘结强度试验用砂浆块,使用前应用 2号砂纸清除表面浮浆,必要时涂刷生产厂要求的底涂料。　　　　　　　　（　　）

16. 依据 T/CWA 302—2023,自粘卷材在检测搭接缝不透水性性能时,不可采用胶带、密封圈等形式将试件与透水盘之间密封。　　　　　　　　　　　　　　　（　　）

17. 依据 GB/T 18445—2012,水泥基渗透结晶性防水涂料砂浆抗渗试验时,六个试件出现第三个渗水时停止试验,将该试件出现渗水时的压力记为抗渗压力。　　（　　）

18. 依据 JG/T 193—2006,膨润土防水毯在进行单位面积试验时喷洒少量水,以防止防水毯裁剪处的膨润土散落。　　　　　　　　　　　　　　　　　　　（　　）

19. 依据 GB/T 531.1—2008,遇水膨胀橡胶止水带使用邵尔 A 型硬度计测定硬度时,对于厚度小于 6mm 的薄片,为得到足够的厚度,试样可以由不多于 3 层的薄片叠加而成。

　　　　　　　　　　　　　　　　　　　　　　　　　　　　　　　　（　　）

20. 依据 GB/T 7759.1—2015,遇水膨胀橡胶止水带压缩永久变形 B 型适用于从成品中裁切的试样,除非另有规定,应尽可能从成品的中心部位裁取试样。如可能,在裁切时,试样的中轴应平行于成品在使用时的压缩方向。　　　　　　　　　　　（　　）

21. 依据 GB/T 13477.3—2017,多组分的密封材料样品,混合后在 3 个不同时间间隔进行挤出试验,每个时间间隔用 1 个标准器具进行挤出试验。　　　　　　（　　）

22. 依据 GB/T 13477.7—2002,单组分弹性溶剂型密封材料浸水低温柔性的测定在循环处理周期结束时,使低温箱里的试件和圆棒同时处于规定的试验温度下,用手将试件绕规定直径的圆棒弯曲,弯曲时试件粘有试样的一面朝内,弯曲操作在 1～2s 内完成。弯曲之后立即检查试样开裂、部分分层及粘结损坏情况。微小的表面裂纹、毛细裂纹或边缘裂纹可忽略不计。　　　　　　　　　　　　　　　　　　　　　　　　　（　　）

23. 依据 GB/T 13477.8—2017,多组分的密封材料拉伸试验时,除去试件上的隔离垫块,将试件装入拉力试验机,在(23±2)℃下,以(10±1)mm/min 的速度将试件拉伸至破坏。记录力值-伸长值曲线和破坏形式。　　　　　　　　　　　　　　　　　（　　）

第十一节　瓷砖及石材

1. 依据 GB/T 3810.3—2016,陶瓷砖吸水率测定有真空法和沸煮法两种。发生争议时,以真空法为准。　　　　　　　　　　　　　　　　　　　　　　　　（　　）

2. 依据 GB/T 3810.4—2016,陶瓷砖破坏荷载的单位为 N。　　　　　　　（　　）

3. 依据 GB/T 3810.4—2016,陶瓷砖断裂模数的单位为 N/mm^2。　　　（　　）

4. 依据 GB/T 3810.4—2016,陶瓷砖只有在宽度与中心棒直径相等的中间部位断裂试样,其结果才能用来计算。计算平均值至少需要 5 个有效结果。　　　（　　）

5. 依据 GB/T 3810.4—2016,陶瓷砖如果用来计算平均破坏强度和平均断裂模数的有效结果少于 5 个时,应取加倍数量的样品再做第二组实验,此时至少需要 5 个有效结果来计算平均值。　　　　　　　　　　　　　　　　　　　　　　　（　　）

6. 依据 GB/T 3810.4—2016,陶瓷砖进行破坏强度试验时应用整砖检验,但是对边长大于 500mm 的砖,可进行切割。　　　　　　　　　　　　　　　　　　（　　）

7. 依据 GB/T 3810.4—2016,陶瓷砖进行破坏强度试验时,应将试样釉面或正面朝下放置。　　　　　　　　　　　　　　　　　　　　　　　　　　　　　（　　）

8. 依据 GB/T 9966.3—2020,天然石材吸水率试验的试样表面应平整,允许有轻微裂纹。　　　　　　　　　　　　　　　　　　　　　　　　　　　　　　（　　）

9. 依据 GB/T 9966.2—2020,天然石材弯曲强度分为固定力矩弯曲强度法和集中荷载弯曲强度法。　　　　　　　　　　　　　　　　　　　　　　　　　　　（　　）

10. 依据 GB/T 9966.1—2020,天然石材冻融循环后压缩强度试验,应反复冻融 30 次。　　　　　　　　　　　　　　　　　　　　　　　　　　　　　　　（　　）

11. 依据 GB/T 9966.1—2020,天然石材冻融循环后压缩强度试验在特殊情况下,试样尺寸可以是边长 70mm 的正方体。　　　　　　　　　　　　　　　　　（　　）

第十二节　塑料及金属管材

1. 依据 GB/T 6111—2018,热塑性塑料管道系统耐内压性能试验中,密封接头分为 A型和 B 型,仲裁试验采用 A 型接头。　　　　　　　　　　　　　　　　（　　）

2. 依据 GB/T 6111—2018,热塑性塑料管道系统耐内压性能试验中,如试验在空气中进行时,除测量空气的温度外,还应测量试样外表面温度。　　　　　　　（　　）

3. 依据 GB/T 6111—2018,热塑性塑料管道系统耐内压性能试验,当试样置于恒温箱中时,支承或吊架能保持试样与恒温箱之间的任何部分不相接触,试样之间可以接触。　　　　　　　　　　　　　　　　　　　　　　　　　　　　　　（　　）

4. 依据 GB/T 6111—2018,对于热塑性塑料管道系统,除非在相关标准中另有规定,否则试样在生产后的 48h 内不应进行耐内压试验。　　　　　　　　　　（　　）

5. 依据 GB/T 6111—2018,热塑性塑料管道系统耐内压性能试验中,如果试样发生破坏,应记录其破坏类型。　　　　　　　　　　　　　　　　　　　　　（　　）

6. 依据 GB/T 14152—2001,热塑性塑料管材耐外冲击性能试验中,试样可在水浴或空

气浴中进行状态调节。仲裁检验时应使用空气浴。　　　　　　　　　　　　　　（　　）

7. 依据 GB/T 14152—2001,热塑性塑料管材耐外冲击性能试验中,对于波纹管或有加强筋的管材,依据管材截面最薄处壁厚进行状态调节。　　　　　　　　　　　　（　　）

8. 依据 GB/T 14152—2001,热塑性塑料管材耐外冲击性能试验,如某试件完成试验时间超出规定时间,应将试样立即放回预处理装置,最少进行 3min 的再处理。　　　（　　）

9. 依据 GB/T 8806—2008,塑料管道系统中平均外径可用 π 尺直接测量。　　　（　　）

10. 依据 GB/T 6671—2001,热塑性塑料管材纵向回缩率烘箱试验,预处理试样在(23±2)℃下至少放置 1h。　　　　　　　　　　　　　　　　　　　　　　　（　　）

11. 依据 GB/T 6671—2001,热塑性塑料管材纵向回缩率烘箱试验,当使用切片试样时,应使凸面朝下放入烘箱。　　　　　　　　　　　　　　　　　　　　　　　（　　）

12. 依据 GB/T 6671—2001,热塑性塑料管材纵向回缩率烘箱试验,从烘箱取出试件后,应立即测量标线距离。　　　　　　　　　　　　　　　　　　　　　　　　（　　）

13. 依据 GB/T 18474—2001,交联聚乙烯管材与管件交联度试验,试样数量应不少于 3个。　　　　　　　　　　　　　　　　　　　　　　　　　　　　　　　　（　　）

14. 依据 GB/T 18474—2001,交联聚乙烯管材与管件交联度试验,所用天平感量为 0.01g。　　　　　　　　　　　　　　　　　　　　　　　　　　　　　　　　（　　）

15. 依据 GB/T 19466.3—2004,塑料差示扫描量热法(DSC)熔融和结晶温度及热焓试验,差示扫描量热仪应开启并平衡至少 30min。　　　　　　　　　　　　　（　　）

16. 依据 GB/T 19466.3—2004,塑料差示扫描量热法(DSC)熔融和结晶温度及热焓试验,除非材料的标准另有规定,试样量采用 5～10mg。　　　　　　　　　　　（　　）

17. 依据 GB/T 19466.3—2004,塑料差示扫描量热法(DSC)熔融和结晶温度及热焓试验在开始升温操作之前,用氮气预先清洁 1min。　　　　　　　　　　　（　　）

18. 依据 GB/T 19466.3—2004,塑料差示扫描量热法(DSC)熔融和结晶温度及热焓试验后,发现已经变形的样品皿不能再用于其他试验。　　　　　　　　　　　（　　）

19. 依据 GB/T 18743.2—2022,热塑性塑料管材简支梁冲击强度试验,方法 A 中公称壁厚 2.0mm 的 PP-R 管材的摆锤冲击能量为 15J。　　　　　　　　　　　（　　）

20. 依据 GB/T 18743.1—2022,热塑性塑料管材简支梁冲击强度试验,试样预处理可采用液浴和空气浴。如有争议,应采用液浴。　　　　　　　　　　　　　　　（　　）

21. 依据 GB/T 18743.1—2022,热塑性塑料管材简支梁冲击强度试验中方法 A 的检测,结果以试样破坏数对被测样品总数的百分比表示试验结果,保留到小数点后一位。　（　　）

22. 依据 GB/T 1043.1—2008,塑料简支梁冲击性能非仪器化冲击试验,除受试材料标准另有规定,一组试验至少包括 10 个试样。　　　　　　　　　　　　　　　（　　）

23. 依据 GB/T 18251—2019,聚烯烃管材、管件和混配料中炭黑分散度试验,应制备 6个试样。　　　　　　　　　　　　　　　　　　　　　　　　　　　　　　（　　）

24. 依据 GB/T 8804.1—2003,热塑性塑料管材拉伸性能试验,划标线时不得以任何方式刮伤、冲击或施压于试样。　　　　　　　　　　　　　　　　　　　　　　　（　　）

25. 依据 GB/T 8804.1—2003,热塑性塑料管材拉伸性能试验,如试样从夹具处滑脱或在平行部位之外渐宽处发生拉伸变形并断裂,应重新取双倍数量的试样进行试验。

　　　　　　　　　　　　　　　　　　　　　　　　　　　　　　　　　　（　　）

26. 依据 GB/T 8804.1—2003,热塑性塑料管材拉伸性能试验,若测得三个试样的试验结果异常,应判定该组数据为无效。　　　　　　　　　　　　　　　　　　　　　　（　　）

27. 依据 GB/T 8804.3—2003,聚烯烃管材拉伸性能试验速度的选择与管材公称外径相关。　　　　　　　　　　　　　　　　　　　　　　　　　　　　　　　　　　（　　）

28. 依据 GB/T 1033.1—2008,非泡沫塑料密度试验浸渍法应使用新鲜的蒸馏水或去离子水,或其他适宜的液体。　　　　　　　　　　　　　　　　　　　　　　　　　（　　）

29. 依据 GB/T 1033.1—2008,非泡沫塑料密度试验浸渍法试验过程中,浸渍液温度应为(23±2)℃,或者(27±2)℃。　　　　　　　　　　　　　　　　　　　　　　　（　　）

30. 依据 GB/T 1033.1—2008,非泡沫塑料密度试验浸渍法中,对于密度小于浸渍液密度的试样,应用重锤挂在细金属丝上,随试样一起沉在液面下。　　　　　　　　　（　　）

31. 依据 GB/T 1033.1—2008,非泡沫塑料密度试验浸渍法试验中,浸渍液如果使用蒸馏水或去离子水以外的其他液体,则一定要进行密度测试。　　　　　　　　　　（　　）

32. 依据 GB/T 1033.1—2008,非泡沫塑料密度试验液体比重瓶法,试样质量应在5～10g 范围内。　　　　　　　　　　　　　　　　　　　　　　　　　　　　　　　（　　）

33. 依据 GB/T 15560—1995,流体输送用塑料管材液压瞬时爆破试验,指对给定的一段塑料管材试样,快速地、连续地对其内部施加液体压力作用,使试样在短时间内破裂。　（　　）

34. 依据 GB/T 15560—1995,流体输送用塑料管材液压瞬时爆破试验,一般情况试样数量不少于3个。　　　　　　　　　　　　　　　　　　　　　　　　　　　　（　　）

35. 依据 GB/T 15560—1995,流体输送用塑料管材液压瞬时爆破试验,试验样品表面不应有可见的裂纹,允许有可见的划痕。　　　　　　　　　　　　　　　　　　　（　　）

36. 依据 GB/T 15560—1995,流体输送用塑料管材液压瞬时爆破试验,试样内、外部必须施加液体压力。　　　　　　　　　　　　　　　　　　　　　　　　　　　　（　　）

37. 依据 GB/T 15560—1995,流体输送用塑料管材液压瞬时爆破试验,试样在施加压力前应进行预处理。　　　　　　　　　　　　　　　　　　　　　　　　　　　（　　）

38. 依据 GB/T 15560—1995,流体输送用塑料管材液压瞬时爆破试验的试样破裂后,应记录破裂时的压力和时间以及破裂状态。　　　　　　　　　　　　　　　　　　（　　）

39. 依据 GB/T 18997.1—2020,铝塑复合压力管管环最小平均剥离力试验,试验机剥离速度为(50±1.0)mm/min。　　　　　　　　　　　　　　　　　　　　　　　（　　）

40. 依据 GB/T 3682.1—2018,热塑性塑料溶体质量流动速率试验,在已知材料在试验温度下的熔体密度时,MVR 和 MFR 可以相互转化。　　　　　　　　　　　　　（　　）

41. 依据 GB/T 3682.1—2018,热塑性塑料溶体质量流动速率试验前无须对试样进行状态调节。　　　　　　　　　　　　　　　　　　　　　　　　　　　　　　　（　　）

42. 依据 GB/T 3682.1—2018,热塑性塑料溶体质量流动速率试验前,应使料筒和活塞在选定温度下恒温至少 10min。　　　　　　　　　　　　　　　　　　　　　　（　　）

43. 依据 GB/T 3682.1—2018,热塑性塑料溶体质量流动速率单位是 g/10min。
　　　　　　　　　　　　　　　　　　　　　　　　　　　　　　　　　　　（　　）

44. 依据 GB/T 3682.1—2018,热塑性塑料溶体质量流动速率试验方法 B 中,从装料到最后一次测量不应超过 25min。　　　　　　　　　　　　　　　　　　　　　　（　　）

45. 依据 GB/T 19466.6—2009,塑料差示扫描量热法(DSC)氧化诱导时间温度越高,氧

化诱导时间越短。　　　　　　　　　　　　　　　　　　　　　　　　　　（　　）

46. 依据 GB/T 19466.6—2009,塑料差示扫描量热法(DSC)氧化诱导时间试验开始升温前,应通氮气 5min。　　　　　　　　　　　　　　　　　　　　　　（　　）

47. 依据 GB/T 19466.6—2009,塑料差示扫描量热法(DSC)氧化诱导时间试验达到设定温度后,停止程序升温并使试样在该温度下恒定 3min。　　　　　　　　（　　）

48. 依据 GB/T 19466.6—2009,塑料差示扫描量热法(DSC)氧化诱导时间试验完毕,将气体转换器切回至氮气并将仪器冷却至室温。如需继续进行下一试验,应将仪器样品室冷却至 70℃ 以下。　　　　　　　　　　　　　　　　　　　　　　　　　　（　　）

49. 依据 GB/T 8802—2001,热塑性塑料管材维卡软化温度试验,试样长度约 50mm,宽度为(10～20)mm。　　　　　　　　　　　　　　　　　　　　　　　　（　　）

50. 依据 GB/T 8802—2001,热塑性塑料管材维卡软化温度试验,当采用两个弧形管段叠加在一起的方式制备样品时,作为垫层的下层管段应压平,上层弧段应保持原样不变。　　（　　）

51. 依据 GB/T 8802—2001,热塑性塑料管材维卡软化温度试验,当采用两个弧形管段叠加在一起的方式制备样品时,压针端部应置于上层未压平试样的凸面上。　　　（　　）

52. 依据 GB/T 1633—2000,热塑性塑料维卡软化温度试验,压针头离试样边缘不得少于 3mm。　　　　　　　　　　　　　　　　　　　　　　　　　　　　（　　）

53. 依据 GB/T 1634.1—2019,塑料负荷变形温度试验,至少试验两个试样,为降低翘曲变形的影响,应使试样不同面朝着加荷压头进行试验。　　　　　　　　　（　　）

54. 依据 GB/T 1634.1—2019,塑料负荷变形温度试验,采用四点加荷法。　（　　）

55. 依据 GB/T 1634.1—2019,塑料负荷变形温度试验结果应表示为一个最靠近的摄氏温度整数值。　　　　　　　　　　　　　　　　　　　　　　　　　（　　）

56. 依据 GB/T 1634.2—2019,硬橡胶负荷变形温度试验,优选试件厚度为(4±0.2)mm。
　　　　　　　　　　　　　　　　　　　　　　　　　　　　　　　　（　　）

57. 依据 GB/T 1040.1—2018,塑料拉伸性能试验,每个受试方向的试样数量最少为 5 个。
　　　　　　　　　　　　　　　　　　　　　　　　　　　　　　　　（　　）

58. 依据 GB/T 1040.1—2018,塑料拉伸性能试验,优选大气(23±2)℃ 和(50±10)% 相对湿度进行试样状态调节。　　　　　　　　　　　　　　　　　　　（　　）

59. 依据 GB/T 1040.1—2018,塑料拉伸模量计算可采用弦斜率法或回归斜率法。
　　　　　　　　　　　　　　　　　　　　　　　　　　　　　　　　（　　）

60. 依据 GB/T 9345.1—2008,塑料灰分试验直接煅烧法,应首先将坩埚加热至恒重。
　　　　　　　　　　　　　　　　　　　　　　　　　　　　　　　　（　　）

61. 依据 GB/T 9345.1—2008,塑料灰分试验直接煅烧法,试样应煅烧至恒重,即相继两次称量结果之差不大于 1mg。　　　　　　　　　　　　　　　　　　（　　）

62. 依据 GB/T 19472.1—2019,聚乙烯双壁波纹管烘箱试验,当管材公称尺寸大于 400mm 时,沿轴向切成两个大小相同的试样。　　　　　　　　　　　　（　　）

63. 依据 GB/T 19472.1—2019,聚乙烯双壁波纹管烘箱试验,试样放置在烘箱内,应不相互接触且不与烘箱四壁相接触。　　　　　　　　　　　　　　　　（　　）

64. 依据 GB/T 19472.1—2019,聚乙烯双壁波纹管烘箱试验,达到规定时间后从烘箱取出试件,立即观察是否出现分层、开裂或起泡现象。　　　　　　　　（　　）

65. 依据 GB/T 8801—2007,硬聚氯乙烯(PVC－U)管件坠落试验,坠落高度与公称直径有关。 （　　）

66. 依据 GB/T 8801—2007,硬聚氯乙烯(PVC－U)管件坠落试验场地应为平坦沥青地面。 （　　）

67. 依据 GB/T 8801—2007,硬聚氯乙烯(PVC－U)管件坠落试验,试样应放入(20±1)℃恒温水浴中进行预处理。 （　　）

68. 依据 GB/T 8801—2007,硬聚氯乙烯(PVC－U)管件坠落试验,同一规格同批产品至少取 3 个试样。 （　　）

69. 依据 GB/T 3091—2015,低压流体输送用焊接钢管拉伸试验,外径小于 219.1mm 的钢管,应截取母材横向试样。 （　　）

第十三节　预制混凝土构件

1. 依据 GB/T 50152—2012,位移及变形的量测中,对屋架、桁架挠度测点应布置在下弦杆跨中或最大挠度的节点位置上,需要时也可在上弦杆节点处布置测点。 （　　）

2. 依据 GB 50204—2015,进行结构构件适用性检验时,当设计要求的最大裂缝宽度限值为 0.4mm 时,构件检验的最大裂缝宽度允许值为 0.3mm。 （　　）

3. 依据 GB/T 50152—2012,进行结构构件检验时,在达到使用状态试验荷载值 $Q_s(F_s)$ 以前,每级加载值不宜大于 $0.20Q_s(0.20F_s)$;超过 $Q_s(F_s)$ 以后,每级加载值不宜大于 $0.10Q_s(0.10F_s)$;接近开裂荷载时,每级加载值不宜大于 $0.10Q_s(0.10F_s)$。 （　　）

4. 依据 GB/T 50152—2012,进行结构构件检验时,在使用状态试验荷载值 $Q_s(F_s)$ 作用下,持荷时间不应少于 10min,在开裂荷载 $Q_{cr}(F_{cr})$ 作用下,持荷时间不应少于 30min。 （　　）

5. 依据 GB/T 50152—2012,进行结构构件检验时,试件自重和加载设备的重量应作为试验荷载的一部分,并经计算后从加载值中扣除。对于验证性试验,试件和加载设备的数值不宜大于使用状态试验荷载值的 10%。 （　　）

6. 依据 GB/T 50152—2012,侧向稳定性较差的屋架、桁架、薄腹梁等受弯试件进行加载试验时,应根据试件的实际情况设置平面外支撑或加强顶部的侧向刚度,保持试件的侧向稳定。 （　　）

7. 依据 GB/T 50152—2012,进行结构构件检验时,对一般梁、板类叠合构件的结构性能检验,后浇层混凝土强度等级宜与底部预制构件相同,厚度宜取底部预制构件厚度的 1.5 倍;当预制底板为预应力板时,还应配置界面抗剪构造钢筋。 （　　）

8. 依据 GB/T 50152—2012,进行结构构件检验时,对于结构安全等级为二级的结构,其重要性系数 γ_0 取 1.1。 （　　）

9. 依据 GB/T 50152—2012,对大跨、超高、对振动有特殊要求的混凝土结构或当动力特性对结构的可靠性评估起重要作用时,宜进行结构动力特性测试。 （　　）

10. 依据 GB 50204—2015,对正截面出现裂缝的试件,可以测定试验结构构件的最大挠度,取其荷载-挠度曲线上最大挠度的荷载值作为开裂荷载实测值。 （　　）

11. GB/T 50152—2012 不适用于构筑物结构试验。 （　　）

12. 依据 GB/T 50152—2012,等效加载即模拟结构或构件的实际受力状态,使试件控

制截面上主要内力相等或相近。 （ ）

13. 依据 GB/T 50152—2012,进行结构构件检验,采用千斤顶进行加载时,同一油泵带动的各千斤顶,其相对高差不应大于 7m。 （ ）

14. 依据 GB/T 50152—2012,进行结构构件检验时,采用油压表测定千斤顶的加载量,油压表精度不应低于 1.5 级,并应与千斤顶配套进行标定。 （ ）

15. 依据 GB/T 50152—2012,进行结构构件检验时,可采用分配梁系统进行多点加载,分配比例不宜大于 4:1,分配级数不宜大于 3 级,加载点数不应多于 6 点。 （ ）

16. 某受弯预制构件在检验用荷载标准组合值或荷载准永久组合值作用下,受拉主筋处的最大裂缝宽度实测值为 0.17mm,设计要求的最大裂缝宽度限值为 0.2mm,依据 GB 50204—2015,可判定该构件裂缝宽度检验满足要求。 （ ）

17. 依据 GB/T 50784—2013,进行结构构件检验时,对于梁、柱类应对全部纵向受力钢筋混凝土保护层厚度进行检测,对于墙、板类应抽取不少于 5 根钢筋进行混凝土保护层厚度检测。 （ ）

18. 依据 GB 50204—2015,预制构件尺寸偏差检查数量规定,对于同一类型的构件,不超过 100 个为一批,每批抽查构件数量的 5%,且不应少于 3 个。 （ ）

19. 依据 GB 50204—2015,结构实体的位置与尺寸偏差检验构件的选取应均匀分布,层高应按有代表性的自然间数抽查 1%,且不应少于 3 间。 （ ）

20. 依据 GB/T 50152—2012,进行结构构件检验时,对梁、柱、墙等构件的受弯裂缝应在构件侧面受拉主筋处量测最大裂缝宽度,对上述构件的受剪裂缝应在构件侧面斜裂缝最宽处量测最大裂缝宽度。 （ ）

第十四节　预应力钢绞线

1. 依据 GB/T 5224—2023,钢绞线屈服力采用引伸计标距(不小于一个捻距)的非比例延伸达到引伸计标距 0.2% 时所受的力($F_{p0.2}$)。 （ ）

2. 依据 GB/T 5224—2023,预应力混凝土用钢绞线应力松弛性能试验标距长度应不小于钢绞线直径的 50 倍。 （ ）

3. 依据 GB/T 5224—2023,预应力混凝土用钢绞线的公称直径、结构代号、强度级别、松弛性能属于规定的产品标记内容。 （ ）

4. 依据 GB/T 5224—2023,预应力混凝土用钢绞线拉伸试验,如试样在夹头内或距钳口 $2D_n$ 内断裂而强度性能达不标准规定要求时,试验无效。 （ ）

5. 依据 GB/T 5224—2023,应力松弛性能试验推算松弛率的相关系数应不小于 0.98,如相关系数小于 0.98 时,允许用 240h 的测试数据推算;如相关系数仍小于 0.98 时,应将试验持续到 1000h。 （ ）

第十五节　预应力混凝土用锚具夹具及连接器

1. 依据 GB/T 14370—2015,在锚具静载锚固性能试验中,初应力可取预应力筋公称抗拉强度的 15%。 （ ）

2. 依据 JGJ 85—2010,锚具应用于环境温度低于−50℃的工程时,应进行低温锚固性能试验,检验结果应符合规程规定。　　　　　　　　　　　　　　（　　）

3. 依据 JGJ 85—2010,对有硬度要求的锚具零件进行硬度检验时,当有一个零件不符合时,应另取双倍数量的零件重做检验。　　　　　　　　　　　　　（　　）

4. 依据 GB/T 14370—2015,预应力筋-锚具组装件的破坏形式宜是预应力筋的破断,由锚具的失效导致试验终止的试件数量不应超过一个。　　　　　　　（　　）

第十六节　预应力混凝土用波纹管

1. 依据 JG/T 225—2020,预应力混凝土用金属波纹管弯曲后抗渗漏性能试验试件应竖向放置,下端封严,用水灰比为 0.50 的普通硅酸盐水泥浆灌满试件,观察表面渗漏情况 15min。　　　　　　　　　　　　　　　　　　　　　　　　　　　　（　　）

2. 依据 JG/T 225—2020,预应力混凝土用金属波纹管抗外荷载性能试验时,变形量可由试验机位移计来直接读取。　　　　　　　　　　　　　　　　　（　　）

3. 依据 JT/T 529—2016,预应力混凝土桥梁用塑料波纹管按截面形状可分为圆形和扁形两大类。　　　　　　　　　　　　　　　　　　　　　　　　（　　）

4. 依据 JT/T 529—2016,预应力混凝土桥梁用塑料波纹管试样在试验前应在(23±5)℃环境进行状态调节 24h 以上。　　　　　　　　　　　　　　　　（　　）

5. 依据 GB/T 8804.3—2003,预应力混凝土桥梁用塑料波纹管拉伸性能制样时,均可采用机械加工的方法制样。　　　　　　　　　　　　　　　　　（　　）

第十七节　材料中有害物质

1. 依据 GB 6566—2010,制样时应将检验样品破碎,磨细至粒径不大于 0.16mm。
　　　　　　　　　　　　　　　　　　　　　　　　　　　　　　　　（　　）

2. 依据 GB/T 18446—2009,试验原理是用气相色谱法,以十四烷或对低挥发性二异氰酸酯单体用蒽作内标物,测定异氰酸酯树脂中二异氰酸酯单体的含量。　（　　）

3. 依据 GB 18588—2001,混凝土外加剂氨的检测样品要求:在同一编号外加剂中随机抽取 3kg 样品,混合均匀,分为两份,一份密封保存三个月,另一份作为试样样品。（　　）

4. 依据 GB 18588—2001,混凝土外加剂氨的检测,固体试样需要在干燥器中放置 24h 后试验,液体试样可直接称量。　　　　　　　　　　　　　　　（　　）

5. 依据 GB 18588—2001,混凝土外加剂氨的检测,需进行两次平行试验,取两次试验的最大值作为检测结果。　　　　　　　　　　　　　　　　　　（　　）

第十八节　建筑消能减震装置

1. 依据 JG/T 209—2012,黏弹性阻尼器钢材性能指标应符合 GB/T 700 中碳素结构钢 Q235 或低合金钢的要求。　　　　　　　　　　　　　　　　　（　　）

2. 依据 JG/T 209—2012,黏弹性阻尼器最大阻尼力,实测值偏差应在产品设计值的±

10%以内,实测值偏差平均值应在产品设计值的±5%以内。　　　　　（　　）

3. 依据 JG/T 209—2012,黏弹性阻尼器老化性能变形变化率不应大于±15%。（　　）

4. 依据 JG/T 209—2012,黏弹性阻尼器火灾时应具有阻燃性;火灾后应对阻尼器进行力学性能检测,其指标下降超过 15% 时应进行更换。　　　　　　　（　　）

5. 依据 JG/T 209—2012,黏滞性阻尼器最大阻尼力的加载频率相关性能和温度相关性能的变化曲线应有规律性。　　　　　　　　　　　　　　　（　　）

6. 依据 JG/T 209—2012,金属屈服型阻尼器一般情况下应采用机械加工,不宜采用气焊等切割方式。　　　　　　　　　　　　　　　　　　　　　（　　）

7. 依据 JG/T 209—2012,黏滞阻尼器极限位移采用循环加载试验,控制试验机的加载系统使阻尼器变速缓慢运动,记录其伸缩运动的极限位移。　　　　　（　　）

8. 依据 JG/T 209—2012,黏滞阻尼器最大阻尼力采用正弦激励法。　　（　　）

第十九节　建筑隔震装置

1. 依据 JG/T 118—2018,隔震支座压缩变形性能应确保荷载-位移曲线无异常。（　　）

2. 依据 JG/T 118—2018,隔震支座竖向极限拉应力应不小于 1.0MPa。（　　）

3. 依据 JG/T 118—2018,隔震支座竖向极限压应力试验:向支座施加轴向压力,缓慢或分级加载,直至破坏。同时绘出竖向荷载和竖向位移曲线,依据曲线的变形趋势确定破坏时的荷载和压应力。　　　　　　　　　　　　　　　　　　　　（　　）

4. 依据 JG/T 118—2018,隔震支座水平位移为支座内部橡胶直径 55% 状态时的极限压应力试验:向支座施加设计轴压应力,然后施加水平荷载,使支座处于水平位移为支座内部橡胶直径 55% 的剪切变形状态,再继续缓慢或分级竖向加载,记录竖向荷载和水平刚度,往复循环加载各一次。当支座外观发生明显异常或水平刚度趋于 0 时,视为破坏。　　　（　　）

5. 依据 JG/T 118—2018,隔震支座屈服力及屈服后水平刚度均有两种方法确定其结果。
　　　　　　　　　　　　　　　　　　　　　　　　　　　　　　（　　）

第二十节　铝塑复合板

1. 依据 GB/T 1457—2022,在夹层结构滚筒剥离强度试验中,名义剥离强度是指补偿面板抗力载荷的滚筒剥离强度。　　　　　　　　　　　　　　　（　　）

2. 依据 GB/T 1457—2022,在夹层结构滚筒剥离强度试验方法中,被剥离面板一端连接筒体,一端连接上夹具,凸缘通过加载钢带连接下夹具,沿试样轴向匀速施加动态拉伸载荷,凸缘与滚筒筒体间产生力矩差,从而把面板从夹层结构中剥离开。　　（　　）

第二十一节　木材料及构配件

1. 依据 GB/T 1927.4—2021,木材含水率试样宜将试样上的木屑、碎片、毛刺清除干净。
　　　　　　　　　　　　　　　　　　　　　　　　　　　　　　（　　）

2. 依据 GB/T 1927.4—2021,如果木材试样含有较多挥发物质(树脂、树胶等),应避免用烘干法测定含水率产生过大误差,宜改用真空干燥法测定。　　　　　　　　　　（　　）

3. 依据 GB/T 1927.4—2021,木材含水率试验中称量试样质量时,以 kg 记。　（　　）

4. 依据 GB/T 1927.4—2021,木材含水率试验烘干试样时烘箱温度设置在(103±2)℃。　　　　　　　　　　　　　　　　　　　　　　　　　　　　　　　　（　　）

5. 依据 GB/T 1927.4—2021,木材含水率试验烘干试样时需烘 8h 后开始称重。（　　）

6. 依据 GB/T 1927.4—2021,木材含水率试验烘干试样时两次称重之差不超过 0.2%时,即认为试样达到全干。　　　　　　　　　　　　　　　　　　　　　　（　　）

7. 依据 GB/T 1927.4—2021,木材含水率试验试样达到全干后,从烘箱中取出,应立即放入装有干燥剂的玻璃干燥器中,盖好干燥器盖。　　　　　　　　　　　（　　）

8. 依据 GB/T 1927.4—2021,木材含水率试验,将全干试样放入在干燥器中冷却至室温后,尽快称重。　　　　　　　　　　　　　　　　　　　　　　　　　　（　　）

9. 依据 GB/T 1927.4—2021,木材含水率检测报告中应包含树种。　　　　（　　）

第二十二节　加固材料

1. 依据 GB 50728—2011,对设计使用年限为 30 年的以混凝土为基材的结构胶,应通过耐湿热老化能力的检验。　　　　　　　　　　　　　　　　　　　　　　（　　）

第二十三节　焊接材料

1. GB/T 2652—2022 标准中规定,试样的取样位置应从成品焊接接头或焊接试件纵向截取。加工完成后,试样的平行长度部分应全部由焊缝金属组成。　　　　（　　）

2. 依据 GB/T 4336—2016,光谱仪应按仪器厂家推荐的要求,放置在防震、洁净的实验室中,通常室内温度保持在 15~30℃,相对湿度应小于 90%。　　　　　（　　）

第六章 ▶ 简答题

第一节　水　泥

1. 简述 GB/T 1346—2011 中普通硅酸盐水泥终凝时间的测定步骤。

2. GB/T 1346—2011 中安定性有哪几种检测方法,并简述试验原理。

3. 简述 GB/T 176—2017 中水泥氯离子的测定——硫氰酸铵容量法(基准法)的试验原理。

第二节　钢筋(含焊接与机械连接)

1. 简述 GB/T 1499.2—2018 中 HRB400E 公称直径 20mm 热轧带肋钢筋弯曲和反向弯曲试验弯曲压头直径的选择、反向弯曲试验步骤及结果判定。

2. 简述 GB/T 228.1—2021 中断后伸长率的定义,最大力总延伸率的定义。

3. 简述 GB/T 228.1—2021 中屈服强度、上屈服强度、下屈服强度的定义。

4. 简述 JGJ 18—2012 中钢筋焊接接头拉伸试验结果评定为复验的三个条件。

5. JGJ 107—2016 中钢筋机械连接接头极限抗拉强度试验试件的破坏形式有哪几种?并简述每种破坏形式的具体特征。

6. 简述 JGJ 107—2016 中钢筋机械连接接头试件型式检验项目中的单向拉伸试验加载制度。

7. 依据 JGJ 355—2015(2023 年版),钢筋灌浆套筒连接接头灌浆施工时,应对不同钢筋生产单位的进厂(场)钢筋进行接头工艺检验,简述在什么情况下应再次进行接头工艺检验。

第三节　骨料、集料

1. JGJ 52—2006 中砂的粗细程度按细度模数分为哪几级? 并写出其对应的细度模数范围。

2. 简述 JGJ 52—2006 中砂含泥量试验试样制备过程。

3. 简述 JGJ 52—2006 中砂泥块含量试验过程。

4. JGJ 52—2006 中砂中氯离子含量限值应符合哪些规定?

5. 依据 JGJ 52—2006,人工砂压碎值指标试验中,试样制备应符合哪些规定?

6. JGJ 52—2006 中骨料紧密密度、堆积密度的定义。

7. 简述 JGJ 52—2006 中碎石或卵石针、片状颗粒的定义。

8. 依据 JGJ 52—2006,碎石或卵石筛分析试验结果应如何处理?

9. 依据 JGJ 52—2006,进行公称粒级为 5～25mm 的碎石针状和片状颗粒的总含量试验时,应配备哪几种公称直径的试验筛?

10. 依据 JGJ 52—2006,砂中的有害物质主要包括哪几种？

11. 简述 JGJ 52—2006 中碱活性骨料的定义。

第四节 砖、砌块、瓦、墙板

1. 简述 GB/T 2542—2012 中砌墙砖一次成型制样和二次成型制样的区别。

2. 简述 GB/T 4111—2013 中完整直角六面体混凝土砌块抗压强度试验步骤。

3. 简述 GB/T 11969—2020 中蒸压加气混凝土砌块抗压强度试验步骤。

4. 简述 GB/T 30100—2013 中建筑墙板抗压强度试验步骤。

5. 简述 GB/T 5101—2017 中烧结普通砖的常见技术要求。

第五节　混凝土及拌合用水

1. 简述 GB/T 50081—2019 中混凝土立方体抗压试件的抗压试验加荷速度要求。

2. 依据 GB/T 50081—2019,标准养护试件从养护地点取出后,进行混凝土立方体抗压强度试验,请简要写出试验步骤。

3. 简述 GB/T 50081—2019 中混凝土立方体抗压强度试验结果应如何评定。

4. 混凝土立方体抗压强度试验前,应测量试件相关尺寸,请列出 GB/T 50081—2019 中对试件尺寸公差的规定。

5. 简述 GB/T 50082—2009 中混凝土抗渗试验逐级加压法加压过程及试验结束的标志。

6. 简述 GB/T 50081—2019 中混凝土标准养护室温湿度要求及试件摆放要求。

7. 依据 JGJ 55—2011,混凝土配合比设计包括配合比计算、试配、调整及确定,请简述计算步骤(无须列出算式、公式)。

第六节 混凝土外加剂

1. 简述 GB 8076—2008 中混凝土外加剂的主要功能(列举五种)。

2. GB 8076—2008 适用于哪八类混凝土外加剂?

3. 依据 GB/T 23439—2017,混凝土膨胀剂检验的主要物理性能指标有哪些?

4. 简述 JGJ 55—2011 中流动性、大流动性混凝土配合比计算未掺外加剂时混凝土用水量的步骤。

第七节 混凝土掺合料

1. 写出 GB/T 176—2017 中粉煤灰三氧化硫检测(基准法)结果的计算公式,并说明各项符号代表的含义。

2. 简述 GB/T 176—2017 中灼烧至恒量的定义。

第八节　砂　浆

1. 列举 JGJ/T 70—2009 中砂浆成型试验、抗压试验、凝结时间试验用到的主要仪器设备。

第九节　土

1. 简述 GB/T 50123—2019 中酒精燃烧法测量试样含水率的试验步骤。

2. 简述 GB/T 50123—2019 中轻型击实试验选用干法制备试样的步骤。

第十节　防水材料及防水密封材料

1. 简述 GB/T 328.26—2007 中建筑防水卷材可溶物含量的试验步骤。

2. 依据 GB/T 328.8—2007,弹性体改性沥青防水卷材延伸率试验时初始标距可选用哪些? 具体要求是什么?

3. 简述 GB/T 328.10—2007 中弹性体改性沥青防水卷材不透水性的试验步骤(B 法)。

4. 依据 GB/T 328.11—2007,简述沥青防水卷材耐热性试验步骤(方法 A)。

5. 简述 GB/T 23445—2009 中聚合物水泥防水涂料涂膜的制备过程。

第十一节　瓷砖及石材

1. 简述陶瓷砖吸水率的试验原理及对真空法中真空系统的仪器要求。

第十二节　塑料及金属管材

1. 简述 GB/T 14152—2001 中热塑性塑料管材耐外冲击性能试验步骤。

第十三节　预制混凝土构件

1. 依据 GB/T 50784—2013,结构构件静载检验时,停止加载工作的标准有哪些?

2. 依据 GB 50204—2015,受弯预制构件进行结构性能检验时的试验条件有何要求?

3. 依据 GB/T 50152—2012,原位加载试验的最大加载限值应按哪些原则确定?

4. 依据 GB/T 50152—2012,混凝土结构分级加载试验时,试验荷载的实测值如何确定?

5. 依据 GB/T 50784—2013,结构构件性能静载检验检测报告除规范规定基本要求外,还应提供哪些内容?

6. 依据 GB/T 50784—2013,结构构件性能静载检验应选择哪些基本观测项目进行观测?

7. 依据 GB 50204—2015,预制构件结构性能检验时的安全防护措施遵循哪些规定?

8. 依据 GB 50204—2015,受弯预制混凝土构件性能检验的合格判定标准是什么?

第十四节　预应力钢绞线

1. 简述 GB/T 21839—2019 中预应力混凝土用钢绞线弹性模量的测定方式。

2. 依据 GB/T 5224—2023,预应力钢绞线进行拉伸试验时有哪些通用要求?

第十五节　预应力混凝土用锚具夹具及连接器

1. 简述 GB/T 14370—2015 中锚具静载锚固性能试验的加载过程。

2. 依据 GB/T 14370—2015,静载锚固性能出厂检验,检验结果如何判定?

第十六节　预应力混凝土用波纹管

1. 依据 JT/T 529—2016,预应力混凝土桥梁用塑料波纹管环刚度的检测步骤有哪些?

2. 依据 JG/T 225—2020,预应力混凝土用金属波纹管抗局部横向荷载性能试验方法应符合哪些要求?

3. 依据 GB/T 14152—2001,预应力混凝土桥梁用塑料波纹管抗冲击性检测过程中应如何判断试样是否破坏?

第十七节　材料中有害物质

1. 简述 GB/T 23993—2009 中,室内装修材料游离甲醛含量的测定步骤。

2. GB 30982—2014 中胶粘剂分为哪几类? 有害物质含量怎么取样? 结果如何判定?

第十八节　建筑消能减震装置

1. 简述 JG/T 209—2012 中常见的建筑消能阻尼器种类。

2. JG/T 209—2012 中黏滞阻尼器常见力学性能指标有哪些?

3. JG/T 209—2012 中金属屈服型阻尼器常见力学性能指标有哪些?

第十九节　建筑隔震装置

1. 简述 JG/T 118—2018 中建筑隔震橡胶支座定义,并回答常见的橡胶支座有哪些。

2. 简述 JG/T 118—2018 中建筑隔震支座竖向压缩刚度和压缩变形性能试验步骤。

3. 简述 JG/T 118—2018 中建筑隔震支座水平等效刚度试验步骤。

4. 简述 GB/T 37358—2019 中摩擦摆隔震支座性能试验对试验样品的要求。

第二十节　铝塑复合板

1. 简述 GB/T 17748—2016 中铝塑板复合板滚筒剥离强度计算结果的评定方法。

2. GB/T 1457—2022 中铝塑板复合板滚筒剥离强度试验中如何确定是否进行抗力试验？

3. 简述 GB/T 1457—2022 中铝塑板复合板滚筒剥离强度和名义剥离强度定义。

第二十一节　木材料及构配件

1. 简述 GB/T 1927.4—2021 中木材含水率测定的原理。

2. 简述 GB/T 1927.14—2022 中木材顺纹抗拉强度测定的原理。

3. 简述 GB/T 1927.11—2022 中木材顺纹抗压强度测定的原理。

4. 简述 GB/T 1927.9—2021 中木材抗弯强度测定的原理。

第二十二节　加固材料

1. 依据 GB 50728—2011,以混凝土为基材,室温固化型的结构胶,其安全性鉴定应包括哪些性能?

第二十三节　焊接材料

1. 请简述 GB/T 4336—2016 中光谱仪仪器电源的注意事项。

2. 依据 GB/T 4336—2016,火花放电原子发射光谱仪主要由哪些单元组成?

第七章 综合题

第一节　水　泥

1. 一位试验员依据 GB/T 17617—2021,测得一批 P·O 42.5 水泥的 28 天抗折最大荷载为 3.83kN、3.46kN、2.38kN,28 天抗压最大荷载为 74.56kN、75.09kN、61.13kN、75.23kN、70.29kN、64.02kN。请计算该批水泥的 28 天抗折强度、抗压强度。

2. 一位试验员依据 GB/T 176—2017 进行了氯离子的测定——硫氰酸铵容量法(基准法)试验,下面是整个试验过程的叙述:

称取试样(m_{28}),置于 400mL 烧杯中,加 100mL 水,搅拌使试样完全分散,在搅拌下加入 50mL 硝酸溶液,加热煮沸,微沸 5～10min。取下,加入 5.00mL 硝酸银标准溶液,搅匀,煮沸 1～2min,加入少许滤纸浆,用预先用硝酸洗涤过的快速滤纸过滤或玻璃砂芯漏斗抽气过滤,滤液收集于 250mL 锥形瓶中用硝酸洗涤烧杯、玻璃棒和滤纸,直至滤液和洗液总体积达到约 200mL,溶液直接冷却至 25℃以下,加入 5mL 硫酸铁铵指示剂溶液,用硫氰酸铵标准滴定溶液滴定。滴定消耗的 V_{14}。

不加入试样按上述步骤进行空白试验,记录空白滴定所用硫氰酸标准滴定溶液的体积(V_{15})。

请依据以上给出的条件回答下列问题:

(1)分析水泥和水泥熟料前,是否需要烘干试样?

(2)硝酸银标准溶液的储存要求及溶液浓度分别是什么?

(3)试样用硝酸溶解的作用是什么?

(4)试验过程中有何错误?

(5)滴定终点如何判断?

3. 请将 GB/T 3183—2017 中砌筑水泥保水率测定的操作步骤补充完整。

(1)称量空的_____质量,称量_____张未使用的滤纸质量。

(2)砂浆按 GB/T 17671 规定进行搅拌,按 GB/T 2419 测定流动度。当砂浆的流动度在_____ mm 范围内,记录此时的加水量。流动度达不到此范围时,重新调整加水量,直至达到规定的范围内。

(3)当砂浆达到规定的范围内时,将搅拌锅中剩余的砂浆在低速下重新搅拌_____ s,然后用金属刮刀将砂浆装满试模并_____。

(4)称量_____的试模质量,用_____盖住砂浆表面,并在金属滤网顶部放上_____张已称量的滤纸,滤纸上放_____底板,将试模翻转 180°,置于一水平面上,在试模上放置_____ kg 的铁砣,_____ s 后移去铁砣,将试模再翻转 180°,移去刚性底板、滤纸和金属滤网。称量吸水后的滤纸质量。

第二节 钢筋(含焊接与机械连接)

1. 一根直径为 16mm 的热轧带肋钢筋,依据 GB/T 228.1—2021 进行检测,其拉伸的拉力应变曲线如图 1-7-1 所示,求其下屈服强度和抗拉强度。

(1)请在曲线的 a、b、c、d、f 点上分别选择上屈服强度、下屈服强度和抗拉强度对应的力值点。

(2)若曲线上对应的力值点检测数值分别为 $a=115.2$kN,$b=102.1$kN,$c=100.3$kN,$d=95.6$kN,$f=132.3$kN,试求该钢筋下屈服强度、抗拉强度? 检测结果按 GB/T 1499.2 的要求进行修约。

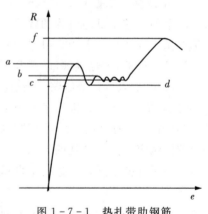

图 1-7-1 热扎带肋钢筋拉伸的拉力应变曲线

2. 小王任职的建筑公司承建一商品房,抗震设计为二级,项目刚开工进行主体结构工程施工,小王负责工程材料的送检工作,公司刚进了一批热轧带肋钢筋,牌号 HRB400E,公称直径 25mm,代表数量 43t,小王及时取样送检,并取得钢筋合格试验报告,钢筋拉伸试验数据见表 1-7-1 所列,小王将报告提交给了驻地监理工程师,却得到了钢筋拉伸试验不符合要求,建议改购其他牌号钢筋的结果。小王看着手里合格的钢筋试验报告很不服气,认为监理是故意找茬,你怎么认为呢？请依据 GB 55008—2021、GB/T 1499.2—2018 说明理由。

表 1-7-1　钢筋拉伸试验数据

试验项目	标准规定	试件 1	试件 2
屈服强度 R_{eL}/MPa	400	445	525
抗拉强度 R_m/MPa	540	545	585
断后伸长率 A/%	16	30.5	29.5

3. 某试验室计量认证评审,评审员抽查了 20 份试验报告及记录,认为其中一份 HPB300 钢筋试验记录中拉伸试验记录数据不符合 GB/T 1499.1—2017 的标准要求,给出了不符合项,钢筋试验记录见表 1-7-2 所列,如果您是评审员,您认为该记录有几处不符合要求？请指出。

表 1-7-2　钢筋试验记录

项目		试件编号	
		1	2
拉伸试验	公称直径 a/mm	22	
	公称截面面积 S/mm²	380.1	
	原始标距 L_0/mm	110	110
	断后标距 L_u/mm	140	142
	屈服力 F_s/kN	133.58	135.68
	屈服强度 R_{eL}/MPa	355	360
	拉断最大力 F_m/kN	194.50	199.00
	抗拉强度 R_m/MPa	515	515
	伸长率 A/%	27.5	29.0
	最大力下的总延伸率 A_{gt}/%	/	/
	拉断处位置描述	标距内	标距内

4. 钢筋机械连接接头试件最大力下总伸长率试样如图 1-7-2 所示,请说明各尺寸标注的意义,简述 JGJ 107—2016 中最大力下总伸长率 A_{sgt} 的测量计算方法。

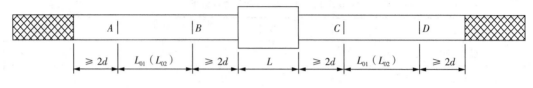

图 1-7-2　钢筋机械连接接头试件最大力下总伸长率试样

5. 某建筑工地在现浇钢筋混凝土结构中 HRB400 公称直径 20mm 电渣压力焊焊接接头共 500 个,现场取样人员选取了 3 个焊接良好的接头试件送到试验室,焊接接头试验结果见表1-7-3所列。

表 1-7-3　焊接接头试验数据

试验项目	试件 1	试件 2	试件 3
最大力/kN	168.9	177.8	175.3
断裂位置描述	断于热影响区	断于热影响区	断于距焊缝 50mm 处
断口特征描述	脆性断裂	延性断裂	延性断裂

问题:(1)现场取样人员取样是否正确? 如有不正确请指出。
(2)请依据 JGJ/T 27—2014、JGJ 18—2012 对这组数据进行计算并对结果进行评定。

6. 某工程项目设计抗震等级为一级,向某检测机构送检牌号为 HRB400E,公称直径为 14mm 钢筋,钢筋试验测得 5 根钢筋试样长度之和为 2635mm;总质量为 3.255kg。进行力学性能试验后第 1 根、第 2 根钢筋屈服荷载、极限荷载分别为 65.03kN、65.79kN、86.58kN、87.35kN,断后标距手工测量为 113.00mm、113.50mm。反向弯曲合格(已知该钢筋的理论重量为 1.21kg/m)。请依据 GB/T 1499.2—2018,
(1)试计算判定钢筋的重量偏差。
(2)试计算并判定该钢筋是否符合设计抗震等级要求。

第三节　骨料、集料

1. 在一次砂筛分试验中,公称直径 5.00mm、2.50mm、1.25mm、0.630mm、0.315mm、0.160mm 各方孔筛上的累计筛余分别是 $\beta_1=4.2\%$,$\beta_2=15.2\%$,$\beta_3=30.6\%$,$\beta_4=57.0\%$,$\beta_5=92.2\%$,$\beta_6=98.2\%$。试依据 JGJ 52—2006 计算砂的细度模数。

2. 一组砂样筛分析试验数据见表 1-7-4 所列,试依据 JGJ 52—2006 计算其细度模数并确定该砂样粗细级别。

表 1-7-4　砂样筛分析试验数据

筛孔尺寸/mm	10.0	5.0	2.50	1.25	0.630	0.315	0.160	筛底
试样 1	0	43	86	75	85	136	49	26
试样 2	0	46	83	77	89	129	54	23

3. 某检测人员依据 JGJ 52—2006 做砂中含泥量(标准法)试验时,试验步骤如下:

(1)取烘干试样一份置于容器中,并注入饮用水使水面高出砂面约 150mm,充分拌匀后,浸泡 1h。

(2)用手淘洗试样,使尘屑、淤泥、粘土与沙粒分离,并使之悬浮或溶于水中,缓缓将浑浊液倒入公称直径为 2.50m 和 80μm 的方孔套筛上。

问题:上述做法是否正确? 如果不正确,请写出正确做法。

4. 某一试验员依据 JGJ 52—2006 做碎石的泥块含量试验时,试验步骤如下:

(1)将试样先筛去公称粒径 10.0mm 以下的颗粒,称取质量。

(2)然后将试样在容器中摊平,加入饮用水并用手碾压泥块。

(3)将筛上的试样小心地从筛里取出,置于(105±5)℃烘箱中烘至恒重。取出后立即称取质量。

问题:该检测人员做法是否正确? 如果不正确请指出错误,并写出正确做法。

5. 某检测人员依据 JGJ 52—2006 做碎石的压碎值指标试验时,试验步骤如下:

(1)采用 10.0~16.0mm 的颗粒,并在风干状态下进行试验。

(2)将缩分后的样品先筛除所规定的公称直径颗粒后,立即称取每份 3kg 的试样 2 份备用。

问题:上述说法是否正确? 如果不正确,请写出正确做法。

6. 有一份碎石试样,已测得表观密度为 2620kg/m³,又进行了堆积密度的试验,试验结果如下:第一次试验测得容量筒和试样共重 31.50kg,第二次试验测得容量筒和试样共重 31.30kg。已知容量筒重 2.85kg、容积 20L,请依据 JGJ 52—2006 计算堆积密度及空隙率。

第四节　砖、砌块、瓦、墙板

1. 一组烧结普通砖的抗压强度试验数据见表 1-7-5 所列,试依据 GB/T 5101—2017、GB/T 2542—2012 计算其抗压强度平均值、强度标准差、强度标准值。

表 1-7-5　烧结普通砖抗压强度试验数据

样品编号	试件尺寸/mm				受压面积/mm²	荷载/kN	抗压强度/MPa
	长		宽				
	1	2	1	2			
1	112	114	107	109	12204	336	
2	112	113	108	109	12096	292	
3	115	115	110	112	12765	143	
4	109	109	108	108	11772	224	
5	111	111	109	109	12099	224	
6	112	111	106	108	11984	186	
7	110	109	102	104	11330	198	
8	111	111	110	112	12321	309	
9	110	109	110	110	12100	265	
10	111	111	105	105	11655	252	

2. 一组蒸压加气混凝土砌块抗压强度的试验数据见表 1-7-6 所列,试依据 GB/T 11969—2020 计算抗压强度。

表 1-7-6　蒸压加气混凝土砌块抗压强度试验数据

样品编号		试件尺寸/ mm			受压面积/ mm²	荷载/ kN	抗压强度/ MPa	抗压强度平均值/ MPa
		长	宽	高				
1	11	100	100	100	10000	49.8		
	12	100	100	100	10000	51.1		
	13	100	100	100	10000	51.9		
2	21	100	100	100	10000	50.8		
	22	100	100	100	10000	51.9		
	23	100	100	100	10000	52.6		
3	31	100	100	100	10000	50.5		
	32	100	100	100	10000	51.7		
	33	100	100	100	10000	53.2		

3. 试验人员依据 GB/T 11969—2020,以如下试验步骤开展蒸压加气混凝土抗折试验,请分析下面哪些步骤是错误的,并说明正确的操作方式。

(1)试件在制品中心部位垂直于制品发气方向制取。

(2)抗折强度尺寸为 100mm×100mm×200mm。

(3)在试件上中下部分别测量其长度和宽度,精确至 0.1mm。

(4)将试样放在支座上,支点间距为 150mm。

(5)将试验后的半段试样立即称取质量,在(100±5)℃下烘至恒重,并计算含水率。

4. 试验人员依据 GB/T 4111—2013,以如下试验步骤开展混凝土砌块抗渗试验,请分析下面哪些步骤是错误的,并说明正确的操作方式。

(1)在 3 个不同试样的条面上,采用直径为 50mm 的金刚石钻头直接取样。对于空心砌块应避开肋取样。

(2)将试件浸入(20±5)℃的水中,水面应高出试件 10mm 以上,2h 后将试件从水中取出,放在钢丝网架上滴水 1min,再用拧干的湿布拭去内、外表面的水。

(3)试验在(20±3)℃空气温度下进行。

(4)将试件表面清理干净后晾干,然后在其侧面涂一层密封材料(如黄油),随即旋入或在其他加压装置上将试件压入试件套中,再与抗渗装置连接起来,使周边不漏水。

(5)开始试验,记录自加水时算起 1h 后测量玻璃筒内水面下降的高度,精确至 0.1mm。

(6)按三个试件测试过程中,玻璃筒内水面下降的平均高度来评定,精确至 0.1mm。

第五节　混凝土及拌合用水

1. 某实验室依据 JGJ 55—2011、GB/T 50081—2019 进行混凝土试配,混凝土强度等级 C25,抗渗等级 P6,在试验过程中发生以下事件:

事件1,检测人员制作立方体抗压强度标准养护试件,试模表面抹平后,立即放在室温环境中静置 30h,然后编号、拆模。

事件2,按规范程序对经标准养护后的一组试配试件进行抗压强度试验,三块试件的抗压强度分别为 24.0MPa、28.7MPa、33.1MPa。

事件3,按规范程序对试配的抗渗试件进行抗渗试验,测得最大水压力为 0.7MPa。

问题:

(1)请指出事件1中不符合标准要求的做法,并写出正确做法。

(2)请计算事件2中该组试件的抗压强度。

(3)请判断该配合比是否满足抗渗等级要求,并简述理由。

2. 某试验室依据 GB/T 50080—2016、GB/T 50081—2019 配制 C30 混凝土,制作三组标准养护试件。试验过程中发生以下事件:

事件1,检测人员按照设计的配比拌制混凝土,并测量混凝土拌合物坍落度。

事件2,养护试件达到 28d 龄期后,检测人员从标准养护室取出一组试件进行立方体抗压强度试验,压力试验机使用状态正常。

事件3,若按规范程序对经标准养护后的一组试件进行抗压强度试验,三块试件的抗压强度分别为 30.2MPa、30.6MPa、35.5MPa。

问题:

(1)请将事件1中坍落度测试前拌合物的装料步骤补充完整。

坍落度筒内壁和底板应润湿无_____,底板应放置在_____上,并把坍落度筒放在底板中心,然后用脚踩住两边的_____,坍落度筒在装料时应保持在固定的位置。混凝土拌合物试样应分_____层均匀地装入坍落度筒内,每装一层混凝土拌合物,应用捣棒由_____到_____按螺旋形均匀插捣_____次,捣实后每层混凝土拌合物试样高度约为筒高的_____分之一。插捣底层时,捣棒应贯穿整个深度,插捣第二层和顶层时,捣棒应插透本层至下一层的_____。顶层混凝土拌合物装料应高出筒口,插捣过程中,混凝土拌合物低于筒口时,应随时_____。顶层插捣完后,取下装料漏斗,应将多余混凝土拌合物刮去,并沿筒口_____。

(2)以事件2中的一个标准养护试件为例,简述立方体抗压强度试验操作过程。

(3)请计算事件3中该组试件的抗压强度。

3. 试验室依据 JGJ 55—2011、GB/T 50081—2019 配制强度等级 C40 混凝土,试验过程中发生以下事件:

事件 1,检测人员依据等级要求、原材料情况进行配合比设计。

事件 2,检测人员将标准养护试件拆模后,立即放入标准养护室中养护。

问题:

(1)事件 1 中,配合比设计时如何计算混凝土的配制强度(近期无相关混凝土强度资料参考)。

(2)简述事件 2 中标准养护室环境条件及试件摆放养护要求?

4. 某试验室依据 GB/T 50081—2019 进行混凝土抗压试件的制作及养护,试验过程中发生以下事件:

事件 1,粗骨料最大粒径为 37.5mm,试验室采用 100mm×100mm×100mm 的试模成型试件。

事件 2,成型后试件采用振动台进行振动。

事件 3,试件制作完成后放置 27℃室内 3 天后进行拆模。

问题:

(1)事件 1 中试模的选取是否正确,请说明理由。

(2)简述事件 2 中的操作过程。

(3)事件 3 是否正确,并说明理由。

5. 某试验室检测人员依据 GB/T 50081—2019 进行混凝土试件的抗压强度试验,检测员把一组混凝土试件(该组混凝土强度等级为 C20,尺寸为 100mm×100mm×100mm)从标准养护室取出后,放置在试验机前,然后把试件成型时的侧面作为承压面放置在试验机下压板中心位置处;启动试验机,试件表面与承压板均匀接触;当试件接近破坏开始急剧变形时,检测员看到速率下降调整油门,直至破坏。

问题:

(1)请指出该检测员从标准养护室中取出混凝土试件到试验结束整个过程中不符合标准要求的做法,并写出正确的做法。

(2)若按规范程序测得 3 个试件的试验数据为 244.3kN、282.4kN、205.1kN,请计算该组混凝土试件的抗压强度。

6. 依据 GB/T 50081—2019,将混凝土抗折强度试验关键步骤补充完整。

(1)试件到达_____时,从养护地点取出后,应检查其_____及形状,尺寸公差应满足规范要求,试件取出后应_____进行试验。

(2)试件放置在试验装置前,应将试件表面_____,并在试件_____画出加荷线位置。

(3)试件安装时,可调整支座和加荷头位置,安装尺寸偏差不得大于_____ mm。试件的承压面应为试件成型时的_____。支座及承压面与圆柱的接触面应平稳、均匀,否则应_____。

(4)在试验过程中应连续均匀地加荷,当对应的立方体抗压强度小于30MPa 时,加载速度宜取_____ MPa/s;对应的立方体抗压强度 30～60MPa 时,加载速度宜取_____ MPa/s;对应的立方体抗压强度不小于 60MPa 时,加载速度宜取_____ MPa/s。

(5)手动控制压力机加荷速度时,当试件接近破坏时,应停止调整_____,直至破坏,并应记录_____及试件下边缘_____。

第六节　混凝土外加剂

1. 某外加剂泌水率试验数据见表 1-7-7 所列,试依据 GB 8076—2008 计算其泌水率比,并写出泌水率结果是如何评定的。

表 1-7-7　外加剂泌水率试验数据

			拌合物用水量 W/g	拌合物总质量 G/g	筒质量 G_0/g	筒+试样质量 G_1/g	试样质量 G_w/g	泌水质量 V_w/g	单个泌水率 B/%	泌水率/%
泌水率比试验	基准砼	1	5450	59500	850	12663		55		
		2	5450	59500	850	13114		58		
		3	5450	59500	850	12895		57		
	受检砼	1	4025	58075	850	12561		6		
		2	4025	58075	850	12779		6		
		3	4025	58075	850	13022		6		
注:泌水率比 $B = V_w \div [(W \div G) \times G_w] \times 100\%$、$G_w = G_1 - G_0$										
泌水率比/%										

2. 混凝土外加剂减水率三次试验数据分别为 $W_0=170kg/m^3$、$W_1=140kg/m^3$、$W_2=130kg/m^3$、$W_3=120kg/m^3$，试依据 GB 8076—2008 计算减水率。

3. 混凝土膨胀剂某个限制膨胀率试件依据 GB/T 23439—2017 进行初始长度测量时，测量仪表的读数为 1.027mm；水中 7d 后试体长度测量时，测量仪表的读数为 1.076mm，则该试件的限制膨胀率为多少？

4. 依据 GB 8076—2008，检验某混凝土高效减水剂，砂率取 40%，基准混凝土单位用水量为 215kg/m³，假定基准混凝土拌合物的表观密度为 2400kg/m³，则基准混凝土的单位砂子用量为多少 kg/m³？

5. 依据 GB 8076—2008，将测定混凝土外加剂常压泌水率试验步骤补充完整。

（1）先用湿布润湿容积为_____的带盖筒（内径为 185mm，高 200mm），将混凝土拌合物_____次装入，在振动台上振动_____s，然后用抹刀轻轻抹平，加盖以防_____。

（2）试样表面应比筒口边低约_____mm，自_____开始计算时间，在前_____min，每隔_____min 用吸液管吸出泌水一次，以后每隔_____min 吸水一次，直至连续_____次无泌水为止，每次吸水前_____min，应将筒底一侧垫高约_____mm，使筒倾斜，以便于吸水；吸水后，将筒轻轻放平盖好。

（3）将每次吸出的水都注入_____的量筒，最后计算出总的泌水量，准确至_____g，并计算泌水率。

第七节　混凝土掺合料

1. 依据 GB/T 18046—2017，在表 1-7-8 中写出粒化高炉矿渣粉活性指数测定中对比胶砂与试验胶砂配比。

表 1-7-8　粒化高炉矿渣粉活性指数水泥胶砂配比

水泥胶砂种类	对比水泥/g	矿渣粉/g	标准砂/g	水/mL
对比胶砂				
试验胶砂				

2. 依据 GB/T 2419—2005,将矿渣粉流动度比测定步骤补充完整。

(1)如跳桌在_____ h 内未被使用,先空跳一个周期_____次。

(2)按检测矿渣粉活性指数的胶砂配比,搅拌制作_____与_____。

(3)将拌好的胶砂分_____层迅速装入试模,第一层装至截锥圆模高度约_____处,用小刀在相互垂直两个方向各划_____次,用捣棒由边缘至中心捣压_____次,随后,装第二次,装至高出截锥圆模_____ mm,用小刀在相互垂直两个方向划_____次,再用捣棒沿着边缘至中心捣压_____次。捣压后,胶砂应略_____于试模。捣压深度,第一层至胶砂高度_____处,第二次捣实不超过_____。装胶砂和捣压时,用手_____,不要_____。

(4)捣压完毕,取下模套,将小刀倾斜,从_____分_____次以近似水平的角度抹去高出截锥圆模的_____,并擦去落在桌面_____,将截锥圆模垂直向上提起。立刻开动跳桌,以每秒钟一次频率,在(25±1)s 内完成_____次跳动。

(5)流动度试验,从胶砂加水至测量扩散直径结束,在_____ min 内完成;

(6)跳动完毕,用卡尺测量胶砂底面相互垂直的两个方向直径,计算平均值,分别测定试验样品和对比样品的流动度,取_____,单位_____。

第八节　砂　浆

1. 依据 JGJ/T 70—2009,补充完整砂浆稠度试验过程。

先采用_____擦净盛浆容器和试锥表面,再将砂浆拌合物_____次装入容器。砂浆表面宜低于容器口_____ mm,用_____自容器中心向边缘均匀地插捣_____次,然后轻轻地将容器摇动或敲击_____下,使砂浆表面平整,随后将容器置于稠度测定仪的_____上。拧开制动螺丝,同时计时间,_____s 时立即拧紧螺丝,将齿条测杆下端接触_____,从刻度盘上读出下沉深度,精确至_____。

2. 依据 JGJ/T 70—2009,补充完整砂浆立方体抗压强度试件成型过程。

人工插捣时,采用捣棒均匀地由_____按螺旋方式插捣_____次,插捣过程中当砂浆沉落低于试模口时,应随时添加砂浆,可用_____插捣数次,并用手将试模一边抬高_____mm 各振动_____次,砂浆应高出试模_____mm。

3. 依据 JGJ/T 70—2009,补充完整砂浆立方体抗压强度试件养护过程。

试件制作后应在温度为_____℃的环境下静置_____h 对试件进行编号、拆模。当气温较低时,或者凝结时间大于_____h 的砂浆,可适当延长时间,但不应超过_____d。试件拆模后应立即放入温度为_____℃、相对湿度为_____％以上的标准养护室中养护。养护期间,试件彼此间隔不得小于_____mm,混合砂浆、湿拌砂浆试件上面应_____,防止_____试件上。

4. 依据 JGJ/T 70—2009,某实验员测得一组砂浆立方体抗压强度试件的破坏荷载分别为 18.7kN、23.6 kN、27.6 kN。请问该组砂浆抗压强度值是多少?(抗压面积为 5000mm²)

5. 依据 JGJ/T 70—2009,补充完整砂浆拉伸粘结强度试验中使用基底水泥砂浆块的成型过程。

将制成的水泥砂浆倒入 70mm×70mm×20mm 的硬聚氯乙烯或金属模具中,振动成型或用抹灰刀均匀插捣_____次,人工颠实_____次,转_____,再颠实_____次,然后用刮刀以_____方向抹平砂浆表面;试模内壁事先宜涂刷水性_____,待干、备用。

6. 依据 JGJ/T 70—2009,补充完整砂浆拉伸粘结强度试验中使用基底水泥砂浆块的养护过程。

砂浆应在成型_____h 后脱模,并放入_____℃水中养护_____d,再在试验条件下放置_____以上。试验前,应用_____号砂纸或磨石将水泥砂浆试件的_____面磨平,备用。

7. 依据 JGJ/T 70—2009,某实验员测得一组砂浆拉伸粘结强度的破坏荷载分别为 821N、903N、887N、1135N、862N、980N、943N、965N、976N、884N。请计算该组砂浆的拉伸粘结强度。(粘结面积为 1600mm²)

8. 依据 JGJ/T 70—2009,补充完整砂浆分层度标准法测定的试验步骤。

应将砂浆拌合物分_____次装入分层度筒内,待装满后,用木锤在分层度筒周围距离大致相等的_____个不同部位轻轻敲击_____下;当砂浆沉落到低于筒口时,应_____,然后刮去多余的砂浆并用抹刀抹平。静置_____ min 后,去掉上节_____ mm 砂浆,然后将剩余的_____ mm 砂浆倒在拌合锅内拌_____ min。

第九节　土

1. 环刀法检测土体干密度,现场抽取一组 2 个环刀土样,编号分别为 1 号、2 号,环刀＋湿土质量分别为 287.1g、286.2g,环刀质量分别为 89.3g、90.1g,环刀体积为 100cm³,在每个湿土样中分别取代表性土样 2 个,1 号环刀中取的土样质量分别为 26.53g、23.85g,2 号环刀中取的土样质量分别为 24.75g、23.49g,放置烘箱中烘干至恒重后称量,1 号中土样质量分别为 21.82g、19.49g,2 号中土样质量分别为 20.14g、19.19g。试依据 GB/T 50123—2019 的规定计算该组土样的干密度。

2. 某一新建商品住宅,设计要求回填土料为黏性土,该回填土料轻型击实最大干密度为 1.68g/cm³,现场采用环刀法检测压实度,该测点土料湿密度分别为 1.98g/cm³、1.94 g/cm³,含水率分别为 21.2%、20.3% 。试依据 GB/T 50123—2019 的规定计算该测点土料干密度及压实度。

第十节　防水材料及防水密封材料

1. 对某品牌聚氨酯防水涂料进行拉伸性能试验,5 个试件的宽度、厚度平均值、断裂时最大荷载、断裂时标距见表 1-7-9 所列,依据 GB/T 19250—2013 的规定计算聚氨酯防水涂料的拉伸强度和断裂伸长率。

表 1-7-9 聚氨酯防水涂料拉伸试验数据

试件编号	宽度/mm	厚度平均值/mm	断裂时最大荷载/N	断裂时标距/mm
1	6.0	1.48	18.6	157.2
2	6.0	1.49	19.4	158.6
3	6.0	1.49	15.2	146.8
4	6.0	1.52	19.3	161.5
5	6.0	1.47	18.7	158.7

2. 某厂家生产的自粘卷材(PY I PE 3.0),测得的拉力及最大拉力时标距数据见表 1-7-10所列,请依据 GB/T 328.8—2007 的规定计算该卷材的拉力和最大峰拉力时延伸率。

表 1-7-10 自粘卷材拉伸试验数据

试件编号	拉力/(N/50mm)		初始标距 L_0/mm	最大拉力时标距/mm	
	纵向	横向		纵向	横向
1	614.2	564.3	180	240.8	278.2
2	635.5	552.1	180	237.5	280.6
3	597.4	537.5	180	242.5	272.4
4	586.2	542.6	180	239.4	285.3
5	601.5	550.4	180	246.5	286.7

3. 某检测机构依据 GB/T 23445—2009 对抽取的聚合物水泥防水涂料的固体含量、拉伸强度、断裂伸长率、低温柔性进行检测,针对以下操作,指出存在的问题并描述正确做法。

(1)将样品按生产厂家指定的比例(包括稀释剂)混合均匀后,按规定进行测定。干燥温度为(120±5)℃。

(2)在进行拉伸性能试验时,将拉伸速度设置为 100mm/min,试验结果取三个试件的算术平均值作为试验结果,结果精确到 0.01MPa。

(3)低温柔性按规定制备涂膜试样,养护后切取 100mm×50mm 的试件 3 块,按 GB/T 16777—2008 中 13.2.1 的规定进行试验,圆棒直径为 30mm。

4. 依据 GB/T 19250—2013,将聚氨酯防水涂料涂膜的制备过程补充完整。

(1)在试件制备前,试样及所用试验器具应在标准试验条件下放置至少_____ h。

(2)将放置后的试样混合均匀,不得加入_____。若试样为多组分涂料,则按产品生产企业要求的配合比混合后在不_____的情况下充分搅拌_____ min,静置_____ min,倒入模框中;也可按生产企业要求使用喷涂设备制备涂膜。模框不得_____且_____,为便于脱模,涂覆前可用_____。

(3)多组分试样一次涂覆到规定厚度,单组分试样分_____次涂覆到规定厚度,试样也可按生产企业的要求次数涂覆(最多_____次,每次间隔不超过_____ h),涂覆后间隔_____ min,轻轻刮去表面的_____,最后一次将表面_____。

(4)制备的涂膜标准试验条件下养护_____ h,然后脱膜,涂膜_____后继续在标准试验条件下养护_____ h。

5. 依据 GB/T 23445—2009,将聚合物水泥防水涂料抗渗性试件制备和试验步骤补充完整。

(1)将待测涂料样品按生产厂家指定的比例分别称取适量_____和_____组分,混合后机械搅拌_____ min。在三个试件的_____表面(背水面)均匀涂抹混合好的试样,第一道_____ mm 厚。待涂膜表面_____后再涂第二道,使涂膜总厚度为_____ mm。待第二道涂膜_____后,将制备好的抗渗试件放入水泥标准养护箱(室)中放置_____ h,养护条件为:温度_____ ℃,相对湿度不小于_____ %。

(2)将抗渗试件从养护箱中取出,在标准条件下放置_____ h,待表面干燥后装入_____,按加压程序进行涂膜抗渗试件的抗渗试验。当三个抗渗试件中有两个试件上表面出现_____时,即可停止该组试验,记录_____(MPa)。当抗渗试件加压至_____ MPa,恒压_____ h 还未透水,应停止试验。

6. 请将 GB/T 18173.3—2014 中遇水膨胀橡胶体积膨胀倍率的试验步骤补充完整。

(1)试样尺寸:长、宽各为(_____±0.2)mm,厚度为(_____±0.2)mm,试样数量为_____个。用成品制作试样时,应去掉_____。

(2)将制作好的试样先用天平称出在_____的质量,然后再称出试样悬挂在_____的质量。

(3)将试样浸泡在(_____±5)℃的 300mL 蒸馏水中,试验过程中,应避免试样_____及水分的挥发。

(4)试样浸泡_____ h 后,先用天平称出其在蒸馏水中的质量,然后用_____轻轻吸干试样表面的水分,称出试样在空气中的质量。

(5)如试样密度小于蒸馏水密度,试样应悬挂_____使试样完全浸没于蒸馏水中。

7. 依据 GB/T 16777—2008,找出以下聚氨酯防水涂料粘结强度(A 法)的试验步骤错误的地方。

(1)试验前将制备好的砂浆块在标准条件下放置 12h 以上。

(2)取五块砂浆块用 2 号砂纸清除表面浮浆,必要时按生产厂要求在砂浆块的成型面(40mm×40mm)上涂刷底涂料,干燥后按生产厂要求的比例将样品混合后搅拌 2min(单组分防水涂料样品直接使用)涂抹在成型面上,涂膜的厚度(1.5±0.2)mm(可分两次涂覆,间隔不超过 12h)。

(3)然后将制得的试件按要求养护,不需要脱模,制备五个试件。将养护后的试件用砂浆将拉伸用上夹具与涂料面粘贴在一起,在标准试验条件下水平放置养护 72h,然后沿上夹具边缘一圈用刀切割涂膜至基层,使试验面积为 40mm×40mm。

(4)将粘有拉伸用上夹具的试件安装在试验机上,保持试件表面垂直方向的中线与试验机夹具中心在一条线上,以(10±1)mm/min 的速度拉伸至试件破坏,记录试件的最大拉力。

8. 依据 JG/T 193—2006,找出下列膨润土膨胀指数试验步骤错误的地方。

(1)将膨润土试样轻微研磨,过 400 目标准筛,于(100±10)℃烘干至恒重,然后放在干燥器内冷却 2h。

(2)称取 5.00g 膨润土试样,将膨润土分多次放入已加有 80mL 去离子水的量筒内,每次在大约 10s 内缓慢加入不大于 0.5g 的膨润土,待膨润土沉至量筒底部后再次添加膨润土,相邻两次时间间隔不少于 5min,直至 5.00g 膨润土完全加入量筒中。

(3)用玻璃棒使附着在量筒内壁上的土也沉淀至量筒底部,然后将量筒内的水加至 120mL(2h 后,如果发现量筒底部沉淀物中存在夹杂的空气,允许以 45°角缓慢旋转量筒,直到沉淀物均匀)。

(4)静置 12h 后,读取沉淀物界面的刻度值(沉淀物包括低密度的膨润土絮凝物),精确至 1mL。

第十一节　瓷砖及石材

1. 依据 GB/T 3810.4—2016 进行的陶瓷砖破坏强度试验,找出下列操作错误的地方。

(1)用硬刷刷去试样背面松散的粘结颗粒。将试样放入干燥箱中温度高于110℃,至少12h。然后冷却至室温。应在试样达到室温后 2h 内进行试验。

(2)将试样置于支撑棒上,使釉面或正面朝下,试样伸出每根支撑棒的长度应按规范要求。

(3)对于两面相同的砖,以哪面向上都可以。对于挤压成型的砖应将其背肋平行于支撑棒放置;对于所有其他矩形砖,应以其长边 L 平行于支撑棒放置。

(4)对凸纹浮雕的砖,在与浮雕面接的中心棒上再垫一层泡沫垫。

(5)中心棒应与两支撑棒等距,以(1±0.5)N/(mm²·s)的速率均匀地增加荷载。

2. 依据 GB/T 9966.3—2020,补充完整天然石材吸水率的试验过程。

(1)将试样置于_____℃的鼓风干燥箱内干燥_____ h 至恒重,即在干燥_____h、_____ h、_____h 时分别称量试样的质量,质量保持恒定时表明达到恒重,否则继续干燥,直至出现_____次恒定的质量。

(2)放入_____中冷却至室温,然后称其质量,精确至_____g。

(3)将试样置于水箱中的_____支撑上,试样间隔应不小于_____ mm。加入_____水或_____水,温度保持在_____℃,到试样高度的_____,静置_____h;然后继续加水到试样高度的_____,再静置_____h;继续加满水,水面应超过试样高度_____ mm。试样在水中浸泡_____h 后同时取出,包裹于_____内,用拧干的湿毛巾擦去试样表面水分,立即称其质量。

3. 依据 GB/T 9966.2—2020,补充完整天然石材干燥弯曲强度的试验步骤。

(1)将试样在_____℃的鼓风干燥箱内干燥_____ h。然后放入干燥器中冷却至室温。

(2)按照试样上标记的支点位置将其放在上下支座之间,试样和支座受力表面应_____。

(3)装饰面应朝_____放在支架下座上,使加载过程中试样装饰面处于弯曲拉伸状态。

(4)以_____ MPa/s 的速率对试样施加载荷至试样破坏,记录试样_____和形式及最大载荷值,读数精度不低于_____ N。

(5)用游标卡尺测量试样断裂面的宽度和厚度,精确至_____mm。

4. 依据 GB/T 3810.3—2016,将陶瓷砖吸水率试验样品的要求补充完整。

(1)每种类型取_____块整砖进行测试。

(2)如每块砖的表面积不小于_____时,只需用_____块整砖进行测试。

(3)如每块砖的质量小于_____,则需足够数量的砖使每个试样质量达到_____。

(4)砖的边长大于_____且小于_____时,可切割成小块,但切割下的每一块应计入测量值内,多边形和其他非矩形砖,其长和宽均按_____计算。若砖的边长不小于400mm 时,至少在_____的_____切取最小边长为_____的_____块试样。

第十二节　塑料及金属管材

1. 某试验人员依据 GB/T 6671—2001 做热塑性塑料管材纵向回缩率烘箱试验时进行如下操作,请分析下列操作是否正确,如有错误,请写出正确操作步骤。

(1)烘箱要求:烘箱应恒温控制在规定的温度内,并保证当试样置入后,烘箱内温度应在25min 内重新回升到试验温度范围。划线器:保证两标线间距为 200mm。

(2)取(200±10)mm 长的管段为试样。

(3)使用划线器,在试样上划两条相距 200mm 的圆周标线,并使其一标线距任一端至少 10mm。

(4)从一根管材上截取三个试样。对于公称直径大于或等于 400mm 的管材,可沿轴向均匀切成 6 片进行试验。

(5)试样在(23±5)℃下至少放置 4h。

(6)在(23±5)℃下,测量标线间距 L。精确到 0.25mm。

(7)将烘箱温度调节至规定值。

(8)把试样放入烘箱,使样品不触及烘箱底和壁。若悬挂试样,则悬挂点应在距标线最远的一端。若把试样平放,则应放于垫有一层滑石粉的平板上,切片试样,应使凸面朝下放置。

(9)把试样放入烘箱内保持规定的时间,这个时间应从烘箱温度回升到规定温度时算起。

(10)从烘箱中取出试样,平放于一光滑平面上,待完全冷却至(23±5)℃时,在试样表面沿母线测量标线间最大或最小距离,精确至 0.25mm。

(11)计算两个试样纵向回缩率的算术平均值,其结果作为管材的纵向回缩率。

(12)纵向回缩率试验除了烘箱试验还有什么方法?

第十三节　预制混凝土构件

1. 某一块预应力板,计算跨径 L_0 为 9.0m,宽为 2.4m,板自重及灌缝重标准值 G 为 2.0kN/m²,设计的正常使用极限状态下检验荷载标准组合为 $Q_k=5.0$kN/m²(包含板自重),挠度检验允许值为 $[a_s]=10.72$mm(不包含板自重);设计的抗裂检验允许值为 $[Q_{cr}]=6.0$kN/m²(包含板自重), $[\gamma_{cr}]=1.4$,承载能力极限状态检验荷载标准组 $[Q_d]=7.0$kN/m²(包含板自重),结构重要性系数 γ_0 取 1.0,对该块板进行结构性能检验,检验结果见表 1-7-11 所列。

表 1-7-11　结构性能检验数据

加载级数	加载值/kN·m⁻²	跨中挠度/mm	裂缝观测情况
1	0.60	1.23	无裂缝
2	1.20	2.56	无裂缝
3	1.80	4.12	无裂缝
4	2.40	5.84	无裂缝
5	3.00	7.86	无裂缝
6	3.15	8.47	无裂缝
7	3.30	8.96	无裂缝
8	3.45	9.56	无裂缝
9	3.60	10.01	无裂缝
10	3.75	10.55	无裂缝
11	4.00	11.59	无裂缝
12	4.30	13.05	无裂缝
13	4.60	14.48	无裂缝
14	4.90	15.85	无裂缝
15	5.20	17.56	无裂缝
16	5.50	19.33	无裂缝
17	5.80	21.46	持荷后,受拉主筋处最大裂缝宽度0.05mm
18	6.10	23.32	持荷后,受拉主筋处最大裂缝宽度0.10mm
19	6.40	24.76	持荷后,受拉主筋处最大裂缝宽度0.15mm

（续表）

加载级数	加载值/kN・m^{-2}	跨中挠度/mm	裂缝观测情况
20	6.70	26.48	持荷后,受拉主筋处最大裂缝宽度 0.25mm
21	7.00	27.87	持荷后,受拉主筋处最大裂缝宽度 0.45mm
22	7.30	29.93	持荷后,受拉主筋处最大裂缝宽度 0.70mm
23	7.60	32.06	持荷后,受拉主筋处最大裂缝宽度 1.05mm
24	7.90	34.34	持荷后,受拉主筋处最大裂缝宽度 1.35mm
25	8.20	41.56	加载时,受拉主筋处最大裂缝宽度 1.60mm

试依据 GB 50204—2015,分析评判该构件的结构性能是否满足要求?

2. 某一预制构件,计算跨径 L_0 为 12.0m,抗裂弯矩为 24.0kN・m(含自重),对该预制构件进行抗裂检验,结果见表 1-7-12 所列。

表 1-7-12　抗裂检验数据

加载级数	加载值/kN・m	裂缝观测情况
1	4.8	无裂缝
2	9.6	无裂缝
3	14.4	无裂缝
4	19.2	无裂缝
5	21.6	无裂缝
6	24.0	无裂缝
7	25.2	无裂缝
8	26.4	无裂缝
9	27.6	无裂缝
10	28.8	无裂缝
11	30.0	持荷时间内,受拉主筋处最大裂缝宽度 0.05mm

试依据 GB 50204—2015,计算该构件的抗裂弯矩、抗裂系数。

3. 某工程结构重要性系数为 1.0,预制梁需进行结构性能检验,承载力按设计规范检验,允许出现裂缝,设计要求最大裂缝宽度限值 0.20mm。截面 300mm×900mm,净跨 8m,荷载标准值(包括自重)为 800kN,荷载设计值为 1000kN,梁自重 54kN。分 10 级加载,设备自重及构件自重作为第一级加载的一部分。该构件依据 GB 50204—2015 做破坏性试验,需加载至主筋拉断,构件破坏。试验观测结果如下:

(1)加载至 800kN 持荷时间结束后受拉主筋处最大裂缝宽度 0.05mm。

(2)加载至 1000kN 持荷时间结束后受拉主筋处最大裂缝宽度 0.15mm,腹部斜裂缝 0.35mm。

(3)加载至 1200kN 持荷时间结束后受拉主筋处最大裂缝宽度 0.40mm,腹部斜裂缝 0.70mm。

(4)加载至 1350kN 持荷时间结束后受拉主筋处最大裂缝宽度 1.05mm,腹部斜裂缝 1.50mm。

(5)加载至 1500kN 持荷时间结束后受拉主筋处最大裂缝宽度 1.50mm。

(6)加载至 1800kN 持荷时间结束后受拉主筋拉断,构件破坏。

试分析评判该构件的承载力、裂缝宽度检验是否合格。

4. 依据 GB 50204—2015,将预制构件加载应符合的规定补充完整。

(1)预制构件应_____加载。当荷载小于标准荷载时,每级荷载不应大于标准荷载值的_____;当荷载大于标准荷载时,每级荷载不应大于标准荷载值的_____;当荷载接近抗裂检验荷载值时,每级荷载不应大于标准荷载值的_____;当荷载接近承载力检验荷载值时,每级荷载不应大于荷载设计值的_____。

(2)_____应作为第一次加载的一部分。

(3)试验前宜对预制构件进行_____,以检查试验装置的工作是否正常,但应防止_____。

(4)对仅作挠度、抗裂或裂缝宽度检验的构件应_____。

第十四节 预应力钢绞线

1. 钢绞线其标记为:预应力钢绞线 1×7 - 15.20 - 1860 - GB/T 5224—2023。实测弹性模量为 195GPa。其中线段 $\overline{OAB}$ 为弹性变形阶段,$\overline{BC}$ 为强化变形阶段,$\overline{CD}$ 为纯塑性变形阶段(负荷保持不变),$\overline{DE}$ 为颈缩阶段(由图解法已得到图中 A、B、C、D、E 各点的座标,见表 1 - 7 - 13 所列)。

表 1 - 7 - 13　钢绞线试验数据

标记	应变/%	负荷/kN	备　注
O	0	0	原点
A	1.0	240.8	规定总延伸为 1% 时的荷载(F_{t1})
B	1.1	243.7	规定非比例伸长 0.2 % 时的荷载值($F_{p0.2}$)
C	3.00	277.0	最大力平台始点
D	3.77	277.0	最大力平台末点
E	4.4	252.0	断裂点,试样断与样品中部

问:(1)按现行标准仲裁试验时,屈服力多少? 求出该钢绞线的抗拉强度。

(2)请问钢绞线的弹性模量是如何测定的?

第十五节　预应力混凝土用锚具夹具及连接器

1. 某工程抽检预应力夹片式锚具,锚具型号 YJM15 - 7,钢绞线为 1860 级,实测极限抗拉强度为 1910MPa,强性模量为 $1.95×10^5$ MPa,锚夹片硬度经检测均符合厂企业标准规定,静载锚固性能试验时,组装件钢绞线破断荷载为 1798.1kN,总伸长率为 3.0%,试依据 GB/T 14370—2015 计算其锚具效率系数,并判定是否合格。

2. 某工程抽检预应力夹片式锚具,锚具型号 YJM15 - 9,钢绞线为 1860 级,实测极限抗拉强度为 1950MPa,弹性模量为 $1.97×10^5$ MPa,锚具夹片硬度经检测均符合相关标准要求,试验荷载从 0 增长到 $0.1F_{ptk}$ 时,加载用千斤顶活塞位移量的理论计算值 4.00mm;试验台座荷载达到 $0.1F_{ptk}$ 时,实测钢绞线受力长度为 3.50m;当组装件荷载从 $0.1F_{ptk}$ 增长到 F_{Tu} 时,加载用千斤顶活塞的位移量为 65.00mm,预应力筋端部与锚具、夹具或连接器之间的相对位移之和为 5.00mm,依据 GB/T 14370—2015 的规定,计算其极限总应变值并判定。

第十六节　预应力混凝土用波纹管

1. 某试验员依据 JT/T 529—2016,进行预应力混凝土桥梁用塑料波纹圆管环刚度检测,操作如下:

(1)试样试验前在(23±2)℃环境下放置 24h 以上。

(2)从 5 根管节上各取长(300±20)mm 试样一段,两端应与管节轴线垂直切平。

(3)按 GB/T 9647 进行,上压板下降速度为(6±1)mm/min。

(4)当试样垂直方向内径变形量为原内径(或扁形管节短轴)的 3%时,记录此时试样所受荷载。

(5)试验结果为 5 个试样环刚度为 6.302kN/m²、6.711kN/m²、5.883kN/m²、6.197kN/m²、5.820kN/m²。

请问上述操作是否正确,如不正确,请写出正确操作方式。依据以上数据,判定环刚度是否合格。

第十七节　材料中有害物质

1. GB/T 23990—2009 中关于采用气相色谱法检测涂料中苯、甲苯、乙苯和二甲苯含量下列描述是否正确,如有错误,请给予改正。

(1)分两种试验方法。A 法适用于水性涂料中苯、甲苯、乙苯和二甲苯含量的测定;B 法适用于溶剂型涂料中苯、甲苯、乙苯和二甲苯含量的测定。

(2)原理:试样经稀释后,直接注入气相色谱仪中,经色谱分离技术使被测化合物分离,用电子捕获检测器检测,采用内标法定量。

(3)试剂和材料:载气:氮气,纯度大于等于 99.995%;燃气:氢气,纯度大于等于 99.995%;助燃气:空气;辅助气体(隔垫吹扫和尾吹气):与载气具有相同性质的氮气等。

(4)所有试验进行三次平行测定,取平均值。

第十八节　建筑消能减震装置

1. JG/T 209—2012 中关于黏弹性阻尼器性能试验的试验方法存在以下描述,请分析以下操作是否正确,如有错误,请给予改正。

(1)表观剪应变极限值试验环境温度控制在(20±5)℃。

(2)黏弹性阻尼器的力学性能试验在伺服加载试验机上进行。

(3)最大阻尼力变形相关性能:在加载频率 f_1 下,测定输入位移 $u = u_1 \sin(wt)$($u_1 = 1.0u_0$、$1.2u_0$ 和 $1.5u_0$,且在极限位移内)时的最大阻尼力,并计算与 $1.0u_0$ 下的相应值的比值。

（4）黏弹性阻尼器老化性能：把试件放到鼓风干燥箱中保持温度60℃，经48h后取出，然后进行力学试验。

（5）黏弹性阻尼器耐久性包含老化性能和耐腐蚀性能。

2. 某试验员依据 JG/T 209—2012，进行金属屈服型阻尼器力学性能试验时进行如下操作，请指出过程中错误之处，并说出正确操作步骤。

（1）力学性能试验在伺服加载试验机上进行。

（2）试验环境温度为（23±2）℃。

（3）试验采用力-应变混合控制加载制度。

（4）试件屈服前，采用力控制并分级加载，接近屈服荷载前宜增加级差加载，每级荷载反复一次；试件屈服后采用位移控制，每级位移加载幅值取屈服位移的倍数为级差进行，每级加载可反复进行两次。

（5）金属屈服型阻尼器的基本特性应通过滞回曲线的试验结果确定。

第十九节　建筑隔震装置

1. 某试验人员依据 JG/T 118—2018 做隔震橡胶支座竖向拉伸刚度、竖向极限拉应力试验，对支座在剪应变为零的条件下，低速施加拉力直到试件发生破坏，绘出拉力和拉伸位移关系曲线。按下列方法求出屈服拉力和拉伸刚度。请分析以下判定方法是否正确，请给予改正。

（1）通过原点和曲线上与剪切模量 G 对应的拉力作一条直线（G 为设计压应力、设计剪应变作用下的剪切模量）。

（2）将上述直线水平偏移5%的内部橡胶厚度。

（3）偏移线和试验曲线相交点对应的力即为屈服拉力。

（4）20%拉应变对应的割线刚度即为拉伸刚度。

（5）破坏点对应的试件拉应力的50%即为竖向极限拉应力。

2. 建筑摩擦摆隔震支座力学性能试验结果的判定要求见表 1 - 7 - 14 所列,请依据 GB/T 37358—2019 的规定分析每一项是否正确,如错误请描述正确判定要求。

表 1 - 7 - 14   建筑摩擦摆隔震支座力学性能试验结果的判定要求

序号	性能	试验项目	判定要求
1	压缩性能	竖向压缩变形	在基准竖向承载力的作用下,竖向压缩变形不大于支座总高度的 1% 确定
2		竖向承载力	在竖向压力为 4 倍基准竖向承载力时支座不应出现破坏,无脱落、破裂、断裂等
3	剪切性能	静摩擦系数	不应大于动摩擦系数上限的 2 倍
4		动摩擦系数	试验位移取极限位移的 1/2;当设计摩擦系数大于 0.03 时,检测值与设计值的偏差单个试件应在 ±25% 以内,一批试件平均偏差应在 ±20% 以内;
5		屈服后刚度	当设计摩擦系数不大于 0.03 时,检测值与设计值的偏差单个试件应在 ±0.0075 以内,一批试件平均偏差应在 ±0.006 以内
6	剪切性能相关性	反复加载次数相关性	取第 3 次、第 20 次摩擦系数进行对比,变化率不应大于 10%
7		温度相关性	基准温度为 20℃,在 -25℃ 至 -40℃ 范围内摩擦系数变化率不应大于 45%
8	水平极限变形能力	极限剪切变形	在基准竖向承载力作用下,反复加载一圈至极限位移的 0.95 倍时,支座不应出现破坏

第二十节   铝塑复合板

1. 以下是关于铝塑板复合板滚筒剥离强度试验的相关描述,请依据 GB/T 17748—2016、GB/T 1457—2022 的规定判断相关描述是否正确,如有错误,请给予改正。

(1)滚筒剥离装置:滚筒直径为(100±0.10)mm,滚筒凸缘直径为(150±0.10)mm,采用铝合金材料制作,质量不超过 1.5kg。

(2)试样厚度与夹层结构制品厚度相同;当制品厚度未确定时,推荐试样厚度为 30mm,面板厚度不大于 1mm 时,推荐试样宽度为 50mm。对于蜂窝、波纹等格子型芯子,当格子边长大于 8mm 或波距大于 20mm 时,推荐试样宽度为 80mm。

(3)对于正交各向异性夹层结构,试样应选取横向进行检测。

(4)对于湿法成型的夹层结构制品,试样应分剥离上面板和剥离下面板两种。

(5)当试样厚度小于20mm或夹层结构试样弯曲刚度较小时,在非剥离面板上,粘上厚度大于20mm的木质等加强材料。胶接固化温度应为室温或比夹层结构胶接固化温度至少低20℃。

(6)将外观检查合格试样编号,测量试样任意6处的宽度,取算术平均值;被剥离面板厚度取面板名义厚度,或测量同批试样被剥离面板10处的厚度,取算术平均值。

(7)按规定的加载速度进行试验,加载速度一般为20~30mm/min,仲裁试验时,加载速度为20mm/min。

(8)最终检测结果平均值为100(N・mm)/mm,最小值为90(N・mm)/mm,判定是否合格。

第二十一节　木材料及构配件

1. 某试验人员依据 GB/T 1927.9—2021 检测木材抗弯强度时,操作如下,请指出下述操作是否正确,如有错误,请写出正确操作步骤。

(1)样品尺寸为 300mm×10mm×20mm。

(2)样品采用生材,生材试样的含水率应不高于木材纤维饱和点。

(3)抗弯强度采用径向加荷试验。

(4)采用三点弯曲中央加荷,将试样放在试验装置的两支座上,试验装置的压头垂直于试样的径面以均匀速度加荷,在 3~5min 内(或将加荷速度设定为 5~10mm/min)使试样破坏。将试样破坏时的荷载作为最大荷载进行记录,精确至 10N。

(5)试验后,立即在试样靠近破坏处,截取约 40mm 长的木块一个,测定试样含水率。

(6)抗弯强度应精确至 0.01MPa。

第二十二节　加固材料

1. 今有一加固工程使用的以混凝土为基材的碳纤维胶依据 GB/T 2567—2021 测试其胶体拉伸强度,有效试样拉伸强度试验数据见表 1-7-15 所列。请按照标准《工程结构加固材料安全性鉴定技术规范》(GB 50728—2011)判定该碳纤维胶是否符合规范中Ⅰ类A级胶抗拉强度要求。

表 1-7-15　有效试样拉伸试验数据

试样名称	试样 1	试样 2	试样 3	试样 4	试样 5
拉伸最大荷载/N	1552	1505	1576	1593	1555
试样工作区宽度/mm	9.95	10.12	9.99	10.06	9.92
试样工作区厚度/mm	3.96	3.99	3.99	4.04	4.09

第二十三节　焊接材料

1. 请简述 GB/T2652—2022 中,金属材料焊缝试验破坏后,断口表面如何检验判定。

第八章 ▶ 参考答案

第一节 填空题部分

（一）水泥

1. 20个以上　2. 经验,142.5　3. 裂缝,弯曲　4. 雷氏法,试饼法　5. 三级水　6. 气密,发生反应　7. 20～24　8. 3d±45min,28d±8h　9. 互相垂直的两个方向直径的平均值　10. 24,25　11. 跳桌台面,试模内壁,覆盖　12. 初始水量,质量百分比　13. 15,0.0005　14. 0.5,0.0001　15. 镁元素,285.2

（二）钢筋（含焊接与机械连接）

1. 同一炉罐号,60　2. 热轧光圆钢筋　3. 500,1　4. 26　5. 10～35,(23±5)　6. 1.25,1.30　7. 240　8. 70～90,90～120　9. 90°,(100±10),30,20°　10. 20　11. 1,2　12. A_{gt}　13. 6～60,2～20　14. 10～35　15. (1±0.2)　16. 5,2N/mm² · s⁻¹　17. 256,175　18. 残余变形,3　19. 3　20. 实体

（三）骨料、集料

1. 80　2. 特细,630　3. 1.25,630　4. 5.00,2.50　5. 80　6. 10.0　7. 500,250　8. 两,0.20　9. 两,0.5　10. 200,24　11. 1.4　12. 三　13. 2,3　14. 0.1　15. 2　16. 24　17. 10.0～20.0　18. 2.50　19. 三　20. 1　21. 两,20　22. 两,0.2　23. 五　24. 三　25. 两　26. 0.1　27. 混凝土　28. 两　29. 五　30. 3　31. 10　32. 三

（四）砖、砌块、瓦、墙板

1. 大面,两个,条面　2. 三　3. 10,强度标准值　4. 3.5万～15万,3.5万　5. 3,0.1　6. (60±5),24　7. 100mm×100mm×100mm,2　8. 冻融质量损失,抗压强度损失　9. 5,5　10. ±1,20～80　11. 均布荷载试验,集中荷载试验　12. 落球法,砂袋法

（五）混凝土及拌合用水

1. 1.05,0.95　2. 50,(20±5)　3. 1,0.0005　4. 0.5～0.8　5. 31.5　6. 3,3　7. 10H－1　8. 3.0,1.0　9. 0.2　10. (20±2),95,10～20　11. 三,25　12. 标准养护　13. 硝酸银　14. 15　15. 0.5,0.2　16. 减水　17. 6,3,3　18. 24,(20±2)　19. 2000～2800kg/m³　20. 150mm×150mm×550mm,150mm×150mm×600mm　21. 可溶性盐　22. 3.5MPa,28MPa　23. 圆柱体试件　24. 20,5kg/m³　25. (38±2)　26. 0.08　27. 411.6　28. 0.45μm,103～105

(六)混凝土外加剂

1. 1,15,15　2.（20±3）　3. 比重瓶法　4. 单卧轴式强制　5. 3.5MPa,28MPa　6. 骨料　7. 100～105,30　8.（10±2）　9. 3　10. 电位滴定法　11. 200　12.（210±10）　13. 重量法　14.（20±2）　15. 0.658

(七)混凝土掺合料

1. 45,4000～6000　2.（950±25）　3. 规定流动度范围　4. 抗压强度之比　5. 细度、需水量比　6. 400　7. 95　8. 50,0.01　9. ≤3.0%　10. 放射性

(八)砂浆

1. 24　2. 4.75　3. ±0.5　4. ±1　5. 30%～70%　6. 120　7. 润滑油　8. 10　9. 一　10. 45°　11. 2　12. 100　13. 0.1　14. 70.7mm×70.7mm×70.7mm　15. 隔离剂　16. 50　17. 5～10　18. 2.5　19. 1.35　20. 1　21. 中　22. 1:3:0.5　23. 10　24. 0.01　25. 6　26. 20　27. 25　28. 0.3　29. 0.2　30. 砌筑水泥　31. 冻融　32. 120　33. 10

(九)土

1. 5或20　2. 20　3. 3,25　4. 3或5,94或56　5. 1,1　6. 0.1,0.01

(十)防水材料及防水密封材料

1. 20　2. 100　3.（100±10）mm/min　4. 1,2　5.（180±2）　6. 5　7. 5,1　8. 30,（120±2）　9.（50±0.5）×200　10. 宽度　11. 1　12. 中位数　13.（6±1）　14. 50　15.（0.5±0.1）　16.（50±1）　17.（5±1）　18. 20　19. 浸水　20.（50±1）×（50±1）　21. 6　22. 200,10　23. 15　24. 12　25. 6　26. 百分数　27.（23±5）　28. 30　29. 28

(十一)瓷砖及石材

1. 3　2. 正面,釉面　3. 真空,煮沸　4. 去离子,蒸馏　5. 酸性　6. 5　7. 600　8. 最小　9. 50　10. 两　11. ±1　12. 200　13. 两条平行线　14. 5　15. 下　16. 0.25±0.05　17. 10　18. 50

(十二)塑料及金属管材

1. 2　2. 27　3. 75　4. 10　5.（300±20）,3

(十三)预制混凝土构件

1. 1000,1　2. 100,500　3. 10～15,30　4. 0.05　5. 检验装置,荷载布置　6. ±4　7. 0.98　8. 适用性,安全性　9. 有限差分,5　10. ±5　11. 0.20　12. 刚度,承载力　13. 正常受力,测试精度　14. 短期静力　15. 型式　16. 承载力,挠度,裂缝宽度　17. 承载力,挠度,抗裂　18. 持荷结束　19. 1.5　20. 首件

(十四)预应力钢绞线

1. 70,120　2. 1,矢高　3. 公称横截面积值　4. 0.02,300　5. 外接圆　6. 140　7.（195±10）　8. 2

(十五)预应力混凝土用锚具夹具及连接器

1. 夹片式,握裹式　2. 尺寸,硬度　3. 3,0.8　4. 锚具效率系数,总伸长率　5. 预应力筋,锚具零件　6. 1,0.2　7. 锥孔小头端面,大头端面　8. 200万,5

(十六)预应力混凝土用波纹管

1. 冲击破坏数,冲击总数　2. 6,4　3. 5,球形　4. (23±2),24　5. (5±1),3　6. 2
7. 水泥浆　8. 800,开裂,脱扣

(十七)材料中有害物质

1. 低本底多道γ　2. 1　3. 低温　4. 0.10

(十八)建筑消能减震装置

1. 吸收,耗散　2. 150,100,120　3. 渗漏,裂纹　4. ±2　5. 30

(十九)建筑隔震装置

1. 竖向承载力,60　2. +30,+20　3. +30,+20　4. 15,+15,+10　5. 15,+15,+
10　6. +20,+15　7. 水平荷载和水平位移,明显异常或试验曲线异常　8. 15,20,40
9. 单主滑动摩擦面型,双主滑动摩擦面型

(二十)铝塑复合板

1. 非剥离　2. 24　3. (100±0.10),1.5　4. 50

(二十一)木材料及构配件

1. 顺纹　2. 顺纹　3. 正方　4. 中央　5. 240　6. 300mm×20mm×20mm

(二十二)加固材料

1. 5　2. 50±1

(二十三)焊接材料

1. 10～35　2. 5,3

第二节　单项选择题部分

(一)水泥

1	C	2	C	3	B	4	B	5	D
6	B	7	A	8	D	9	C	10	B

(二)钢筋(含焊接与机械连接)

1	D	2	A	3	C	4	D	5	A
6	D	7	A	8	C	9	A	10	A
11	C	12	B	13	C	14	C	15	A
16	B	17	D	18	B	19	D	20	B
21	C	22	A	23	C	24	B		

(三)骨料、集料

1	C	2	B	3	A	4	C	5	D
6	B	7	C	8	D	9	C	10	A
11	B	12	C	13	B	14	A	15	B
16	B	17	C	18	B	19	B	20	C
21	D	22	B						

(四)砖、砌块、瓦、墙板

1	C	2	A	3	A	4	D		

(五)混凝土及拌合用水

1	B	2	B	3	D	4	D	5	B
6	C	7	C	8	A	9	C	10	B
11	C	12	C	13	C	14	C	15	C
16	B	17	B	18	A	19	C	20	C
21	B	22	A	23	C	24	D	25	B
26	A	27	A	28	C				

(六)混凝土外加剂

1	A	2	A	3	A	4	D	5	C
6	C	7	B	8	D	9	B	10	A
11	B	12	A	13	C	14	B	15	C
16	A	17	C						

(七)混凝土掺合料

1	B	2	B	3	C	4	B	5	B
6	A	7	C	8	B	9	A	10	B
11	C	12	A						

(八)砂浆

1	D	2	C	3	B	4	D	5	A
6	D	7	C	8	A	9	B	10	D

11	B	12	A	13	D	14	B	15	A
16	C	17	D	18	A	19	C	20	D
21	B	22	B	23	C						

(九)土

| 1 | B | 2 | C | 3 | C | 4 | B | 5 | A |

(十)防水材料及防水密封材料

1	B	2	C	3	B	4	A	5	C
6	A	7	D	8	A	9	D	10	C
11	C	12	A	13	A	14	B	15	A
16	D	17	C	18	C	19	D	20	D
21	C	22	A	23	B	24	A		

(十一)瓷砖及石材

1	B	2	B	3	D	4	C	5	A
6	A	7	B	8	B	9	D	10	C
11	B	12	A	13	C	14	D	15	B
16	C	17	B	18	B	19	A		

(十二)塑料及金属管材

1	B	2	B	3	A	4	D	5	C
6	D	7	D	8	A	9	A	10	C
11	B	12	B	13	C	14	D	15	B
16	C	17	B	18	D	19	D	20	B
21	C	22	C	23	A	24	A	25	C
26	A	27	C	28	B	29	A	30	B
31	C	32	A	33	D	34	A	35	D
36	B	37	C	38	B	39	B	40	A
41	C	42	D	43	C	44	C	45	D

(十三)预制混凝土构件

1	B	2	B	3	C	4	C	5	A
6	D	7	C	8	C	9	D	10	B
11	D	12	B	13	B	14	C	15	A
16	A	17	A	18	C	19	D	20	D
21	D								

(十四)预应力钢绞线

1	D	2	A	3	B	4	B	5	D
6	B	7	B	8	A	9	D	10	B

(十五)预应力混凝土用锚具夹具及连接器

1	D	2	C	3	B	4	C	5	B
6	A								

(十六)预应力混凝土用波纹管

1	B	2	C	3	C	4	C	5	B
6	D	7	C	8	D	9	B	10	C
11	D	12	B	13	C	14	B		

(十七)材料中有害物质

1	A	2	A

(十八)建筑消能减震装置

1	A	2	C	3	A	4	D

(十九)建筑隔震装置

1	B	2	B	3	B

(二十)铝塑复合板

1	B	2	B	3	A

(二十一)木材料及构配件

1	B	2	A	3	B	4	C	5	C
6	C	7	B	8	D				

(二十二)加固材料

1	B	2	B						

(二十三)焊接材料

1	C	2	C						

第三节　多项选择题部分

(一)水泥

1	CD	2	ABCD	3	ACD	4	ABC	5	AC
6	ABD	7	ABD	8	ACD	9	BC	10	AD
11	CD	12	ACD	13	ABCD	14	BC		

(二)钢筋(含焊接与机械连接)

1	AB	2	AD	3	ACD	4	ABD	5	AB
6	BCD	7	ABD	8	BCD	9	ABD	10	CD
11	BC	12	CD	13	ABD	14	ABCD	15	ACD
16	ABC	17	AC						

(三)骨料、集料

1	ABC	2	CD	3	ACD	4	BC	5	ABCD
6	AC	7	AC	8	AD	9	BD	10	AB
11	AD	12	BD	13	ABCD	14	BC	15	ABCD
16	AC								

(四)砖、砌块、瓦、墙板

1	AD	2	ACD	3	ACD	4	ACD	5	ABCD

(五)混凝土及拌合用水

1	ABCD	2	ACD	3	BC	4	ABCD	5	AC
6	BC	7	ABCD	8	ABC	9	ABC	10	BCD
11	ABCD	12	ABD	13	BD	14	ABD	15	AB
16	ABCD	17	ABCD						

(六)混凝土外加剂

1	ABC	2	BCD	3	BC	4	AB	5	ACD
6	BCD	7	AB	8	BD	9	ABC	10	BC
11	ABCD	12	AD						

(七)混凝土掺合料

1	AD	2	ABCD	3	ABCD	4	ABCD

(八)砂浆

1	ABCD	2	AB	3	ACD	4	CD	5	ABCD
6	BD	7	AD	8	AC	9	ABC	10	ABD
11	ACD								

(九)土

1	CD	2	BC	3	BC	4	BCD	5	BC

(十)防水材料及防水密封材料

1	BC	2	CD	3	ABC	4	BCD	5	BC
6	ABCD	7	ABC	8	AB	9	ABC	10	ABCD
11	ABC	12	ABCD	13	AB	14	ABCD	15	ABC
16	AC								

(十一)瓷砖及石材

1	ABCD	2	AC	3	ABC	4	ABCD	5	AC
6	ACD	7	ABC	8	AD				

(十二)塑料及金属管材

1	ABCD	2	ABD						

(十三)预制混凝土构件

1	BD	2	BCD	3	ABCD	4	ABC	5	ABCD
6	ABD	7	ABD	8	ACD	9	ABCD	10	ACD
11	ABD	12	ABCD	13	ABCD	14	ABD	15	ABCD
16	ABD	17	ACD	18	AB	19	BCD	20	ACD
21	ABCD								

(十四)预应力钢绞线

1	ABD	2	ABCD	3	AB	4	CD		

(十五)预应力混凝土用锚具夹具及连接器

1	ABC	2	ABCD	3	ABC	4	AC		

(十六)预应力混凝土用波纹管

1	ACD	2	BC	3	BCD	4	AB	5	AD
6	ABD	7	AB						

(十七)材料中有害物质

1	ABC	2	ABCD						

(十八)建筑消能减震装置

1	BC	2	ABCD						

(十九)建筑隔震装置

1	ABC	2	ABC	3	BD	4	ABC		

(二十)铝塑复合板

1	ABCD								

(二十一)木材料及构配件

1	ABC								

(二十二)加固材料

1	AB								

(二十三)焊接材料

1	BC								

第四节　判断题部分

(一)水泥

1	√	2	√	3	×	4	√	5	×
6	×	7	√	8	×	9	×	10	√
11	×	12	×	13	×				

(二)钢筋(含焊接与机械连接)

1	×	2	×	3	√	4	×	5	√
6	√	7	√	8	×	9	×	10	√
11	×	12	√	13	√	14	×	15	×
16	×	17	√	18	√	19	√	20	×
21	×	22	×	23	×	24	×		

(三)骨料、集料

1	√	2	×	3	×	4	√	5	×
6	√	7	√	8	×	9	×	10	√
11	√	12	×	13	√	14	×	15	×

16	√	17	√	18	√	19	×	20	√
21	√	22	√	23	×	24	√	25	√
26	×								

(四)砖、砌块、瓦、墙板

| 1 | × | 2 | √ | 3 | √ | 4 | √ | 5 | × |
| 6 | √ | 7 | √ | | | | | | |

(五)混凝土及拌合用水

1	√	2	×	3	×	4	×	5	√
6	√	7	×	8	×	9	×	10	×
11	√	12	×	13	×	14	×	15	√
16	×	17	×	18	×	19	×		

(六)混凝土外加剂

1	√	2	√	3	×	4	×	5	√
6	√	7	×	8	×	9	×	10	×
11	×	12	√	13	×	14	√	15	×

(七)混凝土掺合料

| 1 | √ | 2 | × | 3 | × | 4 | × | 5 | × |
| 6 | × | 7 | × | | | | | | |

(八)砂浆

| 1 | × | 2 | × | 3 | × | 4 | √ | 5 | √ |
| 6 | × | 7 | × | 8 | × | 9 | × | 10 | × |

(九)土

| 1 | √ | 2 | × | 3 | × | 4 | √ | 5 | √ |
| 6 | × | | | | | | | | |

(十)防水材料及防水密封材料

1	×	2	√	3	×	4	×	5	√
6	√	7	×	8	×	9	×	10	×
11	×	12	√	13	√	14	×	15	√
16	×	17	×	18	√	19	√	20	√
21	×	22	×	23	×				

(十一)瓷砖及石材

1	×	2	√	3	√	4	√	5	×
6	×	7	×	8	×	9	√	10	×
11	√								

(十二)塑料及金属管材

1	√	2	√	3	×	4	×	5	√
6	×	7	×	8	×	9	√	10	×
11	√	12	×	13	×	14	×	15	√
16	√	17	×	18	√	19	√	20	√
21	×	22	√	23	√	24	√	25	×
26	×	27		28	√	29		30	√
31	×	32	×	33	√	34	×	35	×
36	×	37	√	38	√	39	√	40	√
41	×	42	×	43	√	44	√	45	√
46	√	47		48	√	49	√	50	√
51	×	52	√	53	√	54	×	55	√
56	√	57	√	58	√	59	√	60	√
61	×	62	×	63	√	64	×	65	√
66	×	67	×	68	×	69	×		

(十三)预制混凝土构件

1	√	2	×	3	×	4	×	5	×
6	√	7	√	8	×	9	√	10	×
11	×	12	√	13	×	14	√	15	×
16	×	17	×	18	√	19	√	20	√

（十四）预应力钢绞线

1	√	2	×	3	×	4	√	5	√

（十五）预应力混凝土用锚具夹具及连接器

1	×	2	√	3	√	4	×		

（十六）预应力混凝土用波纹管

1	×	2	√	3	√	4	×	5	√

（十七）材料中有害物质

1	√	2	√	3	×	4	√	5	×

（十八）建筑消能减震装置

1	√	2	×	3	√	4	√	5	√
6	√	7	×	8	√				

（十九）建筑隔震装置

1	√	2	×	3	√	4	√	5	√

（二十）铝塑复合板

1	×	2	×						

（二十一）木材料及构配件

1	√	2	√	3	×	4	√	5	√
6	√	7	√	8	√	9	√		

（二十二）加固材料

1	√								

（二十三）焊接材料

1	√	2	×						

第五节　简答题部分

(一)水泥

1.(1)在完成初凝时间测定后,立即将试模连同浆体以平移的方式从玻璃板上取下,翻转180°,按直径大端向上、小端向下的方式放在玻璃板上,再放入湿气养护箱中继续养护。

(2)临近终凝时间时每隔15min(或更短时间)测定一次,当试针沉入试体0.5mm时,即环形附件开始不能在试体上留下痕迹时,为水泥达到终凝状态。

(3)由水泥全部加入水中至终凝状态的时间为水泥的终凝时间,用min来表示。

2.(1)安定性的检测方法有雷氏法和试饼法。

(2)雷氏法是通过测定水泥标准稠度净浆在雷氏夹中沸煮后试针的相对位移来表征其体积膨胀的程度。

(3)试饼法是通过观测水泥标准稠度净浆试饼煮沸后的外形变化情况来表征其体积安定性。

3.(1)试样用硝酸进行分解,同时消除硫化物的干扰。

(2)加入已知量的硝酸银标准溶液使氯离子以氯化银的形式沉淀。

(3)煮沸、过滤后,将滤液和洗液冷却至25℃以下,以硫酸铁铵为指示剂,用硫酸氰铵标准溶液滴定过量的硝酸银。

4.(1)称量空的干燥试模质量,称量8张未使用的滤纸质量。

(2)砂浆按GB/T 17671规定进行搅拌,按GB/T 2419测定流动度。当砂浆的流动度在180~190mm,记录此时的加水量。当流动度达不到此范围时,重新调整加水量,直至达到规定的范围内。

(3)当砂浆达到规定的范围时,将搅拌锅中剩余的砂浆在低速下重新搅拌15s,然后用金属刮刀将砂浆装满试模并抹平表面。

(4)称量装满砂浆的试模质量,用金属滤网盖住砂浆表面,并在金属滤网顶部放上8张已称量的滤纸,滤纸上放刚性底板,将试模翻转180°,置于一水平面上,在试模上放置2kg的铁砣,(300±5)s后移去铁砣,将试模再翻转180°,移去刚性底板、滤纸和金属滤网。称量吸水后的滤纸质量。

(二)钢筋(含焊接与机械连接)

1. 弯曲试验压头直径为$4d$,选80mm直径压头;反向弯曲试验应比弯曲试验相应增加一个钢筋公称直径,反向弯曲试验压头直径为$5d$,选100mm直径压头。

试验步骤:任取一根试样进行反向弯曲试验,先正向弯曲90°,把经正向弯曲后的试样在(100±10)℃温度下保温不少于30 min,经自然冷却后再进行反向弯曲20°。两个弯曲角度均应在保持载荷时测量。

结果判定:经反向弯曲试验后,钢筋受弯曲部位表面不得产生裂纹。

2. 断后伸长率:断后标距的残余伸长与原始标距之比的百分率。

最大力总延伸率:最大力时的总延伸(弹性延伸加塑性延伸)与引伸计标距之比的百分率。

3. 屈服强度:当金属材料呈现屈服现象时,在试验期间产生塑性变形而力不增加的应力点,应区分上屈服强度和下屈服强度。

上屈服强度:试样发生屈服而力首次下降前的最大应力。

下屈服强度:在屈服期间,不计初始瞬时效应时的最小应力。

4. (1)2 个试件断于钢筋母材,延性断裂,抗拉强度大于等于钢筋母材抗拉强度标准值;1 个试件断于焊缝,或热影响区,呈脆性断裂,其抗拉强度小于钢筋母材抗拉强度标准值的 1.0 倍。

(2)1 个试件断于钢筋母材,延性断裂,抗拉强度大于等于钢筋母材抗拉强度标准值;2 个试件断于焊缝,或热影响区,呈脆性断裂。

(3)3 个试件全部断于焊缝,呈脆性断裂,抗拉强度均大于或等于钢筋母材抗拉强度标准值的 1.0 倍。

5. 接头试件破坏形式有两种,分别为钢筋拉断和连接件破坏。

钢筋拉断:断于钢筋母材、套筒外钢筋丝头和钢筋镦粗过渡段。

连接件破坏:断于套筒、套筒纵向开裂、钢筋从套筒中拔出以及组合式接头其他组件的破坏。

6. $0 \rightarrow 0.6 f_{yk} \rightarrow 0$(测量残余变形)→最大拉力(记录极限抗拉强度)→$0$(测定最大力下总伸长率)

7. (1)更换钢筋生产单位,或同一生产单位生产的钢筋外形尺寸与已完成工艺检验的钢筋有较大差异。

(2)更换灌浆施工工艺。

(3)更换灌浆单位。

(三)骨料、集料

1. (1)砂的粗细程度按细度模数分为粗、中、细、特细四级。

(2)其细度模数范围:粗砂 3.7～3.1,中砂 3.0～2.3,细砂 2.2～1.6,特细砂 1.5～0.7。

2. (1)样品缩分至 1100g,置于温度为(105±5)℃的烘箱中烘干至恒重。

(2)冷却至室温后,称取各为 400g 的试样两份备用。

3. (1)取烘干试样 200g 放入容器中加水浸泡 24 小时。

(2)用手在水中碾碎泥块,滤去小于 $630\mu m$ 颗粒,重复上述过程,直至洗出水清澈为止。

(3)烘干称量计算,做二次平行试验。

4. (1)对于钢筋混凝土用砂,其氯离子含量不得大于 0.06%(以干砂的质量百分率计)。

(2)对于预应力混凝土用砂,其氯离子含量不得大于 0.02%(以干砂的质量百分率计)。

5. (1)将样品置于烘箱内烘干至恒重,待冷却至室温。

(2)筛分成 5.00～2.50mm、2.50～1.25mm、1.25mm～$630\mu m$、$630～315\mu m$ 四个粒级。

(3)每级试样质量不得少于 1000g。

6. (1)紧密密度:骨料按规定方法颠实后单位体积的质量。

(2)堆积密度:骨料在自然堆积状态下单位体积的质量。

7. (1)碎石或卵石颗粒的长度大于该颗粒所属粒级的平均粒径 2.4 倍者为针状颗粒。

(2)碎石或卵石颗粒的厚度小于平均粒径 0.4 倍者为片状颗粒。

8.(1)计算分计筛余,精确至 0.1%。

(2)计算累计筛余,精确至 1%。

(3)依据各筛的累计筛余,评定该试样的颗粒级配。

9.5.0mm、10.0mm、20.0mm、25.0mm。

10. 砂中的有害物质主要包括云母、轻物质、有机物、硫化物及硫酸盐等。

11. 能在一定条件下与混凝土中的碱发生化学反应导致混凝土产生膨胀、开裂甚至破坏的骨料。

(四)砖、砌块、瓦、墙板

1. 一次成型制样适用于采用中间部位切割,交错叠加灌浆制成强度试验试样的方式,叠合部分长度不少于100mm;二次成型制样适用于采用整块样品上下表面灌浆制成强度试验试样的方式。

2.(1)选取 5 个试样。

(2)在温度(20±5)℃、相对湿度(50±15)%环境下调至恒重。

(3)对砌块用石膏或水泥砂浆进行找平。

(4)在温度(20±5)℃、相对湿度(50±15)%环境下进行养护。

(5)进行抗压试验,试验结果以 5 个试件的平均值及单块最小值表示,精确至 0.1MPa。

3.(1)检查试件外观。

(2)测量试件的尺寸,精确到 0.1mm,并计算试件的受压面积。

(3)将试件放在材料试验机的下压板的中心位置,试件的受压方向应垂直于制品的发气方向。

(4)开动试验机,当上压板与试件接近时,调整球座,使接触均衡。

(5)以(2.0±0.5)kN/s的速度连续而均匀地加荷,直至试件破坏,记录破坏值。

(6)将试验后的试件全部或部分立即称取质量,然后在(105±5)℃下烘至恒质,计算其含水率。

4.(1)取 3 块试样进行抗压试验。

(2)用净浆材料处理上表面和下表面。

(3)试样置于不低于 10℃的不通风环境养护不少于 4h。

(4)用钢直尺分别测量每个试件受压面的长、宽方向中间位置尺寸各两个,分别取其平均值,修约至 1mm。

(5)将试件置于试验机承压板上,使试件的轴线与试验机压板的压力中心重合,以0.05～0.10MPa/s的速度加荷,直至试件破坏。记录最大破坏荷载 P。

5. 尺寸偏差、外观质量、强度等级、抗风化性能、泛霜、石灰爆裂等。

(五)混凝土及拌合用水

1. 混凝土立方体抗压强度小于 C30 时,取(0.3～0.5)MPa/s;混凝土立方体抗压强度等级不小于 30,小于 60 时,取(0.5～0.8)MPa/s;混凝土立方体抗压强度等级不小于 60 时,取(0.8～1.0)MPa/s。

2. 试件从养护地点取出后应及时进行试验并将表面擦干净;试件安放在试验机下压板上或垫板上,试件承压面应与成型时的顶面垂直,试件的中心应与试验机的下压板中心对准;在试验中应连续均匀地加荷,按混凝土立方体抗压强度不同,取不同的加荷速度;试件接近破坏开始急剧变形时,应停止调整试验机油门,直至破坏,记录荷载。

3. 取三个试件测值的算术平均值作为该组试件的立方体抗压强度值;当三个测值的最大值或最小值中有一个与中间值的差值超过中间值的15%时,应把最大值及最小值一并舍去,取中间值作为该组试件的抗压强度值;当两个测值与中间值的差值均超过中间值的15%时,结果无效。

4. 试件各边长、直径和高的尺寸公差不超过1mm;试件承压面的平面度公差不得超过$0.0005d$,d为试件边长;试件相邻面的夹角应为$90°$,其公差不得超过$0.5°$。

5. 一组6个试件,水压从0.1MPa开始,以后每隔8h增加0.1MPa水压,并随时观察试件端面渗水情况;当6个试件中有3个试件表面出现渗水时,或加至规定压力(设计抗渗等级)在8h内6个试件中表面渗水试件少于3个时,可停止试验,并记下此时水压力。

6. 标准养护室温度$(20\pm2)℃$,相对湿度95%以上;标准养护室内的试件应放在支架上,彼此间隔$(10\sim20)mm$,试件表面应保持潮湿,并不得被水直接冲淋。

7. 混凝土配制强度计算;水胶比计算;用水量和外加剂用量的确定;胶凝材料、矿物掺合料和水泥用量的计算;砂率的确定;粗细骨料用量的计算。

(六)混凝土外加剂

1. 改善混凝土或砂浆拌合物施工时的和易性;调节混凝土或砂浆的凝结硬化速度;改善混凝土的泵送性;加速混凝土或砂浆的早期强度发展;调节混凝土或砂浆的含气量等。

2. GB 8076—2008适用于高性能减水剂(早强型、标准型、缓凝型),高效减水剂(标准型、缓凝型),普通减水剂(早强型、标准型、缓凝型),引气减水剂,泵送剂,早强剂,缓凝剂及引气剂。

3. 细度、凝结时间、限制膨胀率、抗压强度。

4. 流动性、大流动性混凝土配合比的用水量以坍落度90mm的用水量为基础,按坍落度每增加20mm,用水量增加5kg计算未掺外加剂时混凝土的用水量。

(七)混凝土掺合料

1. $W_{(SO_3)} = \dfrac{m_1 - m_0 \times 0.343}{m} \times 100\%$

式中:(1)$W_{(SO_3)}$为硫酸盐三氧化硫的质量分数(%),m_1为灼烧后沉淀的质量(g),m_0为空白试验灼烧后沉淀的质量(g),m为试料的质量(g),0.343是硫酸钡对三氧化硫的换算系数。

2. 经第一次灼烧、冷却、称量后,通过连续对每次15min的灼烧,然后冷却、称量的方法来检查恒定质量,当连续两次称量之差小于0.0005g时,即达到恒量。

(八)砂浆

1. 砂浆成型试验:砂浆搅拌机、天平、钢制捣棒、试模、振动台;立方体抗压试验:压力试验机、游标卡尺;凝结时间试验:砂浆凝结时间测定仪、计时器。

(九)土

1.(1)取有代表性试样黏土5~10g,砂土20~30g,放入称量盒内称取湿土重量。

(2)用滴管将酒精注入放有试样的称量盒中,直至盒中出现自由液面为止。

(3)点燃盒中酒精,烧至火焰熄灭;将试样冷却数分钟再重复燃烧两次。

(4)当第3次火焰熄灭后,立即盖好盒盖称干土质量。

(5)称量应准确至0.01g。

2.(1)用四点分法取一定量的代表性风干试样,其中小筒所需土样约为20kg,大筒所需土样约为50kg。

(2)按要求过5mm或20mm筛,制备不少于5个不同含水率的一组试样。

(3)按预定含水率用喷水设备往土样上均匀喷洒所需加水量,拌匀并装入塑料袋内或密封于盛土器内静置备用。静置时间分别为高液限黏土不得少于24h,低液限黏土可酌情缩短,但不应少于12h。

(十)防水材料及防水密封材料

1.(1)每个试件先进行称量,将试件用干燥好的滤纸包好,用线扎好,称量其质量。

(2)将包扎好的试件放入萃取器中,溶剂量为烧瓶容量的1/2~2/3,进行加热萃取,萃取至回流的溶剂第一次变成浅色为止,小心取出滤纸包,不要破裂,在空气中放置30 min以上使溶剂挥发。

(3)再放入(105±2)℃的鼓风烘箱中干燥2h,然后取出放入干燥器中冷却至室温,将滤纸包从干燥器中取出称量。

2.(1)夹具间距离为(200±2)mm,为防止试件从夹具中滑移应作标记。

(2)当用引伸计时,试验前应设置标距间距离为(180±2)mm。

3.(1)试验前,试件在(23±5)℃放置至少6h,试验在(23±5)℃进行,产生争议时,在(23±2)℃相对湿度(50±5)%进行。

(2)将装置中充水直到满出,彻底排出水管中的空气,试件的上表面朝下放置在透水盘上,盖上7孔圆盘,放上封盖慢慢夹紧,直到试件夹紧在盘上,用布或压缩空气干燥试件的非迎水面,慢慢加压到规定的压力,达到规定压力后,保持(30±2)min,试验时观察试件的不透水性(水压突然下降或试件的非迎水面有水)。

(3)所有试件在规定时间不透水认为不透水性试验通过。

4.(1)烘箱预热到规定试验温度。

(2)将三个试件露出的胎体处用悬挂装置夹住,涂盖层不要夹到,在规定处做第一道标记,悬挂在烘箱的相同高度,间隔至少30mm,放入试件后加热时间为(120±2)min。

(3)加热结束后,试件和悬挂装置一起从烘箱中取出,相互间不要接触,在(23±2)℃自由悬挂冷却至少2h,然后除去悬挂装置,在试件两面做第二道标记,用光学测量装置在每个试件的两面测量两个标记底部间最大距离。

(4)计算卷材每个面三个试件的滑动值的平均值。

5.(1)在试件制备前,试样及所用试验器具应在标准试验条件下放置至少24h。

(2)将放置后的样品按生产厂指定的比例分别称取适量液体和固体组分,混合后机械搅拌5min,静置(1~3)min,以减少气泡,然后倒入规定的模具中涂覆。为方便脱模,模具表面可用脱模剂进行处理。

(3)试样制备时分二次或三次涂覆,后道涂覆应在前道涂层实干后进行,两道间隔时间为(12~24)h,使试样厚度达到(1.5±0.2)mm。将最后一道涂覆试样的表面刮平后,于标准条件下静置 96h,然后脱模。

(4)将脱模后的试样反面向上在(40±2)℃干燥箱中处理 48h,取出后置于干燥器中冷却至室温。

(十一)瓷砖及石材

1. 原理:将干燥砖置于水中吸水至饱和,用砖的干燥质量和吸水饱和后质量计算吸水率。

真空系统:抽真空能达到(10±1)kPa 并保持 30min。

(十二)塑料及金属管材

1. (1)按照产品标准的规定确定落锤质量和冲击高度。

(2)外径小于或等于 40mm 的试样,每个试样只承受一次冲击。

(3)外径大于 40mm 的试样在进行冲击试验时,首先使落锤冲击在 1 号标线上,若试样未破坏,再对 2 号标线进行冲击,直至试样破坏或全部标线都冲击一次。(当波纹管或加筋管的波纹间距或筋间距超过管材外径的 0.25 倍时,要保证被冲击点为波纹或筋顶部。)

(4)逐个对试样进行冲击,直至取得判定结果。

(十三)预制混凝土构件

1. (1)控制测点变形达到或超过规范允许值。

(2)控制测点应变达到或超过计算理论值。

(3)出现裂缝或裂缝宽度超过规范允许值。

(4)出现检验标志。

(5)检验荷载超过计算值。

2. (1)试验场地的温度应在 0℃以上。

(2)蒸汽养护后的构件应在冷却至常温后进行试验。

(3)预制构件的混凝土强度应达到设计强度的 100%以上。

(4)构件在试验前应测量其实际尺寸,并检查构件表面,所有的缺陷和裂缝应在构件上标出。

(5)试验用的加荷设备及量测仪表应预先进行标定或校准。

3. (1)仅检验构件在正常使用极限状态下的挠度、裂缝宽度时,试验的最大加载限值宜取使用状态试验荷载值,对钢筋混凝土结构构件取荷载的准永久组合,对预应力混凝土构件取荷载的标准组合。

(2)当检验构件承载力时,试验最大加载限值宜取承载力状态荷载设计值与结构重要性系数 γ_0 乘积的 1.6 倍。

(3)当试验有特殊目的或要求时,试验的最大加载限值可取各临界试验荷载值中的最大值。

4. (1)在持荷时间完成后出现试验标志时,取该级荷载值作为试验荷载实测值。

(2)加载过程中出现试验标志时,取前一级荷载值作为试验荷载实测值。

(3)持荷过程中出现试验标志时,取该级荷载和前一级荷载的平均值作为试验荷载实测值。

5. (1)检验过程描述。

（2）测点布置、荷载简图。

（3）主要测点相对残余变形。

（4）主要测点实测变形与荷载关系曲线。

（5）主要测点实测变形与相应理论计算值的对照表及关系曲线。

6.（1）构件的最大挠度。

（2）支座处的位移。

（3）控制截面应变。

（4）裂缝的出现与扩展情况。

7.（1）试验的加载设备、支架、支墩等，应有足够的承载力安全储备。

（2）试验屋架等大型构件时，应依据设计要求设置侧向支撑，侧向支撑应不妨碍构件在其平面内的位移。

（3）试验过程中应采取安全措施保护试验人员和试验设备安全。

8.（1）当预制构件结构性能的全部检验结果均满足规范要求时，该批构件可判为合格。

（2）当检验结果不满足第 1 款的要求，但满足第 2 次检验指标要求时可再抽两个预制构件进行二次检验。第二次检验指标，对承载力及抗裂检验系数的允许值应取规范的允许值减 0.05；对挠度的允许值应取规范允许值的 1.10 倍。

（3）当进行二次检验时，如第一个检验的预制构件的全部检验结果均满足规范要求，该批次可判为合格；如两个预制构件的全部检验结果均满足第二次检验指标要求，该批次构件也可判为合格。

（十四）预应力钢绞线

1. 在力-伸长率曲线中，用 $0.2F_m \sim 0.7F_m$ 范围内的直线段的斜率除以试样的公称横截面积测定弹性模量。斜率可以通过对测定数据进行线性回归得出，也可以用最优拟合目测法得出。

2.（1）不应使用预制场张拉钢绞线的锚夹具进行钢绞线拉伸试验。

（2）夹持装置的设计应确保在试验过程中，载荷沿着整个夹持长度分布，最小有效夹持长度应不小于钢绞线的一个捻距。

（3）如试样在夹头内或距钳口 2 倍钢绞线公称直径内断裂，达不到规定性能要求时，试验无效，应补充样品进行试验，直至获取有效的试验数据。

（十五）预应力混凝土用锚具夹具及连接器

1. 按预应力筋公称抗拉强度的 20％、40％、60％、80％，分 4 级加载，加载速度不宜超过 100MPa/min 左右，达到 80％持荷 1h；随后缓慢加载到破坏，测得试验最大载荷。

2. 3 个组装件中如有 2 个组装件不符合要求，应判定该批产品不合格；3 个组装件中如有 1 个组装件不符合要求，应另取双倍数量的样品重新试验。如仍有不符合要求者，应判定该批产品出厂检验不合格。

（十六）预应力混凝土用波纹管

1.（1）从 5 根管节上各取长（300±10）mm 试样一段，两端应与管节轴线垂直切平。

（2）按 GB/T 9647 的规定进行，上压板下降速度为（5±1）mm/min。

（3）当试样垂直方向内径变形量为原内径（或扁形管节短轴）的 3％时，记录此时试样所受荷载。

(4)试验结果为 5 个试样算数平均值。

2.(1)在试件中部位置波谷处取一点,用圆柱顶压头对试件施加局部横向荷载至规定值并持荷。

(2)采用万能试验机加载时,加载速度不应超过 20N/s;采用砝码及辅助装置加载时,每次增加砝码不宜超过 10kg。

(3)在持荷状态下测量试件的变形量,并计算变形比,观察试件是否出现咬口开裂、脱扣或其他破坏现象。测量变形量时持荷时间不应短于 1min。

(4)每根试件测试 1 次,试件变形比应符合规定要求。

3. 用肉眼观察,试样经冲击产生裂纹,裂缝或试样破碎称为破坏。因落锤冲击而形成的试样凹痕或变色则不认为是破坏。

(十七)材料中有害物质

1.(1)配制甲醛标准溶液。

(2)处理试样。

(3)绘制标准工作曲线。

(4)甲醛含量测定。

(5)结果计算。

2. 分为溶剂型、水基型、本体型三类。

取样方法:在同一批产品中随机抽取 3 份样品,每份不少于 0.5kg。

检验结果的判定:在抽取的 3 份样品中,取 1 份样品按标准的规定进行测定。如果所有项目的检验结果符合标准要求,则判定为合格。如果有一项检验结果未达到标准要求时,应对保存样品进行复验。如复验结果仍未达到标准要求时,则判定为不合格。

(十八)建筑消能减震装置

1. 黏弹性阻尼器、黏滞阻尼器、金属屈服型阻尼器、屈曲约束耗能支撑。

2. 极限位移、最大阻尼力、阻尼系数、阻尼指数、滞回曲线。

3. 屈服承载力、最大承载力、屈服位移、极限位移、弹性刚度、第 2 刚度、滞回曲线。

(十九)建筑隔震装置

1. 由多层橡胶和多层钢板或其他材料交替叠置结合而成的隔震装置,包括天然橡胶支座(LNR)、铅芯橡胶支座(LRB)和高阻尼橡胶支座(HDR)。

2. 竖向压缩刚度:取与轴压应力(1±30%)设计轴压应力相应的竖向荷载,3 次往复加载,绘出竖向荷载与竖向位移关系曲线。取第 3 次往复加载结果,计算竖向刚度。

压缩变形性能:取与轴压应力(1±30%)设计轴压应力相应的竖向荷载,3 次往复加载,绘出竖向荷载与竖向位移关系曲线,荷载位移曲线应无异常。

3. 对被试支座在产品的设计压应力作用下,进行剪应变为 100% 和 250%,加载频率 f 不低于 0.02Hz,水平加载波形为正弦波的动力加载试验。以对应于正剪应变和负剪应变的水平位移作为最大水平正位移和负位移,连续作出 3 条滞回曲线。用第 3 条滞回曲线,计算支座的水平等效刚度。

4. 成品支座的竖向压缩性能、剪切性能试验宜采用足尺支座进行,受检验设备能力所限,可选用有代表性的缩尺支座进行试验,缩尺支座的竖向设计承载力不宜小于 3000kN,且缩尺比例不宜小于 1/2。

(二十)铝塑复合板

1. 以 3 个试件为一组,分别测量正面纵向、正面横向、背面纵向、背面横向各组试件中每个试件的平均剥离强度和最小剥离强度。分别以各组 3 个试件的平均剥离强度的算术平均值和最小剥离强度中的最小值作为该组的检验结果。

2. 若剥离后面板未出现分层、断裂等损伤,则选用空白面板(或带有附着层的面板)进行抗力试验;若剥离后面板出现分层、断裂等损伤,或不考虑面板补偿,无须进行抗力试验。

3. 滚筒剥离强度是指面板与芯子分离时单位宽度上的抗剥离力矩;名义剥离强度是指不补偿面板抗力载荷的滚筒剥离强度。

(二十一)木材料及构配件

1. 通过称量干燥前后试样的质量,计算试样所包含的水分质量,用试样中所包含的水分质量与全干试样质量的百分比,表示试样中水分的含量。

2. 沿试样顺纹方向,以均匀速度施加拉力至破坏,求出木材的顺纹抗拉强度。

3. 沿木材顺纹方向,以均匀速度施加压力至破坏,以确定木材的顺纹抗压强度。

4. 在试样测试跨距中央以均匀速度加荷至破坏,通过测试中的最大荷载求出木材的抗弯强度。

(二十二)加固材料

1. 基本性能鉴定、长期使用性能鉴定和耐介质侵蚀能力鉴定。

(二十三)焊接材料

1. 电源电压变化应小于±10%,频率变化小于±2%,保证交流电源为正弦波,根据仪器使用要求,配备专用地线。

2. 激发光源、火花室、氩气系统、对电极、分光计、测光系统。

第六节 综合题部分

(一)水泥

1. 抗折强度单个值为 9.0MPa、8.1MPa、5.6MPa,平均值为 7.6MPa。$7.6×0.9=6.84$(MPa),$7.6×1.1=8.36$(MPa)。9.0MPa、5.6MPa 均超出范围。取 8.1MPa 为抗折强度最终值。抗压强度值分别为 46.6MPa、46.9MPa、38.2MPa、47.1MPa、43.9MPa、40.0MPa。平均值为 43.8MPa,$43.8×0.9=39.4$(MPa),$43.8×1.1=48.2$(MPa)。剔除 38.2MPa 后剩余 5 个数值取平均值 46.6MPa、46.9MPa、47.1MPa、43.9MPa、40.0MPa,平均值为 44.9MPa。$44.9×0.9=40.4$(MPa),$44.9×1.1=49.4$(MPa),仍然有 40.0MPa,超出平均值的±10%,该组数据无效。此组水泥抗折强度 8.1MPa,抗压强度数据无效。

2.(1)不需要。

(2)储存要求:必须存放与褐色或不透明的广口瓶中,溶液浓度为 0.05mol/L。

(3)试样用硝酸进行分解,同时能消除硫化物的干扰。

(4)错误一:加 100mL 水,标准要求加水 50mL。错误二:煮沸,微沸 5～10min,标准要求煮沸 1～2min。错误三:过滤后的溶液直接冷却,标准要求要在暗光或无光下冷却。

(5)产生的红棕色在摇动下不消失为止(V_{14})。如果 $V_{14}<0.5$mL,用减少一半的试样质量重新试验。

3.(1)干燥试模,8。

(2)180～190。

(3)15,抹平表面。

(4)装满砂浆,金属滤网,8,刚性,2,(300±5)。

(二)钢筋(含焊接与机械连接)

1.(1)从图形上可以看出,上屈服荷载为 a 点,下屈服荷载为 c 点,抗拉最大力荷载为 f 点。

(2)直径为 16mm 的钢筋,其原始横截公称面积为

$$S_0=\frac{1}{4}\pi d^2=\frac{1}{4}\times3.1416\times16\times16=201.1(\text{mm}^2)$$

按 GB/T 1499.2 的要求计算修约,下屈服强度 $R_{eL}=100.3\times1000\div201.1=500$(MPa)。抗拉强度为 $R_m=132.3\times1000\div201.1=660$(MPa)。

2. 监理不是故意找茬,而是规范上规定的,理由如下:

(1)检测项目不全,GB 55008—2021 强制性条文规定,钢筋进场时,应按现行国家标准抽取试件进行屈服强度、抗拉强度、最大力总延伸率检测。小王的检测报告没有对最大力总延伸率进行检测。

(2)本项目对抗震设计要求较高,未按强制性标准检测抗震要求技术参数。

GB/T 1499.2—2018 规定对牌号带 E 的钢筋应进行反向弯曲试验;

GB/T 1499.2—2018 中牌号为 HRB400E 热轧带肋钢筋应符合:

① 抗拉强度实测值与下屈服强度实测值的比值不应小于 1.25;

② 下屈服强度实测值与屈服强度特征值的比值不应大于 1.30;

③ 最大力下总延伸率不应小于 9%。

小王的报告无上述抗震钢筋要求的数据。

(3)本项目抗拉强度实测值与下屈服强度实测值的比值为 545/445＝1.22,585/525＝1.11,均小于 1.25,不符合要求。

下屈服强度实测值与屈服强度特征值的比值 445/400＝1.11,525/400＝1.31＞1.30 不符合要求。

3.《金属材料拉伸试验 第 1 部分:室温试验方法》中规定应使用分辨力优于 0.1mm 的量具或测量装置测定断后标距,准确到±0.25mm,本记录中的原始标距及断后标距精确到整数,因此不符合标准要求。

(1)检测项目参数名称"伸长率"应为"断后伸长率"

(2)A 的修约不正确,GB/T 1499.1 规定检测数值修约应符合 YB/T 081 标准规定。YB/T 081 规定 A 大于 10%的修约间隔 1%。

(3)屈服强度、抗拉强度计算修约取值错误

$R_{eL1} = 133.58 \times 10^3 / 380.1 = 351.43 (MPa)$ 修约为 350MPa

$R_{eL2} = 135.68 \times 10^3 / 380.1 = 356.96 (MPa)$ 修约为 355MPa

抗拉强度 $R_{m1} = 194.80 \times 1000 / 380.1 = 510 (MPa)$，$R_{m2} = 199.00 \times 1000 / 380.1 = 525$ (MPa)

4.(1)试验加载前应在其套筒两侧的钢筋表面分别用细划线标记处 A、B、C、D 位置，A、D 距夹持区不小于 2 倍钢筋直径，B、C 距套筒不小于 2 倍钢筋直径；

(2)L 为接头套筒长度，L_{01} 为加载前的实测标距，L_{02} 为卸载后的实测标距；

(3)L_{01} 不小于 100mm，测量时应用最小刻度不大于 0.1mm 的量具测量；

(4)$A_{sgt} = \left[\dfrac{L_{02} - L_{01}}{L_{01}} + \dfrac{f_{mst}^0}{E} \right] \times 100\%$

(5)应用上式时，当试件颈缩发生套筒一侧的钢筋母材时，L_{01} 和 L_{02} 应取另一侧的实测长度计算；当破坏发生在接头长度范围内时，L_{01} 和 L_{02} 应取两侧各自的平均值。

5.(1)现场取样人员取样不符合 JGJ 18 规定的取样标准。

① 现场 HRB400 公称直径 20mm 电渣压力焊焊接接头共 500 个，依据标准要求应 300 为一批，现场共有 500 个，故需要至少取两组 6 个试件。

② 现场取样人员在取样时挑选了 3 个焊接良好的接头不符合标准要求，应在外观检查合格的接头中随机取 6 个接头试件。

(2)HRB400 公称直径 20mm:公称横截面面积为 314.2mm²。

试件一:$R_m = 168.9 \times 1000 \div 314.2 = 540 (MPa)$

试件二:$R_m = 177.8 \times 1000 \div 314.2 = 565 (MPa)$

试件三:$R_m = 175.3 \times 1000 \div 314.2 = 560 (MPa)$

三个试件抗拉强度大于等于钢筋母材抗拉强度标准值的 1.0 倍；但三个试件中有 1 个试件断于焊缝呈脆性断裂；1 个断于热影响区呈延性断裂应视作与断于母材等同，故满足 2 个试件都断于母材呈延性断裂，抗拉强度大于等于钢筋母材抗拉强度标准值，1 个断于焊缝呈脆性断裂，其抗拉强度大于等于钢筋母材抗拉强度标准值的 1.0 倍。

依据 JGJ 18 标准规定，该组试件应评定为合格。

6.(1)钢筋的重量偏差:$(3.255 - 2.635 \times 1.21) \div (2.635 \times 1.21) \times 100\% = 2.1\%$；标准要求 ±5%；合格。

(2)屈服强度 $R_{eL1}^0 = 65.03 / 153.9 \times 1000 = 425 (MPa)$　　$R_{eL2}^0 = 65.79 / 153.9 \times 1000 = 425$ (MPa)

抗拉强度 $R_{m1}^0 = 86.58 / 153.9 \times 1000 = 565 (MPa)$　　$R_{m2}^0 = 87.35 / 153.9 \times 1000 = 570$ (MPa)

$R_{eL}^0 / R_{eL} = 425 / 400 = 1.06$　　两个下屈服强度实测值与屈服强度特征值之比均小于 1.30

$R_{m1}^0 / R_{eL1}^0 = 565 / 425 = 1.33$　　$R_{m2}^0 / R_{eL2}^0 = 570 / 425 = 1.34$　　均大于 1.25

最大力总延伸率　$A_{gt} = A_r + R_m / 2000$　　$A_r = (L_u - L_0') / L_0' \times 100$

$A_{gt1} = (113.00 - 100) / 100 + R_m / 2000 = 13.00 + 0.28 = 13.3\%$

$A_{gt2} = (113.50 - 100) / 100 + R_m / 2000 = 13.50 + 0.28 = 13.8\% > 9\%$

综上所述，又因为反向弯曲合格，因此该组钢筋抗震性能符合设计抗震等级要求。

(三)骨料、集料

1. $\mu_f = \dfrac{(\beta_2 + \beta_3 + \beta_4 + \beta_5 + \beta_6) - 5\beta_1}{100 - \beta_1}$ [$(15.2 + 30.6 + 57.0 + 92.2 + 98.2) - 5 \times 4.2$]/

$(100 - 4.2) = 2.8$。

2.（1）计算分计筛余：

试样 1：$\alpha_1 = 8.6$、$\alpha_2 = 17.2$、$\alpha_3 = 15.0$、$\alpha_4 = 17.0$、$\alpha_5 = 27.2$、$\alpha_6 = 9.8$

试样 2：$\alpha_1 = 9.2$、$\alpha_2 = 16.6$、$\alpha_3 = 15.4$、$\alpha_4 = 17.8$、$\alpha_5 = 25.8$、$\alpha_6 = 10.8$

（2）计算累计筛余：

试样 1：$\beta_1 = 8.6$、$\beta_2 = 25.8$、$\beta_3 = 40.8$、$\beta_4 = 57.8$、$\beta_5 = 85.0$、$\beta_6 = 94.8$

试样 2：$\beta_1 = 9.2$、$\beta_2 = 25.8$、$\beta_3 = 41.2$、$\beta_4 = 59.0$、$\beta_5 = 84.8$、$\beta_6 = 95.6$

（3）计算细度模数：

$$\frac{(\beta_2 + \beta_3 + \beta_4 + \beta_5 + \beta_6) - 5\beta_1}{100 - \beta_1}$$

$\mu_{f1} = ((25.8 + 40.8 + 57.8 + 85.0 + 94.8) - 5 \times 8.6)/(100 - 8.6) = 2.86$

$\mu_{f2} = ((25.8 + 41.2 + 59.0 + 84.8 + 95.6) - 5 \times 9.2)/(100 - 9.2) = 2.87$

$\mu_f = (2.86 + 2.87)/2 = 2.9$

（4）确定该砂样粗细级别：该砂样为中砂。

3. 不正确。

错误 1：第(1)条中浸泡 1h。

正确做法：浸泡 2h。

错误 2：第(2)条中缓缓将浑浊液倒入公称直径 2.50m 和 80μm 的方孔套筛上。

正确做法：缓缓将浑浊液倒入公称直径 1.25mm 和 80μm 的方孔套筛上。

4. 不正确。

错误 1：第(1)条中筛去公称粒径 10.0mm 以下的颗粒。

正确做法：筛去公称粒径 5.00mm 以下颗粒。

错误 2：第(2)条中加入饮用水并用手碾压泥块。

正确做法：加入饮用水使水面高出试样表面，24h 后把水放出，用手碾压泥块。

错误 3：第(3)条中取出后立即称取质量。

正确做法：取出冷却至室温后称取质量。

5. 不正确。

错误一：第(1)条中采用 10.0～16.0mm 的颗粒。

正确做法：采用 10～20mm 的颗粒。

错误二：第(2)条中将缩分后的样品先筛除所规定的碎石颗粒后，立即称取每份 3kg 的试样 2 份备用。

正确做法：将缩分后的样品先筛除所规定的碎石颗粒后，再用针状和片状规准仪剔除针状和片状颗粒。每份 3kg 的试样 3 份备用。

6.（1）计算堆积密度：

$$\rho_L(\rho_c) = \frac{m_2 - m_1}{V} \times 1000$$

$\rho_{L1} = [(31.50 - 2.85)/20] \times 1000 = 1430(\text{kg/m}^3)$

$\rho_{L2} = [(31.30 - 2.85)/20] \times 1000 = 1420(\text{kg/m}^3)$

$\rho_L = (1430 + 1420)/2 = 1420(\text{kg/m}^3)$

(2)计算空隙率:

$$\upsilon_L = \left(1 - \frac{\rho_L}{\rho}\right) \times 100\%$$

$$\upsilon_L = (1 - 1420/2620) \times 100\% = 46\%$$

(四)砖、砌块、瓦、墙板

1. 受压面积 = 长×宽,单块抗压强度 $f_{mc,i} = F_i/LB$,计算每块砖的受压面积和抗压强度;

10 块试样的抗压强度平均值:

$\overline{f}_{mc} = (27.53 + 24.14 + 11.20 + 19.03 + 18.51 + 15.52 + 17.48 + 25.08 + 21.90 + 21.62)/10 = 20.2(\text{MPa})$;

10 块试样的抗压强度标准差:

$$s = \sqrt{\frac{1}{9}\sum_{i=1}^{10}(f_{mc,i} - \overline{f}_{mc})} = 4.86(\text{MPa})$$

10 块试样抗压强度标准值: $f_k = \overline{f}_{mc} - 1.83s = 11.3(\text{MPa})$

2. 抗压强度计算见表 1-8-1 所列。

表 1-8-1　蒸压加气混凝土砌块抗压强度试验数据

样品编号		试件尺寸/mm			受压面积/ mm²	荷载/ kN	抗压强度/ MPa	抗压强度平均值/ MPa
		长	宽	高				
1	11	100	100	100	10000	49.8	5.0	5.1
	12	100	100	100	10000	51.1	5.1	
	13	100	100	100	10000	51.9	5.2	
2	21	100	100	100	10000	50.8	5.1	5.2
	22	100	100	100	10000	51.9	5.2	
	23	100	100	100	10000	52.6	5.3	
3	31	100	100	100	10000	50.5	5.0	5.2
	32	100	100	100	10000	51.7	5.2	
	33	100	100	100	10000	53.2	5.3	

单块抗压强度值 $f = P/A \times 10^3$,其中 P 为实际破坏荷载,单位为千牛(kN),A 为受压面积,单位为平方毫米(mm²)。

3.(1)试件在制品中心部位平行于制品发气方向制取。

　　(2)抗折强度尺寸为 100mm×100mm×400mm。

　　(3)在试件中部测量其长度和宽度,精确至 0.1mm。

　　(4)将试样放在支座上,支点间距为 300mm。

　　(5)将试验后的半段试样,立即称取质量,在(105±5)℃下烘至恒重,并计算含水率。

　　4.(1)在 3 个不同试样的条面上,采用直径为 100mm 的金刚石钻头直接取样;对于空心砌块应避开肋取样。

　　(2)将试件浸入 20℃±5℃的水中,水面应高出试件 20mm 以上,2h 后将试件从水中取出,放在钢丝网架上滴水 1min,再用拧干的湿布拭去内、外表面的水。

　　(3)试验在(20±5)℃空气温度下进行。

　　(4)正确。

　　(5)开始试验,记录自加水时算起 2h 后测量玻璃筒内水面下降的高度,精确至 0.1mm。

　　(6)按三个试件测试过程中玻璃筒内水面下降的最大高度来评定,精确至 0.1mm。

(五)混凝土及拌合用水

　　1.(1)“试模表面抹平后,立即放在室温环境中静置”不符合,正确做法:试件成型后应立即用不透水的薄膜覆盖表面或采取其他保持表面温度的方法,放在温度为(20±5)℃,相对湿度大于 50%的室内。

　　(2)(28.7−24.0)/28.7=16.4%>15%,(33.1−28.7)/28.7=15.3%>15%,该组试件试验结果无效。

　　(3)不满足抗渗等级要求,依据 JGJ 55 标准 7.1.3 要求,配制抗渗混凝土要求的抗渗水压值应比设计值提高 0.2MPa,即抗渗试验结果应大于等于 0.8MPa。

　　2.(1)明水,坚实水平面,脚踏板,三,边缘,中心,25,三,表面,添加,抹平。

　　(2)取出试件后,应及时进行试验,将试件表面与上下承压板面擦干净;测量尺寸,检查外观;试件安放在下压板上,试件的承压面应与成型时的顶面垂直;试件中心应与试验机下压板中心对准,开机后,应调整球座,使上、下压板与试件均匀接触;按规定连续均匀加荷;当试件接近破坏时,应停止调整压力机油门,直至破坏,记录破坏荷载。

　　(3)(30.6−30.2)/30.6=1.3%<15%,(35.5−30.6)/30.6=16.0%>15%,取中间值为该组试件的抗压强度值,即为 30.6MPa。

　　3.(1)混凝土配制强度 C40,σ 取 5MPa;$f_{cu,o} \geqslant f_{cu,k}+1.645\sigma=40+1.645×5=48.2$MPa。

　　(2)标准养护室温度(20±2)℃、相对湿度 95%以上。标准养护室内的试件应放在支架上,彼此间隔 10~20mm,试件表面应保持潮湿,并不得被水直接冲淋。

　　4.(1)错误,粗骨料最大粒径为 37.5mm,试件最小截面尺寸为 150mm×150mm。

　　(2)将混凝土拌合物一次性装入试模,装料时应用抹刀沿试模内壁插捣,并使混凝土拌合物,高出试模上口;试模应附着或固定在振动台上,振动时应防止试模在振动台上自由跳动,振动应持续到表面出浆且无明显大气泡溢出为止,不得过振。

　　(3)错误,试验室环境应为(20±5)℃,1~2d 内进行拆模。

　　5.(1)试验前未查看试验环境,温度(20±5)℃,相对湿度不宜小于 50%;未对混凝土试件的尺寸、平面度和相邻面夹角进行测量。未检查仪器状况。未登记仪器使用记录。试件放置在承压板之前,应将试件表面与上、下承压板擦拭干净;当试件接近破坏开始急剧变形时,不得调整试验机油门,应停止调整试验机油门,直至破坏。

(2)试件受压面积:$100 \times 100 = 10000 \text{mm}^2$,试件 1 强度:$244.3 \times 1000 \div 10000 \times 0.95 = 23.2 \text{MPa}$;试件 2 强度:$282.4 \times 1000 \div 10000 \times 0.95 = 26.8 \text{MPa}$;试件 3 强度:$205.1 \times 1000 \div 10000 \times 0.95 = 19.5 \text{MPa}$;偏差计算:$(26.8 - 23.2) \div 23.2 \times 100 = 15.5\% > 15\%$,$(23.2 - 19.5) \div 23.2 \times 100 = 15.9\% > 15\%$;最大值和最小值与中间值的差值均超过中间值的 15%,故该组试件的试验结果无效。

6.(1)试验龄期,尺寸,尽快。

(2)擦拭干净,侧面。

(3)1,侧面,垫平。

(4)0.02~0.05,0.05~0.08,0.08~0.10。

(5)试验机油门,破坏荷载,断裂位置。

(六)混凝土外加剂

1. 外加剂泌水率试验数据计算见表 1-8-2 所列。

表 1-8-2　外加剂泌水率试验数据

			拌合物用水量 W(g)	拌合物总质量 G(g)	筒质量 G_0(g)	筒+试样质量 G_1(g)	试样质量 G_w(g)	泌水质量 V_w(g)	单个泌水率 B(%)	泌水率(%)
泌水率比试验	基准砼	1	5450	59500	850	12663	11813	55	5.1	5.2
		2	5450	59500	850	13114	12264	58	5.2	
		3	5450	59500	850	12895	12045	57	5.2	
	受检砼	1	4025	58075	850	12561	11711	6	0.7	0.7
		2	4025	58075	850	12779	11929	6	0.7	
		3	4025	58075	850	13022	12172	6	0.7	
注:泌水率比 $B = V_w \div [(W \div G) \times G_w] \times 100\%$、$G_w = G_1 - G_0$										
泌水率比(%)			13							

注:计算结果:泌水率比应精确到 1%;泌水率取三个试样的算术平均值,精确到 0.1%,若三个试样的最大值或最小值中有一个与中间值之差大于中间值的 15%,则把最大值与最小值一并舍去,取中间值作为该组试验的泌水率,如果最大值和最小值与中间值之差均大于中间值的 15%时,则应重做。

2. 减水率 $W_R = \dfrac{W_0 - W_1}{W_0} \times 100\%$

依据以上公式计算出减水剂的减水率分别为 $W_{R1} = 17.6\%$,$W_{R2} = 23.5\%$,$W_{R3} = 29.4\%$。$100\% \times (23.5\% - 17.6\%)/23.5\% = 25\% > 15\%$,$100\% \times (29.4\% - 23.5\%)/23.5\% = 25\% > 15\%$

该组试验结果无效。

3. 所测龄期限制膨胀率 $\varepsilon = \dfrac{L_1 - L}{L_0} \times 100\%$

混凝土膨胀剂限制膨胀率试件尺寸为 $40\text{mm} \times 40\text{mm} \times 140\text{mm}$

$$\varepsilon=\frac{1.076-1.027}{140}\times100\%=0.035\%$$

4. 检验高效减水剂基准混凝土和受检混凝土单位水泥用量为 330kg/m^3,所以基准混凝土中砂子用量为 $=(2400-215-330)\times40\%=742\text{kg/m}^3$。

5. (1)5L,一,20,水分蒸发。(2)20,抹面,60,10,20,三,5,20。(3)带塞,1。

(七)混凝土掺合料

1. 粒化高炉矿渣粉活性指数水泥胶砂配比见表 1-8-3 所列。

表 1-8-3　粒化高炉矿渣粉活性指数水泥胶砂配比

水泥胶砂种类	对比水泥/g	矿渣粉/g	标准砂/g	水/mL
对比胶砂	450	0	1350	225
试验胶砂	225	225	1350	225

2. (1)24,25。(2)对比胶砂,试验胶砂。(3)两,2/3,5,15,20,5,10,高,1/2,已经捣实底层表面,扶稳试模,使其移动。(4)中间向边缘,两,胶砂,胶砂,25。(5)6。(6)整数,mm。

(八)砂浆

1. 湿布,一,10,捣棒,25,5~6,底座,10,滑杆上端,1mm。

2. 边缘向中心,25,油灰刀,5~10,5,6~8。

3. (20±5),(24±2),24,2,(20±2),90,10,覆盖,有水滴在。

4. $1.35\times18.7\times1000/5000=5.0\text{MPa}$; $1.35\times23.6\times1000/5000=6.4\text{MPa}$; $1.35\times27.6\times1000/5000=7.4\text{MPa}$。中值 $6.4\text{MPa}\times0.15=0.96\text{MPa}$。$6.4\text{MPa}-5.0\text{MPa}=1.4\text{MPa}>0.96\text{MPa}$,$7.4\text{MPa}-6.4\text{MPa}=1\text{MPa}>0.96\text{MPa}$。两个测值与中间值差值均超过中间值的 15%,该组试验结果无效。

5. 15,5,90°,5,45°,隔离剂。

6. 24,(20±2),6,21,200,成型。

7. 单个试件强度值分别为 0.51MPa、0.56MPa、0.55MPa、0.71MPa、0.54MPa、0.61MPa、0.59MPa、0.60MPa、0.61MPa、0.55MPa,平均值为 0.58MPa。$0.58\times0.2=0.116$。其中 $0.71-0.58=0.13>0.116$,该数据舍弃。剩余 9 个试件取平均值为 0.57MPa。$0.57\times0.2=0.114$。9 个试件与平均值差值均在范围内,该组砂浆拉伸粘结强度为 0.57MPa。

8. 一,四,1~2,随时添加,30,200,100,2。

(九)土

1.(1)计算湿密度:

$$\rho=\frac{m_0}{V}$$

$$\rho_1=(287.1-89.3)/100=1.98(\text{g/cm}^3)$$

$$\rho_2=(286.3-90.1)/100=1.96(\text{g/cm}^3)$$

(2)计算含水率:

$$w = \left(\frac{m_0}{m_d} - 1\right) \times 100$$

$\omega_1 = (26.5/21.8 - 1) \times 100\% = 21.6\%$

$\omega_2 = (23.9/19.5 - 1) \times 100\% = 22.6\%$

$\omega = (21.6 + 22.6)/2 = 22.1\%$

(3)计算干密度:

$$\rho_d = \frac{\rho}{1 + 0.01w}$$

$\rho_{d1} = 1.98/(1 + 0.216) = 1.63(g/cm^3)$

$\rho_{d2} = 1.96/(1 + 0.226) = 1.60(g/cm^3)$

$\rho_d = (1.63 + 1.60)/2 = 1.62(g/cm^3)$

2.(1)计算干密度:

$$\rho_d = \frac{\rho}{1 + 0.01w}$$

$\rho_{d1} = 1.98/(1 + 0.212) = 1.63(g/cm^3)$

$\rho_{d2} = 1.96/(1 + 0.203) = 1.63(g/cm^3)$

$\rho_d = (1.63 + 1.63)/2 = 1.63(g/cm^3)$

(2)计算压实度:

$$K = \frac{\rho_d}{\rho_c} \times 100\%$$

$K = (1.63/1.68) \times 100\% = 97.0\%$

(十)防水材料及防水密封材料

1. $18.6/(6 \times 1.48) = 2.09(MPa)$,$19.4/(6 \times 1.49) = 2.17(MPa)$,$15.2/(6 \times 1.49) = 1.70(MPa)$,$19.3/(6 \times 1.52) = 2.12(MPa)$,$18.7/(6 \times 1.47) = 2.12(MPa)$

拉伸强度$= (2.10 + 2.17 + 1.70 + 2.12 + 2.12)/5 = 2.04(MPa)$

$2.04 \times 0.15 = 0.306MPa$

$2.09 - 2.04 = 0.05MPa < 0.306MPa$

$2.17 - 2.04 = 0.13MPa < 0.306MPa$

$1.70 - 2.04 = 0.34MPa > 0.306MPa$,数据剔除

$2.12 - 2.04 = 0.08MPa < 0.306MPa$

拉伸强度$= (2.09 + 2.17 + 2.12 + 2.12)/4 = 2.12(MPa)$

$(157.2 - 25)/25 \times 100 = 529\%$,$(158.6 - 25)/25 \times 100 = 534\%$,$(146.8 - 25)/25 \times 100 = 487\%$,$(161.5 - 25)/25 \times 100 = 546\%$,$(158.7 - 25)/25 \times 100 = 535\%$

断裂伸长率＝(529％＋534％＋487＋546％＋535％)/5＝526％

526％×0.15＝78.9％

529％−526％＝3％＜78.9％

534％−526％＝8％＜78.9％

526％−487％＝39％＜78.9％

546％−526％＝20％＜78.9％

535％−526％＝9％＜78.9％

聚氨酯的拉伸强度为 2.12MPa,断裂伸长率为 526％。

2. 拉力(纵向)＝(614.2＋635.5＋597.4＋586.2＋601.5)/5＝607N/50mm,修约后为 605N/50mm;拉力(横向)＝(564.3＋552.1＋537.5＋542.6＋550.4)/5＝549N/50mm,修约后为 550N/50mm。

纵向 (240.8−180)/180×100％＝33.8％, (237.5−180)/180×100％＝31.9％, (242.5−180)/180×100％＝34.7％,(239.4−180)/180×100％＝33.0％,(246.5−180)/180×100％＝36.9％。

最大拉力时延伸率＝(33.8％＋31.9％＋34.7％5＋33.0％5＋36.9％)/5＝34.1％,修约后为 34％。

横向 (278.2−180)/180×100％＝54.6％, (280.6−180)/180×100％＝55.9％, (272.4−180)/180×100％＝51.3％,(285.3−180)/180×100％＝58.5％,(286.7−180)/180×100％＝59.3％。

最大拉力时延伸率＝(54.6％＋55.9％＋51.3％＋58.5％＋59.3％)/5＝55.9％,修约后为 56％。

3.(1)样品按生产厂指定的比例,但不包括稀释剂;干燥温度为(105±2)℃。

(2)拉伸速度设置为 200mm/min,试验结果为五个试件的算术平均值作为试验结果。

(3)低温柔性试件为 100mm×25mm 的试件三块;圆棒直径 10mm。

4.(1)24。

(2)稀释剂,混入气泡,5,2,翘曲,表面平滑,脱模剂。

(3)三,三,24,5,气泡,刮平。

(4)96,翻面,72。

5.(1)液体,固体,5,上口,(0.5～0.6),干燥,(1.0～1.2),表干,168,(20±1),90。

(2)2,渗透仪,透水现象,当时水压,1.5,1。

6.(1)20.0,2.0,3,表层。

(2)空气中,蒸馏水中。

(3)23,重叠。

(4)72,滤纸。

(5)坠子。

7.(1)24h。

(2)[(70×70)mm],5min,(0.5～1.0)mm,24h。

(3)高强度胶粘剂,24h。

(4)(5±1)。

8.(1)200 目,(105±5)℃,冷却至室温。

(2)2.00g,90mL,30s,0.1g,10min,2.00g。

(3)100mL。

(4)24h,不包括,0.5mL。

(十一)瓷砖及石材

1.(1)温度 105℃,至少 24h,达到室温后 3h 内进行试验。

(2)釉面或正面朝上。

(3)背肋垂直于支撑棒,长边 L 垂直于支撑棒。

(4)再垫一层橡胶层。

(5)(1±0.2)N/(mm² • s)。

2.(1)(65±5),48,46,47,48,3。

(2)干燥器,0.01。

(3)玻璃棒,15,去离子,蒸馏,(20±2),一半,1,四分之三,1,(25±5),(48±2),湿毛巾。

3.(1)(65±5),48。

(2)保持清洁。

(3)下。

(4)(0.25±0.05),破坏位置,10。

(5)0.1。

4.(1)10。

(2)0.04m²,5。

(3)50g,50g~100g。

(4)200mm,400mm,外接矩形,3 块整砖,中间部位,100mm,5。

(十二)塑料及金属管材

1.(1)烘箱要求:烘箱应恒温控制在规定的温度内,并保证当试样置入后,烘箱内温度应在 15min 内重新回升到试验温度范围。划线器:保证两标线间距为 100mm。

(2)取(200±20)mm 长的管段为试样。

(3)使用划线器,在试样上划两条相距 100mm 的圆周标线,并使其一标线距任一端至少 10mm。

(4)从一根管材上截取三个试样。对于公称直径大于或等于 400mm 的管材,可沿轴向均匀切成 4 片进行试验。

(5)试样在(23±2)℃下至少放置 2h。

(6)在(23±2)℃下,测量标线间距 L。精确到 0.25mm。

(7)正确。

(8)正确。

(9)正确。

(10)从烘箱中取出试样,平放于一光滑平面上,待完全冷却至(23±2)℃时,在试样表面沿母线测量标线间最大或最小距离,精确至 0.25mm。

(11)计算三个试样纵向回缩率的算术平均值,其结果作为管材的纵向回缩率。

(12)液浴试验。

(十三)预制混凝土构件

1.(1)承载力检验应满足:$\gamma_u^0 \geqslant \gamma_0[\gamma_u]$,结构重要性系数 $\gamma_0 = 1.0$,板受弯时,受拉主筋处最大裂缝宽度达到 1.5mm 时可判定为承载能力达到极限状态的检验标志。依据试验结果,在加载值为 8.20kN/m² 时,裂缝宽度超过 1.5mm,可取上一级荷载 7.90kN/m² 为该构件的承载力检验系数实测值。

$\gamma_u^0 = (7.9 + 2)/7 = 1.41$,符合规范 $\gamma_u^0 \geqslant \gamma_0[\gamma_u] = 1.35$ 的要求。

(2)挠度检验允许值 $[a_s] = 10.72$mm。

在加载值 $Q_k^0 = Q_k - G = 5 - 2 = 3$kN/m²(不包含板自重)作用下,实测挠度值 $a_s^0 = 7.86$mm< 10.72mm,符合规范要求。

(3)抗裂性检验应符合 $\gamma_{cr}^0 \geqslant [\gamma_{cr}]$。

$Q_{cr}^0 = 5.8 + 2.0 = 7.8$kN/m²

$\gamma_{cr}^0 = Q_{cr}^0/Q_k = 7.8/5.0 = 1.56 > 1.4$,满足规范要求。

2. 抗裂性检验:应符合 $\gamma_{cr}^0 \geqslant [\gamma_{cr}]$

构件在持荷时间内出现裂缝,本级荷载与前一级荷载值的平均值作为开裂荷载实测值,即

$Q_{cr}^0 = (28.8 + 30.0)/2 = 29.4$(kN・m)

$\gamma_{cr}^0 = Q_{cr}^0/Q_k = 29.4/24.0 = 1.225$

故该预制构件可抗裂弯矩取为 29.4kN・m,其抗裂系数为 1.225。

3.(1)承载力检验应符合以下规定:$\gamma_u^0 \geqslant \gamma_0[\gamma_u]$,依据题意可知结构重要性系数 γ^0 取 1.0,关于承载力的测定在规定的荷载持续时间结束后出现承载能力极限状态的检验标志之一时,应取本级荷载值作为其承载力检验荷载实测值;

对于受弯构件的受剪,当腹部斜裂缝达到 1.5mm 时,构件的承载力检验系数允许值 $[\gamma_u]$ 取 1.40,此时的构件承载力检验系数实测值 $\gamma_u^0 = 1350/1000 = 1.35$,不符合 $\gamma_u^0 \geqslant \gamma_0[\gamma_u]$,比 $[\gamma_u]$ 低 0.05,可进行二次检验;

当受拉主筋处的最大裂缝宽度达到 1.5mm 时,构件的承载力检验系数允许值 $[\gamma_u]$ 取 1.20,此时的构件承载力检验系数实测值 $\gamma_u^0 = 1500/1000 = 1.5$,符合 $\gamma_u^0 \geqslant \gamma_0[\gamma_u]$;

当受拉主筋拉断时,构件的承载力检验系数允许值 $[\gamma_u]$ 取 1.50,此时的构件承载力检验系数实测值 $\gamma_u^0 = 1800/1000 = 1.8$,符合 $\gamma_u^0 \geqslant \gamma_0[\gamma_u]$;

该预制梁承载力检验受弯构件的受剪裂缝达到限值为其检验标志,故应再抽取两个构件进行二次检验。

(2)裂缝宽度检验应符合以下规定:$\omega_{s,max}^0 \leqslant [\omega_{max}]$

依据题意构件检验的最大裂缝宽度允许值 $[\omega_{max}]$ 应为 0.15mm,在检验用荷载标准组合值作用下,受拉主筋处的最大裂缝宽度实测值 $\omega_{s,max}^0 = 0.05$mm,符合 $\omega_{s,max}^0 \leqslant [\omega_{max}]$ 故该预制梁的裂缝宽度检验为合格。

4.(1)分级,20%,10%,5%,5%。

(2)试验设备重量及预制构件自重。

(3)预压,构件因预压而开裂。

(4)分级卸载。

(十四)预应力钢绞线

1.(1)按现行标准仲裁试验时,屈服力测定 $F_{p0.2}$,故应为 243.7kN;钢绞线的公称横截面积 S_0 为 140mm^2,F_m 为 277.0kN,抗拉强度 $R_m = F_m/S_0 = 277.0 \times 1000/140 = 1979$MPa,按 YB/T 081—2013 修约后,该钢绞线的抗拉强度应为 1980MPa。

(2)在力-伸长率曲线中,用 $0.2F_m \sim 0.7F_m$ 范围内的直线段的斜率除以试样的公称横截面积(S)测定弹性模量(E)。斜率可以通过对测定数据进行线性回归得出,也可以用最优拟合目测法得出。

(十五)预应力混凝土用锚具夹具及连接器

1. $\eta_0 = \dfrac{F_{Tu}}{n \times F_{pm}}$

预应力筋的公称截面面积为 140mm^2。

实测极限抗拉力为 $1910 \times 140 \div 1000 = 267.4$(kN)

锚具效率系数为 $1798.1 \div 267.4 \div 7 = 0.961$,大于标准要求的 0.95,总伸长率 3.0% 大于标准要求的 2.0%,故判定为合格

2. $\varepsilon_{Tu} = \dfrac{\Delta L_1 + \Delta L_2 - \sum \Delta a}{L_2 - \Delta L_2} \times 100\%$

总应变 $= (65.00 + 4.00 - 5.00) \div (3.50 \times 1000 - 4.00) \times 100\% = 1.83\%$

极限总应变值 1.83%,小于标准要求的 2.0%,故判定不合格

(十六)预应力混凝土用波纹管

1.(1)未进行外观检测。

(2)试样长(300±10)mm 试样。

(3)速率为(5±1)mm/min。

(4)正确。

(5)正确。

计算 5 个环刚度的算数平均值 $= (6.302 + 6.711 + 5.883 + 6.197 + 5.820)/5 = 6.18$kN/m^2,

大于标准要求的 6kN/m^2,故判定为合格。

(十七)材料中有害物质

1.(1)分两种试验方法。A 法适用于溶剂型涂料中苯、甲苯、乙苯和二甲苯含量的测定;B 法适用于水性涂料中苯、甲苯、乙苯和二甲苯含量的测定。

(2)原理:试样经稀释后,直接注入气相色谱仪中,经色谱分离技术使被测化合物分离,用氢火焰离子化检测器检测,采用内标法定量。

(3)正确。

(4)所有试验进行两次平行测定。

(十八)建筑消能减震装置

1.(1)表观剪应变极限值试验环境控制在(23±2)℃。

(2)正确。

(3)正确。

(4)黏弹性阻尼器老化性能:把试件放到鼓风干燥箱中保持温度80℃,经192h后取出,然后进行力学试验。

(5)黏弹性阻尼器耐久性包含老化性能和疲劳性能。

5. (1)正确。

(2)试验模拟使用环境。

(3)试验采用力-位移混合控制加载制度。

(4)试件屈服前,采用力控制并分级加载,接近屈服荷载前宜减小级差加载,每级荷载反复一次;试件屈服后采用位移控制,每级位移加载幅值取屈服位移的倍数为级差进行,每级加载可反复三次。

(5)正确。

(十九)建筑隔震装置

1. (1)正确。

(2)将上述直线水平偏移1%的内部橡胶厚度。

(3)正确。

(4)10%拉应变对应的割线刚度即为拉伸刚度。

(5)破坏点对应的试件拉应力即为竖向极限拉应力。

2. 建筑摩擦摆隔震支座力学性能试验结果见表1-8-4所列。

表1-8-4　建筑摩擦摆隔震支座力学性能试验结果

序号	性能	试验项目	要求
1	压缩性能	竖向压缩变形	错误,正确的是:在基准竖向承载力作用下,竖向压缩变形不大于支座总高度的1%或2mm中较大者
2		竖向承载力	错误,正确的是:在竖向压力为2倍基准竖向承载力时支座不应出现破坏,无脱落、破裂、断裂等
3	剪切性能	静摩擦系数	错误,正确的是:不应大于动摩擦系数上限的1.5倍
4		动摩擦系数	错误,正确的是:试验位移取极限位移的1/3;当设计摩擦系数大于0.03时,检测值与设计值的偏差单个试件应在±25%以内,一批试件平均偏差应在±20%以内;当设计摩擦系数不大于0.03时,检测值与设计值的偏差单个试件应在±0.0075以内,一批试件平均偏差应在±0.006以内
5		屈服后刚度	
6	剪切性能相关性	反复加载次数相关性	错误,正确的是:取第3次,第20次摩擦系数进行对比,变化率不应大于20%
7		温度相关性	错误,正确的是:基准温度为23℃,在−25℃至−40℃范围内摩擦系数变化率不应大于45%

(续表)

序号	性能	试验项目	要求
8	水平极限变形能力	极限剪切变形	错误,正确的是:在基准竖向承载力作用下,反复加载一圈至极限位移的 0.85 倍时,支座不应出现破坏

(二十)铝塑复合板

1. (1)滚筒剥离装置:滚筒直径为(100±0.10)mm,滚筒凸缘直径为(125±0.10)mm,采用铝合金材料制作,质量不超过 1.5kg。

(2)试样厚度与夹层结构制品厚度相同;当制品厚度未确定时,推荐试样厚度为 20mm,面板厚度不大于 1mm。推荐试样宽度为 60mm;对于蜂窝、波纹等格子型芯子,当格子边长大于 8mm 或波距大于 20mm 时,推荐试样宽度为 80mm。

(3)对于正交各向异性夹层结构,试样应分纵向和横向两种。

(4)正确。

(5)当试样厚度小于 10mm 或夹层结构试样弯曲刚度较小时,在非剥离面板上,粘上厚度大于 10mm 的木质等加强材料。胶接固化温度应为室温或比夹层结构胶接固化温度至少低 30℃。

(6)将外观检查合格试样编号,测量试样任意 3 处的宽度,取算术平均值;被剥离面板厚度取面板名义厚度,或测量同批试样被剥离面板 10 处的厚度,取算术平均值。

(7)按规定的加载速度进行试验,加载速度一般为 20~30mm/min,仲裁试验时,加载速度为 25mm/min。

(8)不合格,平均值应大于等于 110(N·mm)/mm,最小值大于等于 100(N·mm)/mm。

(二十一)木材料及构配件

1. (1)样品尺寸为 300mm×20mm×20mm。

(2)样品采用生材,生材试样的含水率应不低于木材纤维饱和点。

(3)抗弯强度采用弦向加荷试验。

(4)采用三点弯曲中央加荷,将试样放在试验装置的两支座上,试验装置的压头垂直于试样的径面以均匀速度加荷,在 1~2min 内(或将加荷速度设定为 5~10mm/min)使试样破坏。将试样破坏时的荷载作为最大荷载进行记录,精确至 10N。

(5)试验后,立即在试样靠近破坏处,截取约 20mm 长的木块一个,测定试样含水率。

(6)抗弯强度应精确至 0.1MPa。

(二十二)加固材料

1. 按照《树脂浇铸体性能试验方法》(GB/T 2567—2021) 6.1.6.1 拉伸强度公式计算:

$$\delta_t = \frac{P}{h \cdot b}$$

式中:δ_t——拉伸强度(拉伸屈服应力或拉伸断裂应力),单位为兆帕(MPa);

　　p——最大荷载(屈服载荷或破坏载荷),单位为牛顿(N);

　　b——试样宽度,单位为毫米(mm);

　　h——试样厚度,单位为毫米(mm)。

通过上式计算,该碳纤维胶的5个试样的抗拉强度结果见表1-8-5所列。

表1-8-5　有效试样拉伸强度结果

试样名称	试样 1	试样 2	试样 3	试样 4	试样 5
拉伸强度 MPa	39.4	37.3	39.5	39.2	38.3

该组碳纤维胶拉伸强度值为五个有效试样的算术平均值:

按照《树脂浇铸体性能试验方法》(GB/T 2567—2021)　6.1.6.1拉伸强度公式计算:

$$\delta_t = \frac{(39.4+37.3+39.5+39.2+38.3)}{5} = 38.7\text{MPa}$$

按照标准《工程结构加固材料安全性鉴定技术规范》(GB 50728—2011)中以混凝土为基材,粘贴纤维复合材用结构胶基本性能鉴定要求中Ⅰ类A级胶抗拉强度要求大于等于38MPa,所以可以判定该碳纤维胶的抗拉强度值符合标准《工程结构加固材料安全性鉴定技术规范》(GB 50728—2011)Ⅰ类A级胶要求。

(二十三)焊接材料

1. 试样断裂后,应检验断口表面,断口上对试验可能产生不利影响的任何缺欠都应记录在报告中,记录内容包括缺欠类型、尺寸和数量。如果出现白点,应予以记录,并仅将白点的中心区域视为缺欠。

第二篇

建筑节能

第一章 ▶ 检测参数及检测方法

依据《建设工程质量检测管理办法》(住房和城乡建设部令第 57 号)、《建设工程质量检测机构资质标准》(建质规〔2023〕1 号)等法律法规、规范性文件及标准规范要求,建筑节能专项涉及的常见检测参数、依据标准及主要仪器设备配置见表 2-1-1~表 2-1-13 所列。

表 2-1-1 保温、绝热材料

检测项目	检测参数	依据标准	主要仪器设备
		必备参数	
保温、绝热材料	导热系数/热阻	《绝热材料稳态热阻及有关特性的测定 防护热板法》(GB/T 10294)	导热系数测定仪、鼓风干燥箱、游标卡尺、电子天平
	密度	《泡沫塑料及橡胶 表观密度的测定》(GB/T 6343)	电子天平、游标卡尺、钢直尺
		《矿物棉及其制品试验方法》(GB/T 5480)	
		《柔性泡沫橡塑绝热制品》(GB/T 17794)	电子天平、游标卡尺、钢直尺、直径围尺
	压缩强度/抗压强度	《建筑用绝热制品 压缩性能的测定》(GB/T 13480)	电子万能试验机(带力曲线分析功能)
		《硬质泡沫塑料 压缩性能的测定》(GB/T 8813)	
	垂直于板面方向的抗拉强度	《建筑用绝热制品 垂直于表面抗拉强度的测定》(GB/T 30804)	电子万能试验机
		《模塑聚苯板薄抹灰外墙外保温系统材料》(GB/T 29906)	
		《外墙外保温工程技术标准》(JGJ 144)	
	吸水率	《矿物棉及其制品试验方法》(GB/T 5480)	电子天平、水箱、鼓风干燥箱、针形厚度计
		《建筑用绝热制品 部分浸入法测定短期吸水量》(GB/T 30805)	电子天平、水箱、沥干仪器

（续表）

检测项目	检测参数	依据标准	主要仪器设备
必备参数			
保温、绝热材料	吸水率	《建筑用绝热制品 浸泡法测定长期吸水性》(GB/T 30807)	电子天平、水箱、沥干仪器
		《硬质泡沫塑料吸水率的测定》(GB/T 8810)	投影仪、切片器、电子天平
		《柔性泡沫橡塑绝热制品》(GB/T 17794)	电子天平、真空容器、秒表、钢直尺、直径围尺
	传热系数及热阻	《绝热 稳态传热性质的测定 标定和防护热箱法》(GB/T 13475)	传热系数检测装置
	单位面积质量	《保温装饰板外墙外保温系统材料》(JG/T 287)	磅秤、钢卷尺
		《外墙保温复合板通用技术要求》(JG/T 480)	
	拉伸粘结强度	《保温装饰板外墙外保温系统材料》(JG/T 287)	电子万能试验机
		《外墙保温复合板通用技术要求》(JG/T 480)	
可选参数			
保温、绝热材料	燃烧性能	《建筑材料及制品燃烧性能分级》(GB 8624)	—
		《塑料 用氧指数法测定燃烧行为 第2部分:室温试验》(GB/T 2406.2)	氧指数检测仪
		《建筑材料可燃性试验方法》(GB/T 8626)	可燃性测定仪
		《建筑材料及制品的燃烧性能 燃烧热值的测定》(GB/T 14402)	建材制品燃烧热值测定仪
		《建筑材料或制品的单体燃烧试验》(GB/T 20284)	单体燃烧检测装置
		《建筑材料不燃性试验方法》(GB/T 5464)	建筑材料不燃性试验装置

表 2-1-2　粘结材料

检测项目	检测参数	依据标准	主要仪器设备
必备参数			
粘结材料	拉伸粘结强度	《模塑聚苯板薄抹灰外墙外保温系统材料》(GB/T 29906)	电子万能试验机
		《外墙外保温工程技术标准》(JGJ 144)	
		《岩棉薄抹灰外墙外保温系统材料》(JG/T 483)	

表 2 - 1 - 3　增强加固材料

检测项目	检测参数	依据标准	主要仪器设备
必备参数			
增强加固材料	力学性能	《增强材料 机织物试验方法 第 5 部分:玻璃纤维拉伸断裂强力和断裂伸长的测定》(GB/T 7689.5)	电子万能试验机、鼓风干燥箱
	抗腐蚀性能	《玻璃纤维网布耐碱性试验方法 氢氧化钠溶液浸泡法》(GB/T 20102)	电子万能试验机、鼓风干燥箱
		《外墙外保温工程技术标准》(JGJ 144)	
		《增强材料 机织物试验方法 第 5 部分:玻璃纤维拉伸断裂强力和断裂伸长的测定》(GB/T 7689.5)	
可选参数			
增强加固材料	网孔中心距偏差	《无机轻集料砂浆保温系统技术标准》(JGJ/T 253)	钢直尺
	钢丝网丝径	《镀锌电焊网》(GB/T 33281)	千分尺
	单位面积质量	《增强制品试验方法 第 3 部分:单位面积质量的测定》(GB/T 9914.3)	电子天平、鼓风干燥箱
	断裂伸长率	《增强材料 机织物试验方法 第 5 部分:玻璃纤维拉伸断裂强力和断裂伸长的测定》(GB/T 7689.5)	电子万能试验机(带力曲线分析功能)、鼓风干燥箱

表 2 - 1 - 4　保温砂浆

检测项目	检测参数	依据标准	主要仪器设备
必备参数			
保温砂浆	抗压强度	《无机硬质绝热制品试验方法》(GB/T 5486)	电子万能试验机、鼓风干燥箱、游标卡尺
		《无机轻集料砂浆保温系统技术标准》(JGJ/T 253)	
		《建筑保温砂浆》(GB/T 20473)	
	干密度	《无机硬质绝热制品试验方法》(GB/T 5486)	电子天平、鼓风干燥箱、游标卡尺
		《无机轻集料砂浆保温系统技术标准》(JGJ/T 253)	
		《建筑保温砂浆》(GB/T 20473)	
	导热系数	《绝热材料稳态热阻及有关特性的测定 防护热板法》(GB/T 10294)	导热系数测定仪、鼓风干燥箱、游标卡尺、电子天平

（续表）

检测项目	检测参数	依据标准	主要仪器设备
可选参数			
保温砂浆	剪切强度	《建筑保温砂浆》(GB/T 20473)	电子万能试验机
		《膨胀玻化微珠保温隔热砂浆》(GB/T 26000)	
		《膨胀玻化微珠轻质砂浆》(JG/T 283)	
	拉伸粘结强度	《建筑砂浆基本性能试验方法标准》(JGJ/T 70)	电子万能试验机
		《建筑保温砂浆》(GB/T 20473)	
		《模塑聚苯板薄抹灰外墙外保温系统材料》(GB/T 29906)	
		《无机轻集料砂浆保温系统技术标准》(JGJ/T 253)	
		《胶粉聚苯颗粒外墙外保温系统材料》(JG/T 158)	
		《膨胀玻化微珠轻质砂浆》(JG/T 283)	

表 2-1-5　抹面材料

检测项目	检测参数	依据标准	主要仪器设备
必备参数			
抹面材料	拉伸粘结强度	《建筑砂浆基本性能试验方法标准》(JGJ/T 70)	电子万能试验机
		《模塑聚苯板薄抹灰外墙外保温系统材料》(GB/T 29906)	
		《无机轻集料砂浆保温系统技术标准》(JGJ/T 253)	
		《岩棉薄抹灰外墙外保温系统材料》(JG/T 483)	
	压折比/柔韧性	《水泥胶砂强度检验方法(ISO 法)》(GB/T 17671)	抗压抗折试验机
		《无机轻集料砂浆保温系统技术标准》(JGJ/T 253)	
		《模塑聚苯板薄抹灰外墙外保温系统材料》(GB/T 29906)	

表 2-1-6　隔热型材

检测项目	检测参数	依据标准	主要仪器设备
必备参数			
隔热型材	抗拉强度	《铝合金建筑型材 第6部分:隔热型材》(GB/T 5237.6)	电子万能试验机
		《铝合金隔热型材复合性能试验方法》(GB/T 28289)	
		《建筑用隔热铝合金型材》(JG 175)	
	抗剪强度	《铝合金建筑型材 第6部分:隔热型材》(GB/T 5237.6)	电子万能试验机
		《铝合金隔热型材复合性能试验方法》(GB/T 28289)	
		《建筑用隔热铝合金型材》(JG 175)	

表 2-1-7　建筑外窗

检测项目	检测参数	依据标准	主要仪器设备
必备参数			
建筑外窗	气密性能	《建筑外门窗气密、水密、抗风压性能检测方法》(GB/T 7106)	门窗物理"三性"检测系统
	水密性能	《建筑外门窗气密、水密、抗风压性能检测方法》(GB/T 7106)	门窗物理"三性"检测系统
	抗风压性能	《建筑外门窗气密、水密、抗风压性能检测方法》(GB/T 7106)	门窗物理"三性"检测系统
可选参数			
建筑外窗	传热系数	《建筑外门窗保温性能检测方法》(GB/T 8484)	门窗保温性能检测系统
	玻璃的太阳得热系数	《建筑玻璃 可见光透射比、太阳光直接透射比、太阳能总透射比、紫外线透射比及有关窗玻璃参数的测定》(GB/T 2680)	全波段分光光度仪、红外光谱仪
		《建筑门窗玻璃幕墙热工计算规程》(JGJ/T 151)	
		《建筑门窗遮阳性能检测方法》(JG/T 440)	
	可见光透射比	《建筑玻璃可见光透射比、太阳光直接透射比、太阳能总透射比、紫外线透射比及有关窗玻璃参数的测定》(GB/T 2680)	全波段分光光度仪
	中空玻璃密封性能	《建筑节能工程施工质量验收标准》(GB 50411)	中空玻璃露点测试仪

表 2-1-8　节能工程

检测项目	检测参数	依据标准	主要仪器设备
必备参数			
节能工程	外墙节能构造及保温层厚度（钻芯法）	《建筑节能工程施工质量验收标准》(GB 50411)	取芯机、钢直尺
		《建筑节能工程现场检测技术规程》(DB34/T 1588)	
	保温板与基层的拉伸粘结强度	《建筑节能工程施工质量验收标准》(GB 50411)	粘结强度检测仪、钢直尺
	锚固件的锚固力	《建筑节能工程施工质量验收标准》(GB 50411)	粘结强度检测仪
		《保温装饰板外墙外保温系统材料》(JG/T 287)	
		《建筑节能工程现场检测技术规程》(DB34/T 1588)	
	外窗气密性能	《建筑外窗气密、水密、抗风压性能现场检测方法》(JG/T 211)	门窗气密性现场检测装置
		《建筑节能工程现场检测技术规程》(DB34/T 1588)	

(续表)

检测项目	检测参数	依据标准	主要仪器设备
		可选参数	
节能工程	室内平均温度	《居住建筑节能检测标准》(JGJ/T 132)	温度检测仪
		《公共建筑节能检测标准》(JGJ/T 177)	
		《采暖通风与空气调节工程检测技术规程》(JGJ/T 260)	
		《公共场所卫生检验方法 第1部分:物理因素》(GB/T 18204.1)	
	风口风量	《公共建筑节能检测标准》(JGJ/T 177)	毕托管和微压计、风速仪、风量罩
		《采暖通风与空气调节工程检测技术规程》(JGJ/T 260)	
	通风与空调系统总风量	《公共建筑节能检测标准》(JGJ/T 177)	毕托管和微压计、风速仪、风量罩
		《采暖通风与空气调节工程检测技术规程》(JGJ/T 260)	
	风道系统单位风量耗功率	《公共建筑节能检测标准》(JGJ/T 177)	毕托管和微压计、风速仪、风量罩、功率计
		《采暖通风与空气调节工程检测技术规程》(JGJ/T 260)	
	空调机组水流量	《公共建筑节能检测标准》(JGJ/T 177)	温度计、流量计
		《采暖通风与空气调节工程检测技术规程》(JGJ/T 260)	
	空调系统冷水、热水冷却水循环流量	《公共建筑节能检测标准》(JGJ/T 177)	流量计
		《采暖通风与空气调节工程检测技术规程》(JGJ/T 260)	
	室外供热官网水力平衡度	《公共建筑节能检测标准》(JGJ/T 177)	流量计
		《采暖通风与空气调节工程检测技术规程》(JGJ/T 260)	
	室外供热官网热损失率	《居住建筑节能检测标准》(JGJ/T 132)	温度计、流量计、热量测量装置
		《采暖通风与空气调节工程检测技术规程》(JGJ/T 260)	
	照度与照明功率密度	《公共建筑节能检测标准》(JGJ/T 177)	照度计、功率计、卷尺
		《照明测量方法》(GB/T 5700)	
		《公共场所卫生检验方法 第1部分:物理因素》(GB/T 18204.1)	
	外墙传热系数或热阻	《居住建筑节能检测标准》(JGJ/T 132)	热流计、温度传感器
		《公共建筑节能检测标准》(JGJ/T 177)	
		《围护结构传热系现场检测技术规程》(JGJ/T 357)	
		《建筑物围护结构传热系数及采暖供热量检测方法》(GB/T 23483)	

表 2 - 1 - 9　电线电缆

检测项目	检测参数	依据标准	主要仪器设备
必备参数			
电线电缆	导体电阻值	《电线电缆电性能试验方法　第 4 部分：导体直流电阻试验》(GB/T 3048.4)	直流电阻测试仪、专用夹具、游标卡尺、杠杆千分尺、精密天平、温度计、精密恒温油浴
可选参数			
电线电缆	燃烧性能	《建筑材料及制品的燃烧性能 燃烧热值的测定》(GB/T 14402)	建材制品燃烧热值测定仪
		《电缆或光缆在受火条件下火焰蔓延、热释放和产烟特性的试验方法》(GB/T 31248)	烟密度测量设备、烟气分析设备、排烟管道中测试仪器
		《电缆或光缆在特定条件下燃烧的烟密度测定 第 2 部分：试验步骤和要求》(GB/T 17651.2)	试验箱、光测装置
		《电缆和光缆在火焰条件下的燃烧试验　第 12 部分：单根绝缘电线电缆火焰垂直蔓延试验 1kW 预混合型火焰试验方法》(GB/T 18380.12)	金属罩、试验箱、引火源
		《电缆和光缆在火焰条件下的燃烧试验　第 13 部分：单根绝缘电线电缆火焰垂直蔓延试验 测定燃烧的滴落（物）/微粒的试验方法》(GB/T 18380.13)	

表 2 - 1 - 10　反射隔热材料

检测项目	检测参数	依据标准	主要仪器设备
可选参数			
反射隔热材料	半球发射率	《建筑反射隔热涂料》(JG/T 235)	红外光谱仪
		《建筑外表面用热反射隔热涂料》(JC/T 1040)	
		《建筑用反射隔热涂料》(GB/T 25261)	
	太阳光反射比	《建筑反射隔热涂料》(JG/T 235)	分光光度仪
		《建筑外表面用热反射隔热涂料》(JC/T 1040)	
		《建筑用反射隔热涂料》(GB/T 25261)	

表 2-1-11　供暖通风空调节能工程用材料、构件和设备

检测项目	检测参数	依据标准	主要仪器设备
可选参数			
风机盘管机组	供冷量	《风机盘管机组》(GB/T 19232)	风机盘管性能检测装置
	供热量	《风机盘管机组》(GB/T 19232)	风机盘管性能检测装置
	风量	《风机盘管机组》(GB/T 19232)	风机盘管性能检测装置
	水阻力	《风机盘管机组》(GB/T 19232)	风机盘管性能检测装置
	噪声	《风机盘管机组》(GB/T 19232)	半消声室、声级计
	输入功率	《风机盘管机组》(GB/T 19232)	风机盘管性能检测装置
采暖散热器	单位散热量	《供暖散热器散热量测定方法》(GB/T 13754)	采暖散热器检测装置
	金属热强度	《供暖散热器散热量测定方法》(GB/T 13754)	采暖散热器检测装置
绝热材料	导热系数或热阻	《绝热材料稳态热阻及有关特性的测定 防护热板法》(GB/T 10294)	导热系数测定仪、鼓风干燥箱、游标卡尺、电子天平
	密度	《矿物棉及其制品试验方法》(GB/T 5480)	电子天平、游标卡尺、钢直尺
		《柔性泡沫橡塑绝热制品》(GB/T 17794)	电子天平、游标卡尺、钢直尺、直径围尺
	吸水率	《矿物棉及其制品试验方法》(GB/T 5480)	电子天平、水箱、鼓风干燥箱、针形厚度计
		《建筑用绝热制品 部分浸入法测定短期吸水量》(GB/T 30805)	电子天平、水箱、沥干仪器
		《建筑用绝热制品 浸泡法测定长期吸水性》(GB/T 30807)	
		《柔性泡沫橡塑绝热制品》(GB/T 17794)	电子天平、真空容器、秒表、钢直尺、直径围尺

表 2-1-12　配电与照明节能工程用材料、构件和设备

检测项目	检测参数	依据标准	主要仪器设备
可选参数			
/	照明光源初始光效	《光通量的测量方法》(GB/T 26178)	分布光度计、智能电量测量仪
		《双端荧光灯性能要求》(GB/T 10682)	
		《单端荧光灯性能要求》(GB/T 17262)	
		《普通照明用自镇流荧光灯性能要求》(GB/T 17263)	
		《无极荧光灯 性能要求》(GB/T 34841)	
照明灯具	镇流器能效值	《普通照明用气体放电灯用镇流器能效限定值及能效等级》(GB 17896)	电压、电流、功率因数、谐波含量智能检测仪
		《灯控制装置的效率要求 第1部分:荧光灯控制装置线路总输入功率和控制装置效率的测量方法》(GB/T 32483.1)	
		《灯控制装置的效率要求 第2部分:高压放电灯(荧光灯除外)控制装置效率的测量方法》(GB/T 32483.2)	
	效率或能效	《公共建筑节能检测标准》(JGJ/T 177)	分布光度计、智能电量测量仪
		《灯具分布光度测量的一般要求》(GB/T 9468)	
		《投光照明灯具光度测试》(GB/T 7002)	
照明设备	功率	《公共建筑节能检测标准》(JGJ/T 177)	新型数字智能化仪器谐波分析仪
	功率因数	《电磁兼容 限值谐波 第1部分:电流发射限值(设备每相输入电流<16A)》(GB 17625.1)	新型数字智能化仪器谐波分析仪
	谐波含量值	《电磁兼容 限值谐波 第1部分:电流发射限值(设备每相输入电流<16A)》(GB 17625.1)	新型数字智能化仪器谐波分析仪

表 2-1-13　可再生能源应用系统

检测项目	检测参数	依据标准	主要仪器设备
可选参数			
太阳能集热器	安全性能	《太阳能集热器性能试验方法》(GB/T 4271)	辐射表、温度记录仪、风速仪、吸盘、压力表、钢球、冰球、速度传感器、喷水装置
		《真空管型太阳能集热器》(GB/T 17581)	
		《平板型太阳能集热器》(GB/T 6424)	

（续表）

检测项目	检测参数	依据标准	主要仪器设备
可选参数			
太阳能集热器	热性能	《太阳能集热器性能试验方法》(GB/T 4271)	太阳能集热器性能测试系统（辐射表、温度传感器、流量计、风速计、热量计）
		《家用太阳热水系统热性能试验方法》(GB/T 18708)	
太阳能热利用系统的太阳能集热系统	得热量	《可再生能源建筑应用工程评价标准》(GB/T 50801)	太阳能热利用测试系统（辐射表、温度传感器、流量计、风速计、热量计）
	集热效率	《可再生能源建筑应用工程评价标准》(GB/T 50801)	太阳能热利用测试系统（辐射表、温度传感器、流量计、风速计、热量计）
	太阳能保证率	《可再生能源建筑应用工程评价标准》(GB/T 50801)	太阳能热利用测试系统（辐射表、温度传感器、流量计、风速计、热量计）
太阳能光伏组件	发电功率	《光伏器件 第1部分：光伏电流-电压特性曲线》(GB/T 6495.1)	太阳能光伏组件测试系统（太阳模拟器、标准光伏器件、支架、组件功率测试设备）
		《可再生能源建筑应用工程评价标准》(GB/T 50801)	
	发电效率	《地面用光伏组件光电转换效率检测方法》(GB/T 34160)	太阳能光伏组件测试系统（太阳模拟器、标准光伏器件、支架、组件功率测试设备）
		《可再生能源建筑应用工程评价标准》(GB/T 50801)	
太阳能光伏发电系统	年发电量	《可再生能源建筑应用工程评价标准》(GB/T 50801)	太阳能光伏性能测试系统（辐射表、功率计、温度记录仪、风速仪）
	组件背板最高工作温度	《可再生能源建筑应用工程评价标准》(GB/T 50801)	太阳能光伏性能测试系统（温度记录仪）

第二章 填空题

第一节 保温、绝热材料

1. 依据 GB/T 29906—2013,模塑板出厂前宜在自然条件下陈化_____,或在温度为_____环境中陈化_____,才可使用。

2. 依据 GB/T 8813—2020,在对石墨模塑聚苯板压缩强度试验时,试样的受压面为正方形或圆形,最小面积为 25cm²,最大面积为 230cm²。首选使用受压面为_____的正四棱柱试样。

3. 依据 GB/T 2918—2018 及 GB/T 10801.1—2021,在对石墨模塑聚苯板压缩强度试验前,试样状态调节按规定为温度_____℃,相对湿度_____%,至少 16h。

4. 依据 GB/T 29906—2013,模塑板垂直于板面方向的抗拉强度计算时,试验结果为 5 个试验数据的算术平均值,精确至_____。

5. 依据 JGJ 144—2019,胶粘剂拉伸粘结强度试验,应将胶粘剂涂抹于厚度不宜小于_____ mm 的保温板或厚度不宜小于_____ mm 的水泥砂浆板上,涂抹厚度为_____,当保温板需做界面处理时,应在界面处理后涂胶粘剂,并应在试验报告中注明。

6. 依据 GB 8624—2012,对于墙面保温泡沫塑料,B_2 级氧指数应满足 OI≥_____%。

7. 依据 GB/T 8626—2007,建筑材料可燃性试验中,持续燃烧是指燃烧持续时间超过_____的火焰。

8. 依据 GB/T 10801.2—2018,在尺寸稳定性试验中,试验条件为温度_____℃、时间_____h。

9. 依据 GB/T 29906—2013,水蒸气透过湿流密度试验,试验结果为 3 个试验数据的算术平均值,精确至_____ g/(m²·h)。

10. 依据 DB34/T 1859—2020,岩棉复合板厚度大于 50mm 时,其厚度允许偏差为_____。

11. 依据 GB/T 10299—2011,在憎水率的测定中,将试样安放在憎水率试验仪上,调节喷头位置,调节水流量,使其稳定在_____ L/h。

12. 依据 GB/T 10299—2011,在憎水率的测定中,试样需连续喷淋_____ h。

13. 依据 GB/T 5480—2017,在酸度系数试验中,对含有粘结剂的样品,将随机抽取的 50g 试样在_____℃的马弗炉中灼烧不少于 30min。

14. 依据 DB34/T 5080—2018,保温装饰板涂料饰面耐沾污性能指标应小于等于_____%。

15. 依据 DB34/T 5080—2018,保温装饰板的抗弯荷载性能指标应_____。

16. 依据 DB34/T 3826—2021,模塑板外墙外保温系统与基层的连接应采用_____粘贴和_____锚固相结合。模塑板与基层之间粘贴面积应满足设计要求,且不应小于模塑板面积的_____。

17. 依据 GB/T 29906—2013,模塑板垂直于板面方向的抗拉强度试验试样尺寸为100mm×100mm,数量为_____个;将试样装入拉力机上,以_____mm/min的恒定速度加荷,直至试样被破坏。

18. 依据 GB/T 29906—2013,胶粘剂可操作时间试验中,胶粘剂配制后,按生产商提供的可操作时间放置,生产商未提供可操作时间时,按_____h放置,然后按规定测定拉伸粘结强度原强度。

19. 依据 GB/T 10801.2—2018,XPS板压缩强度试验的加荷速度为_____mm/min。

20. 依据 GB/T 25975—2018,岩棉板的导热系数(平均温度_____℃)应不大于0.040W/(m·K),有标称值时还应不大于其标称值。

21. 依据 DB34/T 2695—2016,匀质改性防火保温板薄抹灰外保温系统按_____分为普通型和加强型两种类型。

22. 依据 JGJ 144—2019,外墙外保温系统耐候性试样养护和状态调节环境条件应为温度_____℃,相对湿度不应低于_____%。

23. 依据 JGJ 144—2019,耐候性试验墙板应由基层墙体和被测外保温系统构成,宽度不应小于_____m,高度不应小于_____m,面积不应小于_____m²。

24. 依据 DB34/T 5080—2018,保温装饰板的保温芯板应选用石墨模塑聚苯板、硬泡聚氨酯板、岩棉带或真空绝热板,其应用厚度应符合以下规定:
(1)当保温芯板为石墨模塑聚苯板、硬泡聚氨酯板时,厚度不应超过_____mm;
(2)当保温芯板为真空绝热板时,最小应用厚度不应小于_____mm。

25. 依据 DB34/T 5080—2018,石墨模塑聚苯板的导热系数合格指标为小于等于_____W/(m·K)。

26. 依据 GB/T 10801.1—2021,膨胀聚苯板水蒸气透过系数试样数量不得少于5个,试验前试样在规定的温度_____℃、相对湿度_____%环境中处理至少_____h。试验过程中透湿杯中加入不少于25g吸湿剂,吸湿剂为无水氯化钙。

27. 依据 GB/T 13475—2008,标定热箱法试件的最小尺寸是_____。

28. 依据 GB/T 10294—2008,影响材料导热系数的两个主要因素是_____和_____。

29. 依据 DB34/T 2695—2016,匀质改性防火保温板的出厂检验项目为_____、_____、_____。

30. 依据 GB/T 2406.2—2009,泡沫塑料氧指数测定时试样尺寸为长度_____mm、宽度_____mm、厚度_____mm。

第二节　粘结材料

1. 依据 JGJ 144—2019,EPS板薄抹灰系统做基层与胶粘剂的拉伸粘结强度试验,粘结强度不应小于_____,且粘结界面脱开面积不应大于50%。

2. 依据 JG/T 158—2013,界面砂浆拉伸粘结强度试验中,界面砂浆涂覆厚度为_____。

3. 依据 JGJ 144—2019,粘贴保温板薄抹灰外保温系统应由粘结层、_____、_____和饰面层构成。

4. 依据 DB34/T 2695—2016,胶粘剂与匀质改性防火保温板拉伸粘结原强度应大于等于_____,且破坏界面在保温板内。

第三节　增强加固材料

1. 依据 JGJ 144—2019,玻纤网耐碱性检验应符合现行国家标准_____的规定。

2. 依据 JG/T 366—2012,按照锚栓的承载机理分为_____的锚栓以及_____的锚栓。

3. 依据 GB/T 20102—2006,配制的氢氧化钠溶液浓度为_____%。

4. 依据 GB/T 9914.3—2013,经过试验检测,某裁剪好的耐碱玻纤网格布的质量为1.6139g,面积为 10000mm²,该耐碱玻纤网格布的单位面积质量为_____。

5. 依据 JGJ 144—2019,玻纤网耐碱性快速试验中的试样应在_____℃的碱溶液中浸泡 24h±10min。

6. 依据 GB/T 1839—2008,进行电焊网镀锌层质量试验,以_____作为溶解过程结束的判定标准。

7. 依据 JC 935—2004,采用比色法进行玻纤网氧化钛含量的测定,于分光光度计上,在波长_____nm 处测量试样溶液的吸光度。

8. 依据 JC 935—2004,采用滴定法进行玻纤网氧化锆含量的测定,EDTA 标准溶液的溶度为_____mol/L。

9. 依据 GB/T 9914.2—2013,进行玻纤网可燃物含量的测定,称量天平的精度为_____mg;马弗炉的温度一般设定为_____℃。

10. 依据 GB/T 9914.3—2013,以玻纤网所有的测试结果的平均值作为单位面积质量的报告值;对于单位面积质量大于或等于 200g/m²,结果精确至_____g;对于单位面积质量小于 200g/m²,结果精确至_____g。

11. 依据 GB/T 7689.5—2013,Ⅰ型试样的长度为 350mm,其有效长度为_____mm,试验拉伸速率为_____mm/min。

12. 依据 GB/T 33281—2016,镀锌电焊网焊点抗拉力试验中,需要在镀锌电焊网上任取_____个焊点。

13. 依据 JGJ 144—2019,耐碱玻璃纤维网格布应置于抹面胶浆中,用以提高抹面层的_____和_____。

第四节　保温砂浆

1. 依据 JGJ/T 253—2019,无机轻集料保温砂浆的线性收缩率应按 JGJ/T 70—2009 规定进行,应取_____的收缩率值。

2. 依据 JGJ/T 253—2019,无机轻集料保温砂浆的放射性应同时满足 $I_{Ra}\leqslant$_____和 $I_{\gamma}\leqslant$_____。

3. 依据 JGJ/T 253—2019,无机轻集料保温砂浆抗压强度检测,试样应为检测_____后的 6 块试样。

第五节 抹面材料

1. 依据 JGJ 144—2019,抹面层不透水性的试样尺寸为_____,保温层厚度应为_____,试样数量应为_____个。

2. 依据 JGJ 144—2019,防护层水蒸气渗透性能的试验方法为 GB/T 17146—2015 中的_____。

3. 依据 GB/T 17146—2015,试件数量至少为_____个;当试件的外露面积大于 $0.02m^2$ 时,则试件数量可减少为_____个。

第六节 建筑外窗

1. 依据 GB/T 7106—2019,开启缝长是指外门窗上可开启部分_____接缝长度的总和。

2. 依据 GB/T 7106—2019,抗风压性能检测包含_____、_____和_____。

3. 依据 GB/T 7106—2019,水密性能检测应对整个门窗试件均匀淋水。年降水量不大于 400mm 的地区,淋水量为_____ L/(m²·min);年降水量为 400～1600mm 的地区,淋水量为_____ L/(m²·min);年降水量大于 1600mm 的地区,淋水量为_____L/(m²·min)。

4. 依据 GB/T 7106—2019,气密性能检测中附加空气渗透量不宜高于总空气渗透量的_____。

5. 依据 GB/T 7106—2019,抗风压性能检测中定级检测的安全检测包含产品设计风荷载标准值 P_3 检测、产品设计风荷载设计值 P_{max}(P_{max}取_____ P_3)检测。

6. 依据 GB/T 8484—2020,门窗保温性能检测中,试件框热侧、冷侧各表面应均匀布置至少_____个温度测点。填充板热侧、冷侧表面应均匀布置至少_____个温度测点。

7. 依据 GB/T 8484—2020,相对于老标准在数据处理时,计算公式中增加了边缘线传热量。这个数值主要由_____、_____及_____决定。

8. 依据 GB/T 8484—2020,M_1 系数为_____,M_2 系数为_____,标定周期为_____。

9. 依据 GB/T 7106—2019,试件空气渗透量是指在标准状态下,单位时间通过整窗(门)试件的空气量,其中标准状态指的是温度为_____ K、压力为 101.3kPa、空气密度为 $1.202kg/m^3$ 的试验条件。

10. 依据 JG/T 211—2007,外窗现场气密性能检测前,应测量外窗面积,弧形窗、折线窗应按_____面积计算。

11. 依据 GB/T 8484—2020,热箱导流板与试件间应至少均匀布置_____个空气温度测点。

12. 依据 GB/T 8484—2020,在检测抗结露因子时,冷箱空气平均温度设定为_____℃,温度波动幅度不应大于 0.3K。

13. 依据 GB/T 8484—2020,热流系数标定用标准板应使用材质均匀、内部无空气层、热性能稳定的材料制作,宜采用经过长期存放、厚度为_____ mm 的聚苯乙烯泡沫塑料板,密度为_____ kg/m³,标准板的尺寸应与试件洞口相同。

14. 依据 GB/T 8484—2020,环境空间热箱壁外表面与周边壁面之间距离不应小于_____。

15. 依据 GB/T 8484—2020,热箱内净尺寸不宜小于_____(宽×高),进深不宜小于_____。

16. 依据 GB/T 8484—2020,冷箱内表面应采用不吸湿、耐腐蚀材料,冷箱壁热阻值不应小于_____ m²·K/W。

17. 依据 GB/T 8484—2020,填充板应采用导热系数小于_____ W/(m·K)的匀质材料。

18. 依据 GB/T 8478—2020,保温型门窗的传热系数 K 应小于_____ W/(m²·K)。

19. 依据 GB/T 7106—2019,反复加压检测是为了确定主要构件在变形量为_____允许挠度时的压力差(符号为 P_2)反复作用下是否发生损坏及功能障碍而进行的检测。

20. 依据 GB/T 7106—2019,定级检测应按照_____、_____、抗风压变形 P_1、抗风压反复加压 P_2、产品设计风荷载标准值 P_3、产品设计风荷载设计值 P_{max} 顺序进行。

21. 依据 GB/T 7106—2019,定级检测时,水密性稳定加压淋水量为_____。

第七节　节能工程

1. 依据 DB34/T 1588—2019,取出芯样时应谨慎操作,以保持芯样_____,当芯样严重破损难以准确判断节能构造或保温层厚度时,应_____。

2. 依据 DB34/T 1588—2019,外墙保温系统抗冲击性能分为_____和_____级。建筑物首层及门窗周边等易受碰撞墙体抗冲击性能应不低于_____级。

3. 依据 GB 50411—2019,进场保温系统主要组成材料应进行复验,复验应为_____,合格后方可采用。

4. 依据 JGJ 144—2019,外保温系统抗冲击性检验应在保护层施工完成 28d 后进行;采用摆动冲击,摆动中心固定在冲击点的垂线上,摆长至少为_____ m;取钢球从静止开始下落的位置与冲击点之间的高差等于规定的落差;10J 级钢球质量为 1000g,落差为_____ m;3J 级钢球质量为 500g,落差为_____ m。

5. 依据 JGJ 144—2019,外保温系统拉伸粘结强度应按 JGJ/T 110—2017 规定进行试验,试样尺寸为 100mm×100mm;宜采用电动加载方式的数显式粘结强度检测仪,拉伸速度为_____ mm/min。

6. 依据 DB34/T 1588—2019,保温系统抗冲击试验中,10J 级试验 10 个冲击点中破坏点不超过_____个时,判定为 10J 级。

7. 依据 DB34/T 1588—2019,保温系统抗冲击试验中,3J 级试验 10 个冲击点中破坏点不超过_____个时,判定为 3J 级。

8. 依据 JGJ 144—2019,基层墙体与胶粘剂的拉伸粘结强度现场检测中,应在每种类型的基层墙体表面上取_____处有代表性的位置进行试验。

9. 依据 GB 50411—2019,墙体节能工程使用的保温隔热材料应对导热系数或热阻、_____、压缩强度或抗压强度、垂直于板面方向的抗拉强度、吸水率、燃烧性能进行复验。

10. 依据 JGJ 144—2019,系统抗冲击试验 10J 级钢球质量应为_____g,落差应为 1.02m。

11. 依据 JGJ 144—2019,在正确使用和正常维护条件下,外保温工程的使用年限不应少于_____年。

12. 依据 GB 50411—2019,外墙节能构造钻芯试验中,采用空心钻头,从保温层一侧钻取直径为_____的芯样。

13. 依据 DB34/T 5080—2018,单点锚固力试验中保温装饰板尺寸为_____。

14. 依据 DB34/T 1588—2019,围护结构传热系数现场检测的方法有_____和_____。

15. 依据 GB 50411—2019,墙体节能工程使用的材料、产品进场时,同厂家、同品种产品,按照扣除门窗洞口后的保温墙面面积所使用的材料用量,在_____ m² 以内时应复验 1 次;面积每增加_____ m² 应增加 1 次。同工程项目、同施工单位且同期施工的多个单位工程,可合并计算抽检面积。

16. 依据 JGJ 144—2019,外墙外保温系统在经过耐候性试验后不得出现_____、_____、_____等破坏,不得产生裂缝出现渗水。

17. 依据 DB34/T 1588—2019,单位工程中外墙节能构造做法相同的保温系统应至少检测一组,每组至少选取不同位置的_____片墙面作为检测试件;检测部位应选取检测试件上节能构造有代表性的外墙上且相对隐蔽的部位,并宜兼顾不同_____和_____。

18. 依据 JGJ 144—2019,系统抗冲击试样在标准养护条件下应养护_____d 后在室温水中浸泡_____d,饰面层向下,浸入水中的深度应为 3～10mm;当试样从水中取出后,在试验环境下状态调节应为_____d。

19. 依据 JGJ 144—2019,外保温系统 EPS 板、XPS 板、防火隔离带保温板材料复验项目包括导热系数、表观密度、_____、_____。

20. 依据 JGJ 144—2019,外墙外保温耐冻融试验的冻融循环次数为_____次。

21. 依据 JGJ 144—2019,系统抗冲击试验应采用摆动冲击,摆动中心应固定在冲击点的垂线上,摆长至少应为_____ m。

第八节　电线电缆

1. 依据 GB/T 3048.4—2007,导体电阻测量试验中,测量环境温度时,温度计应离地面至少_____m,离试样不超过_____m,且与试样高度一致。

2. 依据 GB/T 3048.4—2007,导体直流电阻的测量误差,型式试验时电阻测量误差应不超过_____,例行试验时电阻测量误差应不超过_____。

3. 依据 GB/T 2951.11—2008,若绝缘厚度为 0.5mm 及以上时,读数应测量到小数点后_____位;测量绝缘厚度小于 0.5mm 时,则小数点保留_____位。

4. 依据 GB/T 3048.5—2007,测量绝缘电阻时,重复试验时,在加压之前应使试样短路放电,放电时间应不少试样充电时间的_____倍。

5. 依据 GB/T 5023.1—2008,成品电缆试验外形尺寸中规定,圆形护套电缆在同一横截面上测任意两点外径之差(椭圆度)应不超过平均外径规定上限的_____%。

6. 依据 GB/T 3048.1—2007,测试取样时,三芯以下全部取样,三芯以上取_____,颜色不同时,应取_____线芯。

7. 依据 GB/T 3048.5—2007,绝缘电阻试验浸入水中试验时,端部露出水面的长度应不少于_____ mm,绝缘部分露出的长度不少于_____ mm。

8. 依据 GB/T 2951.11—2008,测量装置投影仪的放大倍数至少为_____倍,精度为_____ mm。

9. 依据 GB/T 2951.11—2008,所有试验应在绝缘和护套料挤出或硫化(或交联)后存放至少 16h 方可进行;除非另有规定,任何试验前,所有试样应在_____℃下存放至少 3h。

10. 依据 GB/T 3048.5—2007,电线电缆绝缘电阻测试,试样有效长度应不小于_____ m。

11. 依据 GB/T 3048.4—2007,检测导体的直流电阻,在做型式试验时,测量应在环境温度为_____℃和空气湿度不大于_____%的室内进行。

12. 依据 GB/T 3048.5—2007,当测量绝缘电阻大于 1×10^{10} Ω 时,其测量误差不超过_____。

13. 依据 GB/T 3048.4—2007,有一根 $0.75mm^2$ 的导线,在测量导体电阻时,施加了 1A 的电流,那么 1 分钟时的读数肯定比 5 分钟时读数_____。

14. 依据 GB/T 3048.4—2007,导体电阻的标准要求有效位数都是三位数,为此在进行计算和读数时应采用_____位有效数字。

15. 依据 GB/T 3048.4—2007,当试样电阻小于 0.1Ω 时,要消除由于接触电势和热电势引起的测量误差,应采用_____或采用平衡点法(补偿法)。

16. 依据 GB/T 3048.5—2007,绝缘材料的绝缘电阻率或绝缘结构的绝缘电阻的大小与_____有关,与测量时所用的_____也有关系。

17. 依据 GB/T 3048.4—2007,导体电阻的温度校正系数对应温度为_____℃。

18. 依据 GB/T 2951.11—2008,绝缘层厚度是测量获得的 18 个数据平均值,应计算到小数点后_____位,修约到小数点后_____位。

第九节　供暖通风空调节能工程用材料、构件和设备

1. 依据 GB/T 13754—2017,供暖散热器散热量检测标准测试工况中小室基准点空气温度为_____℃。

2. 依据 GB/T 13754—2017,供暖散热器散热量检测,小室内部的净尺寸:长度为_____ m,宽度为(4.00±0.02)m,高度为 2.80～3.00m。

3. 依据 GB/T 13754—2017,标准散热器是指各检测实验室规定的用于验证测试装置

_____的散热器。

4. 依据 GB/T 19232—2019,该标准适用于机组静压不大于_____ Pa 的风机盘管检测。

5. 依据 GB/T 19232—2019,该标准适用于送风量不大于_____ m³/h 的风机盘管检测。

6. 依据 GB/T 19232—2019,关于机组能进行高、中、低三挡风量调节时,三挡风量按额定风量的_____比例设置。

7. 依据 GB/T 19232—2019,风机盘管噪声测量时,测点距离反射面应大于_____ m。

8. 依据 GB/T 19232—2019,风机盘管机组风量的性能指标要求为实测值不应低于额定值及名义值的_____%。

9. 依据 GB/T 19232—2019,风机盘管机组输入功率检测的性能指标要求为实测值不应大于额定值及名义值的_____%。

10. 依据 GB/T 19232—2019,风机盘管机组供冷量检测的性能指标要求为实测值不应低于额定值及名义值的_____%。

11. 依据 GB/T 19232—2019,风机盘管机组供热量检测的性能指标要求为实测值不应低于额定值及名义值的_____%。

12. 依据 GB/T 19232—2019,风机盘管机组水阻检测的性能指标要求为实测值不应大于额定值及名义值的_____%。

13. 依据 GB/T 19232—2019,风机盘管机组噪声检测的性能指标要求为实测值不应大于额定值,且不应大于名义值_____ dB。

第十节　配电与照明节能工程用材料、构件和设备

1. 依据 GB/T 9468—2008,灯具是对一个或多个光源发出的光线进行分配、透出或转换的一种器具,它包括支承、固定和保护光源所必需的部件(但不包括光源本身),以及_____与_____。

2. 依据 GB/T 9468—2008,灯具效率是指在规定使用条件下,使用其自身的光源和设备所测得的灯具光通量与在灯具外使用相同的光源、在规定条件下、使用相同的设备测得的_____的比值。

3. 依据 GB/T 9468—2008,灯具测量应在_____、_____、_____的静止空气中进行。

4. 依据 GB/T 9468—2008,灯具测量除非另有规定,灯具或裸光源周围的空气温度应是_____℃。

5. 依据 GB/T 9468—2008,电压表、电流表和功率表应符合_____或更高的要求。

第十一节　可再生能源应用系统

1. 依据 GB/T 6495.1—1996,试样的有效面与标准太阳电池的有效面应在同一个平面内,偏差在_____内。不得使用准直筒。

2. 依据 GB/T 6495.9—2006,商业化太阳模拟器主要分_____、_____两种。

3. 依据 GB/T 6495.1—1996,在电流—电压测试过程中,标准太阳电池与被测样品的温度测量,准确度应为_____℃。

4. 依据 GB/T 6495.2—1996,在温度测量时,测量标准太阳电池结温的方法应使测量准确度达到_____℃。

第十二节　其　他

1. 依据 DB34/T 3826—2021,外墙外保温系统主要有岩棉板薄抹灰外墙外保温系统和_____系统、_____系统、_____系统等。

2. 依据 JGJ/T 480—2019,岩棉外保温系统当设置双层玻纤网时,抹面层厚度宜为_____ mm;当设置单层玻纤网时,抹面层厚度宜为_____ mm。

第三章 ▶ 单项选择题

第一节 保温、绝热材料

1. 依据 GB/T 10294—2008,热阻 R 的单位是_____。( )

A. m·K/W   B. m²·K/W   C. W/(m²·K)   D. W/(m·K)

2. 依据 GB/T 8626—2007,建筑材料可燃性试验中燃气为_____。( )

A. 纯度大于等于 95% 的丙烷   B. 甲烷

C. 丁烷   D. 液化石油气

3. 依据 GB/T 25975—2018,岩棉板压缩强度试样尺寸是_____。( )

A. 100mm×100mm   B. 150mm×150mm

C. 200mm×200mm   D. 300mm×300mm

4. 依据 GB/T 5486—2008,膨胀珍珠岩保温板抗折试验试验机的两支座辊轮间距应不小于_____,加压辊轮应位于两支座辊轮的正中,且互相保持平行。( )

A. 150mm   B. 200mm   C. 220mm   D. 250mm

5. 依据 JG/T 420—2013,硬泡聚氨酯板的压缩强度试验,当试样厚度小于_____时,加荷速度为试件厚度的 1/10(mm/min)。( )

A. 30mm   B. 40mm   C. 50mm   D. 60mm

6. 依据 GB/T 10801.1—2021,模塑板进行熔结性的测定,试验机支座跨距应为_____。( )

A. 150mm   B. 300mm   C. 200mm   D. 220mm

7. 依据 GB/T 5486—2008,测量膨胀珍珠岩绝热制品尺寸允许偏差的游标卡尺的分度值是_____。( )

A. 0.01mm   B. 0.02mm   C. 0.05mm   D. 0.1mm

8. 依据 GB/T 5480—2017,玻璃棉毡厚度的测量选用的仪器为_____。( )

A. 游标卡尺   B. 测厚仪   C. 针型测厚计   D. 直尺

9. 依据 GB/T 10294—2008,保温材料导热系数试验中,导热系数试件表面应平整,整个表面的不平整度应在试件厚度的_____以内,试件应绝干_____。( )

A. 1%,恒质   B. 2%,恒质   C. 1%,整洁   D. 2%,整洁

10. 依据 GB/T 10294—2008,试件导热系数 λ 与热阻 R 的关系是_____。(d 为厚度,Δt 为表面温差)( )

A. $\lambda=1/R$ B. $\lambda=d/R$ C. $\lambda=R/d$ D. $\lambda=\Delta t/R$

11. 依据 GB/T 29906—2013,模塑板垂直于板面方向的抗拉强度性能指标要求为不小于_____ MPa。（　　）

　　A. 0.10　　　　　　　B. 0.40　　　　　　　C. 0.50　　　　　　　D. 0.60

12. 依据 GB/T 10294—2008,测量试件厚度方法的准确度应小于_____。（　　）

　　A. 0.5%　　　　　　B. 0.6%　　　　　　C. 0.7%　　　　　　D. 0.8%

13. 依据 DB34/T 2695—2016,匀质改性防火保温板燃烧性能等级为_____。（　　）

　　A. A 级　　　　　　B. B_1 级　　　　　　C. B_2 级　　　　　　D. B_3 级

14. 依据 GB 8624—2012,墙面保温泡沫塑料,B_1 级氧指数需大于等于_____。（　　）

　　A. 20%　　　　　　B. 25%　　　　　　C. 30%　　　　　　D. 35%

15. 依据 DB34/T 2840—2017,岩棉带复合板制作应使用密度等级不低于_____ kg/m^3 的岩棉带;网织岩棉复合板制作时,应使用密度等级不低于_____ kg/m^3 的岩棉板。（　　）

　　A. 120,160　　　　B. 100,120　　　　C. 160,160　　　　D. 120,120

16. 依据 GB/T 25975—2018,岩棉板垂直于表面的抗拉强度试样尺寸为_____,数量为_____个。（　　）

　　A.(200±1)mm×(200±1)mm,5　　　　B.(200±1)mm×(200±1)mm,3

　　C.(100±1)mm×(100±1)mm,5　　　　D.(100±1)mm×(100±1)mm,3

17. 依据 DB34/T 3826—2021,使用高度 60m 及以下的模塑板外保温系统与基层之间的连接方式应采用胶粘剂粘贴和锚固件相结合,模塑板与基层之间的粘贴面积应满足设计要求,且不应小于模塑板面积的_____。（　　）

　　A. 50%　　　　　　B. 60%　　　　　　C. 70%　　　　　　D. 80%

18. 依据 DB34/T 2695—2016,用于外墙外保温的匀质改性防火保温板抗压强度应不小于_____ MPa。（　　）

　　A. 0.20　　　　　　B. 0.30　　　　　　C. 0.50　　　　　　D. 0.80

19. 依据 GB/T 10294—2008,对于大多数绝热材料而言,施加的压力一般不大于_____。（　　）

　　A. 2.8kPa　　　　　B. 2.5kPa　　　　　C. 1.8kPa　　　　　D. 1.0kPa

20. 依据 GB/T 29906—2013,标准试验环境为_____。（　　）

　　A. 空气温度(23±5)℃,相对湿度(50±10)%

　　B. 空气温度(23±2)℃,相对湿度(60±10)%

　　C. 空气温度(23±2)℃,相对湿度(50±10)%

　　D. 空气温度(23±5)℃,相对湿度(60±10)%

21. 依据 GB/T 29906—2013,垂直于板面方向的抗拉强度试验,将试样装入拉力机上,以_____的恒定速度加荷,直至试样破坏。（　　）

　　A.(20±1)mm/min　　　　　　B.(10±1)mm/min

　　C.(5±1)mm/min　　　　　　 D.(3±1)mm/min

22. 依据 JG/T 420—2013,当硬泡聚氨酯板的厚度小于 50mm 时,压缩强度试验的加荷

速度是_____。(　　)

　　A. 5mm/min　　　　　　　　　　B. 8mm/min

　　C. 10mm/min　　　　　　　　　　D. 试样厚度的 1/10(mm/min)

23. 依据 JG/T 420—2013,硬泡聚氨酯芯材的导热系数试验是在平均温度_____下测试。(　　)

　　A. 20℃　　　　　B. 23℃　　　　　C. 30℃　　　　　D. 60℃

24. 依据 GB/T 29906—2013,模塑板出厂前在自然条件下陈化_____ d,或在温度(60±5)℃环境中陈化 5d。(　　)

　　A. 5　　　　　B. 10　　　　　C. 28　　　　　D. 42

25. 依据 GB/T 29906—2013,试验环境的相对湿度为_____%。(　　)

　　A.(50±5)　　　　B.(55±5)　　　　C.(55±10)　　　　D.(50±10)

26. 依据 GB/T 20284—2006,在 SBI 单体燃烧试验中,当_____时,由辅助燃烧器切换至主燃烧器。(　　)

　　A. $t=0s$　　　　B. $t=120s$　　　　C. $t=300s$　　　　D. $t=900s$

27. 依据 GB/T 20284—2006,在 SBI 单体燃烧试验中,当_____时,称为基准时段,用以测量燃烧器的热输出和烟气输出。(　　)

　　A. $210s\leqslant t\leqslant270s$　　　　　　　B. $300s\leqslant t\leqslant900s$

　　C. $0\leqslant t\leqslant300s$　　　　　　　D. $300s\leqslant t\leqslant1560s$

28. 依据 GB/T 5486—2008,进行干表观密度检测时,以下说法错误的是_____。(　　)

　　A. 结果为 5 个试件密度的算术平均值

　　B. 试件应烘干至恒定质量

　　C. 试件的长、宽均不得小于100mm

　　D. 结果为 3 个试件密度的算术平均值

29. 依据 GB/T 2406.2—2009,氧指数法的定义是,通入(23±2)℃氧氮混合气体时,_____。(　　)

　　A. 刚好维持材料燃烧的最小氧浓度

　　B. 确定不会燃烧或不会明显燃烧的建筑制品,不论这些制品的最终应用形态

　　C. 评价在房间角落处,模拟制品附近有单一火源的火灾场景下,制品本身对火灾的影响

　　D. 评价制品在与小火焰接触时制品的着火性

30. 依据 GB/T 10294—2008,导热系数单位应为_____。(　　)

　　A. W/m^2　　　B. $m^2\cdot K/W$　　　C. $m\cdot K/W$　　　D. $W/(m\cdot K)$

31. 依据 GB 8624—2012,外墙保温用 B_1 级模塑聚苯板的燃烧性能试验中,不需进行的试验项目有_____。(　　)

　　A. 可燃性试验　　　　　　　　B. 单体燃烧试验

　　C. 氧指数试验　　　　　　　　D. 难燃性试验

32. 依据 GB/T 5486—2008,进行抗压强度检测,下列说法错误的是_____。(　　)

　　A. 试验机的相对示值误差应小于1%,应具有显示受压变形的测量装置

B. 试件的长度、宽度、厚度测量结果均精确至 1mm

C. 以(10±1)mm/min 速度对试件加荷,直至试件破坏

D. 当试件在压缩变形 10% 时没有破坏,则试件压缩变形 10% 时的荷载为破坏荷载

33. 依据 GB/T 5486—2008,进行吸水率检测,下列说法错误的是_____。( )

A. 试样的称量精确至 0.1g

B. 试样尺寸一般为 400mm×300mm×原厚,一共三块试样

C. 待试件各表面残余水分用海绵吸干后,放置 6h 后称量试件浸水后的湿质量

D. 制品的吸水率为三个试件吸水率的算术平均值,精确至 0.1%

34. 依据 GB/T 5480—2017,下列说法错误的是_____。( )

A. 尺寸及体积密度试验样品抵达试验室后,可立即开始进行测试,样品无须在试验前进行状态调节

B. 针形厚度计分度值为 1mm,压板尺寸为 200mm×200mm

C. 以各厚度测量值的算术平均值作为该试样的厚度,结果精确到 1mm

D. 当试件长度为 1200mm 时,厚度测量应在两个位置进行

35. 依据 GB/T 25975—2018,标准要求岩棉条的导热系数(平均温度 25℃)应不大于_____W/(m·K),有标称值时还应不大于其标称值。( )

A. 0.023　　　　B. 0.040　　　　C. 0.046　　　　D. 0.048

36. 依据 DB34/T 3826—2021,标准要求胶粘剂拉伸粘结强度(与水泥砂浆)原强度性能指标_____。( )

A. 大于等于 0.10MPa　　　　　　B. 大于等于 0.15MPa

C. 大于等于 0.30MPa　　　　　　D. 大于等于 0.60MPa

37. 依据 JG/T 483—2015,标准要求胶粘剂拉伸粘结强度(与水泥砂浆)原强度性能指标_____kPa。( )

A. 大于等于 500　　　　　　　　B. 大于等于 600

C. 大于等于 800　　　　　　　　D. 大于等于 1000

38. 依据 GB/T 10294—2008,当采用双试件检测装置时,两块试件的厚度差别应小于_____。( )

A. 0.5%　　　　B. 1%　　　　C. 2%　　　　D. 5%

39. 依据 GB/T 8813—2020,试件状态调节规定温度为_____℃,相对湿度为(50±10)%,至少 6h。( )

A. (23±2)　　　B. (25±2)　　　C. (20±5)　　　D. (25±3)

40. 依据 GB/T 13475—2008,测试条件最小温差为_____。( )

A. 15℃　　　　B. 20℃　　　　C. 25℃　　　　D. 30℃

41. 依据 GB/T 8813—2020,在硬质泡沫塑料压缩性能的测定试验中,试样的数量不得少于_____块。( )

A. 3　　　　　B. 4　　　　　C. 5　　　　　D. 6

42. 依据 GB/T 8810—2005,试验试样长度、宽度和体积分别为_____。( )

A. 100mm,100mm,不小于 300cm³　　B. 150mm,150mm,不小于 500cm³

C. 200mm,200mm,不小于 800cm³　　D. 250mm,250mm,不小于 1000cm³

43. 依据 GB/T 10801.2—2018,测定 XPS 板吸水率的浸水时间为_____h。(　　)

A. 24　　　　　　B. 48　　　　　　C. 72　　　　　　D. 96

44. 依据 GB/T 20284—2006,单体燃性试验装置试验中燃气为_____。(　　)

A. 纯度大于等于95％的丙烷　　　　　B. 甲烷

C. 丁烷　　　　　　　　　　　　　　D. 液化石油气

45. 依据 GB/T 8626—2007,建筑材料可燃性试验中火焰高度为_____。(　　)

A.(20±1)mm　　B.(20±5)mm　　C.(10±1)cm　　D. 不作要求

46. 依据 GB/T 10801.1—2021,表观密度偏差试样的尺寸为_____。(　　)

A.(100±1)mm×(100±1)mm×原厚

B.(200±1)mm×(200±1)mm×原厚

C.(100±1)mm×(100±1)mm×(100±1)mm

D.(200±1)mm×(200±1)mm×(100±1)mm

47. 依据 GB/T 20284—2006,建材单体燃烧试验中,以火焰在试样表面边缘处至少持续_____s为判定持续火焰到达试样长翼远边缘处的判据。(　　)

A. 5　　　　　　　B. 10　　　　　　C. 15　　　　　　D. 20

48. 依据 GB/T 20284—2006,建材单体燃烧试验中,燃烧颗粒物或滴落物的记录时间为仅在开始受火后的_____s内。(　　)

A. 400　　　　　　B. 500　　　　　　C. 600　　　　　　D. 700

49. 依据 GB/T 14402—2007,热值试验时,氧弹充氧时压力要求为_____。(　　)

A. 2.0～2.5MPa　　　　　　　　　B. 2.5～3.0MPa

C. 3.0～3.5MPa　　　　　　　　　D. 3.5～4.0MPa

50. 依据 GB 8624—2012,下面是一种匀质保温材料的燃烧热值测试结果,满足标准中 A1 级的是_____。(　　)

A. 1.5MJ/kg　　B. 2.5MJ/kg　　C. 3.5MJ/kg　　D. 4.5MJ/kg

51. 依据 GB/T 10801.1—2021,测试 EPS 板的表观密度偏差时要求试件尺寸为_____。(　　)

A.(100±1)mm×(100±1)mm×原厚　　B.(200±1)mm×(200±1)mm×原厚

C.(300±1)mm×(300±1)mm×原厚　　D.(150±1)mm×(150±1)mm×原厚

52. 依据 GB/T 5486—2008,保温板抗压强度试验的加荷速度为_____。(　　)

A.(5±1)mm/min　　　　　　　　　B.(10±1)mm/min

C.(15±2)mm/min　　　　　　　　　D.(20±2)mm/min

53. 依据 GB/T 10801.2—2018,XPS 板压缩强度试验时,以_____速率压缩试样。(　　)

A.(5±1)mm/min　　　　　　　　　B.(10±1)mm/min

C. 试件厚度的 1/10(mm/min)　　　　D. 试件厚度的 1/5(mm/min)

54. 依据 GB/T 14402—2007,测量保温材料的燃烧热值时,最少需要测试_____次。(　　)

A. 1　　　　　　　B. 2　　　　　　C. 3　　　　　　D. 5

第二节　粘结材料

1. 依据 GB/T 29906—2013,模塑聚苯板外墙外保温系统胶粘剂拉伸粘结强度中胶粘剂的厚度为_____。(　　)

　　A. 1.0mm　　　　　B. 2.0mm　　　　　C. 3.0mm　　　　　D. 1.5mm

2. 依据 JGJ 144—2019,对胶粘剂拉伸粘结原强度试验,试样尺寸为 50mm×50mm,试样数量为 5 件,通过拉力试验机测得一组数据(1160N、1080N、990N、1130N、1060N),则该胶粘剂拉伸粘结强度为_____。(　　)

　　A. 0.40MPa　　　　B. 0.45MPa　　　　C. 0.46MPa　　　　D. 0.43MPa

3. 依据 GB/T 29906—2013,胶粘剂拉伸粘结强度(与模塑聚苯板)试验破坏状态为破坏发生在模塑板中的是模塑板内部或表层破坏面积在_____以上时。(　　)

　　A. 20%　　　　　B. 30%　　　　　C. 40%　　　　　D. 50%

4. 依据 GB/T 29906—2013,胶粘剂的拉伸粘结强度检测结果为_____个试验数据中的_____个中间值的算术平均值。(　　)

　　A. 8,6　　　　　B. 6,4　　　　　C. 5,3　　　　　D. 4,2

5. 依据 GB/T 29906—2013,胶粘剂拉伸粘结强度(与模塑聚苯板)试验破坏时破坏状态为界面破坏,_____破坏面积满足界面破坏的要求。(　　)

　　A. 100%　　　　B. 80%　　　　　C. 60%　　　　　D. 40%

6. 依据 GB/T 29906—2013,胶粘剂的拉伸粘结强度测定试验中的拉伸速度为_____。(　　)

　　A.(3±1)mm/min　　　　　　　　B.(4±1)mm/min

　　C.(5±1)mm/min　　　　　　　　D.(6±1)mm/min

7. 依据 GB/T 29906—2013,胶粘剂可操作时间试验时,以下说法错误的是_____。(　　)

　　A. 按生产商提供的可操作时间放置　　B. 按 1.5h 放置

　　C. 放置时间即为可操作时间　　　　　D. 按 4h 放置

8. 依据 GB/T 29906—2013,在胶粘剂的拉伸粘结强度检测中,以下说法错误的是_____。(　　)

　　A. 试样尺寸 50mm×50mm　　　　　B. 试样尺寸直径 50mm

　　C. 试样在标准条件下养护 28d　　　　D. 试样涂抹厚度为 2~5mm

9. 依据 GB/T 29906—2013,胶粘剂拉伸粘结强度检测,试验结果为_____个试验数据中_____个中间值的算术平均值,精确至_____。(　　)

　　A. 6,4,0.01MPa　　　　　　　　B. 6,4,0.1MPa

　　C. 5,3,0.01MPa　　　　　　　　D. 5,3,0.1MPa

10. 依据 DB34/T 5080—2018,下列_____不是标准中对粘结砂浆的性能要求。(　　)

　　A. 与保温装饰板间拉伸粘结原强度

　　B. 与保温装饰板间拉伸粘结耐水强度

C. 与保温装饰板间拉伸粘结耐冻融强度

D. 可操作性时间

11. 依据 GB/T 29906—2013,在胶粘剂拉伸粘结原强度试验中,试样尺寸为 50mm×50mm,试样数量为 6 件,通过拉力试验机测得一组数据(1180N、1080N、1290N、1130N、1060N、1150N),则该胶粘剂拉伸粘结原强度为_____。(　　)

A. 0.45MPa　　　B. 0.44MPa　　　C. 0.50MPa　　　D. 0.46MPa

第三节　增强加固材料

1. 依据 GB/T 9914.3—2013,经过试验检测,某裁剪好的耐碱玻纤网布的质量为 1.6139g,面积为 10000mm²,该耐碱玻璃纤维网布单位面积质量的报告值为_____。(　　)

A. 161g/m²　　　B. 161.39g/m²　　　C. 161.4g/m²　　　D. 160g/m²

2. 依据 GB/T 7689.5—2013,耐碱玻璃纤维网布拉伸试验中,试件的有效长度为_____。(　　)

A. (100±1)mm　　　　　　　　　B. (100±2)mm

C. (200±1)mm　　　　　　　　　D. (200±2)mm

3. 依据 GB/T 20102—2006,耐碱玻璃纤维网布耐碱性试验所需氢氧化钠溶液的配制浓度为_____。(　　)

A. 1%　　　　B. 5%　　　　C. 10%　　　　D. 15%

4. 依据 GB/T 7689.5—2013,耐碱玻璃纤维网布拉伸断裂强力的测定时,以下预张力不满足标准要求的是_____。(　　)

A. 预期强力的 0.5%　　　　　　B. 预期强力的 0.75%

C. 预期强力的 1.0%　　　　　　D. 预期强力的 1.25%

5. 依据 JC/T 841—2007,下列表述中,不满足耐碱玻璃纤维网布氧化锆、氧化钛含量标准要求的是_____。(　　)

A. 氧化锆(14.5±0.8)%,氧化钛(6.0±0.5)%

B. 氧化锆大于等于 16.0%

C. 氧化锆、氧化钛总和大于等于 19.2%且氧化锆大于等于 13.7%

D. 氧化锆、氧化钛总和大于等于 19.2%且氧化锆大于等于 12.5%

6. 依据 GB/T 33281—2016,直径 0.9mm 的镀锌电焊网的焊点抗拉力应大于_____N。(　　)

A. 60　　　　B. 65　　　　C. 70　　　　D. 75

7. 依据 GB/T 33281—2016,电焊网镀锌层质量应大于_____。(　　)

A. 120g/m³　　　B. 140g/m³　　　C. 160g/m³　　　D. 180g/m³

8. 依据 JC/T 841—2007,网格布可燃物含量应不小于_____。(　　)

A. 10%　　　　B. 11%　　　　C. 12%　　　　D. 13%

9. 依据 GB/T 7689.5—2013,Ⅰ型试样的拉伸速度为_____mm/min。(　　)

A. (50±3)　　　B. (50±5)　　　C. (100±3)　　　D. (100±5)

10. 依据 GB/T 33281—2016,电焊网的丝径应采用分度值为 _____ 的量具进行测量。(　　)

A. 1mm　　　　　　B. 0.1mm　　　　　　C. 0.01mm　　　　　　D. 0.001mm

11. 依据 GB/T 1839—2008,进行电焊网的镀锌层质量试验时,规格为 DHW0.90×12.70×12.70 样品的试样长度一般为 _____ 。(　　)

A. 300mm　　　　　B. 500mm　　　　　C. 600mm　　　　　D. 800mm

12. 依据 GB/T 20102—2006,使用 5％氢氧化钠溶液浸泡 _____ 天,氢氧化钠试剂的纯度级别为 _____ 。(　　)

A. 28d,化学纯　　　B. 28d,分析纯　　　C. 7d,化学纯　　　D. 7d,分析纯

13. 依据 GB/T 9914.3—2013,对于单位面积质量大于或等于 $200g/m^2$ 的织物,检测结果应精确至 _____ 。(　　)

A. 1g　　　　　　B. 0.5g　　　　　　C. 0.1g　　　　　　D. 0.01g

14. 依据 GB/T 1839—2008,某试样溶解前的质量为 1.2756g,溶解后的质量为 1.1825g,溶解后的平均直径为 0.84mm,该试样的镀锌层质量为 _____ g/m^2 。(　　)

A. 120　　　　　　B. 130　　　　　　C. 140　　　　　　D. 150

15. 依据 JC/T 841—2007,单位面积质量实测值应不超过其标称值的 _____ 。(　　)

A. ±1％　　　　　B. ±2％　　　　　C. ±5％　　　　　D. ±8％

16. 依据 JC/T 841—2007,拉伸断裂强力保留率应 _____ 。(　　)

A. 大于等于 45％　B. 大于等于 50％　C. 大于等于 70％　D. 大于等于 75％

17. 依据 GB/T 33281—2016, DHW0.70×12.70×12.70 表示丝径为 _____ mm。(　　)

A. 0.70

B. 大于等于 12.70

C. 大于等于 0.70 或 12.70

D. 无法判断

18. 依据 GB/T 33281—2016,镀锌电焊网焊点抗拉力试验中,拉伸试验机拉伸速度为 _____ 。(　　)

A. 5mm/min　　　　B. 10mm/min　　　　C. 5cm/min　　　　D. 10cm/min

19. 依据 GB/T 1839—2008,电焊网镀锌层质量试验中,所用的试验溶液不包括 _____ 。(　　)

A. 六次甲基四胺(($C_6H_{12}N_4$)　　　B. 浓盐酸($\rho=1.19g/mL$)

C. 蒸馏水或去离子水　　　　　　　D. 浓硫酸($\rho=1.19g/mL$)

20. 依据 GB/T 33281—2016,镀锌电焊网镀锌层应均匀,对硫酸铜浸置试验次数不少于 _____ 。(　　)

A. 一次　　　　　B. 两次　　　　　C. 三次　　　　　D. 四次

21. 依据 JG/T 158—2013,耐碱玻璃纤维网格布进行耐碱强力保留率试验时,水泥净浆按方法制备为 _____ 。(　　)

A. 取一份强度等级 32.5 的普通硅酸盐水泥与 10 份水搅拌 30min 后,静置过夜

B. 取一份强度等级 32.5 的普通硅酸盐水泥与 10 份水搅拌 30min

C. 取一份强度等级 42.5 的普通硅酸盐水泥与 10 份水搅拌 30min 后,静置过夜

D. 取一份强度等级 42.5 的普通硅酸盐水泥与 10 份水搅拌 30min

22. 依据 GB/T 7689.5—2013,耐碱网格布断裂伸长率试验时的起始有效长度和拆边试样宽度为_____。(　　)

A. 350mm/65mm 　　　　　　　　B. 200mm/50mm

C. 250mm/40mm 　　　　　　　　D. 100mm/25mm

23. 依据 GB/T 1839—2008,镀锌电焊网镀锌层质量检测,称量试样质量,当试样镀锌层质量不小于 0.1g 时,称量应准确到_____。(　　)

A. 0.1g 　　　　　B. 0.01g 　　　　　C. 0.001g 　　　　　D. 0.0001g

第四节　保温砂浆

1. 依据 GB/T 5486—2008,无机保温砂浆密度试验将试件置于电热鼓风干燥箱中,在_____下烘干至恒质量。(　　)

A. (105±5)℃ 　　　B. (110±5)℃ 　　　C. (65±5)℃ 　　　D. (100±10)℃

2. 依据 GB/T 5486—2008,无机保温砂浆恒定质量的判据为恒温 3h 两次称量试件质量的变化率小于_____。(　　)

A. 0.1% 　　　　　B. 0.2% 　　　　　C. 0.3% 　　　　　D. 0.4%

第五节　抹面材料

1. 依据 GB/T 29906—2013,模塑聚苯板系统抹面胶浆拉伸粘结强度试验中,抹面胶浆的厚度为_____。(　　)

A. 1.0mm 　　　　　B. 2.0mm 　　　　　C. 3.0mm 　　　　　D. 1.5mm

2. 依据 GB/T 29906—2013,抹面砂浆不透水性试验中,试样数量为_____个。(　　)

A. 4 　　　　　B. 5 　　　　　C. 3 　　　　　D. 6

3. 依据 GB/T 29906—2013,耐候性试验后试样抹面层进行拉伸粘结强度试验,得出的结果分别为 0.071MPa、0.092MPa、0.125MPa、0.161MPa、0.143MPa、0.150MPa,试样抹面层拉伸粘结强度最终结果为_____。(　　)

A. 0.124MPa 　　　B. 0.128MPa 　　　C. 0.12MPa 　　　D. 0.13 MPa

4. 依据 GB/T 29906—2013,3J 级抗冲击试验钢球质量为_____,10J 级抗冲击试验钢球质量为_____。(　　)

A. 500g,1000g 　　　B. 515g,1015g 　　　C. 525g,1025g 　　　D. 535g,1045g

5. 依据 DB34/T 2695—2016,以下时间满足抹面胶浆的可操作时间要求的是_____。(　　)

A. 0.5h 　　　　　B. 1h 　　　　　C. 3h 　　　　　D. 5h

6. 依据 JG/T 158—2013,下列时间不满足抗裂砂浆的可操作时间要求的是_____。(　　)

A. 1h 　　　　　B. 2h 　　　　　C. 3h 　　　　　D. 5h

7. 依据 JG/T 483—2015,抹面胶浆拉伸粘结强度试验按 GB/T 29906—2013 规定的方

法进行试验,岩棉板的试样尺寸为_____。(　　)

A. 100mm×100mm　　　　　　B. 150mm×150mm

C. 200mm×200mm　　　　　　D. 50mm×50mm

8. 依据 JG/T 158—2013,抗裂砂浆拉伸粘结强度(与水泥砂浆)浸水处理性能指标大于等于_____。(　　)

A. 0.1MPa　　B. 0.3MPa　　C. 0.5MPa　　D. 1.0MPa

9. 依据 GB/T 29906—2013,在抹面胶浆拉伸粘结强度试验中,拉力试验机的拉伸速度为_____。(　　)

A.(5±1)mm/min　　　　　　B.(10±2)mm/min

C.(15±2)mm/min　　　　　　D.(20±2)mm/min

第六节　建筑外窗

1. 依据 GB/T 7106—2019,试件空气渗透量指在标准状态下,单位时间通过测试体的空气量,其中标准状态指的是温度为_____、压力为 101.3kPa、空气密度为 1.202kg/m³的试验条件。(　　)

A. 273K　　B. 293K　　C. 10K　　D. 100K

2. 依据 GB/T 7106—2019,门窗"三性"的检测顺序是_____。(　　)

A. 气密、水密、抗风压　　　　B. 气密、抗风压、水密

C. 抗风压、水密、气密　　　　D. 抗风压、气密、水密

3. 依据 GB/T 7106—2019,在门窗"三性"检测中,相同类型、结构及规格尺寸的试件至少应有_____樘。(　　)

A. 1　　B. 2　　C. 3　　D. 4

4. 依据 GB/T 7106—2019,在进行门窗水密性试验检测时,采用波动加压法的淋水量为_____ L/(m²・min)。(　　)

A. 1　　B. 2　　C. 3　　D. 4

5. 依据 GB/T 8478—2020,以下构件为铝合金门窗的主要受力杆件的是_____。(　　)

A. 玻璃压条　　B. 披水条　　C. 门窗框　　D. 中竖框

6. 依据 GB/T 7106—2019,下列关于抗风压性能预备加压说法错误的是_____。(　　)

A. 分别提供三个压力脉冲　　　B. 压力稳定作用时间为 5s

C. 加载速度约为 100Pa/s　　　C. 压力差绝对值为 500Pa

7. 依据 GB/T 8484—2020,建筑外门窗保温性能检测中,传热过程达到稳定之后,应每隔_____min 测量一次参数。(　　)

A. 10　　B. 15　　C. 20　　D. 30

8. 依据 GB/T 8484—2020,试件框热测、冷侧各表面应均匀布置至少_____个温度测定点。(　　)

A. 9　　B. 14　　C. 6　　D. 20

9. 依据 GB/T 7106—2019,外门窗"三性"检测设备,空气流量测量装置的校验周期不应大于_____个月。(   )

A. 3　　　　　　B. 6　　　　　　C. 12　　　　　　D. 24

10. 依据 GB/T 7106—2019,外门窗气密性检测时,试件安装完毕后,应将试件可开启部分开关_____次,最后关紧。(   )

A. 5　　　　　　B. 6　　　　　　C. 4　　　　　　D. 3

11. 依据 GB/T 11944—2012,在中空玻璃露点检测中,试样为与制品相同材料、在同一工艺条件下制作的尺寸为_____的样品。(   )

A. 500mm×500mm　　　　　　　　B. 500mm×400mm

C. 510mm×360mm　　　　　　　　D. 200mm×200mm

12. 依据 GB/T 11944—2012,对 6+12A+6(mm)规格的中空玻璃进行露点试验时,露点仪和玻璃外表面接触的时间应为_____。(   )

A. 5min　　　　　　B. 6min　　　　　　C. 7min　　　　　　D. 8min

13. 依据 GB/T 8484—2020,关于门窗传热系数的检验,下列说法错误的是_____。(   )

A. GB/T 8484—2020 主要针对外门窗,其他类型的门窗和玻璃的传热系数试验方法可以参照该标准

B. 被测试件面积不应小于 $0.5m^2$

C. 试验时,应在试件洞口填充材料的两侧表面粘贴热电偶

D. 热流系数 M_1 和 M_2 应每年定期标定一次

14. 依据 GB/T 7106—2019,外门窗"三性"测量装置中空气流量测量装置的测量误差不应大于示值的_____。(   )

A. 1%　　　　　　B. 2%　　　　　　C. 5%　　　　　　D. 10%

15. 依据 GB/T 7106—2019,外门窗"三性"测量装置中差压测量装置的测量误差不应大于示值的_____。(   )

A. 1%　　　　　　B. 2%　　　　　　C. 5%　　　　　　D. 10%

16. 依据 GB/T 7106—2019,水密性检测,以下说法正确的是_____。(   )

A. 应在环境温度不低于 10℃的试验条件下进行

B. 检测应在室内进行,且应在环境温度不低于 10℃的试验条件下进行

C. 应在环境温度不低于 5℃的试验条件下进行

D. 检测应在室内进行,且应在环境温度不低于 5℃的试验条件下进行

17. 依据 GB/T 2680—2021,下列说法错误的是_____。(   )

A. 可见光光谱为 380~780nm

B. 遮阳系数为在给定条件下,太阳能总透射比与厚度 3mm 无色透明玻璃的太阳能总透射比的比值

C. 玻璃表面辐射率可直接查表得出

D. 光热比为可见光透射比与太阳能总透射比的比值

18. 依据 GB/T 8484—2020,热箱壁热流系数 M_1 和试件框热流系数 M_2 每年应至少标定_____次,箱体构造、尺寸发生变化时应重新标定。(   )

A. 1　　　　　　　B. 2　　　　　　　C. 3　　　　　　　D. 5

19. 依据 GB/T 8484—2020,被检试件为 1 件时,面积不应小于_____ m²。(　　)

A. 0.5　　　　　　B. 0.6　　　　　　C. 0.8　　　　　　D. 1.0

20. 依据 GB/T 8478—2020,保温型门窗的传热系数 K 应小于_____。(　　)

A. 1.5W/(m²·K)　　　　　　　　　　B. 2.5W/(m²·K)

C. 3.0W/(m²·K)　　　　　　　　　　D. 2.0W/(m²·K)

21. 依据 GB/T 8484—2020,检测条件:热箱空气平均温度设定范围为_____,温度波动幅度不应大于_____。(　　)

A. (20±0.5)℃,0.2K　　　　　　　　B. 19~21℃,0.3K

C. 19~21℃,0.2K　　　　　　　　　D. (20±0.5)℃,0.3K

22. 依据 GB/T 7106—2019,采用定级检测时,水密性能检测中稳定加压法的淋水量为_____ L/(m²·min)。(　　)

A. 1　　　　　　　B. 2　　　　　　　C. 3　　　　　　　D. 4

23. 依据 GB/T 8484—2020,在建筑外门窗保温性能检测中,传热过程稳定之后,每隔_____ min 测量一次参数 T_1、T_2、$\Delta\theta_1$、$\Delta\theta_2$、$\Delta\theta_3$、Q,共测六次。(　　)

A. 10　　　　　　B. 15　　　　　　C. 20　　　　　　D. 30

24. 依据 GB/T 7106—2019,水密性能最大检测压力峰值应小于_____。(　　)

A. 抗风压检测压力差值 P_3 或 P_3'　　B. 抗风压反复加压检测压力差 P_2

C. 抗风压定级检测压力差 P_1　　　　D. 抗风压工程检测压力差 P_3'

25. 依据 GB/T 2680—2021,太阳光直接透射比是指波长范围_____ nm 的太阳辐射透过被测物体的辐射通量与入射的辐射通量之比。(　　)

A. 280~1800　　B. 300~2500　　C. 380~2500　　D. 280~2500

26. 依据 GB/T 8484—2020,检测玻璃保温性能时样品的尺寸为_____。(　　)

A. 800mm×1250mm　　　　　　　　B. 1000mm×1000mm

C. 1000mm×1500mm　　　　　　　　D. 1500mm×1500mm

27. 依据 GB/T 7106—2019,气密性能检测预备加压时,压力稳定作用时间为_____ s,泄压时间不少于1s。(　　)

A. 1　　　　　　　B. 2　　　　　　　C. 3　　　　　　　D. 4

28. 依据 GB/T 7106—2019,若工程所在地为热带风暴和台风地区,则工程检测应采用_____。(　　)

A. 波动加压法　　B. 稳定加压法　　C. 跳级加压法　　D. 均可

29. 依据 GB/T 7106—2019,抗风压性能检测包含变形检测、_____、安全检测。(　　)

A. 加压检测　　　B. 定级检测　　　C. 反复加压检测　　D. 工程检测

第七节　节能工程

1. 依据 GB 50411—2019,钻芯检验外墙节能构造应在_____进行。(　　)

A. 墙体施工完工前　　　　　　　　　B. 墙体施工完工后、节能分部工程验收前

C. 整体建筑工程验收后　　　　　　　D. 墙体施工完工后、节能分部工程验收后

2. 依据 JG/T 366—2012,锚栓由_____组成。( )

A. 螺钉(塑料钉或具有防腐功能的金属钉)

B. 带圆盘的塑料膨胀套管

C. 塑料钉或具有防腐功能的金属钉

D. 螺钉(塑料钉或具有防腐功能的金属钉)和带圆盘的塑料膨胀套管

3. 依据 GB 50411—2019,墙体节能工程使用的材料、产品进场时,应对其性能进行复验,同厂家、同品种产品,按照扣除门窗洞口后的保温墙面面积所使用的材料用量,在_____ m² 以内时应复验1次。( )

A. 2000   B. 5000   C. 8000   D. 10000

4. 依据 DB34/T 1588—2019,现场检测锚栓抗拉承载力试验时,数显式粘结强度检测仪支脚中心轴线与锚栓试件中心轴线之间的距离不应小于有效锚固深度的_____倍。( )

A. 1   B. 1.5   C. 2   D. 3

5. 依据 DB34/T 1588—2019,开展建筑节能工程现场检测的检测机构及人员必须具备的条件,以下叙述不正确的是_____。( )

A. 开展的检测项目/参数应通过检验检测机构资质认定许可

B. 取得建设工程质量检测机构"建筑节能检测"的资质证书

C. 检测工作应由不少于3名具有相应资格的检测人员承担

D. 检测人员应经专业技术培训并取得相应资格

6. 依据 GB 50411—2019,保温层厚度判定,_____符合设计要求。( )

A. 当实测芯样厚度的平均值达到设计厚度的 95% 及以上时

B. 当实测芯样厚度的平均值达到设计厚度的 90% 及以上时

C. 当实测芯样厚度的平均值达到设计厚度的 85% 及以上时

D. 当实测芯样厚度的平均值达到设计厚度的 98% 及以上时

7. 依据 DB34/T 1588—2019,锚栓抗拉承载力按_____进行判定。( )

A. 标准值   B. 设计值   C. 特征值   D. 平均值

8. 依据 DB34/T 1588—2019,围护结构主体部位传热系数的检测应在被测部位保温系统施工完成且自然干燥_____d后进行。( )

A. 60   B. 45   C. 30   D. 90

9. 依据 GB/T 30595—2014,下列说法错误的是_____。( )

A. 系统主要是通过粘结材料粘结并辅以塑料锚栓锚固的方式来固定保温层

B. 系统的抹面层主要为保护 XPS,并起到防裂、防火、防水和抗冲击等作用

C. 系统的饰面层为系统的外装饰构造层,主要对挤塑板外保温系统起到装饰作用

D. 防护层由抹面层和饰面层组成,用以保证挤塑板系统的机械强度和耐久性

10. 依据 GB/T 13475—2008,可测量建筑构件的热性质有_____。( )

A. 热阻、传热系数   B. 导热系数、传热系数

C. 热阻、蓄热系数   D. 蓄热系数、导热系数

11. 依据 DB34/T 1588—2019,下列关于围护结构主体部位传热系数热流计法检测叙述错误的是_____。( )

A. 围护结构传热系数应在被测部位保温系统施工完工且自然干燥 30d 后进行

B. 冬季检测应在采暖系统正常运行后进行

C. 检测持续时间应不少于 72h

D. 未设置采暖的地区,冬季检测时,应人为适当提高室内温度

12. 依据 DB34/T 1588—2019,关于外墙节能构造检测以下选项错误的是_____。( )

A. 外墙节能构造检测应在外墙保温系统施工完成后、节能分部工程验收前进行

B. 单位工程中节能构造做法相同的保温系统应至少检测一组,每组至少选取不同位置的 3 片墙面作为检测试件。检测部位应选取检测试件上节能构造有代表性的外墙上且相对隐蔽的部位,并宜兼顾不同朝向和楼层

C. 对于选定的检测试件原则上布置一个芯样测点

D. 同一个房间外墙上取 2 个或 2 个以上芯样

13. 依据 GB 50411—2019,屋面保温材料进场时应进行复验,以下可以不进行复检的是_____。( )

A. 导热系数、密度　　　　　　　　　B. 燃烧性能

C. 抗压强度或压缩强度　　　　　　　D. 垂直板面抗拉强度

14. 依据 DB34/T 1588—2019,下列说法错误的是_____。( )

A. 建筑节能工程的现场检测应由不少于 4 名具有相应资格的检测人员承担

B. 现场检测人员应获得所在检测机构的岗位授权

C. 现场检测人员应经过专业技术培训

D. 现场检测人员应取得相应上岗资格

15. 依据 DB34/T 1588—2019,下列关于抽样方法中全数检测说法错误的是_____。( )

A. 外观缺陷或表面损伤较多时,应采用全数检测

B. 受检范围较小或构件数量较少时,应采用抽样检测

C. 构件质量状况差异较大时,应采用全数检测

D. 灾害发生后对受损情况的识别或签定时,应采用全数检测

16. 依据 DB34/T 1588—2019,外墙节能构造试验中保温层厚度检测结果以芯样实测厚度的平均值表示,精确到_____。( )

A. 0.01mm　　　　B. 0.1mm　　　　C. 1mm　　　　D. 0.02mm

17. 依据 DB34/T 1588—2019,进行外窗气密性能检测,下列说法中错误的是_____。( )

A. 当温度、风速、降雨等环境条件影响检测结果时,应排除干扰因素后继续检测

B. 试验开始前,应预备加压检查密封板及透明膜的密封状态

C. 将三樘试件的 $\pm q_1$ 值或 $\pm q_2$ 值分别平均后对照 GB/T 31433—2015,确定按照缝长和按面积各自所属等级,最后取两者中的不利级别为该组试件所属等级。正、负压测定值分别定级

D. 当检测结果首次出现不符合标准规定的情况时,不允许双倍抽样复检

18. 依据 JG/T 366—2012,下列说法中错误的是_____。( )

A. A类基层墙体指的是普通混凝土基层墙体

B. 用于岩棉外墙外保温系统时,宜选用圆盘直径为140mm的圆盘锚栓

C. 锚栓的有效锚固深度不应小于25mm

D. 锚栓的最低安装温度应为5℃

19. 依据JG/T 366—2012,在各类基层墙体的锚栓抗拉承载力标准值试验中,如果试验中破坏荷载的变异系数大于_____,确定抗拉承载力标准值时应乘以一个附加系数。( )

A. 5%　　　　　B. 10%　　　　　C. 20%　　　　　D. 40%

20. 依据DB34/T 3826—2021,岩棉板系统中实心砌体基层墙体的锚栓抗拉承载力标准值为_____。( )

A. 1.20kN　　　B. 0.80kN　　　C. 0.60kN　　　D. 0.40kN

21. 依据DB34/T 1588—2019,建筑外窗现场气密性检测,当温度、风速、降雨等环境条件影响检测结果时,应_____继续检测,并在报告中注明。( )

A. 忽略干扰因素后　　　　　　　　B. 排除干扰因素后

C. 考虑干扰因素后　　　　　　　　D. 记录干扰因素后

22. 依据DB34/T 1588—2019,采用热流计法现场检测围护结构传热系数时,应保证室内空气温度的波动范围在_____之内。( )

A. ±1℃　　　　B. ±2℃　　　　C. ±3℃　　　　D. ±5℃

23. 依据DB34/T 1588—2019,围护结构热工缺陷检测试验中,受检表面同一个部位的红外热像图不应少于_____张。( )

A. 2　　　　　　B. 3　　　　　　C. 4　　　　　　D. 5

24. 依据JG/T 287—2013,锚固件拉拔力试验中,锚固件数量应为_____个。( )

A. 3　　　　　　B. 4　　　　　　C. 5　　　　　　D. 6

25. 依据DB34/T 1588—2019,锚栓抗拉承载力标准值检测下面说法错误的是_____。( )

A. 应在锚栓安装完成后、下道工序施工前进行检测

B. 每两个相隔的试验锚栓间距不应小于100mm

C. 检测试件上均匀选定16个已安装完毕的试验锚栓

D. 每个检验批至少检测1组

26. 依据GB 50411—2019,地面节能工程使用的保温材料进场时,应对其材料性能进行复验,下列_____不是地面节能工程复验项目。( )

A. 导热系数或热阻　　　　　　　　B. 密度、压缩强度或抗压强度

C. 抗拉强度　　　　　　　　　　　D. 吸水率

27. 依据DB34/T 1588—2019,在墙体保温系统节能检测中,单位工程中采用相同保温材料和施工工艺的墙体保温系统,按扣除门窗洞口后每_____的保温墙面面积划分为一个检验批,不足_____也为一个检验批;当一个单位工程外墙有两种及以上节能保温做法时,每种节能做法的外墙应抽查不少于_____组。( )

A. 1000m²,1000m²,1　　　　　　　B. 500m²,500m²,3

C. 5000m²,5000m²,1　　　　　　　D. 1000m²,1000m²,3

28. 依据 GB/T 13475—2008，标定热箱法中 $Q_1 = Q_p - Q_3 - Q_4$，式中 Q_3 指的是_____。（　　）

A. 平行于试件的不平衡热流量　　　　B. 通过计量箱壁的热流量

C. 迂回热损　　　　D. 周边热损

29. 依据 GB/T 13475—2008，传热系数 U 与传热阻 R_u 关系是_____。（d 为厚度，Δt 表面温差）（　　）

A. $U = 1/R_u$　　　　B. $U = d/R_u$　　　　C. $U = R_u/d$　　　　D. $U = \Delta t/R_u$

30. 依据 DB34/T 1588—2019，进行保温板材粘贴面积比检测时，检测板宜选用尺寸为_____的透明网格板，网格分割纵横间距均为 10mm。（　　）

A. 300mm×300mm　　　　B. 400mm×300mm

C. 200mm×300mm　　　　D. 200mm×200mm

31. 依据 DB34/T 1588—2019，单位工程采用相同材料、构造、和施工做法的墙面应抽取不少于_____个检测部位进行围护结构传热系数检测。（　　）

A. 2　　　　B. 3　　　　C. 4　　　　D. 1

32. 依据 GB/T 13475—2008，传热系数 U 的单位是_____。（　　）

A. m・K/W　　　　B. m^2・K/W　　　　C. W/(m^2・K)　　　　D. W/(m・K)

33. 依据 JGJ 144—2019，下列关于现场喷涂硬泡聚氨酯外保温系统技术要求的说法错误的是_____。（　　）

A. 其构造层次由基层墙体、界面层、喷涂 PUR、界面砂浆层、找平层、抹面层和饰面层构成

B. 雨天、雪天不应施工

C. 其施工环境温度不宜低于 5℃

D. 需分层喷涂，每层厚度不宜大于 15mm，待前层喷涂硬泡聚氨酯不粘手后方可进行下一层施工

34. 依据 GB 50411—2019，EPS 保温板货到工地后应按规定进行现场见证取样复检，下列技术指标不属于复检项目的是_____。（　　）

A. 导热系数　　　　B. 表观密度　　　　C. 燃烧性能　　　　D. 尺寸稳定性

35. 依据 JGJ 144—2019，关于外保温工程施工，以下规定错误的是_____。（　　）

A. 防火隔离带的施工应在保温材料的施工后进行

B. 可燃、难燃保温材料的施工应分区段进行，各区段应保持足够的防火间距

C. 粘贴保温板薄抹灰外保温系统中的保温材料施工上墙后应及时做抹面层

D. 外保温施工期间现场不应有高温或明火作业

36. 依据 JGJ 144—2019，当进行外保温工程施工期间的环境空气温度不应低于_____℃，_____级以上大风天气和雨天不应施工。（　　）

A. 5,6　　　　B. 10,10　　　　C. 10,5　　　　D. 5,5

37. 依据 JGJ 144—2019，基层墙体与胶粘剂的拉伸粘结强度检验方法中规定，试验结果中每组可有一个试样的粘结强度小于本标准规定值，但不应小于规定值的_____。（　　）

A. 70%　　　　B. 75%　　　　C. 80%　　　　D. 90%

38. 依据 JGJ 144—2019,在系统拉伸粘结强度试验中,当测试抹面层与保温层拉伸粘结强度时,断缝应切割至保温层,保温层切割深度不应大于_____ mm。(　　)

A. 5　　　　　　　　B. 10　　　　　　　　C. 15　　　　　　　　D. 8

39. 依据 DB34/T 1588—2019,关于热流计检测围护结构传热系数,下列说法错误的是_____。(　　)

A. 对未设置供暖系统的地区,不能在冬季进行检测

B. 应避开气温剧烈变化的天气

C. 检测时间宜选在最冷月

D. 冬季检测应在供暖系统正常运行后进行

40. 依据 JGJ 144—2019,工程现场检测保温系统抗冲击性能,采用摆动冲击,摆长至少应为_____。(　　)

A. 0.61m　　　　　　B. 0.98m　　　　　　C. 1.02m　　　　　　D. 1.50m

41. 依据 DB34/T 1588—2019,现场粘贴饰面砖粘结强度检验应以每_____ m² 为一个检验批。(　　)

A. 100　　　　　　　B. 500　　　　　　　C. 1000　　　　　　D. 2000

第八节　反射隔热材料

1. 依据 GB/T 25261—2018,反射隔热平涂面漆的半球发射率应_____。(　　)
A. 大于等于 0.80　　B. 小于等于 0.80　　C. 大于等于 0.85　　D. 小于等于 0.85

2. 依据 GB/T 25261—2018,太阳光反射比是指在_____可见光和近红外波段反射的与入射的太阳辐射能通量之比值。(　　)

A. 780～2500nm　　　　　　　　　　B. 300～2500nm

C. 300～780nm　　　　　　　　　　 D. 250～300nm

第九节　供暖通风空调节能工程用材料、构件和设备

1. 依据 GB/T 13754—2017,供暖散热器散热量检测基准点空气温度是指测试小室中心垂线上距地处_____的空气温度。(　　)

A. 0.75m　　　　　　B. 0.50m　　　　　　C. 1.00m　　　　　　D. 0.25m

2. 依据 GB/T 19232—2019,风机盘管型号 FP - 102KM - Y - 4(3) - G30,该型号中字母 M 代表风机盘管_____。(　　)

A. 结构形式　　　　B. 安装形式　　　　C. 静压　　　　　　D. 进水方位

3. 依据 GB/T 19232—2019,以下测试方法不是机组供冷量、供热量测试方法的是_____。(　　)

A. 闭路式空气焓差法　　　　　　　　B. 房间空气焓值法

C. 风洞式焓值法　　　　　　　　　　D. 环路式空气焓值法

4. 依据 GB 50411—2019,下列风机盘管机组的参数,不是复试的参数的是_____。(　　)

A. 噪声　　　　　B. 出口静压　　　　　C. 风量　　　　　D. 导热系数

5. 依据 GB/T 19232—2019,风机盘管型号 FP-85WA-Y-4(3+1),该型号中字母 Y 代表风机盘管的_____。(　　)

A. 结构形式　　　B. 安装形式　　　C. 用途　　　　　D. 进水方位

6. 依据 GB/T 19232—2019,下列_____规格风机盘管机组不是规定的通用机组的基本规格型号。(　　)

A. FP-34　　　　B. FP-51　　　　C. FP-68　　　　D. FP-160

7. 依据 GB/T 19232—2019,对通用机组进行额定供冷量试验时,进口空气状态干球温度要求为_____。(　　)

A. 19.5℃　　　　B. 26℃　　　　　C. 21℃　　　　　D. 27℃

8. 依据 GB/T 19232—2019,供冷量测量时要求记录空气和水的各参数,至少记录次数为_____。(　　)

A. 3 次　　　　　B. 4 次　　　　　C. 5 次　　　　　D. 6 次

9. 依据 GB/T 19232—2019,供冷量测量时要求风侧和水侧的供冷量热平衡偏差有效范围为最大_____。(　　)

A. 3%　　　　　　B. 4%　　　　　　C. 5%　　　　　　D. 6%

10. 依据 GB/T 19232—2019,在半消声室环境中,1/3 倍频带中心频率小于 630Hz 时,最大允许差为_____dB。(　　)

A. ±0.5　　　　　B. ±1.5　　　　　C. ±2.0　　　　　D. ±2.5

11. 依据 GB/T 19232—2019,耐压和密封性检查试验中,机组的盘管在_____的压力下应能正常运行无泄漏。(　　)

A. 1.3MPa　　　　B. 1.6MPa　　　　C. 1.8MPa　　　　D. 2.0MPa

第十节　可再生能源应用系统

1. 依据 GB/T 50801—2013,太阳能电池是利用半导体_____的半导体器件。(　　)

A. 光热效应　　　　B. 热电效应　　　　C. 光生伏打效应　　D. 热斑效应

2. 依据 GB/T 6495.9—2006,以下不属于 AAA 指标的是_____。(　　)

A. 辐照强度　　　B. 辐照不均匀性　　C. 辐照不稳定性　　D. 光谱失配误差

3. 依据 GB/T 6495.1—1996,光伏器件电流-电压特性的测量中标准太阳电池与被测样品的温度测量,准确度应为_____。(　　)

A. 0℃　　　　　　B. ±1℃　　　　　C. ±2℃　　　　　D. ±3℃

4. 依据 GB/T 6495.1—1996,电流—电压测试时,要求辐照度器件与被测样品在同一平面,偏差_____。(　　)

A. ±1°　　　　　　B. ±2°　　　　　　C. ±3°　　　　　　D. ±5°

5. 依据 GB/T 6495.1—1996,电流—电压测试中,标准组件应安装在测试平面内,有效面应与光束的中心线垂直偏差不小于_____。(　　)

A. ±1°　　　　　　B. ±2°　　　　　　C. ±5°　　　　　　D. ±10°

6. 依据 GB/T 6495.9—2006,光谱失配偏差在 0.8～1.2 范围内是属于_____等级。(　　)

　　A. A 级　　　　　　　B. A+级　　　　　　　C. B 级　　　　　　　D. C 级

7. 依据 GB/T 6495.1—1996,测量电压和电流时应从试样引出端上分别引出导线,电压和电流的测量准确度应达到_____。(　　)

　　A. ±0.1%　　　　　　B. ±0.2%　　　　　　C. ±0.3%　　　　　　D. ±0.5%

第十一节　其　他

1. 依据 JGJ 144—2019,外墙保温耐冻融试验的冻融循环次数为_____。(　　)

　　A. 20 次　　　　　　B. 30 次　　　　　　C. 25 次　　　　　　D. 15 次

2. 依据 JGJ 144—2019,外墙保温系统吸水量试验,试验结果的 3 个数据应按_____处理。(　　)

　　A. 剔除最大值和最小值,取中间值　　　　　B. 求算术平均值

　　C. 平方和求平均值　　　　　　　　　　　D. 以上都不对

3. 依据中华人民共和国住房和城乡建设部令第 57 号令,下列说法错误的是_____。(　　)

　　A. 申请检测机构资质的单位应当是具有独立法人资格的企业、事业单位,或者依法设立的合伙企业,并具备相应的人员、仪器设备、检测场所、质量保证体系等条件

　　B. 检测机构资质证书实行电子证照,由国务院住房和城乡建设主管部门制定格式。资质证书有效期为 6 年

　　C. 省、自治区、直辖市人民政府住房和城乡建设主管部门负责本行政区域内检测机构的资质许可

　　D. 检测机构在资质证书有效期内名称、地址、法定代表人等发生变更的,应当在办理营业执照或者法人证书变更手续后 30 个工作日内办理资质证书变更手续

4. 依据 JGJ 144—2019,建筑外墙外保温系统耐候性试验中加热-冷冻循环的检测总共需要_____天。(　　)

　　A. 5　　　　　　　　B. 10　　　　　　　　C. 15　　　　　　　　D. 20

5. 依据 GB/T 29906—2013,下列尺寸满足对耐候试验墙体的尺寸要求的是_____。(　　)

　　A. 2.7m×2.3m　　　B. 2.4m×2.1m　　　C. 2.6m×1.9m　　　D. 2.4m×1.9m

6. 依据 GB/T 29906—2013,耐冻融试验中冻融循环条件为_____。(　　)

　　A. 在室温水中浸泡 10h,在(−20±2)℃的条件下冷冻 10h

　　B. 在室温水中浸泡 8h,在(−20±2)℃的条件下冷冻 14h

　　C. 在室温水中浸泡 10h,在(−20±2)℃的条件下冷冻 15h

　　D. 在室温水中浸泡 8h,在(−20±2)℃的条件下冷冻 16h

7. 依据 JGJ 144—2019,保温系统抗拉强度试验中,通过万向接头将试样安装于拉力试验机上,拉伸速度为_____。(　　)

　　A. 5mm/min　　　　B. 10mm/min　　　　C. 5～10mm/min　　　D. 15mm/min

8. 依据 JG/T 420—2013,硬泡聚氨酯板薄抹灰外墙外保温系统的耐候试验制样时的粘贴面积不低于硬泡聚氨酯板面积的_____。(　　)

A. 30%　　　　　　B. 40%　　　　　　C. 50%　　　　　　D. 60%

9. 依据 GB/T 17146—2015,在水蒸气透过试验中,试件数量至少为 5 个,当试件外露面积大于_____时,试件数量可减少为 3 个。(　　)

A. 0.01m²　　　　B. 0.02m²　　　　C. 0.03m²　　　　D. 0.04m²

10. 依据 JG/T 429—2014,对耐候墙体试样进行养护时,室内空气温度及相对湿度不应低于_____。(　　)

A. 10℃,30%　　B. 15℃,40%　　C. 20℃,50%　　D. 25℃,60%

11. 依据 GB/T 29906—2013,在抗冲击试验中,试样尺寸宜大于 600mm×400mm,每一抗冲击级别试样数量为_____个。(　　)

A. 1　　　　　　　B. 2　　　　　　　C. 3　　　　　　　D. 4

12. 依据 GB/T 29906—2013,在吸水量试验中,试样数量为_____个,试样尺寸为 200mm×200mm。(　　)

A. 1　　　　　　　B. 2　　　　　　　C. 3　　　　　　　D. 4

13. 依据 JGJ 144—2019,在正常使用和正常维护的条件下,外墙外保温工程的使用年限不应少于_____。(　　)

A. 20 年　　　　　B. 25 年　　　　　C. 30 年　　　　　D. 50 年

14. 依据 JGJ 144—2019,外保温系统型式检验报告有效期为_____。(　　)

A. 1 年　　　　　　B. 2 年　　　　　　C. 3 年　　　　　　D. 4 年

15. 依据 GB/T 29906—2013、GB/T 30595—2014,保温系统的耐候性检测过程包括_____。(　　)

A. 80 次热雨循环和 5 次热冷循环　　　B. 20 次热雨循环和 20 次热冷循环

C. 20 次热雨循环和 5 次热冷循环　　　D. 50 次热雨循环和 20 次热冷循环

16. 依据 JGJ 144—2019,外保温系统耐冻融性性能试验要求应冻融循环_____次,每次循环应为 24h。(　　)

A. 15　　　　　　　B. 20　　　　　　　C. 25　　　　　　　D. 30

17. 依据 JGJ 144—2019,建筑物首层墙面及门窗口等易受碰撞部位的抗冲击性性能要求为_____。(　　)

A. 3J 级　　　　　B. 5J 级　　　　　C. 10J 级　　　　　D. 15J 级

18. 依据 JGJ 144—2019,建筑物二层及以上墙面的抗冲击性性能要求为_____。(　　)

A. 3J 级　　　　　B. 5J 级　　　　　C. 10J 级　　　　　D. 15J 级

19. 依据 JG/T 158—2013,EPS 板界面砂浆拉伸粘结强度(与聚苯板)性能指标应大于等于 0.10MPa,且为_____破坏。(　　)

A. 界面砂浆　　　B. EPS 板　　　　C. 基层　　　　　D. 任一部位

20. 依据 DB34/T 5080—2018,Ⅱ型保温装饰系统拉伸粘结强度应大于等于_____MPa,破坏发生在保温芯板中。(　　)

A. 0.12　　　　　B. 0.13　　　　　C. 0.15　　　　　D. 0.20

21. 依据 DB34/T 5080—2018,岩棉带的导热系数(平均温度 25℃)小于等于_____。( )

    A. 0.040 W/(m·K)   B. 0.044 W/(m·K)

    C. 0.046W/(m·K)   D. 0.048 W/(m·K)

22. 依据 JGJ 144—2019,在耐候性试验过程中,两个阶段中间的状态调节时间应_____。( )

    A. 至少为 24h   B. 至少为 48h   C. 至多为 24h   D. 至多为 48h

23. 依据 JGJ 144—2019,在外保温系统吸水量试验中,如果试样抹面层朝下浸入水中,浸泡时间应为_____。( )

    A. 24h   B. 10h   C. 1h   D. 48h

24. 依据 JGJ 144—2019,在抗冲击性能试验中,如果采用竖直自由落体冲击方法,10J 性能试验应在距离试样上表面_____ m 高度自由降落。( )

    A. 0.61   B. 1.0   C. 1.02   D. 2.04

25. 依据 JGJ 144—2019,JGJ 144—2019 为_____标准,自 2019 年_____起实施。( )

    A. 行业,10 月 11 日   B. 国家 10 月 11 日

    C. 行业,11 月 1 日   D. 国家 11 月 1 日

26. 依据 JGJ 144—2019,当薄抹灰外保温系统采用燃烧等级为 B_1 级的保温材料时,首层防护层厚度不应_____,其他层防护层厚度不应小于 5mm 且不大于 6mm,并应在外墙保温系统中每层设置水平防火隔离带。( )

    A. 小于 14mm   B. 小于 15mm   C. 小于 16mm   D. 小于 17mm

27. 依据中华人民共和国标准化法,我国标准分为_____。( )

    A. 国家标准、专业标准、地方标准和企业标准

    B. 国家标准、行业标准、地方标准和团体标准、企业标准

    C. 国家标准、部门标准、地方标准和内部标准

    D. 国家标准、行业标准、部门标准和内部标准

28. 依据 JGJ 144—2019,耐候性试验墙板,当几种外保温构造系统仅保温材料不同时,可在同一试验墙板上做_____种保温产品。( )

    A. 1   B. 2   C. 3   D. 4

29. 依据 JGJ 144—2019,在外墙外保温系统耐候性试验中,高温-淋水循环的淋水量应为_____ L/(m²·min)。( )

    A. 1.0~1.5   B. 0.8~1.0   C. 1.2~1.5   D. 1.5~2.0

第四章 ▶ 多项选择题

第一节 保温、绝热材料

1. 依据 GB 50411—2019,墙体节能工程使用的保温隔热材料的进场复验项目包括 _____。（   ）

A. 导热系数或热阻、密度、吸水率　　　　B. 抗压强度或压缩强度

C. 垂直于板面方向的抗拉强度　　　　D. 燃烧性能

2. 依据 GB 50411—2019,幕墙节能工程使用的保温隔热材料的进场复验项目包括 _____。（   ）

A. 导热系数或热阻、密度、吸水率　　　　B. 抗压强度或压缩强度

C. 垂直于板面方向的抗拉强度　　　　D. 燃烧性能

3. 依据 GB 50411—2019,屋面或地面节能工程使用的保温隔热材料的进场复验项目包括 _____。（   ）

A. 导热系数或热阻、密度、吸水率　　　　B. 抗压强度或压缩强度

C. 垂直于板面方向的抗拉强度　　　　D. 燃烧性能

4. 依据 GB 50411—2019,供暖节能工程及通风与空调节能工程中使用的保温绝热材料的进场复验项目包括 _____。（   ）

A. 导热系数或热阻　B. 密度　　　　C. 吸水率　　　　D. 燃烧性能

5. 依据 GB/T 10294—2008,对于材料内部传热情况可能包括 _____、_____ 和 _____ 三种方式,以及三者的交互作用和传质。（   ）

A. 热辐射　　　　B. 热传导　　　　C. 热对流　　　　D. 热交换

6. 依据 GB/T 10294—2008,保温材料导热系数试验中,试件表面应平整,整个表面的不平整度应在试件厚度的 _____ 以内,试件应 _____。（   ）

A. 1‰　　　　B. 2‰　　　　C. 绝干　　　　D. 恒质

7. 依据 GB/T 10294—2008,防护热板装置的测量原理:稳态条件下,在具有平行表面的均匀板状试件内,模拟温度均匀且平行的两个平面中存在一维均匀热流密度的热传导过程。测试时,计量单元达到稳定传热状态后,通过测量 _____,计算得出试件导热系数。（   ）

A. 加热单元计量部分的加热功率及计量面积

B. 试件厚度

C. 试件热面温度

D. 试件冷面温度

8. 依据 GB/T 6343—2009,进行挤塑聚苯板样品表观密度测量,下列说法正确的是_____。(　　)

A. 试样的形状应便于体积计算,试样总体积至少为 100cm³

B. 每组试验至少测试 3 个试样,试验结果取其平均值,并精确至 1kg/m³

C. 对于一些低密度闭孔材料(如密度小于 15kg/m³ 的材料),测量结果应考虑空气浮力导致的测量误差

D. 测试用样品材料生产后,应至少放置 72h,才能进行制样

9. 依据 GB/T 5480—2017,进行岩棉板样品密度测量,下列说法正确的是_____。(　　)

A. 密度试验项目可于样品抵达试验室后立即开始进行,样品无须在试验前进行状态调节

B. 样品的厚度测量应采用针形厚度计,其分度值为 1mm

C. 在厚度测量操作过程中应避免加外力于厚度计的压板上

D. 对于岩棉板样品,若实测厚度大于标称厚度,密度应按标称厚度计算

10. 依据 GB/T 5486—2008,进行膨胀珍珠岩保温板样品干密度测量,下列说法正确的是_____。(　　)

A. 随机抽取三块样品,各加工成满足试验设备要求的试件,试件的长、宽均不得小于 100mm。不能采用整块制品作为试件

B. 试件应在(110±5)℃温度下烘干至恒定质量。恒定质量的判据为恒温 3h 两次称量试件质量的变化率小于 0.2%

C. 试件称量结果应保留 5 位有效数字

D. 制品的密度为三个试件密度的算术平均值,精确至 1kg/m³

11. 依据 GB/T 8813—2020,进行硬质泡沫塑料样品压缩性能测量,下列说法正确的是_____。(　　)

A. 该标准分为方法 A 和方法 B 两种试验方法。其中方法 A 是利用横梁位移来测定压缩性能,当需要测定 10% 相对形变的压缩应力时应使用方法 A;方法 B 是利用固定在试样上的应变测量装置直接测量试样形变,当需要测定压缩模量时应使用方法 B

B. 方法 A 的压缩试验机位移测量装置的准确度为±5% 或±0.1mm。压缩试验机力值传感器的准确度为±1%

C. 测量每个试样的三维尺寸,将试样放置在压缩试验机的两块平行板之间的中心,以每分钟压缩试样初始厚度 10% 的速率压缩试样

D. 不准许几个试样叠加进行试验。不同几何形状和厚度的试样测得的结果不具可比性

12. 依据 GB/T 5486—2008,进行保温板抗压强度试验,下列说法正确的是_____。(　　)

A. 试验采用的试验机相对示值误差应小于 1%,且量程应在合适的范围内

B. 随机抽取四块样品,每块制取一个受压面尺寸约为 100mm×100mm 的试件。试件厚度为制品厚度,但不应大于试件宽度

C. 以(10±1)mm/min 速度对试件进行加荷,直至试件破坏,同时记录压缩变形值

D. 每个试件的抗压强度结果计算精确至 0.01MPa,制品的抗压强度为四块试件抗压强度的算术平均值,结果精确至 0.01MPa

13. 依据 GB/T 29906—2013,进行保温板垂直于板面方向的抗拉强度试验,试验时,下列拉伸速率符合标准要求的是_____。(　　)

A. 3mm/min　　　　B. 4mm/min　　　　C. 5mm/min　　　　D. 6mm/min

14. 依据 GB/T 5486—2008,干密度测量时,试件干燥恒定质量的判据为恒温_____h,两次称量的试件质量变化率小于_____。(　　)

A. 3h　　　　　　　B. 0.1%　　　　　　C. 6h　　　　　　　D. 0.2%

15. 依据 GB/T 29906—2013,进行模塑板垂直板面方向抗拉强度的检测,下列说法正确的是_____。(　　)

A. 试样尺寸为 100mm×100mm,数量为 5 个,试样在模塑板上切割制成,其基面应与受力方向垂直,切割时应离模塑板边缘 15mm 以上。试样在试验环境下放置 24h 以上

B. 将试样装入拉力机上,以(5±1)mm/min 的恒定速度加荷,直至试样破坏

C. 试样破坏面在刚性平板或金属板胶结面时,测试数据无效

D. 试验结果为 5 个试验数据的算术平均值,精确至 0.01MPa

16. 依据 JGJ 144—2019,进行膨胀珍珠岩保温板抗拉强度的检测,下列说法正确的是_____。(　　)

A. 试样应在保温板上切割而成,试样尺寸应为 100mm×100mm,厚度应为保温板产品厚度。试样数量应为 5 个

B. 应采用适当的胶粘剂将试样上下表面分别与尺寸为 100mm×100mm 的金属试验板粘结

C. 通过万向接头将试样安装在拉力试验机上,拉伸速度应为 5mm/min,应拉伸至破坏并记录破坏时的拉力及破坏部位。破坏部位在试验板粘结界面时试验数据应记为无效

D. 试验结果以 5 个试验数据的算术平均值表示

17. 依据 GB/T 25975—2018 及 GB/T 30804—2014,进行岩棉板垂直板面方向抗拉强度的检测,下列说法正确的是_____。(　　)

A. 试样厚度为制品原厚

B. 试样数量为 5 个

C. 试样尺寸为(200±1)mm×(200±1)mm

D. 试验拉伸速度应为(10±1)mm/min

18. 依据 JG/T 287—2013,进行保温装饰板拉伸粘结强度的检测,下列说法正确的是_____。(　　)

A. 试件尺寸为 50mm×50mm 或直径 50mm

B. 试件数量为 6 个

C. 试验时,试件拉伸速度为(5±1)mm/min。记录每个试样破坏时的力值和破坏状态。如金属块与试样脱开,测试值无效

D. Ⅰ型保温板拉伸粘结原强度标准限值要求为 0.10MPa;Ⅱ型保温板拉伸粘结原强度标准限值要求为 0.15MPa

19. 依据 JG/T 287—2013,进行保温装饰板单位面积质量的检测,下列说法正确的是

_____。（   ）

A. 用精度为 1mm 的钢卷尺测量保温装饰板板长度 L、宽度 B,测量部位分别为距保温装饰板板边 100mm 及中间处,取 3 个测量值的算术平均值为测定结果,计算精确至 1mm

B. 用精度 0.05kg 的磅秤称量保温装饰板质量 m

C. 试验结果以 3 个试验数据的算术平均值表示,精确至 $1kg/m^2$

D. 保温装饰板按单位面积质量分为 Ⅰ 型、Ⅱ 型

20. 依据 GB/T 8810—2005,进行硬质泡沫塑料吸水率的测定,下列说法正确的是_____。（   ）

A. 其试验原理为通过测量在蒸馏水中浸泡一定时间试样的浮力来测定材料吸水率

B. 试验浸泡液采用蒸馏后至少放置 48h 的蒸馏水

C. 试样尺寸一般为长度 150mm,宽度 150mm,体积不小于 500 cm^3

D. 试样数量不得少于 3 块。结果取全部被测试试样吸水率的算术平均值

21. 依据 GB/T 5486—2008,进行膨胀珍珠岩保温板吸水率的测定,下列说法正确的是_____。（   ）

A. 试件数量为 3 块,试件尺寸一般为 400mm×300mm×制品厚度

B. 将试件烘干至恒定质量,并冷却至室温。称量烘干后的试件质量 G_g,精确至 0.1g

C. 将试件放置于水箱,水面应高出试件 25mm,浸泡时间为 1h

D. 制品的吸水率为三个试件吸水率的算术平均值,精确至 0.1%

22. 依据 GB/T 5480—2017,进行岩棉板体积吸水率(全浸)的测定,下列说法正确的是_____。（   ）

A. 其试验原理:将规定尺寸的试样置于水中规定的位置,浸泡一定时间后,测量其吸水前后试样质量的变化,计算出试样中水分所占的体积比,以此来表示制品的体积吸水率

B. 该试验用水为蒸馏水

C. 试件数量至少为 4 块,试件尺寸一般为 200mm×200mm×制品厚度

D. 试验时,应保证试样与水箱壁面无接触,浸泡时间为 2h

23. 依据 GB/T 25975—2018,进行岩棉板性能检测时,下列说法正确的是_____。（   ）

A. 压缩强度检测样品尺寸为(200±1)mm×(200±1)mm,数量为 5 块

B. 垂直于板面抗拉强度检测样品尺寸为 100mm×100mm,数量为 6 块

C. 导热系数检测以 GB/T 10295 为仲裁方法

D. 体积吸水率检测样品尺寸为(200±1)mm×(200±1)mm,数量为 4 块

24. 依据 GB/T 29906—2013,进行模塑聚苯板压缩强度试验中,下列说法正确的有_____。（   ）

A. 取相对形变 5% 时的压缩能力

B. 尺寸为(100±1)mm×(100±1)mm×厚度

C. 试样数量 6 个

D. 试验速度为 5mm/min

25. 依据 DB34/T 2695—2016 及 GB/T 5486—2008,进行匀质改性防火保温板的抗压强度试验时,下列说法中正确的是_____。（   ）

A. 试样的数量和尺寸:4 块,100mm×100mm×原厚

B. 将试件置于试验机的承压板时,应使承压板的中心与试件中心重合

C. 试验加载速率为(10 ± 1)mm/min

D. 当压缩变形超过 10％时,试件没有反生破坏,则以试件压缩变形为 10％时的荷载为破坏荷载

26. 依据 GB/T 29906—2013,模塑聚苯板按照导热系数分为_____和_____两类。(　　)

A. 022 级　　　　　　B. 033 级　　　　　　C. 036 级　　　　　　D. 039 级

27. 依据 DB34/T 3826—2021,关于外墙外保温系统的保温板,下列说法正确的有_____。(　　)

A. 浆料成型工艺制作的保温板应采用以水泥为主的水硬性胶凝材料

B. 膨胀珍珠岩保温板采用的膨胀珍珠岩应经裹壳处理

C. 石墨匀质保温板采用的石墨聚苯乙烯泡沫颗粒应为原生料,粒径不应大于 3.0mm,堆积密度不应小于 12kg/m²

D. 真空绝热板(B 类)应为无边板,即长边热熔封边应设置在板的背面居中,短边热熔封边应折起后粘结在背面

28. 依据 DB34/T 3826—2021,以下关于岩棉条和岩棉板的说法正确的有_____。(　　)

A. 岩棉条 TR100 密度不低于 120kg/m³

B. 岩棉条 TR100 密度不低于 140kg/m³

C. 岩棉板 TR10 密度不宜低于 160kg/m³

D. 岩棉板 TR15 密度不宜低于 160kg/m³

29. 依据 GB/T 5486—2008,进行绝热制品密度检测,将试件置于_____干燥箱内,缓慢升温至,烘干至恒定质量,然后移至干燥器中冷却至室温。恒定质量的判据为恒温 3h 两次称量试件质量的变化率小于_____。(　　)

A. (60 ± 5)℃　　　　B. (110 ± 5)℃　　　　C. 0.1％　　　　D. 0.2％

30. 依据 GB/T 5480—2017,进行矿物棉制品厚度测量,试验采用针形厚度计,其分度值应为_____mm,压板压强为(50 ± 1.5)Pa,压板尺寸为_____。(　　)

A. 0.1

B. 1

C. 250mm×250mm

D. 200mm×200mm

31. 依据 GB/T 5480—2017,进行岩棉板检测,下列说法正确的有_____。(　　)

A. 样品酸度系数试验项目可于样品抵达试验室后立即开始进行,样品无须在试验前进行状态调节

B. 样品导热系数试验项目在试验前应对试样进行干燥预处理

C. 样品厚度测量采用针形厚度计,其分度值为 1mm,压板压强为(50 ± 1.5)Pa

D. 样品的体积密度应按照实测厚度计算

32. 依据 GB 8624—2012,平板状的建筑材料及制品燃烧性能等级分为_____。(　　)

A. A 级不燃材料

B. B_1 级难燃材料

C. B_2 级可燃材料

D. B_3 级易燃材料

33. 依据 GB 8624—2012,平板状的建筑材料及制品燃烧性能 B_1(B)级检测需要做的试验包含_____。(　　)

A. 可燃性试验　　B. 单体燃烧试验　　C. 不燃性试验　　D. 热值试验

34. 依据 GB 8624—2012,平板状的建筑材料及制品燃烧性能 A(A1)级检测需要做的试验包含_____。(　　)

A. 可燃性试验　　B. 单体燃烧试验　　C. 不燃性试验　　D. 热值试验

35. 依据 GB 8624—2012,下列不燃性试验炉内温升结果能够满足平板状建筑制品燃烧性能 A1 级要求的是_____。(　　)

A. 炉内温升 10℃　　　　　　　　　　B. 炉内温升 20℃

C. 炉内温升 30℃　　　　　　　　　　D. 炉内温升 40℃

36. 依据 GB 8624—2012,下列单体燃烧试验数据中,能够满足平板状建筑制品燃烧性能 B_1(C)级要求的是_____。(　　)

A. 燃烧速率增长指数 200W/s;600s 的总放热量 13MJ

B. 燃烧速率增长指数 260W/s;600s 的总放热量 12MJ

C. 燃烧速率增长指数 280W/s;600s 的总放热量 12MJ

D. 燃烧速率增长指数 240W/s;600s 的总放热量 11MJ

37. 依据 GB 8624—2012,下列关于平板状建筑制品燃烧性能分级对应关系正确的是_____。(　　)

A. A 级——A1 级、A2 级　　　　　　B. B_1 级——B 级、C 级

C. B_2 级——D 级、E 级　　　　　　D. B_3 级——F 级

38. 依据 GB 8624—2012,当平板状保温材料燃烧性能等级为 B_1(B)级时,其分级判据的试验方法标准为_____。(　　)

A. GB/T 20284—2006　　　　　　B. GB/T 8626—2012

C. GB/T 5464—2010　　　　　　　D. GB/T 14402—2007

39. 依据 GB 8624—2012,当平板状保温材料燃烧性能等级为 A(A1)级时,其分级判据的试验方法标准为_____。(　　)

A. GB/T 20284—2006　　　　　　B. GB/T 8626—2012

C. GB/T 5464—2010　　　　　　　D. GB/T 14402—2007

40. 依据 GB/T 5464—2010,其试验结果表述为_____。(　　)

A. 质量损失率　　　　　　　　　　B. 火焰持续燃烧时间

C. 炉内温升　　　　　　　　　　　D. 总热值

41. 依据 GB/T 14402—2007,对于建筑制品燃烧总热值 PCS 的计算,下列说法正确的是_____。(　　)

A. 对于燃烧发生吸热反应的制品,得到的 PCS 值可能会是负值

B. 对于匀质制品,如果单个值的离散符合判据要求,以试验结果的平均值作为制品的PCS 值

C. 对于非匀质制品,应考虑每个组分的 PCS 平均值;若某一个组分的热值为负值,在计算试样总热值时可将该热值设为 0

D. 对于非匀质制品,金属成分不需要测试,计算时将其热值设为 0

42. 依据 GB/T 14402—2007,对于非匀质制品的构成材料,当满足_____或_____可视作制品的主要组分。(　　)

A. 单层面密度大于等于 1.0kg/m^2　　　B. 单层面密度大于等于 2.0kg/m^2

C. 厚度大于等于 1.0mm　　　　　　　　D. 厚度大于等于 2.0mm

43. 依据 GB/T 20284—2006,SBI 单体燃烧试验装置主要由_____部件组成。(　　)

A. 燃烧室

B. 试验设备(小推车、框架、燃烧器、集气罩等)

C. 排烟系统

D. 综合测量装置

44. 依据 GB/T 20284—2006,SBI 单体燃烧试验中,下列参数不是传感器或仪表直接测量的是_____。(　　)

A. 热释放速率　　　B. 管道温度　　　C. 氧气的浓度　　　D. 产烟率

45. 依据 GB/T 20284—2006,SBI 单体燃烧试验中,试验开始后,试样暴露于主燃烧器火焰下的时间称为受火时间,下列 t 值在受火时间内的是_____。(　　)

A. $t=270$s　　　B. $t=450$s　　　C. $t=680$s　　　D. $t=820$s

46. 依据 GB/T 14402—2007,关于建筑材料及制品的燃烧热值检测,下列说法正确的是_____。(　　)

A. GB 8624—2012 中采用的分级参数为材料的净热值 PCI

B. 试验用水应为自来水

C. 对于非匀质制品,应对制品的每个组分进行评价,包括次要组分

D. 水当量的标定应采用标准物质苯甲酸

47. 依据 GB/T 8626—2007,测试材料的可燃性试验,点火方式包括_____。(　　)

A. 表面点火　　　B. 顶面点火　　　C. 边缘点火　　　D. 中间点火

第二节　粘结材料

1. 依据 DB34/T 1859—2020,胶粘剂进场时应对_____性能进行复验。(　　)

A. 拉伸粘结强度的原强度　　　　　B. 拉伸粘结强度的耐水强度

C. 可操作时间　　　　　　　　　　D. 抗压强度

2. 依据 GB/T 29906—2013,下列拉伸速率符合标准中胶粘剂拉伸粘结强度试验要求的是_____。(　　)

A. 3mm/min　　　B. 4mm/min　　　C. 5mm/min　　　D. 6mm/min

3. 依据 GB/T 29906—2013,进行胶粘剂的拉伸粘结强度试验,下列说法中正确的是_____。(　　)

A. 试样受力面积为 50mm×50mm,胶粘剂的涂抹厚度为 5~8mm

B. 试样拉伸速率为(5±1)mm/min

C. 试样结果以 6 个数据的 4 个中间值的算术平均值表示,精确到 0.1MPa

D. 试验中记录破坏状态,当为界面破坏时,测试数据无效

4. 依据 JGJ/T 416—2017,进行胶粘剂与真空绝热板的拉伸粘结强度试验,下列说法中正确的是_____。(　　)

A. 试样数量不应少于 6 个

B. 拉伸粘结强度测定应采用速度可控的拉拔仪,拉伸速度应为(5 ± 1)mm/min

C. 破坏面在金属块粘合面时,数据应记为无效

D. 试验结果应为 6 个有效试验数据中 4 个中间值的算术平均值,并应精确至 0.01MPa

5. 依据 JC/T 2566—2020,进行粘结砂浆拉伸粘结原强度试验,下列说法中正确的是_____。( )

A. 将粘结砂浆涂抹于膨胀珍珠岩保温板或水泥砂浆试块基材上,涂抹试样尺寸为 50mm×50mm,涂抹厚度为 3～5mm,每种基材的试样数量各为 6 个

B. 试样成型完成后用聚乙烯薄膜覆盖,在标准养护环境下养护 28d

C. 将试样安装到适宜的拉力机上,拉伸速度为(5 ± 1)mm/min。记录每个试样破坏时的拉力值,基材为保温板时应记录破坏状态。保温板内部或表层破坏面积在 50% 以上时,破坏状态为破坏发生在膨胀珍珠岩保温板内,否则破坏状态为界面破坏

D. 试验结果取 6 个试验数据中 4 个中间值的算术平均值,并精确至 0.01MPa

第三节 增强加固材料

1. 依据 GB/T 20102—2006,关于玻璃纤维网格布耐碱性试验方法,说法正确的是_____。( )

A. 试验原理为分别测试经过处理和未经处理的试样拉伸断裂强力,耐碱性可以用碱溶液浸泡后与浸泡前断裂强力的百分率表示

B. 处理条件为 50g/L(5%)的氢氧化钠溶液浸泡 28 天

C. 试样制备时,分别在每个长度为(600 ± 13)mm 的试样条两端编号,然后将试样条沿横向从中间一分为二,一半用于测定未经碱溶液浸泡的拉伸断裂强力,另一半用于测定碱溶液浸泡后的拉伸断裂强力

D. 试件断裂强力保留率的计算时,应保证未经碱溶液浸泡的试件和浸泡后的试件为同一试样条上

2. 依据 GB/T 20102—2006,关于玻璃纤维网格布耐碱性试验方法,说法正确的是_____。( )

A. 拉伸时,应采取相关措施,以防止试样在夹具内打滑或断裂

B. 将试样固定在夹具内,使中间有效部位的长度为 200mm

C. 以 100mm/min 的速度拉伸试样至断裂

D. 如果试样在夹具内打滑或断裂,或试样沿夹具边缘断裂,应废弃这个结果重新用另一个试样测试,直至每种试样得到 5 个有效的测试结果

3. 依据 GB/T 20102—2006,关于玻璃纤维网格布耐碱性试验,下列_____为试件处理状态,并应保证每种状态的试样得到 5 个有效的测试结果。( )

A. 未经碱溶液浸泡处理的经向试样

B. 经碱溶液浸泡处理的经向试样

C. 未经碱溶液浸泡处理的纬向试样

D. 经碱溶液浸泡处理的纬向试样

4. 依据 GB/T 7689.5—2013,进行耐碱玻璃纤维网布拉伸断裂强力的测定时,下列选项中说法中正确的是_____。(　　　)

A. 试验机力值的示值最大误差不超过 1%;伸长值的测量装置的精度应优于 1%

B. Ⅰ型试样长度应为 350mm,拉伸时有效长度为(200±2)mm,试样宽度应为 50mm

C. 试样的拉伸速度应满足Ⅰ型试样为(100±5)mm/min

D. 如果有试样断裂在两个夹具中任一夹具的接触线 10mm 以内时,该试样数据有效

5. 依据 GB/T 7689.5—2013 进行耐碱玻璃纤维网布拉伸断裂强力的测定时,以下预张力能满足标准要求的是_____。(　　　)

A. 预期强力的 0.5%　　　　　　　　　B. 预期强力的 0.75%

C. 预期强力的 1.0%　　　　　　　　　D. 预期强力的 1.25%

6. 依据 GB/T 9914.2—2013,玻纤网可燃物含量试验中,下列说法中正确的是_____。(　　　)

A. 该试验应采用分度值为 0.01g 的天平

B. 一般将试样放置于温度为(625±20)℃的马弗炉中灼烧

C. 在灼烧阶段,试样不得接触炉壁

D. 开启炉门,使试样燃烧 5min,然后关闭炉门再灼烧 30min。开启炉门的主要目的是使挥发物逸出炉外,以防凝聚物沉积在试样或试样皿上

7. 依据 JGJ 144—2019,进行玻璃纤维网格布耐碱性快速试验,关于试样的处理,下列说法中正确的是_____。(　　　)

A. 将未经碱溶液浸泡的试样置于(60±2)℃的烘箱内干燥 55~65min,取出后在温度为(23±2)℃、相对湿度为(50±5)%的环境中放置 24h 以上

B. 应依据试样的质量,配制适量的碱溶液。碱溶液为每升蒸馏水中应含有 $Ca(OH)_2$ 0.5g、NaOH 1g、KOH 4g

C. 应将配制好的碱溶液置于恒温水浴中,碱溶液的温度应控制在(60±2)℃

D. 试样应在(60±2)℃的碱溶液中浸泡 24h±10min。试样取出清洗干燥后,应在温度(23±2)℃、相对湿度(50±5)%的环境中放置 24h 以上

8. 依据 GB/T 33281—2016,进行镀锌电焊网的焊点抗拉力试验,下列说法中正确的是_____。(　　　)

A. 在网上任取 3 个焊点

B. 拉伸试验机拉伸速度为 5mm/min

C. 试验结果以 3 个试件焊点拉断时的拉力值的平均值表示

D. 焊点抗拉力的标准限值与电焊网丝径大小相关

9. 依据 GB/T 1839—2008,进行镀锌电焊网的镀锌层质量试验,下列说法中正确的是_____。(　　　)

A. 丝径 0.90mm 的镀锌电焊网,取样长度为 500mm

B. 将试样完全浸没于溶液中,直到镀层完全溶解,以氢气析出(剧烈冒泡)的明显停止作为溶解过程结束的判定

C. 试验溶液在能溶解镀锌层的条件下,不可反复使用

D. 浸泡后试样直径的测量应在同一圆周上相互垂直的部位各测一次,取平均值,测量

准确到 0.01mm

10. 依据 GB/T 9914.3—2013,在进行耐碱网格布单位面积质量测定时,最小分度值为 1mg 的天平可以称量_____的网格布。(　　　)

　　A. 120g/m²　　　　B. 160g/m²　　　　C. 201g/m²　　　　D. 300g/m²

11. 依据 GB/T 9914.3—2013,关于耐碱网格布单位面积质量测定,所有试样的测试结果的平均值作为单位面积质量的报告值。对于单位面积质量大于或等于 200g/m² 的耐碱网格布,结果精确至_____;对于单位面积质量小于 200g/m² 的耐碱网格布,结果精确至_____。(　　　)

　　A. 1g　　　　　　B. 0.1g　　　　　　C. 0.01g　　　　　　D. 0.001g

12. 依据 GB/T 33281—2016,关于镀锌电焊网网孔中心距偏差、钢丝网丝径的测定,下列说法中正确的是_____。(　　　)

　　A. 网孔偏差一般采用示值为 1mm 的钢尺测量,有争议时,可用示值为 0.02mm 的游标卡尺测量

　　B. 对于网孔距离为 12.70mm 的试样,其 305mm 内网孔构成数目为 24 个

　　C. 丝径测量采用示值为 0.02mm 的游标卡尺

　　D. 丝径测量结果取经丝、纬丝各 3 根测量数据(锌粒处除外)的平均值

13. 依据 GB/T 7689.5—2013,进行耐碱玻璃纤维网布断裂伸长率的测定时,下列说法中正确的是_____。(　　　)

　　A. 初始有效长度是指在规定的预张力下,两夹具起始位置钳口之间试样的长度

　　B. 断裂伸长率是指试样在拉伸时的长度增量,通常以初始长度的百分数表示

　　C. 试验机指示或记录试样伸长值的装置测量精度应优于 1%

　　D. 计算经向和纬向断裂伸长率的算术平均值,保留两位有效数字

第四节　保温砂浆

1. 依据 GB 50411—2019,保温浆料干密度、导热系数、抗压强度检验项目对应的试验方法标准正确的是_____。(　　　)

　　A. 干密度—JG/T 158—2013　　　　　　B. 导热系数—GB/T 10294—2008

　　C. 导热系数—GB/T 10295—2008　　　　D. 抗压强度—GB/T 5486—2008

2. 依据 GB 50411—2019,对保温浆料干密度、导热系数、抗压强度试验试件制作后养护条件作出要求,下列符合要求的环境养护条件有_____。(　　　)

　　A. 温度为 21℃、相对湿度为 50%　　　　B. 温度为 25℃、相对湿度为 56%

　　C. 温度为 24℃、相对湿度为 55%　　　　D. 温度为 23℃、相对湿度为 45%

3. 依据 GB 50411—2019,关于保温浆料干密度、导热系数、抗压强度试验试件的成型和养护,下列说法正确的有_____。(　　　)

　　A. 抗压强度试件数量为一组 6 个,试件成型尺寸为 70.7mm×70.7mm×70.7mm

　　B. 干密度、导热系数、抗压强度的试样应在现场搅拌的同一盘拌和物中取样

　　C. 试件成型时,应尽量用力插捣,来保证试件的密实性

　　D. 试件制作后应于 3 天内放置在标准条件下养护至 28d

4. 依据 GB/T 20473—2021,关于建筑保温浆料干密度的测试,下列说法正确的有_____。(　　)

A. 试件数量为 6 个,试件成型尺寸为 70.7mm×70.7mm×70.7mm

B. 拌合物制备时,若水料比未知,应通过试配确定拌合物稠度为(50±5)mm 时的水料比

C. 试件拆模后,养护至 28d(从拌合物加水算起)

D. 试验结果以 6 个试件测试值的算术平均值表示

5. 依据 JGJ/T 253—2019,关于建筑保温浆料干密度、导热系数、抗压强度的测试,下列说法正确的有_____。(　　)

A. 干密度试件数量为 6 个,试件成型尺寸为 70.7mm×70.7mm×70.7mm

B. 抗压强度试样采用检验干密度后的 6 块试样

C. 导热系数试件尺寸为 300mm×300mm×30mm,测试平均温度为 20℃

D. 干密度、抗压强度试验结果均以 6 个试件测试值的 4 个中间值的算术平均值表示

6. 依据 GB/T 20473—2021,关于建筑保温浆料拉伸粘结强度的测试,下列说法正确的有_____。(　　)

A. 拉力试验机精度不低于 1 级,最大量程宜为 5kN

B. 将制备的拌合物满涂于 100mm×100mm×20mm 的水泥砂浆板上,涂抹厚度为 5～8mm。在标准养护条件下养护至 28d。试件数量为 6 块

C. 试验时,拉伸速率为(5±1)mm/min。记录每个试件破坏时的荷载值。如夹具与胶粘剂脱开,测试值无效

D. 试验结果为 6 个测试值的算术平均值

7. 依据 GB/T 20473—2021,关于建筑保温浆料压剪粘结强度的测试,下列说法正确的有_____。(　　)

A. 试验机精度不低于 0.5 级,最大量程宜为 5kN

B. 将制备的拌合物错位涂抹于 110mm×100mm×10mm 的水泥砂浆板上,涂抹厚度为(10±2)mm,面积为 100mm×100mm,在标准养护条件下养护至 28d

C. 将试件置于试验机的压剪试验夹具中,以(5±1)mm/min 速度施加荷载直至试件破坏,记录试件破坏时的荷载值

D. 试验结果为 6 个测试值的算术平均值

第五节　抹面材料

1. 依据 JG/T 483—2015,抹面胶浆拉伸粘结强度试验的试样尺寸:岩棉板为_____,岩棉条为_____。(　　)

A. 200mm×200mm
B. 100mm×100mm
C. 150mm×150mm
D. 250mm×250mm

2. 依据 GB 50411—2019,墙体节能工程使用的抹面材料进场复验项目包括_____。(　　)

A. 拉伸粘结强度　　B. 吸水量　　　　C. 可操作时间　　　D. 压折比

3. 依据 GB/T 29906—2013,墙体节能工程使用的抹面胶浆拉伸粘结强度检测包括_____。( )

A. 拉伸粘结原强度(与保温板)

B. 拉伸粘结耐水强度(与保温板);拉伸粘结耐冻融强度(与保温板)

C. 拉伸粘结原强度(与水泥砂浆粘结)

D. 拉伸粘结耐水强度(与水泥砂浆);拉伸粘结耐冻融强度(与水泥砂浆)

4. 依据 GB/T 29906—2013,进行抹面胶浆拉伸粘结原强度检测,下列说法正确的有_____。( )

A. 试样由模塑板和抹面胶浆组成,抹面胶浆厚度为 5～8mm

B. 试样尺寸 50mm×50mm 或直径 50mm,试样数量 6 个

C. 试样在标准养护条件下养护 28d

D. 试验结果为 6 个试验数据中 4 个中间值的算术平均值,精确至 0.01MPa

5. 依据 JC/T 2566—2020,进行膨胀珍珠岩保温板外保温系统抹面胶浆拉伸粘结原强度检测,下列说法正确的有_____。( )

A. 试样尺寸 50mm×50mm,抹面胶浆厚度为 3mm

B. 试样养护期间必须用薄膜覆盖,在标准养护条件下养护 28d

C. 试验时,膨胀珍珠岩保温板内部或表层破坏面积在 50% 以上时,破坏状态为破坏发生在膨胀珍珠岩保温板内,否则破坏状态为界面破坏

D. 试验结果为 6 个试验数据中 4 个中间值的算术平均值,精确至 0.01MPa

6. 依据 JGJ 144—2019,进行外墙保温板系统抹面胶浆拉伸粘结原强度检测,下列说法正确的有_____。( )

A. 试样尺寸 50mm×50mm 或直径 50mm,试样数量为 5 个

B. 将抹面胶浆抹在保温板一个表面上,涂抹厚度应为(3±1)mm

C. 将试样安装于拉力试验机上,拉伸速度应为 5mm/min,应拉伸至破坏并记录破坏时的拉力及破坏部位

D. 试验结果为 5 个试验数据的算术平均值

7. 依据 GB/T 29906—2013 及 GB/T 17671—2021,进行外墙保温板系统抹面胶浆压折比试验检测,下列说法正确的有_____。( )

A. 试样制样后在标准养护条件下养护 28d

B. 抗压强度以一组三个棱柱体上得到的六个抗压强度测定值的平均值为试验结果

C. 抗折强度以一组三个棱柱体抗折结果的平均值作为试验结果

D. 压折比试验结果精确至 0.1

8. 依据 GB/T 29906—2013 及 GB/T 17671—2021,进行外墙保温板系统抹面胶浆压折比试验检测,下列说法正确的有_____。( )

A. 试样尺寸和形状为 40mm×40mm×160mm 的棱柱体,数量为 3 条试件

B. 抗折强度以(50±10)N/s 的速率均匀地将荷载垂直地加在相对侧面上,直至折断

C. 抗压强度以(2400±200)N/s 的速率均匀地加荷直至破坏

D. 压折比为试件抗压强度除以试件抗折强度,为抹面材料柔韧性的主要指标

第六节　隔热型材

1. 依据 GB 50411—2019,幕墙节能工程使用的铝合金隔热型材进场复验项目包括_____。(　　)

A. 抗拉强度　　　　B. 抗剪强度　　　　C. 抗弯强度　　　　D. 抗折强度

2. 依据 GB/T 28289—2012,进行铝合金隔热型材室温横向拉伸试验时,下列拉伸速率符合标准要求的有_____。(　　)

A. 3mm/min　　　　B. 4mm/min　　　　C. 5mm/min　　　　D. 6mm/min

3. 依据 GB/T 28289—2012,进行铝合金隔热型材室温纵向剪切试验,下列说法正确的有_____。(　　)

A. 隔热型材室温试验温度为(23±2)℃

B. 试样应从符合相应产品标准规定的型材上切取,切取试样长度应为(100±2)mm,试样数量为 10 个

C. 试验前,试样应在温度为(23±2)℃、相对湿度为(50±10)％的环境条件下放置 48h

D. 试验时,以 5mm/min 的速度加至 100N 预荷载,然后以 1～5mm/min 的速度进行纵向剪切试验

4. 依据 GB/T 28289—2012,进行铝合金隔热型材室温横向拉伸试验,下列说法正确的有_____。(　　)

A. 浇注式隔热型材拉伸试样可直接采用室温纵向剪切试验后的试样

B. 试样最短长度允许缩至 18mm,但仲裁试验用的试样长度为(100±2)mm。试样数量为 10 个

C. 拉伸试验机最大荷载不小于 20kN,精确度至少为 1 级

D. 试验时,以 5mm/min 的速度加至 200N 预荷载,然后以 1～5mm/min 的速度进行拉伸试验

第七节　建筑外窗

1. 依据 GB 50210—2018,门窗工程中应对建筑外窗性能指标进行复验,复验指标包括_____。(　　)

A. 气密性能　　　　B. 水密性能　　　　C. 抗风压性能　　　　D. 保温性能

2. 依据 GB/T 7106—2019,下列说法正确的有_____。(　　)

A. 相同类型、结构及规格尺寸的试件,应至少检测 3 樘,且以 3 樘为一组进行评定

B. 工程检测按照气密、水密、抗风压变形 P_1'、抗风压反复加压 P_2'、风荷载标准值 P_3'、风荷载设计值 P_{max}' 的顺序进行

C. 检测应在室内进行,且应在环境温度不低于 5℃的试验条件下进行

D. 水密性能检测时,合肥地区的工程检测应采用波动加压法

3. 依据 GB/T 7106—2019,对门窗进行抗风压性能检测时,需要进行的步骤是_____。(　　)

A. 预备加压　　　　B. 变形检测　　　　C. 反复加压检测　　D. 安全检测

4. 依据 GB/T 7106—2019,标准状态下试验条件:空气温度为_____、大气压力为_____、空气密度为 1.202kg/m³。（　　）

A. 273K　　　　　B. 293K　　　　　C. 101.3kPa　　　D. 103.1kPa

5. 依据 GB/T 7106—2019,抗风压性能是指可开启部分在正常锁闭状态时,在风压作用下,外门窗变形不超过允许值且不发生损坏或功能障碍的能力。其中的功能障碍包括_____现象。（　　）

A. 五金件松动　　B. 起闭困难　　　C. 胶条脱落　　　　D. 面板破损

6. 依据 GB/T 7106—2019,抗风压性能是指可开启部分在正常锁闭状态时,在风压作用下,外门窗变形不超过允许值且不发生损坏或功能障碍的能力。其中的损坏情况包括_____现象。（　　）

A. 裂缝　　　　　B. 面板破损　　　C. 连接破坏　　　　D. 窗扇掉落

7. 依据 GB/T 7106—2019,门窗"三性"试验仪的空气流量测量装置的测量误差不应大于示值的_____;差压测量装置的测量误差不应大于示值的_____;位移测量装置的精度应达到满量程的_____。（　　）

A. 5%　　　　　B. 2%　　　　　C. 1%　　　　　D. 0.25%

8. 依据 GB/T 7106—2019,建筑外窗抗风压性能工程检测中,下列关系正确的是_____。（　　）

A. $P_1=0.4P_3$　　B. $P_2=0.6P_3$　　C. $P_2=1.5P_1$　　D. $P_{max}=1.2P_3$

9. 依据 GB/T 7106—2019,建筑外窗水密性能检测中,下列说法正确的是_____。（　　）

A. 检测分为稳定加压法和波动加压法,定级检测应采用波动加压法
B. 稳定加压法中工程检测淋水量为 2L/(m² · min)
C. 稳定加压法中定级检测淋水量为 2L/(m² · min)
D. 波动加压法中工程检测淋水量为 3L/(m² · min)

10. 依据 GB/T 7106—2019,下列属于建筑外窗气密性能检测的是_____。（　　）

A. 预备加压　　　　　　　　　　B. 附加空气渗透量检测
C. 开启缝长空气渗透量检测　　　D. 总空气渗透量检测

11. 依据 GB 50411—2019,门窗节能工程中应对其使用的材料、构件进场进行复验,对于夏热冬冷地区,门窗材料复验指标包括_____。（　　）

A. 门窗的传热系数　　　　　　　B. 门窗的气密性能
C. 玻璃的遮阳系数、可见光透射比　D. 中空玻璃的密封性能

12. 依据 GB/T 8484—2020,外窗保温性能检测装置主要由_____组成。（　　）

A. 热箱　　　　　　　　　　　　B. 冷箱
C. 试件框及填充板　　　　　　　D. 环境空间

13. 依据 GB/T 8484—2020,建筑外窗保温性能检测中,需要每年定期标定的系数是_____。（　　）

A. 填充板热流系数　　　　　　　B. 热箱壁热流系数
C. 试件框热流系数　　　　　　　D. 冷箱壁热流系数

14. 依据 GB 50411—2019,进行中空玻璃的密封性能测量时,6mm＋12A＋6mm 规格的中空玻璃,露点仪与试样接触时间错误的是_____。(　　)

　　A. 3min　　　　　　　B. 4min　　　　　　　C. 5min　　　　　　　D. 6min

15. 依据 GB/T 8484—2020,关于试件及安装要求,下列说法正确的是_____。(　　)

　　A. 被检试件为一件,面积不应小于 0.8m²

　　B. 试件构造应符合产品设计和组装要求,不应附加任何多余配件或采取特殊组装工艺

　　C. 安装时,试件冷侧表面应与填充板冷侧表面齐平

　　D. 试件与试件框之间的填充板宽度不应小于 100mm

16. GB/T 8484—2020 与 GB/T 8484—2008 相比,增加了试件与填充板间的边缘线传热量,其影响因素有_____。(　　)

　　A. 热侧、冷侧空气温度

　　B. 试件与填充板间的边缘周长

　　C. 试件的厚度、试件与填充板冷侧表面的距离

　　D. 填充板的导热系数

17. 依据 GB 50411—2019,进行中空玻璃的密封性能测量,下列说法正确的是_____。(　　)

　　A. 露点仪的温度计测量范围为－80～30℃,精度为 0.1℃

　　B. 检验样品应从工程使用的玻璃中随机抽取,每组应抽取检验产品规格中的 10 个样品

　　C. 试验时,露点仪的容器中注入深约 25mm 的乙醇或丙酮,再加入干冰,使其温度冷却到(－60±3)℃,并在试验中保持该温度不变

　　D. 所有样品均不出现结露则应判定为合格

18. 依据 GB/T 2680—2021,下列说法正确的是_____。(　　)

　　A. 可见光光谱波长为 380～780nm

　　B. 遮阳系数是指在给定条件下,太阳能总透射比与厚度为 3mm 无色透明玻璃的太阳能总透射比的比值

　　C. 玻璃表面辐射率可直接查表得出

　　D. 太阳得热系数是指太阳光直接透射比与被玻璃组件吸收的太阳辐射向室内的二次热传递系数之和,也称为太阳能总透射比、阳光因子

第八节　节能工程

1. 依据 GB 50411—2019,建筑外墙节能构造的现场实体检验应包括墙体_____。(　　)

　　A. 保温材料的种类　　　　　　　　B. 保温构造做法

　　C. 保温是否空鼓、脱落　　　　　　D. 保温层厚度

2. 依据 GB 50411—2019,关于建筑外墙节能构造的现场实体检验,下列说法正确的是_____。(　　)

　　A. 应按单位工程进行,每种节能构造的外墙检验不得少于 3 处,每处检查 1 个点

B. 试验部位应随机抽取,且应分布均匀、具有代表性,不得预先确定检验位置

C. 外墙节能构造钻芯检验应由监理工程师见证,可由建设单位委托有资质的检测机构实施,也可由施工单位实施

D. 当外墙节能构造现场实体检验结果不符合设计要求和标准规定时,应委托有资质的检测机构扩大一倍数量抽样,对不符合要求的项目或参数再次进行检验

3. 依据 GB 50411—2019,关于建筑外墙节能构造的现场实体检验,下列说法正确的是_____。(　　)

A. 检验应在外墙施工完工后、节能分部工程验收前进行

B. 取样部位应选取节能构造有代表性的外墙上相对隐蔽的部位,并宜兼顾不同朝向和楼层;不宜在同一个房间外墙上取 2 个或 2 个以上芯样

C. 钻取芯样深度为钻透保温层到达结构层或基层表面,必要时也可钻透墙体

D. 采用分度值为 1mm 的钢尺测量保温层厚度,测量结果精确至 1mm

4. 依据 GB 50411—2019,关于保温板与基层的拉伸粘结强度检验,下列说法正确的是_____。(　　)

A. 检验应在保温层粘贴后养护时间达到粘结材料要求的龄期后进行

B. 试验部位应随机确定,宜兼顾不同朝向和楼层,均匀分布;不得在外墙施工前预先确定

C. 检验时需测量试样粘结面积,当粘结面积比小于 90% 且检验结果不符合要求时,应重新取样

D. 检验结果取 3 个点拉伸粘结强度的算术平均值,精确至 0.01MPa

5. 依据 GB 50411—2019,钻芯检验外墙节能构造现场实体检验时,在垂直于芯样表面(外墙面)的方向上实测芯样厚度,以下实测值的平均值可以判定不符合设计要求的是_____。(　　)

A. 93%　　　　　B. 95%　　　　　C. 98%　　　　　D. 90%

6. 依据 DB34/T 1588—2019,关于锚栓抗拉承载力标准值检验,下列说法正确的是_____。(　　)

A. 每个检验批至少检测一组,每组随机抽取一处有代表性且表面积不小于 3m² 的外墙面作为检测试件

B. 试验时,匀速加载,直至试验锚栓破坏或拔出,并记录检测仪的数字显示器峰值及试件破坏状态

C. 从 16 个试验锚栓的抗拉承载力值中剔除 3 个最大值和 3 个最小值,取中间 10 个锚栓抗拉承载力值进行标准值计算

D. 标准值计算时,k_s 系数取 3.4

7. 依据 JG/T 366—2012,关于锚栓抗拉承载力标准值的现场测试,下列说法正确的是_____。(　　)

A. 应进行不少于 15 次拉拔试验,来确定锚栓的实际抗拉承载力标准值

B. 试验时,拉力荷载应同轴作用在锚栓上

C. 试验时,反作用力应在距锚栓不少于 150mm 处传递给基层墙体

D. 锚栓抗拉承载力标准值取破坏荷载中 6 个最小测量值的平均值的 0.8 倍

8. 依据 GB 50411—2019,关于外窗气密性能现场实体检验,下列说法正确的是
_____。(　　)

A. 夏热冬冷地区高度大于或等于 24m 的建筑和有集中供暖或供冷的建筑应进行气密性能实体检验

B. 外窗气密性能现场实体检验应按单位工程进行,每种材质、开启方式、型材系列的外窗检验不得少于 3 樘

C. 当外窗气密性能现场实体检验结果不符合设计要求和标准规定时,应委托有资质的检测机构扩大一倍数量抽样

D. 对于建筑外窗气密性能不符合设计要求和国家现行标准规定的,应查找原因,经过整改使其达到要求后重新进行检测,合格后方可通过验收

9. 依据 DB34/T 1588—2019,关于外窗气密性现场实体检验,下列说法正确的是
_____。(　　)

A. 检测时应同步测试包括外窗室内外的大气压、温度及室外风速的环境参数

B. 检测前,应测量外窗面积,弧形窗、折线窗应按展开面积计算

C. 将三试件的检测数据分别平均后,按照缝长和面积确定各自所属等级,最后取两者中的不利级别为该组试件所属等级

D. 正、负压测定值分别定级

10. 依据 DB34/T 3826—2021,关于保温板外保温系统拉伸粘结强度,下列说法正确的有_____。(　　)

A. 石墨匀质保温板外保温系统大于等于 0.10MPa

B. 岩棉条复合板外保温系统大于等于 0.10MPa

C. 真空绝热板(B 类)外保温系统大于等于 0.08MPa

D. 膨胀珍珠岩保温板外保温系统大于等于 0.10MPa

11. 依据 DB34/T 1588—2019,围护结构传热系数应在被测部位保温系统施工完工且自然干燥_____后进行。检测宜在冬季供暖期,选择连续供暖至少_____的房屋进行。(　　)

A. 30d　　　　　　B. 15d　　　　　　C. 10d　　　　　　D. 7d

12. 依据 DB34/T 1588—2019,外墙外保温系统 10J 抗冲击试验,其破坏点为_____时,判定 10J 冲击合格。(　　)

A. 1 个　　　　　　B. 2 个　　　　　　C. 3 个　　　　　　D. 4 个

13. 依据 DB34/T 1588—2019,在进行饰面砖粘结强度现场试验时,下列_____可判定为粘结强度不合格。(　　)

A. 0.4MPa、0.5MPa、0.5MPa

B. 0.2MPa、0.4MPa、0.5MPa

C. 0.2MPa、0.3MPa、0.3MPa

D. 0.3MPa、0.4MPa、0.6MPa

14. 依据 GB 50411—2019,建筑节能工程为单位工程的一个分部工程,下列_____属于其子分部工程。(　　)

A. 围护结构节能工程　　　　　　　　B. 供暖空调节能工程

C. 配电照明节能工程　　　　　　　　D. 可再生能源节能工程

15. 依据 GB 50411—2019,围护结构节能工程属于建筑节能工程的一个子分部工程。下列_____属于围护结构节能工程的分项工程。(　　)

A. 墙体节能工程　　　　　　　　　　B. 门窗节能工程、幕墙节能工程

C. 屋面节能工程　　　　　　　　　　D. 地面节能工程

第五章 ▶ 判断题

第一节 保温、绝热材料

1. 依据 GB/T 29906—2013,模塑聚苯板垂直于板面方向的抗拉强度试验中,破坏面若在试样与两个刚性平板或金属板之间的粘胶层中,则该组试样测试数据无效。 （ ）

2. 依据 GB/T 5464—2010,建筑材料不燃性试验时,试样为圆柱体,高度为(50 ± 3)mm。若材料厚度不满足(50 ± 3)mm,可通过叠加该材料的层数和/或调整材料厚度来达到(50 ± 3)mm 的试样高度。 （ ）

3. 依据 GB 50411—2019,含水率对导热系数的影响颇大,特别是负温度更使导热系数增大,为保证建筑物的保温效果,在保温隔热层施工完成后,应尽快进行防水层施工,在施工过程中应防止保温层受潮。 （ ）

4. 依据 GB/T 10801.2—2018,所有试验的试样制备,裁切处均应距样品边缘 20mm以上。 （ ）

5. 依据 GB/T 10801.1—2021,导热系数仲裁时执行 GB/T 10294—2008。 （ ）

6. 依据 DB34/T 2840—2017,在非标准试验环境下试验时,试验报告可以不注明试验环境。 （ ）

7. 依据 DB34/T 1859—2020,岩棉板导热系数为 0.045W/(m·K)是合格的。

（ ）

8. 依据 GB/T 8810—2005,测定泡沫塑料吸水率的浸泡时间为(96 ± 1)h。 （ ）

9. 依据 DB34/T 2840—2017,岩棉带复合板制作应使用密度等级不低于 120kg/m³ 的岩棉带。 （ ）

10. 依据 DB34/T 2840—2017,网织岩棉复合板制作时,应使用密度等级不低于 160kg/m³ 的岩棉板。 （ ）

11. 依据 GB/T 29906—2013,模塑聚苯板垂直于板面方向的抗拉强度试样尺寸为100mm×100mm,数量为 5 个。 （ ）

12. 依据 GB/T 29906—2013,模塑聚苯板表观密度为 25kg/m³ 是合格的。 （ ）

13. 依据 GB/T 8811—2008,对于尺寸稳定性试验,规定试样为长方体,试样最小尺寸为(50 ± 1)mm×(50 ± 1)mm×(25 ± 0.5)mm。 （ ）

14. 依据 GB/T 10801.2—2018,X250 型号的挤塑板的压缩强度是不小于 250kPa。

（ ）

15. 依据 GB/T 6343—2009,泡沫塑料及橡胶表观密度时,试样总体积至少为 100cm³。

（ ）

16. 依据 GB/T 8813—2020,记录横梁位移量来测定试样的压缩弹性模量。　　　（　　）

17. 依据 GB/T 8813—2020,试样在试验前,应在试验相同的环境条件下至少调节状态 6h。　　　（　　）

18. 依据 GB/T 25975—2018,岩棉板压缩强度试验方法按照 GB/T 13480—2014 的规定进行,试验尺寸为(100±1)mm×(100±1)mm,厚度为样品原厚,试样数量为 5 块。
　　　（　　）

19. 依据 GB/T 5480—2017,酸度系数的测定增加了 ICP-AES 法,并规定此法为仲裁法。　　　（　　）

20. 依据 GB 8624—2012,当平板状节能保温材料燃烧性能等级为 A2 级时,其分级判据的试验方法标准为 GB/T 5464—2010 和 GB/T 14402—2007。　　　（　　）

21. 依据 GB/T 29906—2013,模塑板垂直板面方向的抗拉强度试验结果为 5 个试验数据的算术平均值,精确至 0.01MPa。　　　（　　）

22. 依据 GB/T 5464—2010,该标准的使用范围为在特定条件下匀质建筑制品和非匀质建筑制品主要组分的不燃性试验。　　　（　　）

23. 依据 GB/T 5464—2010,温升为炉内最高温度与炉内初始温度之差。　　　（　　）

24. 依据 GB/T 5464—2010,炉内初始温度 T_i 为炉内温度平衡期最后 10min 的温度平均值;炉内最终温度 T_f 为试验过程最后 1min 的温度平均值。　　　（　　）

25. 依据 GB 8624—2012,当非匀质平板状建筑制品燃烧性能为 A1 级时,其内部次要组分的总热值技术要求为小于等于 1.4MJ/m²;主要组分的总热值技术要求为小于等于 2.0MJ/kg。　　　（　　）

26. 依据 GB/T 14402—2007,试样质量的称量应精确至 0.001g。　　　（　　）

27. 依据 GB/T 14402—2007,对于低热值的制品,可提高助燃物苯甲酸和材料的质量比例,来增加试样的总热值。　　　（　　）

28. 依据 GB/T 8626—2007,在没有外加辐射的条件下,可采用小火焰直接冲击垂直放置的试样以测定建筑制品的可燃性。　　　（　　）

29. 依据 GB/T 8626—2007,试样点火方式一般采用表面点火或边缘点火,或这两种点火方式都要采用。　　　（　　）

30. 依据 GB/T 8813—2020,做模塑聚苯板压缩强度试验时,以恒定的速率压缩试样,直到相对变形 90% 时,记录压缩过程的力值。　　　（　　）

31. 依据 GB/T 10801.2—2018,XPS 板压缩强度试验的加荷速度为 10mm/min。
　　　（　　）

第二节　粘结材料

1. 依据 GB/T 29906—2013,胶粘剂拉伸粘结强度试验试样尺寸为 40mm×40mm 或直径为 50mm。　　　（　　）

2. 依据 GB/T 29906—2013,胶粘剂可操作时间检测,胶粘剂配制后,按生产商提供的可操作性时间放置,生产商未提供可操作时间时,按 1.5h 放置,然后按规定测定拉伸粘结强度原强度。　　　（　　）

3. 依据 GB/T 29906—2013,胶粘剂的拉伸粘结强度试验结果为 6 个试验数据算术平均值,精确至 0.01MPa。（　　）

4. 依据 JGJ 144—2019,胶粘剂拉伸粘结强度试验中,试样应在标准养护条件下养护 7d。（　　）

5. 依据 JGJ 144—2019,胶粘剂、抹面胶浆、界面砂浆制样后养护 14d 进行拉伸粘结强度检验。发生争议时,以养护 28d 为准。（　　）

6. 依据 JGJ 144—2019,胶粘剂的性能关键是与保温板的附着力,因此规定破坏部位应位于保温板内。胶粘剂的拉伸粘结强度并不是越高越好,指标过高可能会造成浪费。（　　）

第三节　增强加固材料

1. 依据 JG/T 366—2012,普通混凝土小型空心砌块墙体、轻集料混凝土小型空心砌块墙体应选用通过摩擦和机械锁定承载的锚栓。（　　）

2. 依据 GB/T 9914.3—2013,对于单位面积质量大于或等于 200g/m² 的毡或织物,结果精确到 1g;对于单位面积质量小于 200g/m² 的毡或织物,结果精确到 0.1g。（　　）

3. 依据 JG/T 366—2012,B 类基层墙体的材料包括烧结普通砖、蒸压灰砂砖、蒸压粉煤灰砖砌体、轻骨料混凝土小型空心砌块墙体。（　　）

4. 依据 GB/T 7689.5—2013,测定耐碱玻璃纤维网布拉伸断裂强力时,预张力为预计强力的(1±0.25)%。（　　）

5. 依据 GB/T 7689.5—2013,计算网格布断裂伸长率时,计算织物每个方向(经向和纬向)断裂伸长的算术平均值,以断裂伸长增量与初始有效长度的百分比保留两位有效数字分别作为织物经向和纬向的断裂伸长。（　　）

6. 依据 GB/T 20102—2006,做网格布耐碱断裂强力保留率试验时,如果试样在夹具内打滑或断裂,或试样沿夹具边缘断裂,应保留这个结果。（　　）

7. 依据 GB/T 33281—2016,测量镀锌电焊网丝径时,应用示值为 0.01mm 的千分尺,任取经丝、纬丝各 3 根测量(锌粒处除外),取其平均值。（　　）

8. 依据 GB/T 33281—2016,测量镀锌电焊网网长、网宽,是将网展开置于一平面上,用示值为 1mm 的钢卷尺测量。（　　）

9. 依据 JGJ 144—2019,玻纤网的耐碱性检验以现行国家标准《玻璃纤维网布耐碱性试验方法 氢氧化钠溶液浸泡法》(GB/T 20102)规定的方法为准。（　　）

10. 依据 JGJ 144—2019,外墙外保温工程使用的玻璃纤维网格布的单位面积质量要求为大于等于 130g/m²。（　　）

第四节　保温砂浆

1. 依据 JGJ 144—2019,在系统热阻试验中,胶粉聚苯颗粒浆料贴砌 EPS 板外保温系统应在粘结浆料和保温浆料表面各抹 10mm 厚水泥砂浆。（　　）

2. 依据 JGJ/T 253—2019,无机轻集料砂浆保温系统应能适应基层的正常变形且不应

产生裂缝或空鼓,系统内的各个构造层间应具有变形协调的能力。　　　(　　)

3. 依据 GB 50411—2019,保温浆料的抗压强度试验应先测试其试件干密度,然后按现行国家标准 GB/T 5486 的规定进行,试验结果取 5 个测试数据的算术平均值。　(　　)

4. 依据 GB 50411—2019,保温浆料的导热系数试验应先测试其试件干密度,然后可按现行国家标准 GB/T 10294 的规定进行,也可按现行国家标准 GB/T 10295 的规定进行。

(　　)

第五节　抹面材料

1. 依据 GB/T 29906—2013,抹面胶浆拉伸粘结强度,试样尺寸为 50mm×50mm,抹面砂浆层厚度为 1mm,每一种状态的试样数量为 6 个,试样养护期间需要用薄膜覆盖。

(　　)

2. 依据 GB/T 29906—2013,抹面胶浆压折比试验中,六个抗压试验数据分别为 12.5MPa、12.5MPa、12.6MPa、12.8MPa、12.7MPa、13.0MPa,三个抗折试验数据分别为 4.6MPa、4.4MPa、4.5MPa,计算出压折比为 2.8。　　　(　　)

3. 依据 JG/T 158—2013,做抗裂砂浆的拉伸粘结强度试验时,应按使用说明书规定的比例和方法配制抗裂砂浆。　　　(　　)

4. 依据 JGJ 144—2019,抹面材料与保温材料拉伸粘结强度试验中,试样尺寸应为 50mm×50mm 或直径 50mm,保温板厚度应为 50mm,试样数量应为 5 件。　(　　)

5. 依据 JG/T 158—2013,抗裂砂浆拉伸粘结强度试验,试件制作好后立即用聚乙烯薄膜封闭,在标准试验条件下养护 7d,去除聚乙烯薄膜,在标准试验条件下继续养护 14d。　(　　)

6. 依据 JGJ 144—2019,抹面胶浆拉伸粘结强度指标过高会增大抹面层的水蒸气渗透阻,不利于墙体中水分的排出。　　　(　　)

7. 依据 JG/T 158—2013,抗裂砂浆拉伸粘结强度试验结果以 5 个试验数据的算术平均值表示。　　　(　　)

第六节　隔热型材

1. 依据 GB 50411—2019,隔热型材的隔热材料一般是尼龙或树脂材料。这些材料是很特殊的,既要保证足够的强度,又要有较小的导热系数,还要满足门窗型材在尺寸方面的要求。

(　　)

第七节　建筑外窗

1. 依据 GB/T 7106—2019,抗风压性能是指可开启部分在正常锁闭状态时,在风压作用下,外门窗变形不超过允许值且不发生损坏或功能障碍的能力。　　　(　　)

2. 依据 GB/T 11944—2012,两片或多片玻璃以有效支撑均匀隔开并周边粘结密封,使玻璃间形成有干燥气体空间的玻璃制品叫作中空玻璃。　　　(　　)

3. 依据 GB 50411—2019,门窗框与墙体缝隙虽然不是能耗的主要部位,却是隐蔽部位,

如果处理不好,会大大影响门窗的节能。这些部位主要是密封问题和热桥问题。 （ ）

4. 依据 GB 50411—2019,同一厂家的同材质、类型和型号的门窗,每 100 樘划分为一个检验批。 （ ）

5. 依据 GB/T 31433—2015,门窗保温性能检测结果为 2.5W/m² · K,该结果满足保温性能指标 6 级要求。 （ ）

6. 依据 GB 50411—2019,同一个工程项目、同一个施工单位且同施工期施工的多个单位工程(群体建筑),可合并计算门窗抽检数量。 （ ）

7. 依据 GB 50411—2019,标准中规定中空玻璃密封性能检验应在温度为(23±2)℃、相对湿度为 30%～75%的条件下进行。 （ ）

8. 依据 GB 50411—2019,标准中规定中空玻璃密封性能检验:向露点仪的容器中注入深约 25mm 的乙醇或丙酮,再加入干冰,使其温度冷却到(−40±2)℃并在试验中保持该温度不变。 （ ）

9. 依据 GB/T 11944—2012,原片玻璃厚度为 6mm 时,接触时间为 5min。 （ ）

10. 依据 GB/T 8484—2020,玻璃的传热系数检测试件宜为 800mm×1250mm 的玻璃板块。 （ ）

11. 依据 GB/T 8484—2020,抗结露因子试验,框和玻璃内表面共设置 20 个温度测点。 （ ）

12. 依据 GB/T 8484—2020,热箱壁热流系数 M_1 和试件框热流系数 M_2 每年应至少标定两次,箱体构造、尺寸发生变化时应重新标定。 （ ）

13. 依据 GB/T 7106—2019,标准中气密性检测,所说的标准状态是指温度为 273K,气压为 101.3kPa,空气密度为 1.202kg/m³。 （ ）

14. 依据 GB/T 7106—2019,定级检测有要求时,可在产品设计风荷载标准值 P_3 后,增加重复气密性能、重复水密性能检测。 （ ）

15. 依据 GB/T 7106—2019,水密性预备加压检测。在预备加压前,将试件上所有可开启部分启闭 5 次,最后关紧。检测加压前施加三个压力脉冲,压力差绝对值为 500 Pa,加载速度约为 100Pa/s。压力稳定作用时间为 3s,泄压时间不少于 1s。 （ ）

16. 依据 GB 50411—2019,门窗产品的复验项目尽可能在一组试件上完成,以减少抽样产品的样品成本。门窗抽样后可以先检测中空玻璃密封性能,3 樘门窗一般都会有 9 块玻璃,如果不足 10 块,可以多抽 1 樘。然后检测气密性能(3 樘),再检测传热系数(1 樘),最后如果需要检测玻璃遮阳系数和玻璃传热系数,则可在门窗上进行玻璃取样检测。 （ ）

17. 依据 GB 50411—2019,玻璃的传热系数越大,对节能越不利;而遮阳系数越大,对空调的节能越不利(严寒地区由于冬季很冷,且供暖期特别长,情况正好相反)。 （ ）

18. 依据 GB 50411—2019,对于建筑外窗气密性不符合设计要求和国家现行标准规定的,应查找原因进行整改,使其达到要求后重新进行检测,合格后方可验收。 （ ）

第八节 节能工程

1. 依据 DB34/T 1588—2019,墙体保温系统节能检测主要包括以下项目:基层墙体与粘胶剂/界面砂浆的拉伸粘结强度、保温层厚度和干密度、保温板材粘贴面积比、保温系统拉伸粘结强度、饰面砖粘结强度、锚栓抗拉承载力标准值、保温系统抗冲击性能、外墙节能构造、抹灰砂浆拉伸粘结强度。　　　　　　　　　　　　　　　　　　　　( )

2. 依据 DB34/T 1588—2019,保温系统拉伸粘结强度检测应在保温系统养护时间达到要求的龄期后、下道工序施工前进行。　　　　　　　　　　　　　　　　( )

3. 依据 DB34/T 1588—2019,围护结构传热系数现场检测时,当室内平均空气温度不大于 25℃、相对湿度不大于 60% 时,可以仅使用冷箱进行检测。　　　　　　( )

4. 依据 DB34/T 1588—2019,外窗整体气密性检测应在外窗及连接部位安装完毕、窗洞口与外窗之间的间隙全部封闭后进行。　　　　　　　　　　　　　　( )

5. 依据 DB34/T 1588—2019,中空玻璃密封性能检测时应避免太阳直射。室外环境温度应小于 35℃,相对湿度宜为 30%～75%。　　　　　　　　　　　　　　( )

6. 依据 DB34/T 1588—2019,在进行锚栓抗拉承载力标准值时,每个检验批至少检测一组,每组随机抽取一处有代表性且表面积不小于 $3m^2$ 的外墙面作为检测试件,在此检测试件上均匀选定 16 个已安装完毕的试验锚栓,每两个相隔的试验锚栓间距不应小于 200mm。
　　　　　　　　　　　　　　　　　　　　　　　　　　　　　　　　( )

7. 依据 JGJ 144—2019,建筑物首层墙面及门窗口等易受碰撞部位抗冲击性能应不低于 3J 级。　　　　　　　　　　　　　　　　　　　　　　　　　　　( )

8. 依据 GB 50411—2019,当墙体节能工程的保温层采用预埋或后置锚固件固定时,锚固件的数量、位置、锚固深度和拉拔力应符合设计要求。后置锚固件应进行锚固力现场拉拔试验。　　　　　　　　　　　　　　　　　　　　　　　　　　　　( )

9. 依据 GB 50411—2019,保温板材与基层及各构造层之间的粘结或连接必须牢固。粘结强度和连接方式应符合设计要求。保温板材与基层的粘结强度应做现场拉拔试验。
　　　　　　　　　　　　　　　　　　　　　　　　　　　　　　　　( )

10. 依据 GB 50411—2019,钻芯检验时,当芯样严重破损难以准确判断节能构造或保温层厚度时,应重新取样检验。　　　　　　　　　　　　　　　　　　( )

11. 依据 JGJ 144—2019,采用粘贴固定的外墙外保温系统,施工前应进行胶粘剂与基层墙体的拉伸粘结强度试验,拉伸粘结强度不应低于 0.3MPa,且粘结界面脱开面积不应大于 50%。　　　　　　　　　　　　　　　　　　　　　　　　　　　　( )

12. 依据 JGJ 144—2019,粘贴保温板薄抹灰外保温系统现场检验保温板与基层墙体拉伸粘结强度不应小于 0.12MPa。　　　　　　　　　　　　　　　　　( )

13. 依据 GB 50411—2019,标准中规定节能构造钻芯检验时外墙取样数量为一个单位工程每种节能保温做法至少取 3 个芯样。取样部位宜均匀分布,不宜在同一个房间外墙上取 2 个或 2 个以上芯样。　　　　　　　　　　　　　　　　　　　　( )

14. 依据 GB 50411—2019,标准中规定,外墙节能构造的现场实体检验应在监理(建设)人员见证下实施,必须委托有资质的检测机构实施。　　　　　　　　　　( )

15. 依据 JGJ 144—2019,基层与保温层的拉伸粘结强度应不小于 0.1MPa,且破坏部位应在保温层。　　　　　　　　　　　　　　　　　　　　　　　　( )

16. 依据 JGJ/T 132—2009,隔热性能现场检测时室外最高空气温度不宜低于 30℃。
　　　　　　　　　　　　　　　　　　　　　　　　　　　　　　　　( )

第九节　供暖通风空调节能工程用材料、构件和设备

1. 依据 GB/T 19232—2019,该标准适用于机组静压不大于100Pa。　　　　（　　）

2. 依据 GB/T 19232—2019,该标准适用于送风量不大于 3400m³/h 的风机盘管检测。
　　　　　　　　　　　　　　　　　　　　　　　　　　　　　　　　　　　　（　　）

3. 依据 GB/T 19232—2019,风机盘管型号 FP-G-85WA-Y-4(3+1)中字母 Y 代表风机盘管的用途。　　　　　　　　　　　　　　　　　　　　　　　　　　　　　　（　　）

4. 依据 GB/T 19232—2019,机组风量检测时,机组进口空气湿球温度为 19~21℃。
　　　　　　　　　　　　　　　　　　　　　　　　　　　　　　　　　　　　（　　）

5. 依据 GB/T 19232—2019,规定供冷量、供热量测试方法有 3 种。　　　　　（　　）

6. 依据 GB/T 19232—2019,对风机盘管机组风量的性能指标要求为实测值不应低于额定值的 95%。　　　　　　　　　　　　　　　　　　　　　　　　　　　　　　（　　）

7. 依据 GB/T 19232—2019,对风机盘管机组噪声检测的性能指标要求为实测值不应大于额定值,且不应大于名义值+2dB。　　　　　　　　　　　　　　　　　　　（　　）

8. 依据 GB/T 19232—2019,对通用机组进行额定供热量试验时进口空气状态湿球温度试验工况无要求。　　　　　　　　　　　　　　　　　　　　　　　　　　　　　（　　）

第十节　其　他

1. 依据 JGJ144—2019,标准中对耐候性试验制备的外墙保温系统墙体要求的规格尺寸是宽度大于等于 2.5m,高度大于等于 2.0m,面积应大于等于 5m²。　　　　　（　　）

2. 依据 JGJ 144—2019,系统吸水量试验的样品尺寸应为 200mm×200mm,保温层厚度应为 50mm。　　　　　　　　　　　　　　　　　　　　　　　　　　　　　　（　　）

3. 依据 JGJ 144—2019,耐候性检测中带防火隔离带的试验墙板应由基层墙体、水平防火隔离带和被测外保温系统构成,试验墙板宽度不应小于 3.0m,高度不应小于 2.0m,面积不应小于 6m²。　　　　　　　　　　　　　　　　　　　　　　　　　　　　　（　　）

4. 依据 GB/T 29906—2013,在水蒸气透过湿流密度试验中,试验采取干燥剂法。
　　　　　　　　　　　　　　　　　　　　　　　　　　　　　　　　　　　　（　　）

5. 依据 GB/T 29906—2013,在抗冲击性试验中,3J 级试验 10 个冲击点中破坏点小于 4 个时,判定为 3J 级;10J 级试验 10 个冲击点中破坏点小于 4 个时,判定为 10J 级。（　　）

6. 依据 GB/T 29906—2013,模塑板外保温系统的各种组成材料应配套供应。所采用的所有配件,应与模塑板外保温系统性能相容,并应符合国家现行相关标准的规定。
　　　　　　　　　　　　　　　　　　　　　　　　　　　　　　　　　　　　（　　）

7. 依据 GB 50411—2019,型式检验是由生产厂家委托有资质的国家级检测机构,对定型产品或成套技术的全部性能及其适用性所作的检验。　　　　　　　　　　　　（　　）

8. 依据 JGJ 144—2019,外保温工程各组成部分应具有物理-化学稳定性,所有组成材料应彼此相容并具有防腐性。　　　　　　　　　　　　　　　　　　　　　　　（　　）

9. 依据 JGJ 144—2019,保温系统防护层水蒸气渗透性能的试验方法应符合 GB/T

17146 中湿法的规定。　　　　　　　　　　　　　　　　　　　　　　　　　（　　）

10. 依据 GB/T 29906—2013,耐候性试验冻融循环后,测定抹面层与模塑板拉伸粘结强度,断缝切割至模塑板表层。　　　　　　　　　　　　　　　　　　　　（　　）

11. 依据 DB34/T 2695—2016,匀质改性防火保温板薄抹灰外墙外保温系统采用粘结固定方式与基层墙体连接并辅有锚栓。　　　　　　　　　　　　　　　　　　（　　）

12. 依据 JGJ 144—2019,耐候性第三阶段应为加热冷冻循环 30 次,每次应为 24h。
　　　　　　　　　　　　　　　　　　　　　　　　　　　　　　　　　　（　　）

13. 依据 JGJ 144—2019,系统耐冻融试验试样尺寸应为 200mm×200mm,试样数量应为 3 件。　　　　　　　　　　　　　　　　　　　　　　　　　　　　　　　　（　　）

14. 依据 JGJ 144—2019,系统耐冻融试验应冻融循环 10 次,每次应为 24h。　（　　）

15. 依据 JGJ 144—2019,系统抗冲击试样尺寸宜为 600mm×400mm,玻纤网不得有搭接缝。　　　　　　　　　　　　　　　　　　　　　　　　　　　　　　　　（　　）

16. 依据 JGJ 144—2019,系统抗冲击试验中冲击点应离开试样边缘至少 100mm,冲击点间距不得小于 100mm。应以冲击点及其周围开裂作为破坏的判定标准。　　　（　　）

17. 依据 JGJ 144—2019,系统吸水量试验试样预处理应进行三次循环,完成循环后,应进行至少 24h 状态调节。　　　　　　　　　　　　　　　　　　　　　　　（　　）

18. 依据 JGJ 144—2019,EPS 板与基层墙体有效粘结面积不得小于保温板粘结面积 50%。　　　　　　　　　　　　　　　　　　　　　　　　　　　　　　　　　（　　）

19. 依据 JGJ 144—2019,XPS 板与基层墙体有效粘结面积不得小于保温板粘结面积 40%。　　　　　　　　　　　　　　　　　　　　　　　　　　　　　　　　　（　　）

第六章 ▶ 简答题

第一节　保温、绝热材料

1. 依据 GB/T 5486—2008,简述保温材料体积吸水率试验步骤。

2. 依据 GB/T 29906—2013,简述模塑聚苯板表观密度试样要求和试验过程。

3. 依据 GB/T 30595—2014,简述挤塑板做垂直于板面方向的抗拉强度试验时的试样要求和试验过程。

4. 依据 GB/T 8813—2020,采用方法 A 测量压缩性能时,力-形变曲线上"形变零点"怎么确定?

5. 依据 GB/T 5464—2010,简述建筑材料不燃性试验期间需要观察和记录的数据。

6. 依据 GB/T 2406.2—2009,简述氧指数顶面点燃法的过程。

7. 依据 GB/T 14402—2007,简述建筑材料燃烧性能热值的测定中水当量的标定过程。

8. 依据 GB/T 20284—2006,简述 SBI 单体燃烧试验原理。

第二节　粘结材料

1. 依据 GB/T 29906—2013,胶粘剂的拉伸试验结果应如何处理?

2. 依据 GB/T 30595—2014,简述胶粘剂拉伸粘结强度的试验步骤。

3. 依据 GB/T 29906—2013,胶粘剂拉伸粘结强度(与水泥砂浆试块)试验中,试样应如何制备?

第三节　增强加固材料

1. 依据 GB/T 29906—2013,简述耐碱网格布的概念。

2. 依据 GB/T 7689.5—2013,简述耐碱玻纤网布拉伸断裂试验的操作过程。

3. 依据 GB/T 7689.5—2013,在测试网格布断裂强力试验时,试样断裂在两个夹具中任一夹具的接触线 10mm 以内时,应如何处理?

4. 依据 JGJ 144—2019,简述玻纤网耐碱性快速试验方法。

5. 依据 GB/T 1839—2008,简述电焊网镀锌层质量试验原理。

6. 依据 GB/T 33281—2016,热镀锌电焊网网孔大小应如何测试?

第四节　保温砂浆

1. 依据 JGJ/T 253—2019,简述无机轻集料保温砂浆试样制作后的养护方式。

第五节　抹面材料

1. 依据 GB/T 17671—2021,抹面胶浆压折比试验中,抗压强度和抗折试验是如何进行的?

第六节　建筑外窗

1. 依据 GB/T 7106—2019 及 GB/T 8484—2020,门窗在进行"三性"及保温工程检测时,我们需要测量及知道哪些技术参数?

2. 依据 GB/T 7106—2019,简述门窗"三性"报告中应包含哪些信息。

3. 依据 GB/T 7106—2019,简述外门窗气密、水密、抗风压性能的检测原理。

4. 依据 GB/T 7106—2019,简述外门窗气密、水密、抗风压性能的试件数量及试件要求。

5. 依据 GB/T 7106—2019,门窗气密性定级检测时,如何判定其等级?

6. 依据 GB/T 8484—2020,简述建筑外门窗保温性能检测程序。

7. 依据 GB/T 7106—2019,建筑门窗水密检测什么情况下采用稳定加压法? 什么情况下采用波动加压法?

8. 依据 GB/T 8484—2020,玻璃传热系数的检测条件是什么?

9. 依据 GB/T 7106—2019,建筑外窗抗风压性能检测时,对于测试杆件,位移计测点如何布置?

第七节　节能工程

1. 依据 DB34/T 1588—2019,简述钻芯检测外墙节能构造的取样部位、数量和合格判定标准。

2. 依据 DB34/T 1588—2019,外墙节能构造检测结果判定应符合哪些要求?

3. 依据 DB34/T 1588—2019,保温系统现场检测项目主要有哪些?

4. 依据 JGJ/T 253—2019,简述无机轻集料砂浆保温系统的基本构造。

5. 依据 DB34/T 1588—2019,简述关于现场保温系统抗冲击性能的分级及采用摆动冲击法的检测步骤。

6. 依据 JGJ 144—2019,保温系统现场拉伸粘结强度试验的结果合格判定应符合什么规定?

7. 依据 DB34/T 1588—2019,简述锚栓抗拉承载力标准值现场检测的步骤。

8. 依据 GB 50411—2019,简述关于外墙节能构造钻芯检验方法。

9. 依据 DB34/T 1588—2019,简述保温层干密度试验步骤。

10. 依据 DB34/T 1588—2019,简述饰面砖粘结强度检测试验关于测点布置的规定。

11. 依据 JGJ/T 480—2019,岩棉外保温系统与基层墙体的连接固定方式应符合哪些规定?

第八节　供暖通风空调节能工程用材料、构件和设备

1. 依据 GB/T 19232—2019,简述风机盘管机组检测抽样数量如何确定。

2. 依据 GB/T 13754—2017,供暖散热器散热量检测当小室采用空气冷却时,其构造应符合什么要求?

第九节　可再生能源应用系统

1. 依据 GB/T 4271—2021,集热器的热性能试验可以在室外进行,也可以在室内使用太阳模拟器进行,应至少包括哪些必需的参数?

第十节　其　他

1. 依据 JGJ 144—2019,模塑板外保温系统在工程中应用时,其安全与质量应满足哪些要求?

2. 依据 JG/T 287—2013,简述保温装饰板抗冲击性试验过程。

3. 依据 JGJ 144—2019,简述抹面层不透水性的试验步骤。

4. 依据 JGJ 144—2019,简述保温系统耐冻融的试验步骤。

5. 依据 GB/T 29906—2013,简述模塑聚苯板薄抹灰外墙外保温系统抹面层、饰面层、防护层定义。

6. 依据 GB 50411—2019,墙体节能工程使用的材料、产品进场时,应对其哪些性能进行复验,复验应为见证取样检验。

7. 依据 JGJ 144—2019,外保温系统耐候性试验中带防火隔离带的试验墙板尺寸有什么要求? 并画图示意。

8. 依据 JGJ/T 110—2017,简述现场粘贴的同类饰面砖粘结强度的评定规则。

9. 依据 GB/T 29906—2013,某试验室进行外墙保温墙体耐候性试验,描述如何进行外墙保温墙体耐候性试验中热雨循环。

10. 依据 GB/T 37608—2019,简述穿刺强度试验的过程及结果的处理。

11. 依据 JGJ 144—2019,简述系统吸水量的试样制备和预处理要求。

第七章 综合题

第一节 保温、绝热材料

1. 依据 GB/T 29906—2013,对厚度为 30mm 的模塑板进行表观密度检测,试验过程发生以下事件:

事件 1:试样在标准环境下放置 6h,标准环境条件为空气温度(23±5)℃,相对湿度(50±10)%;

事件 2:试样尺寸为(100±1)mm×(100±1)mm,试样数量为 5 个;

事件 3:经计算,5 个试样的密度分别为 18.52kg/m³、18.46kg/m³、18.38kg/m³、18.33kg/m³、18.56kg/m³。

问题:

(1)请指出事件 1 中不正确的做法,并写出正确做法。

(2)请列出事件 2 中表观密度试验所需要的设备。

(3)请计算出模塑板的表观密度。

2. 依据 GB/T 30595—2014,对外墙外保温挤塑聚苯板进行 B₁ 级燃烧性能检测试验,试验过程发生以下事件:

事件 1:检测人员依据 GB 8624—2012 标准,对挤塑聚苯板进行单体燃烧试验、可燃性试验,依据检验结果,判定燃烧性能是否满足要求;

事件 2:在单体燃烧性能试验中,角型试样有两个翼,分别为长翼和短翼;

事件 3:可燃性试验原始记录中,每个试样记录了:试样是否被点燃;火焰尖端是否达到距点火点 150mm 处。

问题:

(1)事件 1 是否正确,并说明原因。

(2)事件 2 中,试样的尺寸要求。

(3)事件 3 中,试样记录是否完整。

3. 依据 GB/T 17794—2021,对柔性泡沫橡塑绝热板进行真空吸水率试验,试验过程发生以下事件:

事件1:检测人员将试样在标准环境下预置24h;

事件2:检测人员按 GB/T 17794—2021 附录 B 进行试验。

问题:

(1)请写出事件1中的标准环境要求。

(2)请写出事件2中的试验步骤。

(3)请列出真空吸水率的计算公式和修约要求。

4. 依据 JC/T 647—2014,对Ⅱ型泡沫玻璃板进行抗折强度检测,试样长 300mm,宽 100mm,厚 25mm,两支座辊轴间距为 250mm。试验破坏时的荷载为 98N、102N、95N、92N。计算出泡沫玻璃板的抗折强度并判定。

5. 依据 GB/T 5486—2008,对一组匀质改性防火保温板进行检验,测试数据见表 2-7-1 所列,水的密度取 1000kg/m³。请计算并判定匀质改性防火保温板体积吸水率是否符合《匀质改性防火保温板薄抹灰外墙外保温系统》(DB34/T 2695—2016)要求。

表 2-7-1　匀质改性防火保温板体积吸水率测试数据表

	试样一				试样二				试样三			
长(mm)	399	397	402	401	402	401	399	401	399	399	397	398
宽(mm)	299	301	298	299	299	299	299	298	300	300	299	299
厚(mm)	39	40	40	40	38	38	38	38	38	39	39	38	38	38	38	38	38	39	39
吸水前质量(g)	836.5				861.6				855.7			
吸水后质量(g)	1154.8				1129.1				1151.3			

6. 依据 GB/T 37608—2019,对真空绝热板穿刺强度进行检验,测试数据见表 2-7-2 所列,请计算并判断真空绝热板穿刺强度是否符合 GB/T 37608—2019 要求。

表 2-7-2　真空绝热板穿刺强度测试数据表

穿刺强度/N	阻气隔膜正面正向	15	16	13	13	15
	阻气隔膜正面反向	23	20	21	21	23
	阻气隔膜反面正向	16	14	15	15	16
	阻气隔膜反面反向	23	21	20	20	19

7. 依据 GB/T 8813—2020,测定石墨聚苯乙烯保温隔声板的压缩弹性模量时,测试数据见表 2-7-3 所列,请计算并判定石墨聚苯乙烯保温隔声板压缩弹性模量是否符合《民用建筑楼面保温隔声工程技术规程》(DB34/T 3468—2019)的要求。石墨聚苯乙烯保温隔声板试样为 100mm×100mm×20mm。

表 2-7-3　石墨聚苯乙烯保温隔声板压缩弹性模量测试数据表

	试样一	试样二	试样三	试样四	试样五
弹性阶段初始力值/N	24	19	22	28	17
弹性阶段终止力值/N	51	45	61	43	58
弹性阶段初始位移/mm	0.30	0.19	0.25	0.38	0.31
弹性阶段终止位移/mm	0.52	0.46	0.74	0.67	0.71

8. 依据 GB/T 14402—2007,对一组匀质改性防火保温板燃烧热值进行检测,测试数据见表 2-7-4 所列,请计算并判定匀质改性防火保温板燃烧热值是否符合《匀质改性防火保温板薄抹灰外墙外保温系统》DB34/T 2695—2016 的 A2 级要求,水当量取 0.01MJ/K,与外部进行热交换的温度修正值为 0。

表 2-7-4　匀质改性防火保温板燃烧热值测试数据表

	试样一	试样二	试样三
试样质量/g	0.5022	0.5088	0.5036
苯甲酸质量/g	0.5011	0.5020	0.5081

（续表）

	试样一	试样二	试样三
点火丝质量/g	0.0067	0.0069	0.0068
起始温度 T_i/K	296.690	296.103	296.411
最高温度 T_m/K	298.161	297.573	297.901
助燃物燃烧热值的修正值/MJ	0.0132535	0.0132775	0.0134386

9. 依据 JG/T 158—2013，对胶粉聚苯颗粒保温浆料的抗压强度进行检测，样品尺寸为 100mm×100mm，其压力值分别为：2000N、1542N、2328N、3420N、2546N、2371N，计算其抗压强度并判定是否合格。

10. 依据 GB/T 8813—2020，对等级为 X150 的 XPS 板的压缩强度进行检测，样品尺寸为 100mm×100mm，其 10% 形变对应的压力值分别为：1506N、1542N、1528N、1520N、1546N，计算其压缩强度并判定是否合格。

11. 依据 GB/T 5464—2010，对某种材料进行不燃性试验，测得 5 组试样的试验数据见表 2-7-5 所列，试判断该组样品的不燃性试验是否满足 GB 8624—2012 中平板状建筑材料及制品 A1 级的要求。

表 2-7-5 不燃性测试数据表

试样	炉内初始温度 T_i/℃	炉内最高温度 T_m/℃	炉内最终温度 T_f/℃	持续燃烧时间 t_f/s	试验前质量 m/g	试验后质量 m/g
1	750.5	862.2	820.6	6	19.22	15.68
2	750.9	867.5	825.1	7	19.54	15.91
3	749.6	858.6	818.9	6	18.96	15.40
4	748.8	865.8	822.9	7	20.06	16.41
5	749.4	868.4	827.6	7	20.28	16.76

12. 依据 GB/T 10294—2008,单试件防护热板法测量某种保温材料的导热系数,测得试件热侧表面平均温度 35.1℃,冷侧表面平均温度 15.0℃,试件平均厚度为 29.8mm,热稳定状态时加热功率为 1.040W,设备的计量面积为 0.0225m²,求该保温材料的导热系数。

13. 依据 DB34/T 1588—2019,热流计法进行墙体传热系数试验,共布置 3 个测点,各测点测试数据见表 2－7－6 所列,请计算该组墙体传热系数的检测结果。

表 2－7－6　墙体传热系数测试数据表

测点编号	热流密度/W·m²	内表面温度/℃	外表面温度/℃
1	12.5	18.7	8.6
2	12.9	18.3	7.8
3	14.8	19.2	8.0
注:围护结构内、外表面换热阻分别为 0.11(m²·K)/W、0.04(m²·K)/W			

第二节　粘结材料

1. 依据 GB/T 29906—2013,对某胶粘剂样品(与水泥砂浆)进行拉伸粘结原强度试验,拉伸粘结破坏荷载为 1940N、1755N、1884N、1721N、1998N、1830N,试样面积为 2500mm²,请计算其拉伸粘结强度,并对试验结果进行判定。

2. 依据 JG/T 158—2013,某抗裂砂浆样品(与水泥砂浆试块)的标准状态伸粘结破坏荷载分别为 1780N、1755N、1854N、1766N、1621N、1726N,试样面积为 1600mm²,请计算其拉伸粘结强度,并对试验结果判定。

3. 依据 GB/T 29906—2013,一位试验员测定胶粘剂拉伸粘结强度试验过程时,测得试验环境为空气温度 25℃后,将试样取出后立即安装到适宜的拉力机上,进行拉伸粘结强度测定,拉伸速率为 2mm/min,记录试样破坏时的拉力值。请问该试验员操作是否符合规范? 如不符合,请写出正确的过程?

4. 依据 GB/T 29906—2013,一位试验员在测定 EPS 板系统胶粘剂拉伸粘结强度(原强度)试验中,制备试样时在 6 个 70mm×70mm×20mm 的水泥砂浆试块上放置内部尺寸 40mm×40mm×2mm 的金属型框,用胶粘剂填满型框面积,用刮刀平整表面,在空气温度 (23±5)℃、相对湿度(50±10)%的条件下养护 28d。请问该试验员操作是否符合规范? 如不符合,正确的制样过程如何?

第三节　增强加固材料

1. 依据 JGJ 144—2019,对一组网格布进行检验,测得尺寸为 10000mm² 试样的质量为 1.4612g、1.4824g,其他测试数据见表 2-7-7 所列。请计算并判断单位面积质量、耐碱断裂强力、耐碱断裂强力保留率以及断裂伸长率是否符合 JGJ 144—2019 要求。

表 2-7-7　网格布测试数据表

序号	初始断裂强力/(N/50mm)		耐碱断裂强力/(N/50mm)		断裂伸长/mm	
	经向	纬向	经向	纬向	经向	纬向
1	1374	1836	1178	1642	7	8
2	1426	1854	1186	1687	8	7
3	1349	1813	1226	1675	7	8
4	1418	1872	1169	1701	8	7
5	1385	1860	1203	1633	8	7

2. 依据 GB/T 1839—2008,对镀锌电焊网镀锌层质量检测试验,已知镀锌电焊网镀试样去掉锌层前的质量为 5.011g,试样去掉锌层后的质量为 4.351g,试样去掉锌层后的直径为 0.90mm,求镀锌电焊网锌层质量。

3. 依据 GB/T 33281—2016,某实验室按 GB/T 33281—2016 标准检测丝径 0.90mm 的镀锌电焊网的焊点抗拉力试验,电焊网发生以下事件:

事件1:在待试验的镀锌电焊网上,任取 3 个焊点,进行拉伸试验;

事件2:拉伸试验机速率为 10mm/min,直至拉断;

事件3:焊点抗拉力的值分别为 126N、136N、117N。

问题:

(1)事件 1 是否正确,如不正确请写出正确做法。

(2)事件 2 是否正确,如不正确请写出正确做法。

(3)依据事件 3,计算其焊点抗拉力并判定是否合格。

第四节　抹面材料

1. 依据 GB/T 29906—2013,测定抹面砂浆的压折比,测得数据见表 2-7-8 所列,请计算检测结果。抗折强度计算公式:$R_f = 1.5F_f L/b^3$,其中,L 为支撑圆柱之间的距离,取为 100mm,样品尺寸为 160mm×40mm×40mm。

表 2-7-8　抹面砂浆测试数据表

试件编号	1		2		3	
抗折破坏荷载/N	1020		1080		1300	
抗压破坏荷载/kN	10.05	9.65	10.25	9.85	9.00	9.65

第五节　隔热型材

1. 依据 GB/T 28289—2012,对铝合金隔热型材试件进行室温纵向剪切试验,其测试数据见表 2-7-9 所列。

表 2-7-9　铝合金隔热型材室温纵向剪切测试数据表

试件编号	1	2	3	4	5	6	7	8	9	10
试件长度 L/mm	101.06	100.08	100.02	101.61	99.52	101.63	101.75	101.52	101.64	101.12
试件最大剪切力 F/N	2947	3002	2915	2954	2984	2912	2975	2895	3014	2967

试计算该组铝合金隔热型材试样的纵向抗剪特征值。

第六节　建筑外窗

1. 依据 GB/T 7106—2019,对合肥地区某工程外窗 3 樘试件进行水密性稳定加压法工程检测,该工程外窗试件风荷载标准值为 3000Pa,水密性工程设计等级为 2 级。试验员 A 的一些操作行为见表 2-7-10 所列。

表 2-7-10　外窗水密性稳定加压操作过程表

序号	操作行为
1	在预备加压前,将试件上所有可开启部分启闭 5 次,最后关紧
2	预备加压:检测加压前施加三个压力脉冲,压力差绝对值为 500Pa,加载速度约为 100Pa/s,压力稳定作用时间为 3s,泄压时间不少于 1s
3	淋水:对整个门窗试件均匀地淋水。淋水量设置为 3L/(m² · min)
4	加压:在淋水的同时施加稳定压力。直接加压至水密性能设计值,压力稳定作用时间为 30min 或产生渗漏为止
5	观察记录:在升压及持续作用过程中,观察记录渗漏部位

(1)请评析试验员 A 在表中的试验操作行为。

(2)当 3 樘试件依据上述步骤完成检测后,其中有 1 樘外窗试件出现渗漏,2 樘外窗试件没有出现渗漏,怎么判定?

2. 依据 GB/T 7106—2019,某外窗试件进行抗风压性能工程检测中变形检测时,被测杆件长 1200mm,两端位移测点 a、c 间距 1180mm,各测点预备加压后稳定初始读数值分别为:$a_0=2.12mm$,$b_0=2.23mm$,$c_0=2.29mm$,在风荷载标准值的 40% 压力作用时,位移表读数分别为:$a=2.71mm$,$b=4.65mm$,$c=2.84mm$。该压力下,杆件的面法线挠度值为多少? 相对面法线挠度为多少?

3. 依据 GB/T 7106—2019,对某工程外窗 3 樘试件进行气密性能工程检测,该工程外窗风荷载标准值为 3000Pa,气密性能工程检测压力值为 100Pa,且气密性能工程设计等级为 5 级。试验员 A 的一些操作行为见表 2-7-11 所列。

表 2-7-11 外窗气密性操作过程表

序号	操作行为
1	对试件进行检查,确认符合检测要求。 查看并记录试验环境条件,记录环境温度为 25℃ 及大气压力为 101.9kPa
2	将试件按照标准要求安装于门窗"三性"检测仪的试件框架上,安装完毕后,清洁试件表面
3	按标准要求测量并记录试件的开启缝长和试件面积,记录开启缝长为 5.6m,试件面积为 1.8m²
4	在正、负压检测前分别施加三个压力脉冲。压力差绝对值为 500Pa,加载速度约为 100Pa/s,压力稳定作用时间为 3s,泄压时间不少于 1s
5	检测前应在压力箱一侧,采取密封措施充分密封试件上镶嵌缝隙,然后将空气收集箱扣好并可靠密封。按照工程检测压力值进行加压,先正压,后负压。记录工程检测正负压力值下的附加空气渗透量
6	去除试件上采取的密封措施后进行检测,按照工程检测压力值进行加压,先正压,后负压。记录工程检测正负压力值下的总空气渗透量

该组 3 樘试件的在工程检测正负压力值下渗透量数据见表 2-7-12 所列。

表 2-7-12 外窗气密性测试数据表

试件编号	1		2		3	
压差/Pa	100	−100	100	−100	100	−100
附加渗透量/m³·h⁻¹	5.19	5.15	4.26	4.52	4.78	5.02
总渗透量/m³·h⁻¹	14.25	15.35	13.32	14.66	14.41	15.29

(1)请评析试验员 A 在表中的试验操作行为。

(2)计算该组外窗试件在工程检测正负压力值下的气密性能检测结果,并进行判定。

4. 依据 GB/T 8484—2020,一平开铝合金断热窗规格为 $1.5m \times 1.5m$,填充板的面积 $S=0.9m^2$,填充板的热导率为 $0.82W/(m^2 \cdot K)$;由标定试验确定的检测装置的热箱外壁热流系数 M_1 和试件框热流系数 M_2 分别为 $8.89W/K$、$1.42W/K$;试验投入加热功率为 $212W$,热箱外壁内、外表面面积加权平均温度分别为 $17.5℃$、$17.3℃$,试件框热侧、冷侧表面面积加权平均温度分别为 $17.8℃$、$-18.2℃$,填充板两表面的平均温度分别为 $14.7℃$、$-18.0℃$,热箱空气温度和冷箱平均空气温度分别为 $19.4℃$、$-19.1℃$,试件与填充板间的边缘线传热量忽略。求该外窗试件的传热系数 K 值。

5. 依据 GB 50411—2019,某试验室进行某工程项目中空玻璃密封性能的检测,中空玻璃的规格为 $6mm+12A+6mm$。试验员 A 的一些检测行为见表 2-7-13 所列。

表 2-7-13　中空玻璃密封性能操作过程表

序号	检测行为
1	检验样品采用定制的 15 块尺寸为 510mm×360mm 的密封试样。 检验前应将全部样品在实验室环境条件下放置 6h
2	检验前,查看并记录试验室的温湿度环境,记录环境温度为 21℃ 及相对湿度为 45%
3	向露点仪的容器中注入深约 25mm 的乙醇或丙酮,再加入干冰,使其温度冷却到 $-60℃$ 并在试验中保持该温度不变
4	将样品水平放置,在上表面涂一层乙醇或丙酮,使露点仪与该表面紧密接触,停留时间为 4min
5	移开露点仪,立刻观察玻璃样品的内表面上有无结露或结霜

请评析试验员 A 在表中的试验检测行为。

6. 依据 GB/T 8484—2020,某试验室传热系数检测设备的安装试件洞口尺寸为 $2.4m \times 2.4mm$,试验采用填充板的热导率为 $0.78W/(m^2 \cdot K)$;由标定试验确定的检测装置的热箱外壁热流系数 M_1 和试件框热流系数 M_2 分别为 $8.82W/K$ 和 $1.68W/K$。现试验室依据 GB/T 8484—2020 对某一中空玻璃试件进行传热系数检测,试件尺寸为 $800mm \times 1250mm$。试验中,传热过程已达到稳定状态后,某一次的测量参数数据见表 2-7-14 所列。

表 2-7-14　传热系数测试数据表

序号	冷热箱空气温度/℃		热箱壁面积加权平均温度/℃		试件框面积加权平均温度/℃		填充板表面平均温度/℃		加热功率/W
	热箱	冷箱	内表面	外表面	热侧	冷侧	热侧	冷侧	
1	19.8	−19.5	17.5	17.3	17.8℃	−18.2	14.7	−16.4	246

试件与填充板间的边缘线传热量忽略,求该次的测量数据下,玻璃试件的传热系数 K 值?

第七节　节能工程

1. 依据 GB/T 50411—2019,某检验室的检测人员在现场检测外墙节能构造钻芯检验时,发生以下事件:

事件 1:检测人员随机确定取样部位;

事件 2:钻芯检验采用空心钻头;

事件 3:外墙保温层设计厚度 50mm,3 个芯样的保温层厚度分别为 47mm、48mm、48mm。

问题:

(1)事件 1 中,外墙节能构造的取样部位和数量应符合哪些规定?

(2)简述事件 2 中钻芯取样的深度。

(3)计算事件 3 中保温层厚度是否符合要求?

2. 依据 DB34/T 1588—2019,对一面混凝土基层墙体的岩棉板薄抹灰外墙外保温系统中锚栓进行抗拉承载力检测,测得 16 个数据分别为 1.948kN、1.677kN、2.148kN、1.879kN、2.217kN、1.691kN、1.807kN、2.210kN、1.798kN、2.241kN、1.631kN、1.998kN、2.130kN、2.314kN、1.648kN、1.803kN 试样尺寸为 100mm×100mm,计算并判定该组混凝土基层的岩棉板薄抹灰外墙外保温系统锚栓抗拉承载力标准值是否符合《保温板外墙外保温工程技术标准》(DB34/T 3826—2021)中的要求。

3. 依据 JG/T 366—2012,在某工地进行锚栓抗拉承载力标准值现场检测,现场用 C30 的混凝土作为基层墙体,测试数据见表 2-7-15 所列,依据 JG/T 366—2012 附录 B,请计算检测结果,并分析检测结果是否符合标准要求。

表 2 - 7 - 15　锚栓抗拉承载力测试数据表

0.894	1.033	0.797	0.850	0.798	1.285	0.946	0.957
▽	△	▽	▽	▽	△	▽	▽
0.948	1.283	0.793	1.277	0.796	0.852	1.294	0.957
▽	△	▽	△	▽	▽	△	▽
注:锚栓破坏(△)、锚栓拔出(▽)、塑料圆盘破坏(○)、单位:kN							

4. 依据 JGJ/T 220—2010,对抹灰砂浆拉伸粘结强度进行现场检测,测得出 7 个数据分别为:6.25kN、7.17kN、5.68kN、5.35kN、8.91kN、7.29kN、4.98kN,试样尺寸为 100mm×100mm,请计算该组试样的试验结果。

5. 依据 JGJ/T 110—2017,对某工程饰面砖粘结强度进行现场检测,测得的两组数据见表 2 - 7 - 16 所列,请分别计算两组试样的粘结强度,并判定是否合格。

表 2 - 7 - 16　饰面砖粘结强度测试数据表

项目	第一组			第二组		
粘结力/kN	1.22	2.08	1.99	1.18	1.16	2.20
断面面积/mm²	4050.0	4140.5	3822.0	3813.0	3740.0	3640.5

6. 依据 DB34/T 1588—2019,一位试验员进行基层墙体与胶粘剂/界面砂浆的拉伸粘结强度试验时在胶粘剂或界面砂浆试件表面,标识出 3 个 95mm×45mm 的正方形尺寸线,然后沿尺寸线切割,使用粘合剂将标准块粘贴在试样表面,使用粘结强度检测仪匀速加载,直至系统破坏脱离,记录峰值。请问该试验员操作是否符合规范? 如不符合,请写出正确的过程?

第八节　供暖通风空调节能工程用材料、构件和设备

1. 依据 GB/T 19232—2019,风机盘管机组供冷量试验时,被试机组进出口水温分别为 7.1℃、11.9℃,机组流量为 6kg/min,输入功率为 40W,水比定压热容为 4.18kJ/(kg·℃),求被试机组的水侧供冷量。

第九节　配电与照明节能工程用材料、构件和设备

1. 依据 GB 17896—2022 和 GB/T 32483.1—2016,电感控制装置－灯线路中,用一个控制装置和一个基准灯测得的控制装置－灯线路总输入功率为 155W。用基准镇流器电路中的实测到的灯功率为 153W,试验控制装置的电路中的实测到的灯功率为 145W,基准灯额定功率为 150W。同时为了将所用基准灯特性变化引起的误差减至最小,进一步修正到在额定设置条件下基准灯给出的值,镇流器流明系数设定为 0.95。试计算修正后的镇流器灯线路的总输入功率以及该电感控制装置的效率。

2. 依据 GB/T 9468—2008,测得的光通量测量结果见表 2-7-17 所列,计算 3 个光源灯具的效率。

表 2-7-17　光通量测试数据表

球内安排	光源	辅助光源	读数
灯具	在灯具内开	关	2500
灯具	在灯具内关	开	700
光源 1	裸光源关	开	900
光源 2	裸光源关	开	900
光源 3	裸光源关	开	900
光源 1	裸光源开	关	1200
光源 2	裸光源开	关	1200
光源 3	裸光源开	关	1200
光源 1、2、3	裸光源关	开	800

3. 依据 GB/T 9468—2008,测得的光通量测量结果见表 2-7-18 所列,计算该单光源灯具效率。

表 2-7-18 光通量测试数据表

球内安排	光源	辅助光源	读数
灯具	在灯具内开	关	1500
灯具	在灯具内关	开	900
仅光源	裸光源关	开	1000
仅光源	裸光源开	关	2000

第十节 可再生能源应用系统

1. 依据 GB/T 50801—2013,太阳能热利用系统的集热系统得热量为 8MJ,集热系统的集热器尺寸为 0.8m×1.6m,太阳总辐照量为 15MJ/m²,求该太阳能热利用系统的集热系统效率。

2. 依据 GB/T 6495.9—2006,对光源均匀性进行性相应的测试,以保证光源均匀性达到 A+水平。以 5.5m 标准暗房为例,测试数据见表 2-7-19 所列,计算出光源均匀性。

表 2-7-19 光源均匀性测试数据表

992.9	992.9	993.2	994.2	995.6	998.1	996.0	993.1
994.1	994.0	995.1	999.9	1003.0	1004.0	1001.0	997.3
1004.0	1005.0	1006.0	1010.0	1011.0	1011.0	1011.0	1006.0
1002.0	1004.0	1004.0	1008.0	1012.0	1012.0	1008.0	1004.0
1001.0	1004.0	1004.0	1008.0	1012.0	1012.0	1008.0	1005.0
998.1	999.6	1001.0	1005.0	1010.0	1009.0	1005.0	1001.0
993.1	994.4	995.2	999.3	1003.0	1003.0	999.3	995.4
992.9	993.3	994.8	999.1	1003.0	1003.0	999.2	995.6

第十一节 其 他

1. 依据 DB34/T 1859—2020,对某个岩棉板样品进行化学成分分析,测试数据见表 2 - 7 - 20 所列,请计算该岩棉板的酸度系数,并判断是否符合 DB34/T 1859—2020 的要求。

表 2 - 7 - 20 岩棉板化学测试数据表

成分名称	Fe_2O_3	SiO_2	Na_2O	Al_2O_3	CaO	K_2O	MgO
样品中质量分数	5.88%	42.31%	2.95%	13.55%	17.11%	1.91%	11.79%

2. 依据 GB/T 29906—2013,对模塑聚苯板薄抹灰外保温系统吸水量试验时,试样尺寸为 200mm×200mm,浸水前试样质量分别为 313g、322g、331g,浸水后试样质量分别为 330g、337g、348g,请计算薄抹灰外保温系统吸水量,并判断是否符合 GB/T 29906—2013 标准要求。

第八章 ▶ 参考答案

第一节 填空题部分

(一)保温绝热材料

1. 42d,(60±5)℃,5d　2.(100±1)mm×(100±1)mm　3.(23±2),(50±10)
4. 0.01MPa　5. 40,20,3~5mm　6. 26　7. 3s　8.(70±2),48　9. 0.01　10. ±2.0mm
11.(60±2)　12. 1　13.(550±20)　14. 10　15. 不小于板材自重　16. 胶粘剂,锚栓,
60%　17. 5,(5±1)　18. 1.5　19. 试样厚度的1/10　20. 25　21. 抗冲击能力
22.(10~30),50　23. 3.0,2.0,6　24. 60,20　25. 0.033　26.(23±2),(50±10),16
27. 1.5m×1.5m　28. 密度,含水率　29. 干表观密度,抗拉强度,抗压强度　30. 80~
150、(10±0.5)、(10±0.5)

(二)粘结材料

1. 0.3MPa　2. 1mm　3. 保温层,抹面层　4. 0.11MPa

(三)增强加固材料

1.《玻璃纤维网布耐碱性试验方法氢氧化钠溶液浸泡法》(GB/T 20102—2006)　2. 仅
通过摩擦承载,通过摩擦和机械锁定承载　3. 5　4. 161.4g/m²　5.(60±2)　6. 氢气析
出(剧烈冒泡)的明显停止　7. 440　8. 0.01　9. 0.1,(625±20)　10. 1,0.1　11.(200±2),
(100±5)　12. 3　13. 抗裂性,抗冲击性

(四)保温砂浆

1. 56d　2. 1.0,1.0　3. 干密度

(五)抹面材料

1. 200mm×200mm,60mm,2　2. 干燥剂法　3. 5,3

(六)建筑外窗

1. 室内侧　2. 变形检测,反复加压检测,安全检测　3. 1,2,3　4. 20%　5. 1.4
6. 6,9　7. 试件与填充板间的边缘周长,试件与填充板间的边缘线传热系数,冷热侧空气温
差　8. 热箱壁热流系数,试件框热流系数,一年　9. 293　10. 展开　11. 9　12. −19.5~
−20.5　13.(50±2),20~22　14. 500mm　15. 2200mm×2500mm,2000mm　16. 3.5
17. 0.040　18. 2.5　19. 60%　20. 气密,水密　21. 2L/(m² · min)

(七)节能工程

1. 完整,重新取样检验　2. 10J,3J,10J　3. 见证取样检验　4. 1.50,1.02,0.61　5. 5 ±1　6. 4　7. 4　8. 5　9. 密度　10. 1000　11. 25　12. 70mm　13. 100mm×100mm 14. 热流计法,热箱法　15. 5000,5000　16. 空鼓,剥落或脱落,开裂　17. 3,朝向,楼层 18. 14,7,7　19. 垂直于板面方向的抗拉强度,燃烧性能　20. 30　21. 1.50

(八)电线电缆

1. 1,1　2. ±0.5%,±2%　3. 2,3　4. 4　5. 15　6. 三芯、不同颜色　7. 250,150 8. 10,0.01　9. (23±5)　10. 10　11. (15~25),85　12. ±20%　13. 小　14. 3　15. 电流换向法　16. 温度、电压高低　17. (5~35)　18. 2,1

(九)供暖通风空调节能工程用材料、构件和设备

1. 18　2. (4.00±0.02)　3. 重复性　4. 120　5. 3400　6. 1：0.75：0.5　7. 1 8. 95　9. 110　10. 95　11. 95　12. 110　13. +1

(十)配电与照明节能工程用材料、构件和设备

1. 连接电源,光源所必需的电路辅助装置　2. 单个光源光通量之和　3. 无烟,无尘,无雾　4. (25±1)　5. 0.5级

(十一)可再生能源应用系统

1. ±5°　2. 稳态模拟器,脉冲模拟器　3. ±1　4. ±1

(十二)其他

1. 匀质改性防火保温板薄抹灰外墙外保温,膨胀珍珠岩板外墙外保温,模塑聚苯板薄抹灰外墙外保温　2. 5~7,3~5

第二节　单项选择题部分

(一)保温、绝热材料

1	B	2	A	3	C	4	B	5	C
6	C	7	C	8	C	9	B	10	B
11	A	12	A	13	A	14	C	15	D
16	A	17	B	18	B	19	B	20	A
21	C	22	D	23	B	24	D	25	D
26	C	27	A	28	A	29	A	30	D
31	D	32	D	33	C	34	D	35	C
36	D	37	B	38	C	39	A	40	B
41	C	42		43	D	44	A	45	A

46	A	47	A	48	C	49	C	50	A
51	A	52	B	53	C	54	C		

(二)粘结材料

1	C	2	D	3	D	4	B	5	D
6	C	7	D	8	D	9	A	10	C
11	A								

(三)增强加固材料

1	C	2	D	3	B	4	A	5	D
6	B	7	B	8	C	9	D	10	C
11	B	12	A	13	A	14	B	15	D
16	D	17	A	18	A	19	D	20	B
21	C	22	B	23	C				

(四)保温砂浆

1	B	2	B						

(五)抹面材料

1	C	2	C	3	D	4	D	5	C
6	A	7	C	8	C	9	A		

(六)建筑外窗

1	B	2	A	3	C	4	C	5	D
6	B	7	D	8	C	9	B	10	A
11	C	12	A	13	B	14	C	15	B
16	D	17	C	18	A	19	C	20	B
21	C	22	B	23	D	24	A	25	B
26	A	27	C	28	A	29	C		

（七）节能工程

1	B	2	D	3	B	4	C	5	C
6	A	7	A	8	C	9	C	10	A
11	C	12	D	13	D	14	A	15	B
16	C	17	D	18	D	19	C	20	B
21	B	22	C	23	A	24	C	25	B
26	C	27	A	28	B	29	A	30	C
31	B	32	C	33	C	34	D	35	A
36	D	37	B	38	B	39	A	40	D
41	B								

（八）反射隔热材料

1	C	2	B						

（九）供暖通风空调节能工程用材料、构件和设备

1	A	2	B	3	A	4	D	5	D
6	D	7	D	8	B	9	C	10	C
11	B								

（十）可再生能源应用系统

1	C	2	A	3	B	4	B	5	C
6	A	7	D						

（十一）其他

1	B	2	B	3	B	4	A	5	A
6	D	7	A	8	B	9	B	10	A
11	A	12	C	13	B	14	B	15	A
16	D	17	C	18	A	19	B	20	C
21	D	22	B	23	A	24	C	25	C
26	B	27	B	28	B	29	A		

第三节　多项选择题部分

(一)保温、绝热材料

1	ABCD	2	AD	3	ABD	4	ABC	5	ABC
6	BCD	7	ABCD	8	ACD	9	ABC	10	BCD
11	ABCD	12	ABCD	13	BCD	14	AD	15	ABCD
16	ABCD	17	ABCD	18	ABCD	19	ABCD	20	ABCD
21	ABD	22	ACD	23	AD	24	BD	25	ABC
26	BD	27	ABCD	28	AC	29	BD	30	BD
31	ABCD	32	ABCD	33	AB	34	CD	35	ABC
36	AD	37	ABCD	38	AB	39	CD	40	AC
41	ABCD	42	AC	43	ABCD	44	AD	45	BCD
46	CD	47	AC						

(二)粘结材料

1	AC	2	BCD	3	BD	4	ABCD	5	ABCD

(三)增强加固材料

1	ABCD	2	ABCD	3	ABCD	4	ABC	5	BCD
6	BCD	7	ABCD	8	ABCD	9	ABD	10	CD
11	AB	12	ABD	13	ABCD				

(四)保温砂浆

1	ABCD	2	ABCD	3	ABD	4	ABCD	5	ABD
6	ABC	7	BC						

(五)抹面材料

1	AC	2	AD	3	AB	4	BCD	5	ACD
6	ABCD	7	ABCD	8	ABCD				

（六）隔热型材

| 1 | AB | 2 | ABC | 3 | ABCD | 4 | BCD | | |

（七）建筑外窗

1	ABC	2	ABC	3	ABCD	4	BC	5	ABC
6	ABCD	7	ABD	8	ABC	9	CD	10	ABD
11	ABCD	12	ABCD	13	BC	14	ABD	15	AB
16	ABCD	17	BD	18	ABD				

（八）节能工程

1	ABD	2	ABCD	3	ABCD	4	ABCD	5	AD
6	ABC	7	ABC	8	ABCD	9	ABCD	10	BC
11	AD	12	ABCD	13	BC	14	ABCD	15	ABCD

第四节　判断题部分

（一）保温、绝热材料

1	√	2	√	3	√	4	×	5	√
6	×	7	×	8	√	9	√	10	×
11	√	12	×	13	×	14	√	15	√
16	×	17	√	18	×	19	√	20	×
21	√	22	√	23	×	24	√	25	√
26	×	27	√	28	√	29	√	30	×
31	×								

（二）粘结材料

| 1 | × | 2 | √ | 3 | × | 4 | × | 5 | × |
| 6 | √ | | | | | | | | |

（三）增强加固材料

| 1 | √ | 2 | √ | 3 | × | 4 | √ | 5 | √ |

6	×	7	√	8	√	9	√	10	×

(四)保温砂浆

1	√	2	√	3	×	4	√		

(五)抹面材料

1	×	2	√	3	√	4	√	5	×
6	√	7	×						

(六)隔热型材

1	√								

(七)建筑外窗

1	√	2	√	3	√	4	×	5	×
6	√	7	×	8	×	9	√	10	√
11	√	12	×	13	×	14	√	15	√
16	√	17	√	18	√				

(八)节能工程

1	√	2	√	3	×	4	√	5	√
6	√	7	×	8	√	9	√	10	√
11	√	12	×	13	√	14	×	15	×
16	×								

(九)供暖通风空调节能工程用材料、构件和设备

1	×	2	√	3	×	4	√	5	√
6	√	7	×	8	×				

(十)其他

1	×	2	√	3	√	4	√	5	√

6	√	7	×	8	√	9	×	10	√
11	√	12	×	13	×	14	×	15	×
16	√	17	√	18	×	19	×		

第五节　简答题部分

(一)保温、绝热材料

1.(1)将试件烘干至恒定质量,并冷却至室温。

(2)称量烘干后的试件质量 G_g,精确至 0.1g。

(3)测量试件的几何尺寸,计算试件的体积 V。

(4)将试件放置在水箱底部木制的格栅上,试件距周边及试件间距不得小于 25mm。然后将另一木制格栅放置在试件上表面,加上重物。

(5)将温度为(20±5)℃的自来水加入水箱中,水面应高出试件 25mm,浸泡时间为 2h;

(6)2h 后立即取出试件,将试件立放在拧干水分的毛巾上,排水 10min。用软质聚氨酯泡沫塑料(海绵)吸去试件表面吸附的残余水分,每一表面每次吸水 1min。吸水之前要用力挤出软质聚氨酯泡沫塑料(海绵)中的水,且每一表面至少吸水两次。

(7)待试件各表面残余水分吸干后,立即称量试件的湿质量 G_s,精确至 0.1g。

2.(1)试样尺寸为(100±1)mm×(100±1)mm×原厚,试样数量 5 个。

(2)试样进行状态调节后,先进行尺寸测量,在中部每个尺寸测量五个位置,分别计算每个尺寸平均值,并计算试样体积。

(3)称量试样,精确到 0.5%,单位为克。

3.(1)试样要求:试样尺寸为 100mm×100mm,数量为 5 个。试样在挤塑板上切割制成,其基面应与受力方向垂直,切割时需离挤塑板边缘 15mm 以上。试样在试验环境下放置24h 以上。

(2)试验过程:用合适的胶粘剂将试样两面粘贴在刚性平板或金属板上,胶粘剂应与产品相容,将试样装入拉力试验机上,以(5±1)mm/min 的恒定速度加荷,直至试样破坏。破坏面在刚性平板或金属板胶结面时,测试数据无效。

4. 用直尺将力-形变曲线上的斜率最大的直线部分延伸至力零点线,延伸线与力零点线的交点即为"形变零点";如果力-形变曲线上无明显的直线部分或用这种方法获得的"形变零点"为负值,则不采用这种方法。此时,"形变零点"应取压缩应力为(250±10)Pa 所对应的形变。

5. 在试验前和试验后分别记录每组试样的质量并观察记录试验期间试样的燃烧行为。

记录发生的持续火焰及持续时间,精确到秒。试样可见表面上产生持续 5s 或更长时间的连续火焰才应视作持续火焰。

记录以下炉内热电偶的测量温度,单位为摄氏度:

(1)炉内初始温度 T_1,规定的炉内温度平衡期的最后 10min 的温度平均值;

(2)炉内最高温度 T_m,整个试验期间最高温度的离散值;

（3）炉内最终温度 T_f，试验过程最后 1min 的温度平均值。

6. 顶面点燃是在试样顶面使用点火器点燃。将火焰的最低部分施加于试样的顶面，如需要，可覆盖整个顶面，但不能使火焰对着试样的垂直面或棱。施加火焰 30s，每隔 5s 移开一次，移开时恰好有足够的时间观察试样的整个顶面是否处于燃烧状态。在每增加 5s 后，观察整个试样顶面持续燃烧，立即移开点火器，此时试样被点燃并开始记录燃烧时间和观察燃烧长度。

7. 量热仪、氧弹及其附件的水当量 E(MJ/K)可通过对 5 组质量为 0.4～1.0g 的标准苯甲酸样品进行总热值测定来进行标定。标定步骤如下：

（1）压缩已称量的苯甲酸粉末，用制丸装置将其制成小丸片，或使用预制的小丸片。预制的苯甲酸小丸片的燃烧热值同试验时采用的标准苯甲酸粉末燃烧热值一致时，才能将预制小丸片用于试验；

（2）称量小丸片，精确到 0.1mg；

（3）将小丸片放入坩埚；

（4）将点火丝连接到两个电极；

（5）将已称量的点火丝接触到小丸片。

水当量 E 应为 5 次标定结果的平均值，以 MJ/K 表示，每次标定结果与水当量 E 的偏差不能超过 0.2%。

8. 将两个垂直的试样暴露于直角底部的主燃烧器产生的火焰中，火焰由丙烷气体燃烧产生，丙烷气体通过砂盒燃烧器并产生(30.7±2.0)kW 的热输出。试样的燃烧性能通过 20min 的试验过程来进行评估。性能参数包括：热释放、产烟量、火焰横向传播和燃烧滴落物及颗粒物。在点燃主燃烧器之前，利用离试样较远的辅助燃烧器对燃烧器自身的热输出和产烟量进行短时间的测量。一些参数测量可自动进行，另一些则可通过目测法得出。

（二）粘结材料

1.（1）拉伸粘结强度试验结果为 6 个试验数据中 4 个中间值的算术平均值，精确至 0.01MPa。

（2）模塑板内部或表面破坏面积在 50% 以上时，破坏状态为破坏发生在模塑板中，否则为界面破坏。

2.（1）试样尺寸为 50mm×50mm 或直径为 50mm，与水泥砂浆粘结和与挤塑板粘结试样数量各 6 个。按生产商使用说明配置胶粘剂，将胶粘剂涂抹于水泥砂浆板（厚度不宜小于 20mm）或挤塑板（厚度不宜小于 40mm 并且成型面已经涂刷界面处理剂）基材上，涂抹厚度为 3～5mm，可在操作时间结束时用挤塑板覆盖。试样在标准养护条件下养护 28d。

（2）在养护到规定龄期前 1d，取出试样，用合适的高强粘合剂将试样粘贴在刚性平板或金属板上，高强粘合剂应与产品相容，固化后将试样按下述条件进行处理：

原强度：无附加条件；

耐水强度：浸水 48h，到期试样从水中取出并擦拭表面水分，在标准养护条件下干燥 2h；

耐水强度：浸水 48h，到期试样从水中取出并擦拭表面水分，在标准养护条件下干燥 7d。

将试样安装到适宜的拉力机上，进行拉伸粘结强度测定，拉伸速度为(5±1)mm/min。记录每个试样破坏时的拉力值。破坏面在刚性平板或金属板胶结面时，测试数据无效。

（3）拉伸粘结强度试验结果为 6 个试验数据中 4 个中间值的算术平均值，精确至 0.01MPa。

3. 试样尺寸一般为 50mm×50mm,数量为 6 个,按生产商使用说明制备胶粘剂,将胶粘剂涂抹于水泥砂浆板(厚度不宜小于 20mm)上,涂抹厚度为 3～5mm,可操作时间结束时用模塑板覆盖,试样在标准养护条件下养护 28d。

(三)增强加固材料

1. 由玻璃纤维织成的网格布为基布,表面涂覆高分子耐碱涂层制成的网格布。埋入抹面层用于提高防护层抗冲击性和抗裂性。一般分为普通型和加强型两种。

2. 调整夹具间距,Ⅰ型试样的间距为(200±2)mm,确保夹具相互对准并平行。使试样的纵轴贯穿两个夹具前边缘的中点,夹紧其中一个夹具。在夹紧另一夹具前,从试样的中部与试样纵轴相垂直的方向切断备衬纸板,并在整个试样宽度方向上均匀地施加预张力,预张力大小为预期强力的(1±0.25)%,然后夹紧另一个夹具。

如果拉力机配有记录仪或计算机,可以通过移动活动夹具施加预张力,应从断裂载荷中减去预张力值。

在与不同类型的试验机和不同类型的试样相适应的条件下,启动活动夹具,拉伸试样至断裂,记录最终断裂强力。

3. 如果有试样在两个夹具中任一夹具的接触线 10mm 以内断裂,则记录该现象,但结果不作断裂强力和断裂伸长的计算,并用新试样重新试验。

4. (1)试验方法应符合现行国家标准《玻璃纤维网布耐碱性试验方法氢氧化钠溶液浸泡法》(GB/T 20102)的规定。

(2)试样的处理应符合下列规定:

应将未经碱溶液浸泡的试样置于(60±2)℃的烘箱内干燥 55～65min,取出后应在温度(23±2)℃、相对湿度(50±5)%的环境中放置 24h 以上。

经碱溶液浸泡的试样的处理应符合下列规定:

碱溶液配制:每升蒸馏水中应含有 $Ca(OH)_2$ 0.5g,NaOH 1g,KOH 4g,1L 碱溶液浸泡 30～35g 的玻纤网试样,并应依据试样的质量,配制适量的碱溶液;

应将配制好的碱溶液置于恒温水浴中,碱溶液的温度应控制在(60±2)℃;

应将试样平整地放入碱溶液中,加盖密封,试验过程中碱溶液浓度不应发生变化;

试样应在(60±2)℃的碱溶液中浸泡 24h±10min。当取出试样时,应用流动水反复清洗后,放置于 0.5% 的盐酸溶液中 1h,再用流动的清水反复清洗。应置于(60±2)℃的烘箱内干燥 60min±5min,取出后应在温度(23±2)℃、相对湿度(50±5)%的环境中放置 24h 以上。

5. 将已知表面积上的镀锌层溶解于具有缓蚀作用的试验溶液中,称量试样在镀层溶解前后的质量,按称量的差值和试样面积计算出单位面积上的镀锌层质量。

6. 将钢丝网展开置于一平面上,按 305mm 内网孔构成数目,用示值为 1mm 的钢尺测量。有争议时,可用示值为 0.02mm 的游标卡测量。

(四)保温砂浆

1. 试样制作后,应用聚乙烯薄膜覆盖,养护(48±8)h 后脱模,继续用聚乙烯薄膜包裹养护至 14d 后,去掉聚乙烯薄膜养护至 28d。

（五）抹面材料

1. 抗折试验：将试体一个侧面放在试验机支撑圆柱上，试体长轴垂直于支撑圆柱上，通过加荷圆柱以(50±10)N/s 的速率均匀地将荷载垂直地加在棱柱体相对侧面上直至折断。

抗压试验：在进行抗折试验后的半棱柱体的侧面上进行，半截棱柱体中心与压力机压板受压中心差应在±0.5mm 内，棱柱体露在压板外的部分约有 10mm。在整个加荷过程中以(2400±200)N/s 的速率均匀地加荷直至破坏。

（六）建筑外窗

1.（1）温度、大气压力；

（2）开启形式、门窗面积、开启缝长、测点间距、边缘周长、试件厚度；

（3）P_{max} 设计值、填充板导热系数及试件与填充板冷侧表面的距离。

2.（1）试件的名称、系列、型号、尺寸及图样；

（2）工程检测注明工程名称、所在地及设计要求；

（3）玻璃品种、厚度及镶嵌方法，注明有无密封条及密封胶，如有注明材质；

（4）主要受力构件的尺寸及开启方式和五金件配置；

（5）气性能单位缝长及面积正负压所属级别，曲线图；

（6）水密性能最高未渗漏压力差值及所属级别，注明加压方法，淋水量，渗漏状态；

（7）抗风压给出 P_1、P_2、P_3、P_{max} 值及所属级别；

（8）工程检测要说明是否符合工程设计要求。

3. 采用模拟静压箱法，对安装在压力箱上的试件进行气密性能、水密性能和抗风压性能检测。气密性能检测即在稳定压力差状态下通过空气收集箱收集并测量试件的空气渗透量；水密性能检测即在稳定压力差或波动压力差的作用下，同时向试件室外侧淋水，测定试件不发生渗漏的能力；抗风压性能检测即在风荷载标准值作用下测定试件不超过允许变形的能力，以及在风荷载设计值作用下试件抗损坏和功能障碍的能力。

4. 试件数量：相同类型、结构及规格尺寸的试件，应至少检测三樘，且以三樘为一组进行评定。

试件要求：试件应为按所提供图样生产的合格产品或研制的试件，不应附有任何多余的零配件或采用特殊的组装工艺或改善措施；有附框的试件，外门窗与附框的连接与密封方式应符合设计或工程实际要求。试件应按照设计要求组合、装配完好，并保持清洁、干燥。

5. 取三樘试件的 $\pm q_1$ 值或 $\pm q_2$ 值的最不利值（q_1:10Pa 压力差下，单位开启缝长空气渗透量；q_2:10Pa 压力差下，单位面积空气渗透量），依据 GB/T 31433，确定按照开启缝长和面积各自所属等级。最后取两者中的不利级别为该组试件所属等级。正、负压分别定级。

6. 检测程序如下：

（1）启动检测装置，设定冷、热箱和环境空间空气温度；

（2）当冷、热箱和环境空间空气温度达到设定值，且测得的热箱和冷箱的空气平均温度每小时变化的绝对值分别不大于 0.1K 和 0.3K，热箱内外表面面积加权平均温度差值和试件框冷热侧表面面积加权平均温度差值每小时变化的绝对值分别不大于 0.1K 和 0.3K，且不是单向变化时，传热过程已达到稳定状态；热箱内外表面、试件框冷热侧表面面积加权平均温度计算应符合附录 B 的规定；

(3)传热过程达到稳定状态后,每隔 30min 测量一次参数,共测六次;

(4)测量结束后记录试件热侧表面结露或结霜状况。

7. 工程所在地为热带风暴和台风地区的工程检测,采用波动加压法;

定级检测和工程所在地为非热带风暴和台风地区的检测,采用稳定加压法。

8.(1)热箱空气平均温度设定范围为 19～21℃,温度玻璃幅度不应大于 0.2K;

(2)热箱内空气为自然对流;

(3)冷箱空气平均温度设定范围为 -19～-21℃,温度波动幅度不应大于 0.3K;

(4)与试件冷侧表面距离为平面内的平均风速为(3.0±0.2)m/s。

9. 中间测点在测试杆件中间位置,两端测点在距杆件端点向中点方向 10mm 处,当试件的相对挠度最大的杆件难以判定时,应选取两根或多根测试杆件,分别布点测量。

(七)节能工程

1.(1)取样部位和数量:

1)取样部位应由监理(建设)与施工双方共同确定,不得在外墙施工前预先确定。

2)取样部位应选取节能构造有代表性的外墙上相对隐蔽的部位,并宜兼顾不同朝向和楼层;取样部位必须确保钻芯操作安全,且应方便操作。

3)外墙取样数量为一个单位工程每种节能保温做法至少取 3 个芯样。取样部位宜均匀分布,不宜在同一个房间外墙上取 2 个或 2 个以上芯样。

(2)合格判定标准:

1)对照设计图纸观察、判断保温材料种类是否符合设计要求;必要时也可采用其他方法加以判断。

2)观察或剖开检查保温层构造做法是否符合设计和施工方案要求。

3)在垂直于芯样表面(外墙面)的方向上实测芯样保温层厚度,当实测芯样厚度的平均值达到设计厚度的 95%,应判定保温层厚度符合设计要求;否则,应判定保温层厚度不符合设计要求。

2.(1)墙体保温材料的种类符合设计要求;

(2)保温层构造做法符合设计和专项施工方案要求;

(3)保温层厚度平均值不小于设计厚度的 95%。

外墙节能构造检测同时满足第 1 款、第 2 款、第 3 款规定时,判定为符合要求;

当检测结果不符合要求时,在原检验批内实施双倍抽样检测,双倍抽样检测结果全部符合要求时,判定为符合要求。仍然不符合要求时应给出"不符合要求"的结论。

3.(1)基层墙体与胶粘剂/界面剂砂浆的拉伸粘结强度;

(2)保温层厚度和干密度;

(3)保温板材粘贴面积比;

(4)保温系统拉伸粘结强度;

(5)饰面砖粘结强度;

(6)锚栓抗拔承载力标准值;

(7)保温系统抗冲击性能;

(8)外墙节能构造;

(9)抹灰砂浆拉伸粘结强度。

4.(1)混凝土墙及各种砌体基层；

(2)界面砂浆；

(3)无机轻集料保温砂浆保温层；

(4)抗裂砂浆及耐碱网格布；

(5)柔性腻子及涂料饰面层。

5.(1)外墙保温系统抗冲击性能分为 10J 和 3J 两级。建筑物首层及门窗周边等易受碰撞墙体抗冲击性能应不低于 10J 级，二层及以上不易受碰撞墙体抗冲击性能应不低于 3J 级。

(2)现场检测采用摆动冲击法，检测应按下列步骤进行：①摆动中心应固定在冲击点的垂线上，摆长至少为 1.50m。钢球从开始下落的位置与冲击点之间的高差等于规定的落差，10J 级落差为 1.02m；3J 级落差为 0.61m。②每级试验应冲击 10 个检测点。10J 级应使用质量为 1000g 的钢球，3J 级应使用质量为 500g 的钢球。冲击点应离检测试件边缘至少 100mm，相邻冲击点间距不应小于 100mm。应以冲击点及其周围开裂作为破坏的判断标准。③记录破坏点数及破坏状态。

6.每组试样粘结强度平均值不应小于 JGJ 144—2019 标准规定值；每组可有一个试样的粘结强度小于 JGJ 144—2019 标准规定值，但不应小于规定值的 75%。

7.(1)在选定的锚栓试件附近，使用专用工具将数显式粘结强度检测仪支撑腿内侧约 10mm 厚保温材料掏出，插入锚固夹具，上好夹具并安装数显式粘结强度检测仪，数显式粘结强度检测仪支脚中心轴线与锚栓中心轴线间的距离不小于有效锚固深度的 2 倍。

(2)匀速加载，直至试件锚栓破坏或拔出。

(3)记录数显式粘结强度检测仪的数字显示器峰值及试件破坏状态。

8.(1)钻芯检验外墙节能构造可采用空心钻头，从保温层一侧钻取直径为 70mm 的芯样。钻取芯样深度为钻透保温层到达结构层或基层表面，必要时也可钻透墙体。当外面的表层坚硬不易钻透时，也可局部剔除坚硬的面层后钻取芯样。但钻取芯样后应恢复原有外墙的表面装饰层。

(2)钻取芯样时应尽量避免冷却水流入墙体内及污染墙面。从空心钻头中取出芯样时应谨慎操作，以保持芯样完整。当芯样严重破损难以准确判断节能构造或保温层厚度时，应重新取样检验。

(3)对钻取的芯样，应按照下列规定进行检查：

对照设计图纸观察、判断保温材料种类是否符合设计要求，必要时也可采用其他方法加以判断；

用分度值为 1mm 的钢尺，在垂直于芯样表面（外墙面）的方向上量取保温层厚度，精确到 1mm；

观察或剖开检查保温层构造做法是否符合设计和专项施工方案要求。

9.(1)首先在选定的检测试件表面，标出若干 100mm×100mm 的正方形尺寸线，然后用切割锯切割至基层表面。采用剖开取样法，每组获得 5 个 100mm×100mm 试样，带回检测机构室内试验室。

(2)保温层干密度试验按《泡沫塑料及橡胶表观密度的测定》(GB/T 6343)或《无机硬质绝热制品试验方法》(GB/T 5486)规定进行检测，试样质量精确至 0.01g，试验结果以 5 个试件检测值的算术平均值表示,精确至 $1kg/m^3$。

10. 每个检验批应至少检测一组,每组随机抽取一处有代表性且表面积不小于 $2m^2$ 墙面作为检测试件,在此检测试件上均匀分布 3 个测点,每两个相邻测点间距不应小于 500mm。

11.(1)岩棉条外保温系统与基层墙体的连接固定应采用粘结为主、机械锚固为辅的方式;

(2)岩棉板外保温系统与基层墙体的连接固定应采用机械锚固为主、粘结为辅的方式。

(八)供暖通风空调节能工程用材料、构件和设备

1. 批量小于等于 500 台的,抽样数量为 2 台;批量介于 $501\sim2000$ 台的,抽样数量为 3 台,批量大于 2000 台的,抽样数量为 5 台。

2.(1)小室周围应设夹层,夹层的宽度不应小于 0.3m,宜为 0.5m;

(2)小室四壁、门、屋顶和地面的热阻偏差应小于 20%;

(3)小室门应直接对着夹层外门,夹层外门应气密,并宜具有和夹层墙相同的热阻;

(4)夹层外围护层的墙、屋顶和地面总热阻不应小于 $1.73(m^2 \cdot K)/W$;

(5)夹层内应维持稳定的温度环境,夹层内应有由可控温的送回风系统形成的循环空气,使小室的 6 个壁面得到均匀冷却,夹层内冷却空气的平均流速宜为 $0.1\sim0.5m/s$。

(九)可再生能源应用系统

1.(1)在不同工况条件下的集热器效率和功率;

(2)集热器有效热容和时间常数;

(3)集热器入射角修正系数。

(十)其他

1.(1)应能适应基层墙体的正常变形而不产生裂缝或空鼓;

(2)应能承受自重、风荷载和室外气候的长期反复作用而不产生有害的变形和破坏;

(3)正常使用中或地震时不应发生脱落;

(4)应具有防止火焰沿外墙面蔓延的能力;

(5)应具有防水渗透性能;

(6)保温、隔热和防潮性能应符合现行国家标准 GB 50176 的规定;

(7)各组成部分应具有物理-化学稳定性,所有组成材料应彼此相容并应具有防腐性,在可能受到生物侵害(鼠害、虫害等)时,还应具有防生物侵害性能;

(8)在正常使用和正常维护的条件下,使用年限不应低于 25 年。

2. 试样尺寸宜在 600mm×400mm 以上,每一抗冲击级别试样数量为一个。试验过程如下:

(1)将试样饰面层向上,水平放置在抗冲击仪的基底上,试样紧贴基底。

(2)分别用公称直径为 50.8mm 的钢球在 0.57m 的高度上自由落体冲击试样(3J 级)和公称直径为 63.5mm 的钢球在 0.98m 的高度上自由落体冲击试样(10J 级),每一级别冲击 10 处,冲击点间距及冲击点与边缘的距离应不小于 100mm,试样表面冲击点周围出现环形裂缝视为冲击点破坏。

3.(1)试样应由保温层和抹面层构成,试样尺寸应为 200mm×200mm,保温层厚度应为 60mm,试样数量应为 2 个。

(2)应将试样中心部位的保温层除去并刮干净,直至刮到抹面层的背面,刮除部分的尺寸应为100mm×100mm。

(3)应将试样周边密封,使抹面层朝下浸入水槽中。应使试样浮在水槽中,底面所受压强应为500Pa。

(4)浸水时间达到2h时应观察水透过抹面层的情况。2个试样浸水2h时均不透水时,应判定为不透水。

4.(1)应冻融循环30次,每次应为24h。应在20℃自来水中浸泡8h,当试样浸入水中时,应使抹面层或防护层朝下,使抹面层浸入水中,并应排除试样表面气泡;然后在−20℃冰箱中冷冻16h。

(2)每3次循环后应观察试样出现裂缝、空鼓、脱落等情况,并做记录。

(3)试验结束后,状态调节应为7d,并按照标准要求检验拉伸粘结强度。

5.(1)抹面层:采用抹面胶浆复合玻纤网薄抹在模塑板外表面,保护模塑板并起防裂、防火、防水和抗冲击等作用的薄抹灰构造层。

(2)饰面层:模塑聚苯板薄抹灰外墙外保温系统的外装饰构造层,对模塑板外保温系统起装饰和保护作用。当采用涂装材料做饰面层时,涂装材料包括建筑涂料、饰面砂浆、柔性面砖等。

(3)防护层:由抹面层和饰面层共同组成的对模塑板起保护作用的面层,用以保证模塑板外保温系统的机械强度和耐久性。

6.(1)保温隔热材料的导热系数或热阻、密度、压缩强度或抗压强度、垂直于板面方向的抗拉强度、吸水率、燃烧性能(不燃材料除外);

(2)复合保温板等墙体节能定型产品的传热系数或热阻、单位面积质量、拉伸粘结强度、燃烧性能(不燃材料除外);

(3)保温砌块等墙体节能定型产品的传热系数或热阻、抗压强度、吸水率;

(4)反射隔热材料的太阳光反射比,半球发射率;

(5)粘结材料的拉伸粘结强度;

(6)抹面材料的拉伸粘结强度、压折比;

(7)增强网的力学性能、抗腐蚀性能。

7. 试样尺寸要求:试样由基层混凝土墙、水平防火隔离带和被测外保温系统构成。尺寸:试样宽度应不小于3.0m,高度应不小于2.0m,面积应不小于6m²,混凝土墙上角处应预留一个宽0.4m高0.6 m的洞口。外保温系统耐候性试验墙板尺寸如图2−8−1所示。

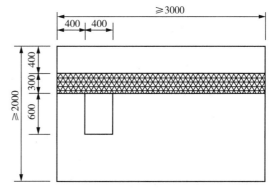

图2−8−1 外保温系统耐候性
试验墙板尺寸示意图

8. 当一组试样均符合判定指标要求时,判定其粘结强度合格;当一组试样均不符合判定指标要求时,判定其粘结强度不合格;当一组试样仅符合判定指标的一项要求时,应在该组试样原取样检验批内重新抽取两组试

样检验,若检验结果仍有一项不符合判定指标要求时,判定其粘结强度不合格。判定指标应符合下列规定:

(1)每组试样平均粘结强度不应小于 0.4MPa;

(2)每组允许有一个试样的粘结强度小于 0.4MPa,但不应小于 0.3MPa。

9. 加热 3h,在 1h 内将试样表面温度升至 70℃,并恒温在(70±5)℃,试验箱内空气相对湿度保持在 10%～20%;喷淋水 1h,水温(15±5)℃,喷水量(1.0～1.5)L/(m² · min);静置 2h。

10.(1)从真空绝热板的上、下两面阻气隔膜各取两组试样,每组试样由真空绝热板同一面的 5 个阻气隔膜试样组成,试样为 $\varphi=(100\pm1)$mm 的圆片,每个试样应标明真空绝热板的上下面和阻气隔膜的正反面。

(2)按 GB/T 10004—2008 中的规定分别对真空绝热板上阻气隔膜试样的正反面和下两面阻气隔膜试样的正反面进行试验。同一组试样的穿刺应从阻气隔膜的同一面进行。

(3)每组取 5 个试样的平均值,4 组试样平均值中最小值为最终结果,修约至 1N。

11. 试样制备应符合下列规定:

(1)试样应分为两种,一种由保温层和抹面层构成,另一种由保温层和防护层构成。

(2)试样尺寸应为 200mm×200mm,保温层厚度应为 50mm,抹面层和防护层厚度应符合受检外保温系统构造规定。每种试样数量各应为 3 件。

(3)试样在标准养护条件下养护 7d 后,应将包括保温材料在内的试样四周做密封防水处理。

试样预处理应按下列步骤进行三次循环:

(1)应使试样抹面层或防护层朝下浸入水中并使表面完全湿润,浸入深度应为 3～10mm,浸泡时间应为 24h;

(2)应在(50±5)℃的条件下干燥 24h。

完成循环后,应进行至少 24h 状态调节。

第六节　综合题部分

(一)保温、绝热材料

1.(1)试样在标准环境下放置 6h,不正确,正确做法:试样在标准环境下放置不少于16h。标准环境条件为空气温度(23±5)℃,相对湿度(50±10)%,不正确,正确做法:标准环境条件为空气温度(23±2)℃,相对湿度(50±10)%。

(2)表观密度试验所需要的设备:称量精确度为 0.1%的天平、游标卡尺。

(3)表观密度取其 5 个试样表观密度的平均值。

(18.52+18.46+18.38+18.33+18.56)/5=18.45

修约为 18.4,模塑板的表观密度为 18.4kg/m³。

2.(1)事件 1 不正确。依据《建筑材料及制品燃烧性能分级》(GB 8624—2012),对于墙面保温泡沫塑料,除检测单体燃烧试验、可燃性试验,还需要进行氧指数检测。

(2)事件 2 中,单体燃烧性能试验的试样的尺寸要求:试样的最大厚度为 200mm,短翼:(495±5)mm×(1500±5)mm,长翼:(1000±5)mm×(1500±5)mm。

(3)事件 3 中,试样记录不完整。每个试样需要记录:试样是否被引燃,火焰尖端是否到达距点火点 150mm 处,并记录该现象发生时间,是否发生滤纸被引燃,观察试样的物理行为。

3. (1)事件 1 中的标准环境要求:温度(23±2)℃,相对湿度(50±10)%。

(2)在柔性泡沫橡塑绝热板上切取 3 块试样,尺寸为(100±1)mm×(100±1)mm×原厚;将试样在标准环境下预置 24h;称量试样,精确到 0.001g,得到初始质量 m_1;计算板的体积 V;在真空容器中注入适当高度的蒸馏水;将试样放在试样架上,并完全浸入水中,盖上真空容器盖,打开真空泵,盖上防护罩,当真空度达到 85kPa 时,开始计时,保持 85kPa 真空度 3min 后关闭真空泵,打开真空容器的进气孔后取出试样,用吸水纸除去试样表面上的水。轻轻抹去表面水分,称量试样,精确到 0.001g,得到最终质量 m_2。

(3)真空吸水率 $W = 100 \times (m_2 - m_1)/(V \cdot \rho_水)$

$\rho_水$——水的密度,数值为 1000kg/m³。

试验结果以 3 个试样的算术平均值表示并修约至小数点后一位。

4. 依据抗折强度公式: $R = \dfrac{3 \times P \times L}{2 \times b \times d^2}$

$$R_1 = \frac{3 \times 98 \times 250}{2 \times 100 \times 25^2} = 0.59 \text{(MPa)}$$

$$R_2 = \frac{3 \times 102 \times 250}{2 \times 100 \times 25^2} = 0.61 \text{(MPa)}$$

$$R_3 = \frac{3 \times 95 \times 250}{2 \times 100 \times 25^2} = 0.57 \text{(MPa)}$$

$$R_4 = \frac{3 \times 92 \times 250}{2 \times 100 \times 25^2} = 0.55 \text{(MPa)}$$

4 个抗折强度平均值:(0.59+0.61+0.57+0.55)/4=0.58(MPa)

《泡沫玻璃绝热制品》(JC/T 647—2014)Ⅱ型泡沫玻璃板抗折强度大于等于 0.50MPa,所以合格。

5. 分别计算 3 个样品的长宽厚的平均值和体积:

试样一:长平均值:(399+397+402+401)/4=400(mm)

宽平均值:(299+301+298+299)/4=299(mm)

厚平均值:(39+40+40+40+38+38)/6=39(mm)

体积:0.4×0.299×0.039=0.0046644(m³)

试样二:长平均值:(402+401+399+401)/4=401(mm)

宽平均值:(299+299+299+298)/4=299(mm)

厚平均值:(38+38+38+39+39+38)/6=38(mm)

体积:0.401×0.299×0.038=0.004556162(m³)

试样三:长平均值:(399+399+397+398)/4=398(mm)

宽平均值:(300+300+299+299)/4=300(mm)

厚平均值:(38+38+38+38+39+39)/6=38(mm)

体积:0.398×0.3×0.038=0.0045372(m³)

试样一体积吸水率:$\dfrac{1.1548 - 0.8365}{0.004664 \times 1000} \times 100 = 6.8\%$

试样二体积吸水率:$\dfrac{1.1291-0.8616}{0.004556162\times1000}\times100=5.9\%$

试样三体积吸水率:$\dfrac{1.1513-0.8557}{0.0045372\times1000}\times100=6.5\%$

体积吸水率为三个试样的平均值:$(6.8+5.9+6.5)/3=6.4\%$

《匀质改性防火保温板薄抹灰外墙外保温系统》(DB34/T 2695—2016)要求体积吸水率小于等于5%,所以该组试样不合格。

6. 分别计算每个阻气隔膜穿刺强度的平均值:

阻气隔膜正面正向平均值:$(15+16+13+13+15)/5=14(N)$

阻气隔膜正面反向平均值:$(23+20+21+21+23)/5=22(N)$

阻气隔膜反面正向平均值:$(16+14+15+15+16)/5=15(N)$

阻气隔膜反面反向平均值:$(23+21+20+20+19)/5=21(N)$

《真空绝热板》(GB/T 37608—2019)中要求穿刺强度大于等于15N,4个平均值最小值为14N,所以该组真空绝热板穿刺强度不合格。

7. 分别计算每个试样的弹性模量

试样一弹性模量:$\dfrac{(51-24)\times20}{(0.52-0.30)\times10000}=0.25(MPa)$

试样二弹性模量:$\dfrac{(45-19)\times20}{(0.46-0.19\times10000}=0.19(MPa)$

试样三弹性模量:$\dfrac{(61-22)\times20}{(0.74-0.25)\times10000}=0.16(MPa)$

试样四弹性模量:$\dfrac{(43-28)\times20}{(0.67-0.38)\times10000}=0.10(MPa)$

试样五弹性模量:$\dfrac{(58-17)\times20}{(0.71-0.31)\times10000}=0.20(MPa)$

5个试样平均值:$(0.25+0.19+0.16+0.10+0.20)/5=0.2(MPa)$

《民用建筑楼面保温隔声工程技术规程》(DB34/T 3468—2019)石墨聚苯乙烯保温隔声板压缩弹性模量要求为小于等于0.5MPa,所以该组石墨聚苯乙烯保温隔声板压缩弹性模量符合标准要求。

8. 分别计算每个试样热值

试样一热值:$\dfrac{((298.161-296.690)\times0.01-0.0132535)\times1000}{0.5022}=2.9(MJ/kg)$

试样二热值:$\dfrac{((297.573-296.103)\times0.01-0.0132775)\times1000}{0.5088}=2.8(MJ/kg)$

试样三热值:$\dfrac{((297.901-296.411)\times0.01-0.0134386)\times1000}{0.5036}=2.9(MJ/kg)$

结果最大和最小偏差$=2.9-2.8\leqslant0.2MJ/kg$,且在$0\sim3.2MJ/kg$有效范围内,3个试样热值平均值:$(2.9+2.8+2.9)/3=2.9(MJ/kg)$,《匀质改性防火保温板薄抹灰外墙外保温系统》(DB34/T 2695—2016)中的A2级要求热值小于等于3.0MJ/kg,所以该组试样热值符合标准要求。

9. 每块抗压强度分别为

$$2000 \div 10000 = 0.20(\text{MPa})$$

$$1542 \div 10000 = 0.15(\text{MPa})$$

$$2328 \div 10000 = 0.23(\text{MPa})$$

$$3420 \div 10000 = 0.34(\text{MPa})$$

$$2546 \div 10000 = 0.25(\text{MPa})$$

$$2371 \div 10000 = 0.24(\text{MPa})$$

六块平均值为

$$(0.20 + 0.15 + 0.23 + 0.34 + 0.25 + 0.24)/6 = 0.24(\text{MPa})$$

JG/T 158—2013 规定保温浆料的抗压强度值为大于等于 0.20MPa，所以合格。

10. 每块抗压强度分别为

$$1506 \div 10000 = 151(\text{kPa})$$

$$1542 \div 10000 = 154(\text{kPa})$$

$$1528 \div 10000 = 153(\text{kPa})$$

$$1520 \div 10000 = 152(\text{kPa})$$

$$1546 \div 10000 = 155(\text{kPa})$$

五块平均值为 155kPa，此样品抗压强度为 155kPa＞150kPa，所以合格。

11. 质量损失率：质量损失率＝（实验前质量－实验后质量）÷实验前质量×100%

试样 Δm_1：$(19.22 - 15.68) \div 19.22 \times 100\% = 18.4\%$

试样 Δm_2：$(19.54 - 15.91) \div 19.54 \times 100\% = 18.6\%$

试样 Δm_3：$(18.96 - 15.40) \div 18.96 \times 100\% = 18.8\%$

试样 Δm_4：$(20.06 - 16.41) \div 20.06 \times 100\% = 18.2\%$

试样 Δm_5：$(20.28 - 16.76) \div 20.28 \times 100\% = 17.4\%$

质量损失率 Δm：$(18.4\% + 18.6\% + 18.8\% + 18.2\% + 17.4\%) \div 5 = 18\%$

持续燃烧时间：$t_\text{f} = (6 + 7 + 6 + 7 + 7) \div 5 = 7(\text{s})$

炉内温升：$\Delta T = T_\text{m} - T_\text{f}$

试样 ΔT_1：$862.2 - 820.6 = 41.6(℃)$

试样 ΔT_2：$867.5 - 825.1 = 42.4(℃)$

试样 ΔT_3：$858.6 - 818.9 = 39.7(℃)$

试样 ΔT_4：$865.8 - 822.9 = 42.9(℃)$

试样 ΔT_5：$868.4 - 827.6 = 40.8(℃)$

炉内温升 ΔT：$(41.6 + 42.4 + 39.7 + 42.9 + 40.8) \div 5 = 41(℃)$

依据《建筑材料及制品燃烧性能分级》(GB 8624—2012)，A1 级中不燃性试验的指标：炉内温升 $\Delta T \leqslant 30℃$，质量损失率 $\Delta m \leqslant 50\%$，持续燃烧时间 $t_\text{f} = 0$。

因为炉内温升 $41℃＞30℃$,持续燃烧时间 $7s＞0s$。

所以判定结果不合格。

12. 保温材料的热阻 $R＝A·\Delta t/Q＝(35.1-15.0)×0.0225/1.04＝0.435[(m^2·K)/W]$

保温材料的导热系数 $\lambda＝d/R＝0.0298/0.435＝0.069[W/(m·K)]$

13. 热流密度平均值 $q＝\dfrac{12.5+12.9+14.8}{3}＝13.4(W/m^2)$

内表面温度平均值 $\theta_i＝\dfrac{18.7+18.3+19.2}{3}＝18.7(℃)$

外表面温度平均值 $\theta_e＝\dfrac{8.6+7.8+8.0}{3}＝8.1(℃)$

依据 $R＝(\theta_i-\theta_e)/q$,则围护结构热阻 $R＝0.79[(m^2·K)/W]$

依据 $U＝1/(R_i+R+R_e)$,则围护结构主体结构传热系数

$$U＝1/(0.11+0.79+0.04)＝1.06(W/m^2·K)$$

(二)粘结材料

1. 按照公式 $\sigma_b＝\dfrac{P_b}{A}$,因为 $A＝2500mm^2$,所以

$$\sigma_{b1}＝\frac{1940}{2500}＝0.78(MPa)$$

$$\sigma_{b2}＝\frac{1755}{2500}＝0.70(MPa)$$

$$\sigma_{b3}＝\frac{1884}{2500}＝0.75(MPa)$$

$$\sigma_{b4}＝\frac{1721}{2500}＝0.69(MPa)$$

$$\sigma_{b5}＝\frac{1998}{2500}＝0.80(MPa)$$

$$\sigma_{b6}＝\frac{1830}{2500}＝0.73(MPa)$$

按照标准要求拉伸粘结强度试验结果为 6 个试验数据中 4 个中间值的算术平均值,去掉 0.69MPa 和 0.80MPa 两个实验数据。

$$\sigma_{b平均}＝\frac{0.78+0.70+0.75+0.73}{4}＝0.74(MPa)$$

依据 GB/T29906—2013,胶粘剂拉伸粘结强度的原强度(与水泥砂浆)$\sigma_{b平均}\geqslant0.6MPa$。

所以判定结果为合格。

2. 按照公式 $\sigma＝\dfrac{F}{A}$,其中 $A＝1600mm^2$,拉伸粘结强度从 6 个试验数据中取 4 个中间值的算术平均值,精确至 0.1MPa。

则 $\sigma＝\left(\dfrac{1780}{1600}+\dfrac{1755}{1600}+\dfrac{1766}{1600}+\dfrac{1726}{1600}\right)/4＝1.1(MPa)$

依据 JG/T 158—2013,抗裂砂浆拉伸粘结强度(与水泥砂浆)标准状态时的性能指标为大于等于 0.7MPa。所以,判定结果为合格。

3. 不符合:

(1)试验环境应为空气温度(23±5)℃,相对湿度(50±10)%。

(2)以合适的胶粘剂将试样粘贴在两个刚性平板或金属板上,胶粘剂应与产品相容,固化后将试样按下述条件进行处理:

原强度:无附加条件。

耐水强度:浸水 48h,到期试样从水中取出并擦拭表面水分,在标准养护条件下干燥 2h。

耐水强度:浸水 48h,到期试样从水中取出并擦拭表面水分,在标准养护条件下干燥 7d。

将试样安装到适宜的拉力机上,进行拉伸粘结强度测定,拉伸速度为(5±1)mm/min。记录每个试样破坏时的拉力值,基材为模塑板时还应记录破坏状态。破坏面在刚性平板或金属板胶结面时,测试数据无效。

4. 不符合:

(1)试样尺寸 50mm×50mm 或直径 50mm,与水泥砂浆粘结和与模塑板粘结试样数量各 6 个。

(2)按生产商使用说明配制胶粘剂,将胶粘剂涂抹于模塑板(厚度不宜小于 40mm)或水泥砂浆板(厚度不宜小于 20mm)基材上,涂抹厚度为 3~5mm,可操作时间结束时用模塑板覆盖。

(3)试样在标准养护条件空气温度(23±2)℃,相对湿度(50±5)%下养护 28d。

(三)增强加固材料

1. 单位面积质量:

$(1.4612÷100)×10^4 = 146.1(g/m^2)$

$(1.4824÷100)×10^4 = 148.2(g/m^2)$

$(146.1+148.2)÷2 = 147g/m^2 < 160g/m^2$,不符合标准要求。

初始断裂强力:

$$径向(1374+1426+1349+1418+1385)÷5 = 1390(N/50mm)$$

$$纬向(1836+1854+1813+1872+1860)÷5 = 1847(N/50mm)$$

耐碱断裂强力:

径向$(1178+1186+1226+1169+1203)÷5 = 1192N/50mm > 1000N/50mm$,符合标准要求。

纬向$(1642+1687+1675+1701+1633)÷5 = 1668N/50mm > 1000N/50mm$,符合标准要求。

耐碱断裂强力保留率:

径向$[(1178÷1374)+(1186÷1426)+(1226÷1349)+(1169÷1418)+(1203÷1385)]÷5×100\% = 86\% > 50\%$,符合标准要求。

纬向$[(1642÷1836)+(1687÷1854)+(1675÷1813)+(1701÷1872)+(1633÷1860)]÷5×100\% = 90\% > 50\%$,符合标准要求。

断裂伸长率:

径向:

$$(7 \div 200) \times 100\% = 3.5\%$$

$$(8 \div 200) \times 100\% = 4.0\%$$

$$(7 \div 200) \times 100\% = 3.5\%$$

$$(8 \div 200) \times 100\% = 4.0\%$$

$$(8 \div 200) \times 100\% = 4.0\%$$

$(3.5\% + 4.0\% + 3.5\% + 4.0\% + 4.0\%) \div 5 = 3.8\% < 5.0\%$,符合标准要求。

纬向:

$$(8 \div 200) \times 100\% = 4.0\%$$

$$(7 \div 200) \times 100\% = 3.5\%$$

$$(8 \div 200) \times 100\% = 4.0\%$$

$$(7 \div 200) \times 100\% = 3.5\%$$

$$(7 \div 200) \times 100\% = 3.5\%$$

$(4.0\% + 3.5\% + 4.0\% + 3.5\% + 3.5\%) \div 5 = 3.7\% < 5.0\%$,符合标准要求。

2. 镀锌电焊网镀锌层质量按下式计算:

$$M = \frac{m_1 - m_2}{m_2} \times D \times 1960$$

$$= \frac{5.011 - 4.351}{4.351} \times 0.90 \times 1960$$

$$= 268(\text{g/m}^2)$$

3. (1)事件 1 正确。

(2)事件 2 不正确,拉伸试验机速率应为 5mm/min。

(3)该镀锌电焊网焊点抗拉力为 $(126 + 136 + 117)/3 = 126\text{N} > 65\text{N}$

该镀锌电焊网焊点抗拉力符合要求,合格。

(四)抹面材料

1. (1)计算每个试样抗折强度:

$$R_1 = (1.5 \times 1020 \times 100)/40^3 = 2.4(\text{MPa})$$

$$R_2 = (1.5 \times 1080 \times 100)/40^3 = 2.5(\text{MPa})$$

$$R_3 = (1.5 \times 1300 \times 100)/40^3 = 3.0(\text{MPa})$$

平均值: $R_\mathrm{f} = (R_1 + R_2 + R_3) \div 3 = 2.6(\text{MPa})$

由于 R_3 超出平均值的 10%,故抗折强度 $R_\mathrm{f} = (2.4 + 2.5) \div 2 = 2.4(\text{MPa})$。

(2)计算每个试样抗压强度:

$$R_\mathrm{c} = F_\mathrm{c}/A$$

$$R_1 = (10.05 \times 10^3) \div 1600 = 6.3 (\text{MPa})$$

$$R_2 = (9.65 \times 10^3) \div 1600 = 6.0 (\text{MPa})$$

$$R_3 = (10.25 \times 10^3) \div 1600 = 6.4 (\text{MPa})$$

$$R_4 = (9.85 \times 10^3) \div 1600 = 6.2 (\text{MPa})$$

$$R_5 = (9.00 \times 10^3) \div 1600 = 5.6 (\text{MPa})$$

$$R_6 = (9.65 \times 10^3) \div 1600 = 6.0 (\text{MPa})$$

6 个试样抗压强度平均值 $R = 6.1 \text{MPa}$，此时，均未超过平均值的 10%，故该组数据有效，抗压强度 $R_c = 6.1 \text{MPa}$

（3）计抹面砂浆压折比：$T = R_c / R_f = 6.1 \div 2.4 = 2.5$

（五）隔热型材

1.（1）计算各试样单位长度上所能承受的最大剪切力 T，由公式 $T = F/L$ 计算，保留两位小数。

$$T_1 = 29.16 \text{N/mm}; T_2 = 30.00 \text{N/mm}; T_3 = 29.14 \text{N/mm};$$

$$T_4 = 29.07 \text{N/mm}; T_5 = 29.98 \text{N/mm}; T_6 = 28.65 \text{N/mm};$$

$$T_7 = 29.24 \text{N/mm}; T_8 = 28.52 \text{N/mm}; T_9 = 29.65 \text{N/mm}; T_{10} = 29.34 \text{N/mm}。$$

（2）计算 10 个试样单位长度上所能承受的最大剪切力的标准差 s_T，保留两位小数。

$$s_T = \sqrt{\frac{1}{10-1} \sum_{i=1}^{10} (T_i - \overline{T})^2} = 0.49 (\text{N/mm})$$

（3）由下式计算抗剪特征值 T_C，修约至个位数。

$$T_C = \overline{T} - 2.02 \times s_T = 29.28 - 2.02 \times 0.49 = 28 \text{N/mm}$$

（六）建筑外窗

1.（1）行为 3：依据 GB 50178，合肥地区属于年降水量为 400～1600mm 的地区，淋水量应设置为 $2\text{L}/(\text{m}^2 \cdot \text{min})$。

行为 4：加压：在淋水的同时施加稳定压力。直接加压至水密性能设计值，压力稳定作用时间为 15min 或产生渗漏为止。

（2）依据 GB/T 7106—2019，工程检测时，三樘试件在加压至水密性能设计值时均未出现渗漏，判定满足工程设计要求，否则判为不满足工程设计要求。

该组试件有 1 樘外窗试件出现渗漏，2 樘外窗试件没有出现渗漏时，应判定为不满足工程设计要求。

2. $B = (b - b_0) - [(a - a_0) + (c - c_0)]/2$

$\quad = (4.65 - 2.23) - [(2.71 - 2.12) + (2.84 - 2.29)]/2 = 1.85 (\text{mm})$

杆件的面法线挠度值为 1.85mm

相对面法线挠度 $= 1.85/1180 = 1/638$

3. (1)该试验员 A 的操作行为剖析如下：

行为 4：在预备加压前，应将试件上所有可开启部分启闭 5 次，最后关紧。

行为 5：附加空气渗透量检测时，应密封试件上可开启部分缝隙。

(2)试件 1 在工程检测正压差下 q_t：$q_t = q_z - q_f = 14.25 - 5.19 = 9.06 (\text{m}^3/\text{h})$；

试件 1 在工程检测负压差下 q_t：$q_t = q_z - q_f = 4.59 - 3.51 = 10.20 (\text{m}^3/\text{h})$

标准状态下，试件 1 在正压力差渗透量 $q_{\Delta p}$ 值：

$$q_{\Delta p} = (9.06 \times 101.9 \times 293)/(101.3 \times 298) = 8.96 (\text{m}^3/\text{h})$$

标准状态下，试件 1 在负压力差渗透量 $q_{\Delta p}$ 值：

$$q_{\Delta p} = (10.20 \times 101.9 \times 293)/(101.3 \times 298) = 10.09 (\text{m}^3/\text{h})$$

工程检测正压差下，试件 1 单位开启缝长空气渗透量值 q_1 值：

$$q_1 = 8.96/5.6 = 1.6 [\text{m}^3/(\text{m} \cdot \text{h})]$$

工程检测负压差下，试件 1 单位开启缝长空气渗透量值 q_1 值：

$$q_1 = 10.09/5.6 = 1.8 [\text{m}^3/(\text{m} \cdot \text{h})]$$

工程检测正压差下，试件 1 单位面积空气渗透量值 q_2 值：

$$q_2 = 8.96/1.8 = 5.0 [\text{m}^3/(\text{m}^2 \cdot \text{h})]$$

工程检测负压差下，试件 1 单位面积空气渗透量值 q_2 值：

$$q_2 = 10.09/1.8 = 5.6 [\text{m}^3/(\text{m}^2 \cdot \text{h})]$$

该试件 1 正、负压按照单位开启缝长和单位面积的空气渗透量均符合工程设计等级要求。

同理计算：试件 2、试件 3 符合工程设计等级要求。

所以判定该组外窗试件符合工程设计等级要求。

4. 窗的面积 $A = 1.5 \times 1.5 = 2.25 (\text{m}^2)$

$$K = \frac{Q - M_1 \cdot \Delta\theta_1 - M_2 \cdot \Delta\theta_2 - S \cdot \Lambda \cdot \Delta\theta_3 - \Phi_{\text{edge}}}{A(T_1 - T_2)}$$

$$= \frac{212 - 8.89 \times 0.2 - 1.42 \times 36 - 0.9 \times 0.82 \times 32.7}{2.25 \times 38.5}$$

$$= 1.56 [\text{W}/(\text{m}^2 \cdot \text{K})]$$

5. 试验员 A 的检测行为剖析如下：

行为 1：检验样品应从工程使用的玻璃中随机抽取，每组应抽取检验的产品规格中 10 个样品。检验前应将全部样品在实验室环境条件下放置 24h 以上。

行为 2：检验应在温度(25±3)℃、相对湿度 30%~75% 的条件下进行。

行为 3：向露点仪的容器中注入深约 25mm 的乙醇或丙酮，再加入干冰，使其温度冷却到(-40 ± 3)℃并在试验中保持该温度不变。

行为 4：原片玻璃厚度为 6mm 时，停留时间应为 5min。

6. $Q=216W$；$A=0.8\times1.25=1(m^2)$；$T_1=19.8$℃；$T_2=-19.5$℃；

$M_1=8.82$；$\Delta\theta_1=(17.5-17.3)=0.2$（℃）

$M_2=1.68$；$\Delta\theta_1=(17.8+18.2)=36.0$（℃）

$S=2.4\times2.4-0.8\times1.25=4.76(m^2)$；$\Delta\theta_3=(14.7+16.4)=31.1$（℃）；$\Lambda=0.78W/(m^2\cdot K)$

$\Phi=0$。

依据以下公式计算：

$$K=\frac{Q-M_1\cdot\Delta\theta_2-M_2\cdot\Delta\theta_2-S\cdot\Lambda\cdot\Delta\theta_3-\Phi_{edge}}{A(T_1-T_2)}$$

$$=\frac{246-8.82\times0.2-1.68\times36-4.76\times0.78\times31.1-0}{1.0\times39.3}$$

$$=1.74[W/(m^2\cdot K)]$$

(七)节能工程

1.（1）取样部位应由检测人员随机抽样确定，不得在外墙施工前预先确定；取样部位应选取节能构造有代表性的外墙上相对隐蔽的部位，并宜兼顾不同朝向和楼层；外墙取样数量为一个单位工程每种节能保温做法至少取 3 个芯样。取样部位宜均匀分布，不宜在同一个房间外墙上取 2 个或 2 个以上芯样。

（2）钻芯检验外墙节能构造可采用空心钻头，从保温层一侧钻取直径为 70mm 的芯样。钻取芯样深度为钻透保温层到达结构层或基层表面，必要时也可钻透墙体。当外墙的表层坚硬不易钻透时，也可局部剔除坚硬的面层后钻取芯样。

（3）事件 3 中保温层厚度为$(47+48+48)/3=48$（mm）

实测厚度与设计厚度的比值：$100\%\times\dfrac{48}{50}=96\%>95\%$

保温层厚度符合要求。

2.（1）剔除 3 个最大值和 3 个最小值，得到：1.948kN、2.148kN、1.879kN、1.691kN、1.807kN、2.210kN、1.798kN、1.998kN、2.130kN、1.803kN。

（2）计算该组锚栓抗拉承载力标准值：

$$F_k=F_m\times(1-k_s\times C_V)$$

$$F_m=(1.948+2.148+1.879+1.691+1.807+2.210+1.798+1.998+2.130+1.803)\div10$$

$$=1.941(kN)$$

$$F_k=1.941\times(1-2.6\times0.0905)=1.48(kN)$$

（3）判定：《保温板外墙外保温工程技术标准》(DB34/T 3826—2021)中规定，锚栓抗拉承载力标准值（混凝土基层）大于等于 1.20kN，所以该组锚栓抗拉承载力标准值符合标准要求。

3. 依据 JG/T 366—2012 标准中附录 B 锚栓现场测试抗拉承载力标准值 N_{Rk1} 应按下面

公式计算:

$$N_{Rk1} = 0.6 N_1$$

式中,N_1 为破坏荷载中 5 个最小测量值得平均值

找出现场测量的 16 组数据的 5 个最小值:0.797kN、0.850kN、0.798kN、0.793kN、0.796kN,

$$N_1 = (0.797 + 0.850 + 0.798 + 0.793 + 0.796) \div 5 = 0.807(kN)$$

$$N_{Rk1} = 0.6 N_1 = 0.6 \times 0.807 = 0.48(kN)$$

JG/T 366—2012 标准要求混凝土基层的锚栓抗拉承载力标准值大于等于 0.60kN,现场检测值 0.48kN<0.60kN,该组检测不符合 JG/T 366—2012 的要求。

4.(1)分别计算粘结强度:

$$R_i = X_i / S_i \times 10^3$$

$$R_1 = 6.25 \div (100 \times 100) \times 10^3 = 0.62(MPa)$$

$$R_2 = 7.17 \div (100 \times 100) \times 10^3 = 0.72(MPa)$$

$$R_3 = 5.68 \div (100 \times 100) \times 10^3 = 0.57(MPa)$$

$$R_4 = 5.35 \div (100 \times 100) \times 10^3 = 0.54(MPa)$$

$$R_5 = 8.19 \div (100 \times 100) \times 10^3 = 0.82(MPa)$$

$$R_6 = 7.29 \div (100 \times 100) \times 10^3 = 0.73(MPa)$$

$$R_7 = 5.16 \div (100 \times 100) \times 10^3 = 0.52(MPa)$$

(2)计算平均值:

$$R = (0.62 + 0.72 + 0.57 + 0.54 + 0.82 + 0.73 + 0.52) \div 7 = 0.65(MPa)$$

(3)判断超出 20% 的数据

$$(0.82 - 0.65) \div 0.65 \times 100\% = 26\% > 20\%$$

去掉最大值和最小值 0.82、052,求剩下 5 个数据的平均值:

$$R = (0.62 + 0.72 + 0.57 + 0.54 + 0.73) \div 5 = 0.64(MPa)$$

该组试样拉伸粘结强度为 0.64MPa。

5. 第一组:$R_1 = \dfrac{1.22}{4050.0} \times 10^3 = 0.30(MPa)$

$$R_2 = \dfrac{2.08}{4140.5} \times 10^3 = 0.50(MPa)$$

$$R_3 = \dfrac{1.99}{3822.0} \times 10^3 = 0.52(MPa)$$

$$R_m = \frac{1}{3} \times (0.30 + 0.50 + 0.52) = 0.4 (\text{MPa})$$

第二组：$R_1 = \frac{1.18}{3813.0} \times 10^3 = 0.31 (\text{MPa})$

$$R_2 = \frac{1.16}{3740.0} \times 10^3 = 0.31 (\text{MPa})$$

$$R_3 = \frac{2.20}{3640.5} \times 10^3 = 0.60 (\text{MPa})$$

$$R_m = \frac{1}{3} \times (0.31 + 0.31 + 0.60) = 0.4 (\text{MPa})$$

判定标准：每组试样平均粘结强度不应小于 0.4MPa；每组可有一个试样的粘结强度小于 0.40MPa，但不应小于 0.30MPa。

所以，第一组合格；第二组不合格。

6. 不符合：

(1)在胶粘剂或界面砂浆试件表面，标识出 5 个 100mm×100mm 的正方形尺寸线，然后用切割锯沿尺寸线外沿垂直切割至基层墙体表面。当基层墙体表面有找平层时，应切断找平层。确保挑选的检测部位位于满粘处。

(2)在试样表面干燥、无污垢的状态下，使用高强度粘合剂将标准块粘贴在试样表面，并及时用胶带临时固定，高强度粘合剂不得与周围面层粘连。

(3)待高强度粘合剂具有足够强度后安装带有万向接头的数显式粘结强度检测仪，并与标准块垂直连接，匀速加载，直至系统破坏脱离；记录数显式粘结强度检测仪的数字显示器峰值及破坏部位，并拍摄其破坏面的照片。

(八)供暖通风空调节能工程用材料、构件和设备

1. 水侧供冷量 $= 6 \div 60 \times 4.18 \times (11.9 - 7.1) - 0.04 = 1.966 (\text{kW})$

(九)配电与照明节能工程用材料、构件和设备

1. 总输入功率 $= 155 \times (153 \div 145 \times 0.95) - (153 - 150) = 152.4 (\text{W})$
效率 $= 150 \div 152.4 \times 0.95 = 0.935$

2. 灯具效率可以用以下公式计算：

光源总光通量(D) = 光源 1 光通量 + 光源 2 光通量 + 光源 3 光通量 = 1200 + 1200 + 1200 = 3600

灯具效率 $= (2500 \div 3600) \times (800 \div 700) = 0.794$

3. 灯具效率 $= (1500 \div 2000) \times (1000 \div 900) = 0.833$

(十)可再生能源用应用系统

1. 集热器面积：$S = 0.8 \times 1.6 = 1.28 (\text{m}^2)$

集热系统效率 $= 8 \div (1.28 \times 15) \times 100 = 41.7\%$

2. 辐照均匀度计算公式 = (最大值 − 最小值) ÷ (最大值 + 最小值)

$= (1012 - 992.9) \div (1012 + 992.9) = 0.95\%$

(十一)其他

1. 酸度系数:

$$M_k = \frac{\omega_{SiO2} + \omega_{Al_2O_3}}{\omega_{CaO} + \omega_{MgO}} = \frac{42.31 + 13.55}{17.11 + 11.79} = 1.9$$

D. B34/T 1859—2020 要求岩棉板的酸度系数大于等于 1.8,该岩棉板的酸度系数为 1.9,符合标准要求。

2. 薄抹灰外保温系统吸水量计算公式:

$$M = \frac{M_h - M_0}{A}$$

式中:M——吸水量 M,g/m²;

M_h——浸水后试样质量,g;

M_0——浸水前试样质量,g;

A——试样抹面胶浆的面积,m²。

已知 $A = 200mm \times 200mm = 40000mm^2$,

所以 $M_1 = \frac{330 - 313}{200 \times 200} = 425(g/m^2)$,

$M_2 = \frac{337 - 322}{200 \times 200} = 375(g/m^2)$,

$M_3 = \frac{348 - 331}{200 \times 200} = 425(g/m^2)$,

所以平均值 $M = \frac{425 + 375 + 425}{3} = 408(g/m^2)$,

GB/T 29906—2013 中要求,浸水 24h,$M \leqslant 500g/m^2$,所以判定符合标准要求。

第三篇

建筑幕墙

第一章 ▶ 检测参数及检测方法

依据《建设工程质量检测管理办法》(住房和城乡建设部令第57号)、《建设工程质量检测机构资质标准》(建质规〔2023〕1号)等法律法规、规范性文件及标准规范要求,建筑幕墙检测专项涉及的常见检测参数、依据标准及主要仪器设备配置应符合表3-1-1~表3-1-4的要求。

表 3-1-1 密封胶

检测项目	检测参数	依据标准	主要仪器设备
必备参数			
结构密封胶	邵氏硬度	《硫化橡胶或热塑性橡胶压入硬度试验方法 第1部分:邵氏硬度计法(邵尔硬度)》(GB/T 531.1)	邵尔A型硬度计
		《建筑用硅酮结构密封胶》(GB 16776)	
	标准条件下的拉伸粘结强度	《建筑密封材料试验方法 第8部分:拉伸粘结性的测定》(GB/T 13477.8)	拉力试验机
		《建筑用硅酮结构密封胶》(GB 16776)	
	相容性	《建筑用硅酮结构密封胶》(GB 16776)	温度计、紫外辐照箱
	剥离粘结性	《建筑密封材料试验方法 第18部分:剥离粘结性的测定》(GB/T 13477.18)	拉力试验机
		《建筑用硅酮结构密封胶》(GB 16776)	
石材用密封胶	污染性	《石材用建筑密封胶》(GB/T 23261)	鼓风干燥箱、紫外辐照箱
		《建筑密封材料试验方法 第20部分:污染性的测定》(GB/T 13477.20)	
		《建筑用硅酮结构密封胶》(GB 16776)	
可选参数			
耐候胶	标准状态下的拉伸模量	《硅酮和改性硅酮建筑密封胶》(GB/T 14683)	拉力试验机
		《建筑密封材料试验方法 第8部分:拉伸粘结性的测定》(GB/T 13477.8)	
石材用密封胶	拉伸模量	《石材用建筑密封胶》(GB/T 23261)	拉力试验机
		《建筑密封材料试验方法 第8部分:拉伸粘结性的测定》(GB/T 13477.8)	

表 3-1-2　幕墙主要面板

检测项目	检测参数	依据标准	主要仪器设备
必备参数			
幕墙玻璃	传热系数	《建筑外门窗保温性能检测方法》(GB/T 8484)	建筑门窗保温性能检测装置
		《中空玻璃稳态 U 值(传热系数)的计算及测定》(GB/T 22476)	傅立叶红外光谱仪
	可见光透射比	《建筑玻璃可见光透射比、太阳光直接透射比、太阳能总透射比、紫外线透射比及有关窗玻璃参数的测定》(GB/T 2680)	分光光度仪
	遮阳系数/太阳得热系数	《建筑玻璃可见光透射比、太阳光直接透射比、太阳能总透射比、紫外线透射比及有关窗玻璃参数的测定》(GB/T 2680)	分光光度仪、傅立叶红外光谱仪
		《建筑门窗玻璃幕墙热工计算规程》(JGJ/T 151)	
中空玻璃	中空玻璃的密封性能	《建筑节能工程施工质量验收标准》(GB 50411)	中空玻璃露点仪
可选参数			
石材面板	干燥弯曲强度	《天然石材试验方法　第 2 部分:干燥、水饱和、冻融循环后弯曲强度试验》(GB/T 9966.2)	电子万能试验机、游标卡尺、电热鼓风干燥箱
	体积密度、吸水率	《天然石材试验方法 第 3 部分:吸水率、体积密度、真密度、真气孔率试验》(GB/T 9966.3)	电热鼓风干燥箱、天平
幕墙用其他面板	铝单板力学性能	《变形铝、镁及其合金加工制品拉伸试验用试样及方法》(GB/T 16865)	电子万能试验机
	铝塑复合板滚筒剥离强度	《夹层结构滚筒剥离强度试验方法》(GB/T 1457)	电子万能试验机、滚筒剥离装置
	陶板、瓷板弯曲强度	《陶瓷材料抗弯强度试验方法》(GB/T 4741)	弯曲强度试验机、游标卡尺、电热鼓风干燥箱、电子天平

表 3-1-3　幕墙主要支承和防火保温材料

检测项目	检测参数	依据标准	主要仪器设备
可选参数			
型钢	屈服强度	《金属材料 拉伸试验 第 1 部分:室温试验方法》(GB/T 228.1)	拉力试验机
		《碳素结构钢》(GB/T 700)	

（续表）

检测项目	检测参数	依据标准	主要仪器设备
可选参数			
型钢	抗拉强度	《金属材料 拉伸试验 第1部分:室温试验方法》（GB/T 228.1）	拉力试验机
		《碳素结构钢》（GB/T 700）	
	断后伸长率	《金属材料 拉伸试验 第1部分:室温试验方法》（GB/T 228.1）	游标卡尺
		《碳素结构钢》（GB/T 700）	
	弯曲试验	《金属材料 弯曲试验方法》（GB/T 232）	弯曲试验机
		《碳素结构钢》（GB/T 700）	
铝合金建筑型材	抗拉强度	《变形铝、镁及其合金加工制品拉伸试验用试样及方法》（GB/T 16865）	拉力试验机
		《铝合金建筑型材 第1部分:基材》（GB/T 5237.1）	
	断后伸长率	《变形铝、镁及其合金加工制品拉伸试验用试样及方法》（GB/T 16865）	游标卡尺
		《铝合金建筑型材 第1部分:基材》（GB/T 5237.1）	
	规定非比例延伸强度	《变形铝、镁及其合金加工制品拉伸试验用试样及方法》（GB/T 16865）	拉力试验机
		《铝合金建筑型材 第1部分:基材》（GB/T 5237.1）	
铝合金隔热型材	横向抗拉	《铝合金建筑型材 第6部分:隔热型材》（GB/T 5237.6）	剪切拉伸试验机
		《铝合金隔热型材复合性能试验方法》（GB/T 28289）	
		《建筑用隔热铝合金型材》（JG/T 175）	
	纵向抗剪	《铝合金建筑型材 第6部分:隔热型材》（GB/T 5237.6）	剪切拉伸试验机
		《铝合金隔热型材复合性能试验方法》（GB/T 28289）	
		《建筑用隔热铝合金型材》（JG/T 175）	
防火保温材料	导热系数	《绝热材料稳态热阻及有关特性的测定 防护热板法》（GB/T 10294）	导热系数测定仪
	炉内温升	《建筑材料不燃性试验方法》（GB/T 5464）	不燃性试验机
	质量损失率	《建筑材料不燃性试验方法》（GB/T 5464）	不燃性试验机

（续表）

检测项目	检测参数	依据标准	主要仪器设备
可选参数			
防火保温材料	持续燃烧时间	《建筑材料不燃性试验方法》(GB/T 5464)	不燃性试验机
	总热值	《建筑材料及制品的燃烧性能燃烧热值的测定》(GB/T 14402)	热值检测仪
	燃烧增长速率指数	《建筑材料与制品的单体燃烧试验》(GB/T 20284)	单体燃烧试验装置
	火焰横向蔓延	《建筑材料与制品的单体燃烧试验》(GB/T 20284)	单体燃烧试验装置
	600s 的总放热量	《建筑材料与制品的单体燃烧试验》(GB/T 20284)	单体燃烧试验装置

表 3-1-4　幕墙系统

检测项目	检测参数	依据标准	主要仪器设备
必备参数			
幕墙系统	气密性能	《建筑幕墙气密、水密、抗风压性能检测方法》(GB/T 15227)	建筑幕墙物理性能检测装置
	水密性能	《建筑幕墙气密、水密、抗风压性能检测方法》(GB/T 15227)	建筑幕墙物理性能检测装置
	抗风压性能	《建筑幕墙气密、水密、抗风压性能检测方法》(GB/T 15227)	建筑幕墙物理性能检测装置
	层间变形性能	《建筑幕墙层间变形性能分级及检测方法》(GB/T 18250)	建筑幕墙物理性能检测装置
	后置埋件抗拔承载力	《混凝土结构后锚固技术规程》(JGJ 145)	锚杆拉拔仪
可选参数			
幕墙系统	保温隔热性能	《建筑幕墙保温性能分级及检测方法》(GB/T 29043)	建筑幕墙保温性能检测装置
	隔声性能	《建筑幕墙空气声隔声性能分级及检测方法》(GB/T 39526)	建筑幕墙隔声性能检测实验室和检测设备
	采光性能	《玻璃幕墙光热性能》(GB/T 18091)《建筑外窗采光性能分级及检测方法》(GB/T 11976)	建筑幕墙采光性能检测装置
	耐撞击性能	《建筑幕墙》(GB/T 21086)《建筑幕墙耐撞击性能分级及检测方法》(GB/T 38264)	建筑幕墙耐撞击性能检测设备
	防火性能	《建筑幕墙防火性能分级及试验方法》(GB/T 41336)	建筑幕墙防火性能检测装置

第二章 填空题

第一节 常见分类及术语

1. 依据 GB/T 34327—2017,幕墙是由面板与支承结构体系组成,具有规定的_____、变形能力和适应主体结构_____,不分担主体结构所受作用的建筑外围护墙体结构或装饰性结构。

2. 依据 GB/T 21086—2007,点支承玻璃幕墙是由玻璃面板、_____和_____构成的建筑幕墙。

3. 依据 GB/T 21086—2007,采光顶与金属屋面是由透光面板或金属面板与_____组成的,与水平方向夹角小于_____的建筑外围护结构。

4. 依据 GB/T 21086—2007,全玻幕墙是指由_____和_____构成的玻璃幕墙。

5. 依据 DB34/T 3950—2021,光伏幕墙是由含有_____并具有_____转换功能的幕墙。

6. 依据 GB/T 34327—2017,层间幕墙是指安装在_____之间或_____之间的幕墙。

7. 依据 GB/T 21086—2007,构件式幕墙是指在主体结构上安装_____、_____和_____的建筑幕墙。

8. 依据 JGJ 102—2003,铝合金材料应进行表面_____、_____、_____、氟碳漆喷涂处理。

9. 依据 JGJ 102—2003,有采暖、通风、空气调节要求时,玻璃幕墙的气密性能不应低于_____级。

10. 依据 JGJ 102—2003,玻璃幕墙应采用反射比不大于_____的幕墙玻璃,对有采光功能要求的玻璃幕墙,其采光折减系数不宜低于_____。

11. 依据 JGJ 102—2003,明框幕墙玻璃下边缘与下边框槽底之间应采用硬橡胶垫块衬托,垫块数量应为_____个,厚度不应小于_____ mm,每块长度不应小于_____ mm。

12. 依据 JGJ 102—2003,当与玻璃幕墙相邻的楼面外缘无实体墙时,应设置_____。

13. 依据 JGJ 102—2003,玻璃幕墙应具有足够的_____、_____、_____和相对于主体结构的位移能力。

14. 依据 JGJ 102—2003,幕墙工程使用_____年后应对该工程不同部位的结构硅酮密封胶进行粘结性能的抽样检查。

15. 依据 JGJ 102—2003,玻璃幕墙的单元板块_____跨越主体建筑变形缝。

第二节　密封胶

1. 依据 GB 16776—2005,建筑用硅酮结构密封胶硬度采用_____硬度计进行试验。

2. 依据 GB/T 531.1—2008,采用 A 标尺的硬度计称邵氏 A 型硬度计。A 标尺适用于_____硬度范围。

3. 依据 GB/T 531.1—2008,邵氏硬度计的测量原理是在特定的条件下把特定形状的压针压入橡胶试样面形成压入深度,再把_____转换为硬度值。

4. 依据 GB/T 531.1—2008,使用邵氏 A 型硬度计测定硬度时,试样的厚度至少为_____。

5. 依据 GB/T 531.1—2008,对于邵氏 A 型硬度计应定期使用_____进行核查。

6. 依据 GB/T 531.1—2008,邵氏 A 型硬度计的压足直径为(18±0.5)mm 并带有(3±0.1)mm 中孔;中孔尺寸允差和压足大小的要求仅适用于在_____使用的硬度计。

7. 依据 GB/T 531.1—2008,使用邵氏硬度计,_____低于 20 时,选用 A 标尺。

8. 依据 GB/T 531.1—2008,邵氏 A 型硬度计的指示机构用于读出压针末端伸出压足表面的长度,并用_____表示。

9. 依据 GB 16776—2005,类别代号为 M 对应结构胶适用的基材为_____。

10. 依据 GB 16776—2005,结构胶标准条件下的拉伸粘结强度试验,每_____个试件为一组。

11. 依据 GB 16776—2005,结构胶标准条件下的拉伸粘结强度试验,每个试件必须有一面选用_____基材。

12. 依据 GB 16776—2005,结构胶标准条件下的拉伸粘结强度试验中要求报告拉伸粘结强度,同时报告_____。

13. 依据 GB 16776—2005,结构胶标准条件下的拉伸粘结强度试验中要求记录_____时的伸长率。

14. 依据 GB 16776—2005,结构胶标准条件下的拉伸粘结强度试验要求在_____温度下进行。

15. 依据 GB/T 13477.8—2017,建筑密封材料拉伸粘结性的测定方法使用的拉力试验机应能以_____的速度拉伸试件。

16. 依据 GB/T 13477.8—2017,建筑密封材料拉伸粘结性的试验在试件制备时,嵌填试样应注意避免形成_____。

17. 依据 GB/T 13477.8—2017,建筑密封材料拉伸粘结性的测定方法,使用拉力试验机应记录力值-伸长率曲线和_____。

18. 依据 GB 16776—2005,附录 A 规定了_____同密封胶相容性试验方法。

19. 依据 GB 16776—2005,相容性试验中,试件经过紫外照射后,_____的改变和_____的变化是判断密封胶相容性的两个标准。

20. 依据 GB 16776—2005,相容性试验中,紫外辐照箱的紫外灯使用_____后应更换。

21. 依据 GB 16776—2005,附件同密封胶相容性试验需制备_____块试件。

22. 依据 GB 16776—2005,附件同密封胶相容性试验中,制备的试件在标准条件下养护_____。

23. 依据 GB 16776—2005,附件同密封胶相容性试验中,制备的试件在紫外辐照箱照射_____。

24. 依据 GB 16776—2005,附件同密封胶相容性试验中,制备的试件从紫外辐照箱中取出后,应在23℃冷却_____。

25. 依据 GB 16776—2005,附件同密封胶相容性试验中,用手握住隔离胶带上的密封胶,与玻璃成_____用力拉密封胶,使密封胶从玻璃粘结处剥离。

26. 依据 GB 16776—2005,附件同密封胶相容性试验,试验箱温度应控制在_____。

27. 依据 GB 16776—2005,附件同密封胶相容性试验,试件表面温度应_____测一次。

28. 依据 GB 16776—2005,实际工程用基材同密封胶粘结性试验方法通过剥离粘结试验后的_____来确定基材与密封胶的粘结性。

29. 依据 GB 16776—2005,实际工程用基材同密封胶粘结性试验原理采用实际工程用的基材同密封胶粘结制备试件,测定_____后的剥离粘结性。

30. 依据 GB 16776—2005,实际工程用基材同密封胶粘结性试验中,标准试验条件为温度_____、相对湿度_____。

31. 依据 GB 16776—2005,实际工程用基材同密封胶粘结性试验中,试件按以下条件养护:双组分样品在标准条件下养护_____;单组分样品在标准条件下养护_____。

32. 依据 GB 16776—2005,实际工程用基材同密封胶粘结性试验中,试件养护 7d 后应在布/金属丝网上复涂一层_____厚试样。

33. 依据 GB/T 13477.18—2002,实际工程用基材同密封胶粘结性试验中,将试件装入拉力试验机,以 50mm/min 的速度于_____方向拉伸布条/金属丝网,使试料从基材上剥离。

34. 依据 GB 16776—2005,实际工程用基材同密封胶粘结性试验浸水周期是_____。

35. 依据 GB 16776—2005,实际工程用基材与密封胶粘结性试验结果合格判定依据:粘结破坏面积的算术平均值_____。

36. 依据 GB/T 23261—2009,石材用建筑密封胶污染性试验中试验组需粘结试件的数量是_____。

37. 依据 GB/T 23261—2009,石材用建筑密封胶污染性试验,试验结果目测产生的变化,用_____的平均值评价。

38. 依据 GB/T 23261—2009,石材用建筑密封胶污染性试验,需要_____块基材。

39. 依据 GB/T 23261—2009,石材用建筑密封胶污染性试验准备时,将 12 个试件压缩_____并固定加紧。

40. 依据 GB/T 23261—2009,石材用建筑密封胶污染性试验,每_____后将试件取出,擦去污染源,观察并记录试件污染情况。

41. 依据 GB/T 23261—2009,石材用建筑密封胶污染性试验,至少测量_____点污染深度。

42. 依据 GB/T 23261—2009,石材用建筑密封胶污染性试验,测量污染宽度时计算其平均值,精确到_____。

43. 依据 GB/T 23261—2009,石材用建筑密封胶污染性试验,将压缩试件浸入已配置好的污染源的溶液中 10s,然后取出在标准试验条件下放置_____。

44. 依据 GB/T 14683—2017,硅酮建筑密封胶拉伸模量试验试件处理条件应选用 GB/T 13477.8—2017 方法中的_____。

45. 依据 GB/T 14683—2017,硅酮建筑密封胶拉伸模量试验需在每个测试温度下测_____个试件。

46. 依据 GB/T 13477.8—2017,硅酮建筑密封胶拉伸模量试验,试件在试验前需在(一20±2)℃温度下放置_____。

47. 依据 GB/T 23261—2009,石材用建筑密封胶拉伸模量以_____时的强度表示。

48. 依据 GB/T 23261—2009,石材用建筑密封胶拉伸模量试验基材为结构密实的_____。

49. 依据 GB/T 23261—2009,石材用建筑密封胶拉伸模量试验需试件数量为_____。

第三节　幕墙主要面板

1. 依据 GB 50411—2019,中空玻璃密封性能试验前全部样品应在实验室环境条件下至少放置_____。

2. 依据 GB 50411—2019,中空玻璃密封性能试验,玻璃样品规格为 5+12A+5(mm)时,露点仪与单个试样接触时间为_____。

3. 依据 GB 50411—2019,中空玻璃密封性能试验,样品与露点仪接触前,其上表面应涂一层_____或丙酮。

4. 依据 GB/T 2680—2021,计算可见光透射比时,波长范围间隔是_____。

5. 依据 GB/T 2680—2021,本标准适用于_____和_____等透明材料。

6. 依据 GB/T 8484—2020,热箱内导流板面向试件表面的半球发射率应大于_____,导流板应位于距试件框热侧表面_____的平面内,应大于所测试件尺寸。

7. 依据 GB/T 8484—2020,填充板应采用导热系数小于_____的匀质材料,导热系数应按 GB/T 10294 的规定测定。

8. 依据 GB/T 8484—2020,在传热系数试验中,传热过程达到稳定状态后,每隔_____测量一次参数,共测 6 次。

9. 依据 GB/T 8484—2020,标定热流系数时,标准板应使用材质均匀、内部无空气层、热性能稳定的材料制作,宜采用经过长期存放、厚度为(50±2)mm 的聚苯乙烯泡沫塑料板,密度为_____,标准板的尺寸应与试件洞口相同。

10. 依据 GB/T 9966.2—2020,石材干燥弯曲强度试验机示值相对误差不超过_____,试样破坏的载荷在设备示值的_____范围内。

11. 依据 GB/T 9966.2—2020,石材干燥弯曲强度鼓风干燥箱温度可控制在_____范围内。

12. 依据 GB/T 9966.2—2020,石材干燥弯曲强度石材试样长度尺寸偏差为_____mm,

宽度、厚度尺寸偏差为_____ mm。

13. 依据 GB/T 9966.2—2020,石材干燥弯曲强度石材试样上下受力面应经锯切、研磨或抛光,达到平整且平行。侧面可采用锯切面,正面与侧面夹角应为_____。

14. 依据 GB/T 9966.2—2020,石材干燥弯曲强度每个层理方向的试样为一组,每组试样数量为_____块。通常试样的受力方向应与实际应用一致,若石材应用方向未知,则应同时进行三个方向的试验,每种试验条件下试样应制备_____块,每个方向_____块。

15. 依据 GB/T 9966.2—2020,石材干燥弯曲强度以_____的速率对试样施加载荷至试样破坏,记录试样破坏位置和形式及最大载荷值(F),读数精度不低于_____ N。

16. 依据 GB/T 9966.2—2020,以一组石材试样弯曲强度的_____作为试验结果,数值修约到_____ MPa。

17. 依据 GB/T 9966.3—2020,计算每组石材试样吸水率、体积密度的_____作为试验结果。体积密度取_____有效数字;真气孔率、吸水率取_____有效数字。

18. 依据 GB/T 16865—2023,变形铝、镁及其合金加工制品室温拉伸试验在_____范围内进行。

19. 据 GB/T 16865—2023,变形铝、镁及其合金加工制品拉伸试验试样原始横截面积的计算结果保留_____位有效数字。

20. 依据 GB/T 23443—2009,建筑幕墙用铝单板通常采用氟碳液体喷涂方式加工,氟碳二涂要求平均膜厚_____。

21. 依据 GB/T 23443—2009,建筑幕墙用铝单板通常采用氟碳液体喷涂方式加工,氟碳二涂要求最小局部膜厚_____。

22. 依据 GB/T 16865—2023,变形铝、镁及其合金加工制品拉伸试验将试样夹持在试验机上,尽量保证试样的纵轴与夹持系统中心线重合。为了得到平直的试样和确保试样与夹头对中,可以施加不超过规定强度_____的预拉力。

23. 依据 GB/T 4741—1999 陶板抗弯强度试验,将试样置于温度为_____的烘箱中,烘干至恒重,然后放入干燥器中冷却至室温。

24. 依据 GB/T 16865—2023,变形铝、镁及其合金加工制品拉伸试验,试验用夹具可选用楔形夹具、螺纹夹具、平推夹具或_____。

第四节　幕墙主要支承和防火保温材料

1. 依据 GB/T 700—2006,拉伸和冷弯试验时,型钢和钢棒取_____试样。

2. 依据 GB/T 228.1—2021,无规定时,金属材料拉伸试验应在_____的温度进行。

3. 依据 GB/T 228.1—2021,对温度要求严格的试验,金属材料拉伸试验温度应为_____。

4. 依据 GB/T 232—2024,型钢弯曲试验中,当出现争议时,弯曲压头的位移速率应为_____。

5. 依据 GB/T 16865—2023,铝合金试样室温拉伸试验,选用应力速率进行试验时,采用_____的应力速率($\dot{R}$)进行室温拉伸试验。

6. 依据 GB/T 16865—2023,铝合金试样室温拉伸试验,选用应力速率进行试验时,测得规定非比例延伸强度之后采用不超过_____的横梁位移速率(v_c)继续试验。

7. 依据 GB/T 16865—2023,铝合金型材抗拉强度和规定非比例延伸强度的计算结果保留_____。

8. 依据 GB/T 16865—2023,试样按截面是否加工可分为_____和_____。

9. 依据 GB/T 16865—2023,试样按标距可分为_____和_____。

10. 依据 GB/T 16865—2023,矩形试样平行部分原始宽度(b_0)为 6mm 时,试样夹持部分的中心线与平行部分的中心线的偏差应不大于_____。

11. 依据 GB/T 16865 2023,使用楔形夹具或平推夹具时,矩形试样夹持部分的长度宜不少于夹具长度的_____。

12. 依据 GB/T 16865—2023,室温拉伸试验在_____温度范围内进行。

13. 依据 GB/T 16865—2023,原始标距的标记应准确到_____。

14. 依据 GB/T 5237.6—2017,隔热型材复合方式分为_____和_____。

15. 依据 GB/T 5237.6—2017,穿条式隔热型材室温横向抗拉特征值的试验结果应大于等于_____ N/mm。

16. 依据 GB/T 28289—2012,隔热型材横向拉伸试验中,试样最短允许缩至_____,但在试样切割方式上应避免对试样的测试结果造成影响。

17. 依据 GB/T 5237.6—2017,穿条式隔热型材室温纵向剪切特征值应大于等于_____ N/mm。

18. 依据 GB/T 28289—2012,在纵向剪切试验中,铝合金隔热型材试样应在温度为_____,相对湿度为_____的环境条件下放置48h。

19. 依据 GB/T 10294—2008,保温材料导热系数试验中,当需要两块试件时,它们应该尽可能地一样,厚度差别应小于_____。

20. 依据 GB/T 5464—2010,质量损失使用的天平称量精度为_____。

第五节　幕墙系统

1. 依据 GB 50411—2019,当幕墙面积合计大于_____或幕墙面积占建筑外墙总面积超过_____时,应现场抽取材料和配件,在检测试验室安装制作试件进行气密性能检测。

2. 依据 DB34/T 3950—2021,同一工程、同一类型、同一材料系列、同一设计、同一单位施工的幕墙,均按最具代表性的状态单元做一个试样进行气密性能、_____、_____、_____检测。

3. 依据 GB/T 21086—2007,构件式玻璃幕墙用铝合金型材的相对挠度限值为_____;钢型材的相对挠度限值为_____;玻璃面板的相对挠度限值为_____。(L 为跨度)

4. 依据 GB/T 15227—2019,幕墙试件应能代表建筑幕墙典型部分的性能。试件宽度至少应包括_____个承受设计荷载的垂直承力构件。试件高度至少应包括1个层高,抗风压性能检测需要对面板变形进行测量时,幕墙试件至少应包括_____个承受设计荷载的垂直承力构件和_____个横向分格,所测量挠度的面板应能模拟实际状态。

5. 依据 GB/T 15227—2019,试件安装完毕后应对试件进行检查,并由_____确认后方可进行检测,且幕墙密封胶应固化至_____方可进行检测。

6. 依据 GB/T 15227—2019,试件面积为试件周边与箱体密封的缝隙所包含的表面积,以_____为准。相对面法线挠度为试件面法线挠度和支承处_____的比值。

7. 依据 GB/T 15227—2019,定级检测为确定试件_____而进行的检测。工程检测为确定试件是否满足_____的性能而进行的检测。

8. 依据 GB/T 15227—2019,检测应在环境温度不低于_____℃的条件下进行。检测设备设置于露天时,室外风速大于_____ m/s 以及雨、雪等对检测有不利影响的天气时不应进行检测。

9. 依据 GB/T 15227—2019,试验标准状态为空气温度为_____,大气压力为_____、空气密度为 1.202kg/m³ 的试验条件。

10. 依据 GB/T 15227—2019,幕墙"三性"检测装置由压力箱、安装横架、_____、_____及_____组成。

11. 依据 GB/T 15227—2019,建筑幕墙"三性"测量装置包括差压计、空气流量测量装置、水流量计及位移计,差压计的误差不应大于示值的_____;空气流量测量装置的测量误差不应大于示值的_____;水流量计的测量误差不应大于示值的 5%;位移计的精度应达到满量程的_____。

12. 依据 GB/T 15227—2019,幕墙气密性能检测中空气渗透量测量包括_____的测定,_____的测定,_____的测定。

13. 依据 GB/T 15227—2019,幕墙气密性能检测时,在正压预备加压前,将试件上所有可开启部分启闭_____次,最后关紧。在正、负压检测前分别施加_____个压力脉冲。压力差绝对值为_____ Pa,加载速度约为100Pa/s。

14. 依据 GB/T 15227—2019,幕墙气密性能检测中,压力箱开口为固定尺寸时,附加空气渗透量不宜高于试件空气渗透量的_____。

15. 依据 GB/T 15227—2019,进行幕墙水密性能检测。工程所在地为热带风暴和台风地区的水密性能工程检测,应采用_____;定级检测和工程所在地为非热带风暴和台风地区的工程检测,可采用_____。

16. 依据 GB/T 15227—2019,水密性检测中稳定加压法要求,应对幕墙试件均匀地淋水,淋水量为_____。波动加压法要求,应对整个幕墙试件均匀地淋水,淋水量为_____。

17. 依据 GB/T 15227—2019,采用稳定加压法进行幕墙水密性检测,在淋水的同时施加稳定压力。定级检测时,逐级加压至幕墙_____出现严重渗漏为止。工程检测时,无开启结构的幕墙试件直接加压至水密性能指标值,压力稳定作用时间为_____或产生严重渗漏为止。

18. 依据 GB/T 15227—2019,采用稳定加压法进行幕墙水密性检测,在淋水的同时施加稳定压力。工程检测时,首先加压至_____水密性能指标值,压力稳定作用 15min 或幕墙可开启部分产生严重渗漏为止,然后加压至幕墙_____水密性能指标值,压力稳定作用 15min 或产生幕墙固定部位严重渗漏为止。

19. 依据 GB/T 15227—2019,幕墙水密性检测评定时,定级检测以未发生_____时的最高压力差值 Δp 对照 GB/T 31433 的规定进行定级,可开启部分和固定部分分别定级。

工程检测以是否达到水密性能_____作为评定依据。

20. 依据 GB/T 15227—2019,抗风压性能是指可开启部分处于关闭状态,在风压作用下,试件主要受力构件变形不超过_____且不发生_____及_____的能力。

21. 依据 DB34/T 3950—2021,对于应用高度不超过_____m,且总面积不超过_____ m^2 的幕墙工程,可采用同类产品的型式试验结果,但型式试验的幕墙品种、系列与工程应一致,且性能指标不低于工程设计要求。

22. 依据 GB/T 15227—2019,建筑幕墙抗风压性能试验中安装位移计,宜安装在构件的_____和_____。

23. 依据 GB/T 15227—2019,建筑幕墙抗风压性能检测中预备加压后,应进行_____检测、_____检测、_____检测。

24. 依据 GB/T 15227—2019,某工程构件式玻璃幕墙试件高度为 6m,采用铝型材立柱和横梁,玻璃面板位移测点间距为 1200mm,对该试件进行抗风压工程检测的变形检测时,该幕墙面板的最大允许的面法线挠度限值为_____ mm。

25. 依据 GB/T 15227—2019,抗风压性能工程检测中变形检测,检测压力分级升降。每级升、降压力不超过风荷载标准值的_____,每级压力作用时间不少于 10s。压力的升、降达到检测压力 P'_1(风荷载标准值的_____)时停止检测,记录每级压力差作用下各个测点的面法线位移量,功能障碍或损坏的状况和部位。

26. 依据 GB/T 15227—2019,抗风压性能工程检测中反复加压检测。检测前,应将试件可开启部分启闭不少于_____次,最后关紧。以检测压力 P'_2($P'_2 =$_____P'_1)为平均值,以平均值的 1/4 为波幅,进行波动检测。

27. 依据 GB/T 15227—2019,抗风压性能工程检测中风荷载标准值 P'_3 检测。检测压力升至 P'_3,随后降至零,再降到 $-P'_3$,然后升至零。正压前和负压后将试件可开启部分启闭不少于 5 次,最后关紧。升降压速度为 300 ～ 500Pa/s,压力持续时间不少于 3s。记录_____、_____或_____的状况和部位。

28. 依据 GB/T 18250—2015,建筑幕墙层间变形检测设备由_____、_____和_____组成。

29. 依据 GB/T 18250—2015,建筑幕墙层间变形检测时,X 轴维度位移计、Y 轴维度位移计的精度不应低于满量程的_____,Z 轴维度位移计的精度不应低于满量程的_____。

30. 依据 GB/T 18250—2015,建筑幕墙层间变形试验加载方式分为_____和_____。

31. 依据 GB/T 18250—2015,单楼层及两个楼层高度的幕墙试件,可依据检测需要选取连续平行四边形法或层间变形法进行加载;两个楼层以上高度的幕墙试件,宜选用_____进行加载。仲裁检测应采用_____进行加载。

32. 依据 GB/T 18250—2015,层间变形性能的检测原理为通过静力加载装置,模拟主体结构受_____、_____等作用时产生的 X 轴、Y 轴、Z 轴或组合位移变形,使幕墙试件产生低周反复运动,以检测幕墙对层间变形的承受能力。

33. 依据 GB/T 18250—2015,幕墙平面内变形性能工程检测时,层间位移角取_____,操作静力加载方式,推动摆杆作_____个周期的相对反复移动。

34. 依据 GB/T 18250—2015,幕墙平面内变形性能以 X 轴维度方向_____作为分级指标值;幕墙平面外变形性能以 Y 轴维度方向_____作为分级指标值;幕墙垂直方向变形性能以 Z 轴维度方向_____作为分级指标值。

35. 依据 JGJ 145—2013,检验锚固拉拔承载力的加载方式可为_____或_____,可依据实际条件选用。

36. 依据 JGJ 145—2013,现场非破损检验的抽样数量规定:对非生命线工程的非结构构件,应取每一检验批锚固件总数的_____且不少于_____进行检验。

37. 依据 JGJ 145—2013,非破损检验的评定时,试样在持荷期间,锚固件无滑移、基材混凝土无裂纹或其他局部损坏迹象出现,且加载装置的荷载示值在_____或_____的检验荷载时,应评定为合格;一个检验批所抽取的试样全部合格时,该检验批应评定为合格检验批;一个检验批中不合格的试样不超过_____时,应另抽 3 根试样进行破坏性检验,若检验结果全部合格,该检验批仍可评定为合格检验批。

38. 依据 GB/T 31433—2015,幕墙保温性能以_____为分级指标,幕墙保温性能分为_____级。

39. 依据 GB/T 31433—2015,建筑幕墙空气声隔声性能以_____作为分级指标。

40. 建筑幕墙采光性能为在漫射光照射下其透过光的能力。依据 GB/T 31433—2015,幕墙采光性能以_____为分级指标。

41. 幕墙耐撞击性能是指幕墙面板、构件及其相互连接等部位抵抗室内侧或室外侧规定质量的软物或硬物撞击,而不发生危及人身安全的破损的能力。依据 GB/T 31433—2015,幕墙耐撞击性能以_____为分级指标。

42. 依据 GB/T 41336—2022,建筑幕墙防火性能是指在标准试验条件下,建筑幕墙防火构造满足_____、_____或_____要求的能力。

第三章 单项选择题

第一节　常见分类及术语

1. 依据 GB/T 21086—2007,瓷板幕墙以瓷板(吸水率平均值 $E \leqslant$ _____干压陶瓷板)为面板的建筑幕墙。(　　)

A. 0.8% 　　　　B. 0.7% 　　　　C. 0.6% 　　　　D. 0.5%

2. 依据 GB/T 21086—2007,采用铝塑复合板幕墙时,铝塑复合板开槽和折边部位的塑料芯板保留的厚度应不得少于_____。(　　)

A. 0.5mm 　　　　B. 0.4mm 　　　　C. 0.3mm 　　　　D. 0.2mm

3. 依据 GB/T 34327—2017,以下不属于透光幕墙的是_____。(　　)

A. 不可透视幕墙　　B. 可透视幕墙　　C. 非透明幕墙　　D. 非透光幕墙

4. 依据 GB 50210—2018,相同设计、材料、工艺和施工条件的幕墙工程每_____ m^2 应划分为一个检验批。(　　)

A. 100~500 　　　　B. 500~1000 　　　　C. 1000 　　　　D. 1000~3000

5. 依据 JGJ 102—2003,斜玻璃幕墙与水平面夹角应_____。(　　)

A. 小于 75° 　　　　　　　　　　B. 大于 75°

C. 大于 75°且小于 90° 　　　　　D. 大于 90°

6. 依据 JGJ 336—2016,下列_____不属于人造板材幕墙。(　　)

A. 陶板幕墙　　　B. 瓷板幕墙　　　C. 木纤维板幕墙　　D. 铝单板幕墙

7. 依据 GB/T 34327—2017,透光幕墙与非透光幕墙以_____是否直接透射入室内进行区分。(　　)

A. 紫外线　　　　B. 可见光　　　　C. 太阳光　　　　D. 反射光

8. 依据 JGJ 102—2003,下列_____可以在现场打注硅酮结构密封胶。(　　)

A. 明框玻璃幕墙　　B. 半隐框玻璃幕墙　　C. 点支承玻璃幕墙　　D. 全玻幕墙

9. 依据 GB/T 21086—2007,石材幕墙的面板不宜采用_____。(　　)

A. 钢销式挂装系统　　　　　　　B. 蝶形挂装

C. T 型挂装系统　　　　　　　　D. SE 组合挂件系统

10. 依据 GB/T 21086—2007,以下_____不属于建筑幕墙进行振动台抗震性能试验应具备的条件。(　　)

A. 面板为脆性材料,且单块面板面积超过现行标准的限制

B. 面板为脆性材料,且单块面板厚度超过现行标准的限制

C. 应用宽度超过标准规定的宽度限制

D. 应用高度超过标准规定的高度限制

11. 依据 GB/T 21086—2007,石材幕墙每块板材正面外观缺陷中不允许出现的项目是_____。（　　）

　　A. 缺棱　　　　　　B. 裂纹　　　　　　C. 缺角　　　　　　D. 色斑

12. 依据 JGJ 336—2016,幕墙支承构件和连接件材料的燃烧性能应为_____。（　　）

　　A. A级　　　　　　B. B_1 级　　　　　C. B_2 级　　　　　D. B_3 级

13. 依据 GB/T 21086—2007,建筑幕墙一般功能要求中,结构设计使用年限不宜低于_____。（　　）

　　A. 5 年　　　　　　B. 25 年　　　　　　C. 30 年　　　　　　D. 50 年

14. 依据 JGJ 133—2001,幕墙在正常使用时,使用单位应每隔_____进行一次全面检查。（　　）

　　A. 5 年　　　　　　B. 10 年　　　　　　C. 15 年　　　　　　D. 20 年

15. 依据 JGJ 336—2016,抗震设防烈度为_____及以上地区的幕墙工程,应进行抗震设计。（　　）

　　A. 6 度　　　　　　B. 7 度　　　　　　C. 8 度　　　　　　D. 9 度

第二节　密封胶

1. 依据 GB 16776—2005,硬度试验中制备后的单组分硅酮结构胶试件养护时间为_____。（　　）

　　A. 24h　　　　　　B. 7d　　　　　　　C. 14d　　　　　　D. 21d

2. 依据 GB/T 531.1—2008,日常使用的硬度计应至少每_____使用标准橡胶块进行核查。（　　）

　　A. 日　　　　　　　B. 星期　　　　　　C. 6 个月　　　　　D. 12 个月

3. 依据 GB/T 531.1—2008,结构胶硬度试验中应在试样表面不同位置进行_____次测量取中值。（　　）

　　A. 3　　　　　　　　B. 4　　　　　　　　C. 5　　　　　　　　D. 6

4. 依据 GB 16776—2005,结构胶硬度试验样品状态调节时间为_____。（　　）

　　A. 1h　　　　　　　B. 4h　　　　　　　C. 24h　　　　　　D. 48h

5. 依据 GB/T 531.1—2008,对于邵氏 A 型硬度计,不同测量位置两两相距至少_____。（　　）

　　A. 2mm　　　　　　B. 3mm　　　　　　C. 5mm　　　　　　D. 6mm

6. 依据 GB/T 531.1—2008,邵氏 A 型硬度计推荐使用标准橡胶块进行校准,校准间隔时间不超出_____。（　　）

　　A. 3 个月　　　　　B. 6 个月　　　　　C. 12 个月　　　　D. 24 个月

7. 依据 GB/T 531.1—2008,对于邵氏 A 型硬度计,在压针最大伸出量为(2.50±0.02)mm 时硬度指示值为_____。（　　）

A. 0   B. 10   C. 50   D. 100

8. 依据 GB/T 531.1—2008,使用邵氏 A 型硬度计测定硬度时,下列某项要求与其他三项指标不同的是_____。( )

A. 试样厚度   B. 接触面半径

C. 不同测量位置两两相距   D. 测量位置距离任一边缘距离

9. 依据 GB/T 531.1—2008,使用邵氏 A 型硬度计可不包含以下零部件_____。( )

A. 压足   B. 压针

C. 支架   D. 自动计时机构(供选择)

10. 依据 GB 16776—2005,以下结构胶邵氏硬度值符合标准技术指标要求的是_____。( )

A. 5   B. 10   C. 60   D. 80

11. 依据 GB 16776—2005,结构胶标准条件下的拉伸粘结强度试验中,制备后的双组分硅酮结构胶试件养护时间为_____。( )

A. 24h   B. 7d   C. 14d   D. 21d

12. 依据 GB 16776—2005,结构胶标准条件下的拉伸粘结强度试验中,以下不适合选用为产品基材的是_____。( )

A. 供方要求的水泥砂浆基材   B. 5mm 无色透明浮法玻璃

C. 3mm 铝板   D. 6mm 镀膜浮法玻璃

13. 依据 GB 16776—2005,结构胶标准条件下的拉伸粘结强度试验中,无须报告 23℃ 伸长率为_____的模量。( )

A. 10%   B. 20%   C. 30%   D. 40%

14. 依据 GB 16776—2005,结构胶标准条件下的拉伸粘结强度试验中,关于粘结破坏面积的测定和计算,错误的是_____。( )

A. 用透过印制有 1mm×1mm 网格线的透明膜片,测量拉伸粘结试件两粘结面上粘结破坏面积占有的网格数总数

B. 网格数精确到 1 格(不足一格不计)

C. 粘结破坏面积以粘结破坏格数占总格数的百分比表示

D. 报告粘结破坏面积

15. 依据 GB 16776—2005,硅酮结构密封胶型式检验项目不包括下列_____项目。( )

A. 外观

B. 物理力学性能

C. 相容性

D. 报告 23℃时伸长率为 10%、20%、40%时的模量

16. 依据 GB 16776—2005,密封胶拉伸粘结强度指标值与其他不同的是_____。( )

A. 23℃   B. 90℃   C. 浸水后   D. 水-紫外线光照后

17. 依据 GB/T 13477.8—2017,每个试件的断裂伸长率计算结果以百分数表示,取一组试件的算术平均值,精确至_____。( )

A. 1%   B. 2%   C. 3%   D. 5%

18. 依据 GB 16776—2005,关于结构胶标准条件下的拉伸粘结性试件的制备,下列说法不正确的是_____。（　　）

A. 用丙酮等溶剂清洗铝板和玻璃板并干燥

B. 每种类型的基材和标准条件下试验温度制备 3 块试件

C. 按密封材料生产商的说明制备试件

D. 在养护期间,应使隔离垫块保持原位

19. 依据 GB 16776—2005,关于结构胶标准条件下的拉伸粘结性试件的制备,要求每个试件必须有一面选用_____基材。（　　）

A. M 类　　　　　　B. G 类　　　　　　C. S 类　　　　　　D. Q 类

20. 依据 GB 16776—2005,以下关于结构胶标准条件下的拉伸粘结强度符合标准技术指标要求的是_____。（　　）

A. 0.3MPa　　　　B. 0.45MPa　　　　C. 0.50MPa　　　　D. 0.60MPa

21. 依据 GB 16776—2005,硅酮结构胶的相容性试验中,为保证均匀辐照,下列灯管更换与位置移动正确的是_____。（　　）

22. 依据 GB 16776—2005,适用于金属、玻璃的双组分硅酮结构胶产品标记前 3 位为_____。（　　）

A. 1MG　　　　　　B. 1MQ　　　　　　C. 2MG　　　　　　D. 2MQ

23. 依据 GB 16776—2005,为保证紫外辐照强度,建筑结构密封胶相容性试验用的紫外灯使用_____后应更换。（　　）

A. 7d　　　　　　　B. 14d　　　　　　C. 21d　　　　　　D. 56d

24. 依据 GB 16776—2005,以下_____条文不是强制性条文。（　　）

A. 5.1 外观　　　　　　　　　　B. 5.2 物理力学性能

C. 5.3 相容性和粘结性的规定　　　D. 5.4 报告模量

25. 依据 GB 16776—2005,结构装配系统用附件同密封胶相容性试验,试验箱温度应控制在_____,试件表面温度测量频率是_____。（　　）

A.(22±2)℃、每天一次　　　　　B.(48±2)℃、每天一次

C.(48±2)℃、每周一次　　　　　D.(22±2)℃、每周一次

26. 依据 GB 16776—2005,结构胶相容性试验中,试件养护和处理好后应从紫外箱取出,在 23℃ 环境下冷却时间为_____。（　　）

A. 2h　　　　　　　B. 4h　　　　　　C. 12h　　　　　　D. 24h

27. 依据 JGJ 102—2003,硅酮结构密封胶粘结宽度最小值为_____。（　　）

A. 5mm　　　　　　B. 6mm　　　　　　C. 7mm　　　　　　D. 10mm

28. 依据 GB 16776—2005,建筑用硅酮结构密封胶相容性试验制备的试件应在标准条

件下养护_____。(　　)

    A. 24h   B. 48h   C. 72h   D. 168h

29. 依据 GB 16776—2005,建筑用硅酮结构密封胶相容性试验制备中,玻璃板表面的清洁推荐使用_____。(　　)

    A. 蒸馏水   B. 50%异丙醇-蒸馏水溶液

    C. 异丙醇-蒸馏水溶液   D. 50%异丙醇溶液

30. 依据 GB 16776—2005,附件同密封胶相容性试验需制备_____块对比试件。(　　)

    A. 2   B. 4   C. 6   D. 8

31. 依据 GB 16776—2005,附件同密封胶相容性试验中试件颜色变化的评定有_____级。(　　)

    A. 2   B. 4   C. 5   D. 6

32. 依据 GB 16776—2005,以下附件同密封胶相容性试验结果符合标准要求的是_____。(　　)

    A. 试验试件与对比试件颜色变化不一致

    B. 试验试件、对比试件与玻璃粘结破坏面积的差值小于等于5%

    C. 粘结破坏面积小于等于20%

    D. 粘结破坏面积的算术平均值小于等于20%

33. 依据 GB/T 13477.18—2002,实际工程用基材同密封胶粘结性试验使用的拉力试验机要求的速度为_____。(　　)

    A. 20mm/s   B. 50mm/s   C. 20mm/min   D. 50mm/min

34. 依据 GB/T 13477.18—2002,实际工程用基材同密封胶粘结性试验,将被测密封材料在未打开的原包装中置于标准条件下处理_____。(　　)

    A. 24h   B. 48h   C. 72h   D. 168h

35. 依据 GB 16776—2005,实际工程用基材同密封胶粘结性试验,试验结果符合标准要求的是_____。(　　)

    A. 试验试件与对比试件与基材的粘结破坏面积的差值小于等于20%

    B. 粘结破坏面积的算术平均值小于等于20%

    C. 剥离粘结破坏面积的百分率小于等于20%

    D. 试验试件与对比试件与基材的粘结破坏面积的差值小于等于5%

36. 依据 GB 16776—2005,实际工程用基材同密封胶粘结性试验,不需要报告的是_____。(　　)

    A. 每条试料带剥离粘结破坏面积的百分率及试验结果的算术平均值

    B. 基材的类型

    C. 破坏类型

    D. 是否使用底涂

37. 依据 GB/T 13477.18—2002,实际工程用基材同密封胶粘结性试验,对每种基材应测试两块试件上的_____试验带。(　　)

    A. 2条   B. 4条   C. 6条   D. 8条

38. 依据 GB 16776—2005,实际工程用基材同密封胶粘结性试验浸水周期是_____。（ ）

    A. 24h　　　　　　B. 48h　　　　　　C. 72h　　　　　　D. 168h

39. 依据 GB/T 23261—2009,下列不属于石材用建筑密封胶污染性试验仪器的是_____。（ ）

    A. 鼓风干燥箱　　B. 紫外线箱　　C."C"型夹具　　D. 拉力机

40. 依据 GB/T 23261—2009,石材用建筑密封胶污染性试验试件处理中,将_____个试件保持受压状态放置于标准试验条件28d。（ ）

    A. 3　　　　　　　B. 4　　　　　　　C. 6　　　　　　　D. 12

41. 依据 GB/T 23261—2009,石材用建筑密封胶污染性试验,加热处理的试件放置的烘箱温度应设定为_____。（ ）

    A.(48 ± 2)℃　　B.(50 ± 5)℃　　C.(70 ± 2)℃　　D.(90 ± 2)℃

42. 依据 GB/T 23261—2009,石材用建筑密封胶污染性试验,接受紫外线处理的试件辐照箱的温度应设定为_____。（ ）

    A.(48 ± 2)℃　　B.(50 ± 5)℃　　C.(70 ± 2)℃　　D.(90 ± 2)℃

43. 依据 GB/T 23261—2009,石材用建筑密封胶污染性试验测量时,每种处理条件下每7天观察记录一次试件污染情况,重复_____次。（ ）

    A. 2　　　　　　　B. 4　　　　　　　C. 6　　　　　　　D. 8

44. 依据 GB/T 23261—2009,石材用建筑密封胶污染性试验测量时,每种处理条件下压缩试件浸入配置好的污染源溶液的时间是_____。（ ）

    A. 10s　　　　　　B. 24h　　　　　　C. 7d　　　　　　D. 28d

45. 依据 GB/T 14683—2017,硅酮建筑密封胶拉伸模量试验,试样需拉到的规定伸长率和_____有关。（ ）

    A. 组分　　　　　B. 用途　　　　　C. 级别　　　　　D. 标记

46. 依据 GB/T 113477.8—2017,硅酮建筑密封胶拉伸模量试验,结果取正割拉伸模量的算术平均值,精确至_____。（ ）

    A. 0.1MPa　　　　B. 0.01MPa　　　C. 0.1N　　　　　D. 0.01N

47. 依据 GB/T 113477.8—2017,硅酮建筑密封胶拉伸模量试验,拉力试验机的速率要求为_____。（ ）

    A.(5.5 ± 0.7)mm/min　　　　　　B.(5.5 ± 0.5)mm/min

    C. 50mm/min　　　　　　　　　　D.(50 ± 2)mm/min

48. 依据 GB/T 23261—2009,下列不属于石材用建筑密封胶按聚合物分类品种的是_____。（ ）

    A. 硅酮　　　　　B. 改性硅酮　　　C. 聚氨酯　　　　D. 聚硫

49. 依据 GB/T 23261—2009,下列可以选用为石材用建筑密封胶拉伸模量试验基材的是_____。（ ）

    A. 603 花岗石　　　　　　　　　　B. 汉白玉

    C. 无色透明 6mm 玻璃　　　　　　D. 3mm 铝单板

50. 依据 GB/T 23261—2009,石材用建筑密封胶拉伸模量试验中,对于双组分试样的

制备,混合均匀后,若事先无特殊要求,应在_____完成注模和修整。(   )

    A. 5min   B. 10min   C. 20min   D. 30min

第三节　幕墙主要面板

1. 依据 GB 50411—2019,中空玻璃密封性能试验,玻璃样品规格为 10＋12A＋10(mm) 时,露点仪与单个试样接触时间为_____。(   )

    A. 5min   B. 6min   C. 8min   D. 9min

2. 依据 GB 50411—2019,中空玻璃密封性能试验时样品应从工程使用的玻璃中随机抽取,每组应抽取检验的产品规格中_____个样品。(   )

    A. 8   B. 10   C. 12   D. 15

3. 依据 GB/T 2680—2021,向室内侧的二次热传递系数检测中,玻璃表面的校正辐射率规定为_____。(   )

    A. 0.837   B. 0.87   C. 0.80   D. 0.70

4. 依据 GB/T 2680—2021,遮阳系数是在给定条件下,太阳能总透射比与厚度为_____无色透明玻璃的太阳能总透射比的比值。(   )

    A. 3mm   B. 4mm   C. 5mm   D. 6mm

5. 依据 GB/T 22476—2008,中空玻璃 U 值的计算结果按 GB/T 8170 修约至小数点后_____。(   )

    A. 一位   B. 二位   C. 三位   D. 四位

6. 依据 GB/T 9966.2—2020,石材干燥弯曲强度试验机示值相对误差不超过_____。(   )

    A. ±1%   B. ±2%   C. ±5%   D. ±10%

7. 依据 GB/T 9966.2—2020,石材干燥弯曲强度试样破坏的载荷在设备示值的_____范围内。(   )

    A. 10%～80%   B. 20%～80%   C. 10%～90%   D. 20%～90%

8. 依据 GB/T 9966.2—2020,石材干燥弯曲强度试验中,鼓风干燥箱温度可控制在_____范围内。(   )

    A. (85±5)℃   B. (75±5)℃   C. (65±5)℃   D. (55±5)℃

9. 依据 GB/T 9966.2—2020,石材干燥弯曲强度石材试样长度尺寸偏差为_____mm;宽度、厚度尺寸偏差为_____mm。(   )

    A. ±1,±0.2   B. ±1,±0.3   C. ±2,±0.3   D. ±1,±0.5

10. 依据 GB/T 9966.2—2020,石材干燥弯曲强度石材试样上下受力面应经锯切、研磨或抛光,达到平整且平行。侧面可采用锯切面,正面与侧面夹角应为_____。(   )

    A. 95°±0.5°   B. 90°±0.5°   C. 85°±0.5°   D. 80°±0.5°

11. 依据 GB/T 9966.2—2020,石材干燥弯曲强度每个层理方向的试样为一组,每组试样数量为_____块。(   )

    A. 1   B. 3   C. 5   D. 10

12. 依据 GB/T 9966.2—2020,石材干燥弯曲强度通常试样的受力方向应与实际应用

一致,若石材应用方向未知,则应同时进行三个方向的试验,每种试验条件下试样应制备
_____块;每个方向_____块。(　　)

　　A. 5,3　　　　　　　　B. 10,5　　　　　　　C. 15,3　　　　　　　D. 15,5

　　13. 依据 GB/T 9966.2—2020,石材干燥弯曲强度中,试验机以_____的速率对试样
施加载荷至试样破坏。(　　)

　　A. (0.25±0.02)MPa/s　　　　　　　　B. (0.25±0.05)MPa/s

　　C. (0.35±0.02)MPa/s　　　　　　　　D. (0.5±0.05)MPa/s

　　14. 依据 GB/T 9966.2—2020,石材干燥弯曲强度试验应记录试样破坏位置和形式及
最大载荷值(F),读数精度不低于_____N。(　　)

　　A. 10　　　　　　　　B. 5　　　　　　　　C. 2　　　　　　　　D. 1

　　15. 依据 GB/T 9966.3—2020,石材体积密度、吸水率试验将试样置于水箱中的玻璃棒
支撑上,试样间隔应不小于_____mm。(　　)

　　A. 10　　　　　　　　B. 15　　　　　　　　C. 20　　　　　　　　D. 25

　　16. 依据 GB/T 9966.2—2020,以一组石材试样弯曲强度的_____作为试验结
果。(　　)

　　A. 最大值　　　　　B. 最小值　　　　　C. 平均值　　　　　D. 算术平均值

　　17. 依据 GB/T 9966.3—2020,计算每组石材试样吸水率、体积密度的_____作为试
验结果。(　　)

　　A. 最大值　　　　　B. 最小值　　　　　C. 平均值　　　　　D. 算术平均值

　　18. 依据 GB/T 9966.3—2020,计算每组石材试样体积密度试验结果取_____有效
数字。(　　)

　　A. 一位　　　　　　B. 两位　　　　　　C. 三位　　　　　　D. 四位

　　19. 依据 GB/T 17748—2016,铝材厚度测量器具最小分度值为_____。(　　)

　　A. 0.1mm　　　　　B. 0.01mm　　　　　C. 0.02mm　　　　　D. 0.5mm

　　20. 依据 GB/T 17748—2016,幕墙用铝塑复合板长度和宽度尺寸允许偏差测量器具的
最小分度值为_____。(　　)

　　A. 1mm　　　　　　B. 0.1mm　　　　　C. 0.01mm　　　　　D. 0.5mm

　　21. 依据 GB/T 17748—2016,幕墙用铝塑复合板厚度尺寸允许偏差测量器具的最小分
度值为_____。(　　)

　　A. 1mm　　　　　　B. 0.1mm　　　　　C. 0.01mm　　　　　D. 0.5mm

　　22. 依据 GB/T 17748—2016,幕墙用铝塑复合板对角线尺寸允许偏差测量器具的最小
分度值为_____。(　　)

　　A. 1mm　　　　　　B. 0.1mm　　　　　C. 0.01mm　　　　　D. 0.5mm

　　23. 依据 GB/T 17748—2016,幕墙用铝塑复合板边直度以各边全部测量值中的
_____作为测量结果。(　　)

　　A. 平均值　　　　　B. 最大值　　　　　C. 最小值　　　　　D. 平方差

　　24. 依据 GB/T 17748—2016,幕墙用铝塑复合板滚筒剥离试验中,_____个试件为
一组。(　　)

　　A. 1　　　　　　　　B. 2　　　　　　　　C. 3　　　　　　　　D. 4

25. 依据 GB/T 17748—2016,幕墙用铝塑复合板弯曲强度试验中,试验机示值相对误差要求不大于_____。(   )

    A. ±1%   B. ±2%   C. ±3%   D. ±4%

26. 依据 GB/T 17748—2016,幕墙用铝塑复合板弯曲强度试验中,试验的最大荷载应在试验机示值的_____。(   )

    A. 15%~30%   B. 15%~50%   C. 15%~70%   D. 15%~90%

27. 依据 GB/T 17748—2016,幕墙用铝塑复合板弯曲强度试验中,试验机的加载速率为_____。(   )

    A. 3mm/min   B. 5mm/min   C. 7mm/min   D. 9mm/min

28. 依据 GB/T 17748—2016,幕墙用铝塑复合板剪切强度试验中,最终以_____作为试验结果。(   )

    A. 算术平均值   B. 最大值   C. 最小值   D. 平方差

29. 依据 GB/T 17748—2016,铝塑复合板滚筒剥离试验中,将合格试样编号,测量试样任意_____处的宽度,取算术平均值。(   )

    A. 1   B. 2   C. 3   D. 4

30. 依据 GB/T 4741—1999,陶板抗弯强度试验中,将试样置于温度为_____的烘箱中,烘干至恒重,然后放入干燥器中冷却至室温。(   )

    A. (110±5)℃   B. (105±2)℃   C. (100±2)℃   D. (120±5)℃

31. 依据 GB/T 4741—1999,陶板抗弯强度试验中,弯曲强度试验机中,加荷刀口接触试样时不得冲击,试样以平均_____的速度等速加荷,(弯曲强度较小的试样,请选择较低的加荷速度)直至破坏。(   )

    A. 10~50N/s   B. 20~70N/s

    C. 10~60N/s   D. 20~50N/s

32. 依据 GB/T 4741—1999,陶板抗弯强度试验中,用有效样品的算术平均值作为该试样的抗弯强度值,数据修约到_____。(   )

    A. 0.1MPa   B. 0.5MPa   C. 0.01MPa   D. 0.02MPa

33. 依据 GB/T 4741—1999,陶板抗弯强度试验中弯曲强度试验机的相对误差不大于_____,能够等速加荷,加荷及支撑刀口直径为(10±0.1)mm。(   )

    A. 2%   B. 1%   C. 3%   D. 4%

34. 依据 GB/T 17748—2016,铝塑复合板滚筒剥离试样数量_____试件为 1 组。(   )

    A. 3个   B. 6个   C. 9个   D. 2个

35. 依据 GB/T 4741—1999,陶板抗弯强度试验试样应取长度为120mm,宽厚比为1:1 的长方体试样_____根。(   )

    A. 10   B. 15   C. 20   D. 25

36. 依据 JGJ 102—2003,点支承幕墙玻璃的孔、板边缘均应进行磨边和倒棱,磨边宜细磨,倒棱宽度不宜小于_____。(   )

    A. 2mm   B. 1mm   C. 1.2mm   D. 1.5mm

37. 依据 JGJ 102—2003,幕墙玻璃应进行机械磨边处理,磨轮的目数不应小于

_____。（　　）

A. 180 目　　　　　B. 150 目　　　　　C. 140 目　　　　　D. 160 目

38. 依据 GB/T 21086—2007,幕墙用单片玻璃、中空玻璃的任一片玻璃厚度不宜小于_____。（　　）

A. 6mm　　　　　B. 5mm　　　　　C. 4mm　　　　　D. 3mm

39. 依据 GB/T 16865—2023,变形铝、镁及其合金加工制品在采用应力速率进行拉伸试验时,采用 2~12MPa/s 的应力速率进行室温拉伸试验,直至测得规定非比例延伸强度,之后采用不超过_____的横梁位移速率继续试验。（　　）

A. $0.48L_0/\text{min}$　　B. $0.50L_0/\text{min}$　　C. $0.45L_0/\text{min}$　　D. $0.52L_0/\text{min}$

40. 依据 GB/T 16865—2023,除航空材料和铝箔的变形铝、镁及其合金加工制品在进行室温拉伸试验时,当不需要测定弹性模量时,采用 0.00025s^{-1} 相对误差为_____的应变速率进行拉伸试验,直至测得规定非比例延伸强度。（　　）

A. $\pm20\%$　　　B. $\pm25\%$　　　C. $\pm30\%$　　　D. $\pm40\%$

第四节　幕墙主要支承和防火保温材料

1. 依据 GB/T 16865—2023,矩形试样平行部分原始宽度(b_0)为 6mm 时,试样夹持部分的中心线与平行部分的中心线的偏差应不大于_____。（　　）

A. 0.01mm　　　B. 0.1mm　　　C. 0.2mm　　　D. 0.02mm

2. 依据 GB/T 16865—2023,试样横截面积的计算保留_____,数值修约按 GB/T 8170 的规定进行。（　　）

A. 4 位有效数字　　　　　　　　B. 2 位有效数字

C. 2 位小数　　　　　　　　　　D. 整数

3. 依据 GB/T 16865—2023,为了得到平直的试样并确保试样与夹头对中,可施加不超过规定强度_____的预拉力。（　　）

A. 10%　　　　　B. 5%　　　　　C. 100N　　　　　D. 50N

4. 依据 GB/T 700—2006,厚度大于 100mm 的钢材,抗拉强度下限允许降低_____ N/mm^2。（　　）

A. 5　　　　　　B. 10　　　　　　C. 20　　　　　　D. 30

5. 依据 GB/T 16865—2023,使用楔形夹具或平推夹具时,矩形试样夹持部分的长度宜不少于夹具长度的_____。（　　）

A. 1/4　　　　　B. 2/4　　　　　C. 3/4　　　　　D. 2/5

6. 依据 GB/T 16865—2023,铝型材抗拉强度和规定非比例延伸强度的性能数值以兆帕表示,计算结果保留_____。（　　）

A. 4 位有效数字　　　　　　　　B. 2 位有效数字

C. 2 位小数　　　　　　　　　　D. 整数

7. 依据 GB/T 16865—2023,铝型材断后标距测量,精确到_____或 $0.5\% \ L_0$,以较小者为准。（　　）

A. 0.1mm　　　　B. 0.01mm　　　C. 1mm　　　　D. 0.001mm

8. 依据 GB/T 16865—2023,铝型材断后伸长率试验结果修约至_____。(   )

A. 0.1% 　　　　　　　　　　　　B. 0.5%

C. 1% 　　　　　　　　　　　　　D. 最接近的 0.5 的倍数

9. 依据 GB/T 16865—2023,铝型材原始标距的标记应准确到_____。(   )

A. ±0.01% 　　B. ±0.1% 　　C. ±1% 　　D. ±2%

10. 依据 GB/T 16865—2023,实验速率选用应力速率进行试验时,在测得规定非比例延伸强度后,采用不超过_____的横梁位移速率(v_c)继续试验。(   )

A. $0.48L_0/\min$ 　　B. $0.50L_0/\min$ 　　C. $0.52L_0/\min$ 　　D. $0.55L_0/\min$

11. 依据 GB/T 20284—2006,SBI 单体燃烧试验中,在_____时,丙烷气体由辅助燃烧器切换至主燃烧器。(   )

A. $t=0s$ 　　B. $t=(120\pm5)s$ 　　C. $t=(300\pm5)s$ 　　D. $t=(900\pm5)s$

12. 依据 GB/T 20284—2006,SBI 单体燃烧试验中,在_____时,这一时间段是测量热释放速率的基准时段。(   )

A. $210s<t<270s$ 　　　　　　B. $300s<t<900s$

C. $0s<t<300s$ 　　　　　　　D. $300s<t<1560s$

13. 依据 GB/T 20284—2006,单体燃烧试验装置中燃料为_____。(   )

A. 纯度大于等于 95% 的商用丙烷 　　B. 甲烷

C. 丁烷 　　　　　　　　　　　　D. 液化石油气

14. 依据 GB/T 20284—2006,建材单体燃烧试验,火焰在试样表面边缘处至少持续_____ s 为判定持续火焰到达试样长翼远边缘处的判据。(   )

A. 5 　　　　B. 10 　　　　C. 15 　　　　D. 20

15. 依据 GB/T 20284—2006,建材单体燃烧试验中,燃烧颗粒物或滴落物的记录时间为仅在开始受火后的_____s。(   )

A. 400 　　　　B. 500 　　　　C. 600 　　　　D. 700

16. 依据 GB/T 14402—2007,热值试验时,氧弹充氧时压力要求为_____。(   )

A. 2.0~2.5MPa 　　　　　　　B. 2.5~3.0MPa

C. 3.0~3.5MPa 　　　　　　　D. 3.5~4.0MPa

17. 依据 GB 8624—2012,下面是匀质材料的燃烧热值测试结果,符合 A1 级的是_____。(   )

A. 1.5MJ/kg 　　B. 2.5MJ/kg 　　C. 3.5MJ/kg 　　D. 4.5MJ/kg

18. 依据 GB/T 14402—2007,测量保温材料燃烧热值时,每组试验最少需要测试_____个试样。(   )

A. 1 　　　　B. 2 　　　　C. 3 　　　　D. 5

19. 依据 GB/T 14402—2007,测量保温材料燃烧热值时,试剂要求是_____。(   )

A. 自来水 　　B. 纯净水 　　C. 矿泉水 　　D. 蒸馏水或去离子水

20. 依据 GB/T 14402—2007,测量保温材料燃烧热值时,下列选项为氧弹装置中燃烧试剂的是_____。(   )

A. 甲烷

B. 纯度大于等于 99.5% 去除其他可燃物质的高压氧气

C. 丁烷

D. 液化石油气

21. 依据 GB/T 14402—2007,测量保温材料燃烧热值时,总热值的单位为_____。(　　)

A. J/K　　　　　　B. J/g　　　　　　C. J/kg　　　　　　D. MJ/kg

22. 依据 GB/T 5464—2010,观察镜为正方形,其边长为 300mm,与水平方向呈_____夹角,宜安放在加热炉上方 1m 处。(　　)

A. 15°　　　　　　B. 30°　　　　　　C. 45°　　　　　　D. 50°

23. 依据 GB/T 5464—2010,质量损失使用的天平称量精度为_____。(　　)

A. 0.1g　　　　　　B. 0.01g　　　　　　C. 0.001g　　　　　　D. 0.0001g

24. 依据 GB/T 5464—2010,该标准的使用范围是在特定条件下匀质建筑制品和非匀质建筑制品主要组分的_____。(　　)

A. 单体燃烧　　　　　　　　　　　B. 热值

C. 可燃性试验方法　　　　　　　　D. 不燃性试验方法

25. 依据 GB/T 14402—2007,对于低热值的制品,可提高助燃物_____的质量比例,来增加试样的总热值。(　　)

A. 二甲苯　　　　　B. 正丁醇　　　　　C. 苯甲酸　　　　　D. 盐酸

26. 依据 GB/T 5464—2010,炉内初始温度 T_1 为炉内温度平衡期最后_____的温度平均值;炉内最终温度 T_f 为试验过程最后 1min 的温度平均值。(　　)

A. 5min　　　　　B. 10min　　　　　C. 15min　　　　　D. 20min

27. 依据 GB 8624—2012,当非匀质平板状建筑制品燃烧性能为_____时,其内部次要组分的总热值技术要求为小于等于 1.4MJ/m^2;主要组分的总热值技术要求为小于等于 2.0MJ/m^2。(　　)

A. A1 级　　　　　B. A2 级　　　　　C. B_1 级　　　　　D. B_2 级

28. 依据 GB/T 5464—2010,炉内初始温度 T_1 为炉内温度平衡期最后 10min 的温度平均值;炉内最终温度 T_f 为试验过程最后_____的温度平均值。(　　)

A. 1min　　　　　B. 2min　　　　　C. 5min　　　　　D. 10min

29. 依据 GB 8624—2012,当非匀质平板状建筑制品燃烧性能为 A1 级时,其内部次要组分的总热值技术要求为小于等于_____;主要组分的总热值技术要求为小于等于 2.0MJ/m^2。(　　)

A. 1.1MJ/m^2　　　　　B. 1.2MJ/m^2　　　　　C. 1.3MJ/m^2　　　　　D. 1.4MJ/m^2

30. 依据 GB 8624—2012,当非匀质平板状建筑制品燃烧性能为 A1 级时,其内部次要组分的总热值技术要求为小于等于 1.4MJ/m^2;主要组分的总热值技术要求为小于等于_____。(　　)

A. 2.0MJ/m^2　　　　　B. 2.1MJ/m^2　　　　　C. 2.2MJ/m^2　　　　　D. 2.3MJ/m^2

31. 依据 GB/T 28289—2012,隔热型材横向拉伸试验中,试样最短允许缩至_____,但在试样切割方式上应避免对试样的测试结果造成影响。(　　)

A. 16mm　　　　　B. 18mm　　　　　C. 20mm　　　　　D. 22mm

32. 依据 JG 175—2011,建筑用隔热铝合金型材正常生产时每_____应进行型式检验。(　　)

A. 四年   B. 三年   C. 两年   D. 一年

33. 依据 GB/T 28289—2012,铝合金隔热型材试样应在温度为(23±2)℃,相对湿度为 50%±10% 的环境条件下放置_____。(　　)

A. 12h   B. 16h   C. 24h   D. 48h

34. 依据 JG 175—2011,铝合金隔热型材浇注式试样应在温度为(23±2)℃,相对湿度为 50%±5% 的环境条件下放置_____。(　　)

A. 24h   B. 48h   C. 128h   D. 168h

35. 依据 GB/T 28289—2012,隔热型材试验机最大荷载不小于_____。(　　)

A. 10 kN   B. 20 kN   C. 30kN   D. 40 kN

36. 依据 GB/T 28289—2012,隔热型材试验机应符合 GB/T 16825.1—2008 的规定,精确度为_____或更优级别。(　　)

A. Ⅰ级   B. Ⅱ级   C. Ⅲ级   D. Ⅳ级

37. 依据 GB/T 232—2024,型钢弯曲试验中,出现争议时,试验速率应为_____。(　　)

A. $(1.0±0.2)$mm/s   B. $(1.0±0.3)$mm/s

C. $(2.0±0.2)$mm/s   D. $(2.0±0.3)$mm/s

38. 依据 GB/T 228.1—2021,无规定时,金属材料拉伸试验应在_____的室温进行。(　　)

A. 15~35℃   B. 10~30℃   C. 10~25℃   D. 10~35℃

39. 依据 GB/T 700—2006,用 Q195 和 Q235B 级沸腾钢轧制的钢材,其厚度(或直径)不大于_____。(　　)

A. 25mm   B. 30mm   C. 35mm   D. 40mm

40. 依据 GB/T 700—2006,厚度大于_____的钢材,抗拉强度下限允许降低 20N/mm²。(　　)

A. 50mm   B. 100mm   C. 110mm   D. 120mm

第五节　幕墙系统

1. 依据 GB/T 21086—2007,构件式玻璃幕墙试件在风荷载标准值的作用下,铝合金型材的相对挠度限值为_____。(　　)

A. $L/250$ B. $L/200$ C. $L/180$ D. $L/60$

2. 依据 GB/T 21086—2007,构件式玻璃幕墙试件在风荷载标准值的作用下,钢型材的相对挠度限值为_____。(　　)

A. $L/250$ B. $L/200$ C. $L/180$ D. $L/60$

3. 依据 GB/T 21086—2007,构件式玻璃幕墙试件在风荷载标准值的作用下,玻璃面板的相对挠度限值为_____。(　　)

A. $L/250$ B. $L/200$ C. $L/180$ D. 短边距/60

4. 依据 GB/T 21086—2007,下列说法错误的是_____。(　　)

A. 开放式建筑幕墙的水密性能可不作要求

B. 开放式建筑幕墙的气密性能不作要求

C. 开放式建筑幕墙的抗风压性能应符合设计要求

D. 开放式建筑幕墙的平面内变形性能可不作要求

5. 依据 GB/T 18250—2015,进行建筑幕墙层间变形性能检测时,下列说法错误的是_____。(　)

A. 单楼层及两个楼层高度的幕墙试件,可选取连续平行四边形法进行加载

B. 单楼层及两个楼层高度的幕墙试件,可选取层间变形法进行加载

C. 两个楼层以上高度的幕墙试件,宜选用层间变形法进行加载

D. 仲裁检测应采用连续平行四边形法进行加载

6. 依据 GB/T 18250—2015,建筑幕墙平面内层间位移角为沿 X 轴维度方向_____和_____之比值。平面内变形性能以建筑幕墙层间位移角为性能指标,共分为_____个级别。(　)

A. 层间位移值,层高,5

B. 层间位移值,立柱上下支点距离,5

C. 层间位移值,立柱上下支点距离,4

D. 层间位移值,层高,4

7. 依据 GB/T 18250—2015,关于建筑幕墙平面内变形性能检测,对于判定是否达到设计要求的工程检测,层间位移角取工程设计指标值,操作静力加载装置,推动摆杆或活动梁沿 X 轴维度作_____个周期的相对反复移动。(　)

A. 3　　　　　B. 6　　　　　C. 9　　　　　D. 12

8. 依据 GB/T 18250—2015,建筑幕墙平面内变形性能以_____为性能分级指标。(　)

A. X 轴维度方向层间位移角　　B. X 轴维度方向层间高度变化量

C. Y 轴维度方向层间位移角　　D. Y 轴维度方向层间高度变化量

9. 依据 GB/T 18250—2015,幕墙垂直方向变形性能以_____为性能分级指标。(　)

A. Z 轴维度方向层间位移角　　B. Y 轴维度方向层间位移角

C. Z 轴维度方向层间高度变化量　　D. Y 轴维度方向层间高度变化量

10. 依据 GB/T 18250—2015,Z 轴维度位移计的精度不应低于满量程的_____。(　)

A. 0.25%　　　B. 0.5%　　　C. 1%　　　D. 5%

11. 依据 GB/T 18250—2015,关于构件式幕墙试件的安装要求,下列说法错误的是_____。

A. 试件的安装应符合设计要求,不应加设任何特殊附件或采取其他措施

B. 试件的组装、安装方式和受力状况应与实际相符

C. 试件应包括典型的垂直接缝、水平接缝和可开启部分,并且试件上可开启部分占试件总面积的比例与实际工程接近

D. 构件式幕墙试件宽度至少应包括两个承受设计荷载的典型垂直承力构件,试件高度不应少于一个层高,并应在垂直方向上有两处或两处以上与支承结构相连接

12. 依据 GB/T 18250—2015,关于建筑幕墙平面内变形性能检测,检测前应对试件进行预加载,对于工程检测,预加载层间位移角取工程设计指标的_____。(　)

　　A. 25%　　　　　　　B. 50%　　　　　　　C. 20%　　　　　　　D. 40%

　　13. 依据 GB/T 18250—2015,关于建筑幕墙 Z 轴维度变形性能检测,检测时操作静力加载装置推动活动梁两端沿 Z 轴维度做相对反复移动,共 3 个周期,每个检测周期宜为_____。(　　)

　　A. 3~10s　　　　　　B. 10~30s　　　　　　C. 50s　　　　　　　D. 60s

　　14. 依据 GB/T 15227—2019,建筑幕墙试件安装完毕,应经检查,符合设计图样要求后才可进行检测。气密性能检测前应将试件可开启部分开关不少于_____次,最后关紧。(　　)

　　A. 2　　　　　　　　B. 3　　　　　　　　C. 5　　　　　　　　D. 10

　　15. 依据 GB/T 15227—2019,建筑幕墙"三性"测量系统包括空气流量测量装置、差压计、水流量计及位移计,下列说法错误的是_____。(　　)

　　A. 差压计的误差不应大于示值的 1%

　　B. 空气流量测量装置的测量误差不应大于示值的 5%

　　C. 水流量计的测量误差不应大于示值的 5%

　　D. 位移计的精度应达到满量程的 1%

　　16. 依据 GB/T 15227—2019,建筑幕墙"三性"试验工程检测顺序宜按照_____的顺序进行检测。(　　)

　　A. 气密、抗风压变形、水密、抗风压反复加压、风荷载标准值、风荷载设计值

　　B. 气密、水密、抗风压变形、抗风压反复加压、风荷载标准值、风荷载设计值

　　C. 气密、抗风压变形、抗风压反复加压、水密、风荷载标准值、风荷载设计值

　　D. 水密、气密、抗风压变形、抗风压反复加压、风荷载标准值、风荷载设计值

　　17. 依据 GB/T 15227—2019,水密性能检测中,稳定加压法要求的淋水量为_____。(　　)

　　A. 1L/(m² · min)　　　　　　　　B. 2L/(m² · min)

　　C. 3L/(m² · min)　　　　　　　　D. 4L/(m² · min)

　　18. 依据 GB/T 15227—2019,水密性能检测中,波动加压法要求的淋水量为_____。(　　)

　　A. 1L/(m² · min)　　　　　　　　B. 2L/(m² · min)

　　C. 3L/(m² · min)　　　　　　　　D. 4L/(m² · min)

　　19. 依据 GB/T 15227—2019,无开启结构的幕墙试件水密性能工程检测时,压力稳定作用时间为_____ min 或产生严重渗漏为止。(　　)

　　A. 10　　　　　　　　B. 15　　　　　　　　C. 20　　　　　　　　D. 30

　　20. 依据 GB/T 15227—2019,关于建筑幕墙气密性能工程检测,当压力箱开口为固定尺寸时,附加空气渗透量不宜高于试件空气渗透量的_____。(　　)

　　A. 60%　　　　　　　B. 50%　　　　　　　C. 40%　　　　　　　D. 30%

　　21. 依据 GB/T 15227—2019 进行幕墙抗风压性能检测,其中幕墙某杆件变形检测各测点预备加压后稳定初始读数值分别为 $a_0=5.10\text{mm}, b_0=5.23\text{mm}, c_0=5.20\text{mm}$,在进行一定压力作用过程后,位移表读数分别为 $a=5.70\text{mm}, b=7.25\text{mm}, c=5.80\text{mm}$,则杆件的面法线挠度值为_____。(　　)

A. 1.42mm　　　　B. 1.52mm　　　　C. 1.62mm　　　　D. 1.72mm

22. 某工程采用构件式玻璃幕墙,采用铝型材立柱和横梁,依据 GB/T 15227—2019 对该工程幕墙试件进行抗风压性能检测,变形检测时,立柱测点间距为 3600mm,该立柱的最大允许的面法线挠度限值为_____。（　　　）

A. 6mm　　　　　B. 8mm　　　　　C. 10mm　　　　　D. 12mm

23. 依据 GB/T 15227—2019 进行幕墙抗风压性能检测,某幕墙试件的工程设计风荷载标准值 $P'_3=2000$Pa,试问该试件的变形检测 P'_1 及反复加压检测 P'_2 检测时压力分别设置为_____、_____。（　　　）

A. 600Pa,1500Pa　　　　　　　　　B. 800Pa,1500Pa

C. 600Pa,1200Pa　　　　　　　　　D. 800Pa,1200Pa

24. 依据 GB/T 15227—2019,建筑幕墙抗风压工程检测试验中,下列关系错误的是_____。（　　　）

A. $P'_{max}=1.2P'_3$　　B. $P'_2=1.5P'_1$　　C. $P'_1=0.4P'_3$　　D. $P'_2=0.6P'_3$

25. 依据 GB/T 15227—2019,建筑幕墙抗风压工程检测试验中,正负压检测前分别施加_____个压力脉冲。压力差绝对值为_____,加压速度为 100Pa/s,持续时间为 3s,待压力回零后开始进行检测。（　　　）

A. 1,500Pa　　　　B. 1,250Pa　　　　C. 3,500Pa　　　　D. 3,250Pa

26. 依据 GB/T 15227—2019,建筑幕墙抗风压工程检测试验中,关于位移计的安装,下列说法错误的是_____。（　　　）

A. 位移计宜安装在构件的支承处和较大位移处

B. 全玻璃幕墙中玻璃肋按照固定梁检测变形

C. 单元式幕墙当单元板块较大时其内部的受力杆件也应布置测点

D. 双层幕墙内外层分别布置测点

27. 依据 GB/T 15227—2019,建筑幕墙抗风压性能工程检测反复加压试验中,检测前,应将试件可开启部分启闭不少于 5 次,最后关紧。以检测压力_____为平均值,以平均值的 1/4 为波幅进行波动检测。（　　　）

A. $P'_2=0.8P'_3$　　　B. $P'_2=0.6P'_3$　　　C. $P'_2=0.4P'_3$　　　D. $P'_2=0.2P'_3$

28. 依据 GB/T 15227—2019,建筑幕墙"三性"试验检测应在环境温度不低于_____的条件下进行。（　　　）

A. -5℃　　　　　B. 0℃　　　　　　C. 5℃　　　　　　D. 10℃

29. 依据 GB/T 15227—2019,建筑幕墙抗风压性能工程检测风荷载设计值 P'_{max} 检测试验中,检测压力升至 P'_{max},P'_{max} 取_____。（　　　）

A. $1.1P'_3$　　　　B. $1.2P'_3$　　　　C. $1.3P'_3$　　　　D. $1.4P'_3$

30. 依据 GB/T 15227—2019,建筑幕墙抗风压性能工程检测的变形检测试验中,检测压力升至 P'_1,P'_1 取_____。（　　　）

A. $0.2P'_3$　　　　B. $0.4P'_3$　　　　C. $0.6P'_3$　　　　D. $0.8P'_3$

31. 依据 GB/T 15227—2019,关于抗风压性能工程检测的合格评定,下列说法错误的是_____。（　　　）

A. 变形检测 P'_1 压力下,对应的相对面法线挠度小于或等于允许相对面法线挠度 f_0 的

0.4 倍,且试件不应出现功能障碍和损坏

B. 反复加压检测 P'_2 压力下,试件不应出现功能障碍和损坏

C. 风荷载标准值作用下对应的相对面法线挠度小于或等于允许相对面法线挠度 f_0,且检测时未出现功能性障碍和损坏

D. 在风荷载设计值作用下,试件不应出现功能障碍和损坏

32. 依据 GB/T 15227—2019,建筑幕墙抗风压性能定级检测中变形检测试验,检测压力分级升降。每级升、降压力不超过_____,加压级数不少于_____。(   )

A. 200Pa,3 级 　　B. 200Pa,4 级 　　C. 250Pa,3 级 　　D. 250Pa,4 级

33. 依据 GB/T 15227—2019,建筑幕墙抗风压性能工程检测中变形检测试验,检测压力分级升降。每级升、降压力不超过风荷载标准值的_____,每级压力作用时间不少于 10s。(   )

A. 10% 　　　　　B. 20% 　　　　　C. 30% 　　　　　D. 40%

34. 依据 GB/T 15227—2019,建筑幕墙抗风压性能为可开启部分处于关闭状态,在风压作用下,试件主要受力构件变形不超过允许值且不发生结构性损坏及功能障碍的能力。以下_____不属于结构性损坏情况。(   )

A. 面板破损 　　B. 启闭困难 　　C. 连接破坏 　　D. 粘结破坏

35. 依据 GB/T 15227—2019,进行抗风压性能检测时,允许相对面法线挠度术语定义为试件主要受力构件在_____时的相对面法线挠度的限值。(   )

A. 静力极限状态 　　　　　　　　　B. 振动极限状态

C. 正常使用极限状态 　　　　　　　D. 承载能力极限状态

36. 依据 GB/T 15227—2019,单元式幕墙试件至少应有一个单元的四边与邻近单元形成的接缝与实际工程相同,且高度应大于_____个层高,宽度不应小于_____个横向分格。(   )

A. 1,2 　　　　　B. 1,3 　　　　　C. 2,2 　　　　　D. 2,3

37. 依据 JGJ 145—2013,关于锚固承载力现场非破损检验分级加载时,应将设定的检验荷载均分为_____级,每级持荷 1min,直至设定的检验荷载,并持荷 2min。(   )

A. 4 　　　　　　B. 6 　　　　　　C. 8 　　　　　　D. 10

38. 依据 JGJ 145—2013,关于锚固承载力现场非破损检验时,荷载检验值应取_____和 $0.8N_{Rk,*}$ 的较小值,其中 $N_{Rk,*}$ 为非钢材破坏承载力标准值。(   )

A. $0.9f_{yk}A_s$ 　　B. $1.1f_{yk}A_s$ 　　C. $1.2f_{yk}A_s$ 　　D. $1.3f_{yk}A_s$

39. 依据 JGJ 145—2013,后锚固件应进行抗拔承载力现场非破损检验。当遇到安全等级为_____的后锚固构件时,还应进行破坏性检验。(   )

A. 一级 　　　　　B. 二级 　　　　　C. 三级 　　　　　D. 四级

40. 依据 JGJ 145—2013,现场破坏性检验宜选择锚固区以外的同条件位置,应取每一检验批锚固件总数的_____且不少于 5 件进行检验。锚固件为植筋且数量不超过 100 件时,可取 3 件进行检验。(   )

A. 0.1% 　　　　　B. 1% 　　　　　C. 2% 　　　　　D. 3%

41. 依据 JGJ 145—2013,锚栓锚固质量的非破损检验时,对非生命线工程的非结构构件,应取每一检验批锚固件总数的_____且不少于 5 件进行检验。(   )

A. 0.1%　　　　B. 1%　　　　C. 2%　　　　D. 3%

42. 依据 JGJ 145—2013,锚栓锚固质量的非破损检验时,对于重要结构构件及生命线工程的非结构构件,当锚栓总数为 100 件时,抽检的试验数量为_____件。(　　)

A. 3　　　　B. 5　　　　C. 10　　　　D. 20

43. 依据 JGJ 145—2013,下列_____说法不符合标准要求。(　　)

A. 检验锚固拉拔承载力的加载方式可为连续加载或分级加载

B. 非破损检验连续加载时,应以均匀速率在 2～3min 时间内加载至设定的检验荷载,并持荷 2min

C. 非破损检验分级加载时,应将设定的检验荷载均分为 5 级,每级持荷 1min,直至设定的检验荷载,并持荷 2min

D. 荷载检验值应取 $0.9f_{yk}A_s$ 和 $0.8N_{Rk,*}$ 的较小值

44. 依据 JGJ 145—2013,化学锚栓锚固承载力检验中,关于非破损检验的评定,下列说法错误的是_____。(　　)

A. 试样在持荷期间,锚固件无滑移、基材混凝土无裂纹或其他局部损坏迹象出现,且加载装置的荷载示值在 2min 内无下降或下降幅度不超过 5% 的检验荷载时,应评定为合格

B. 一个检验批所抽取的试样全部合格时,该检验批应评定为合格检验批

C. 一个检验批中不合格的试样不超过 5% 时,应另抽 3 根试样进行破坏性检验,若检验结果全部合格,该检验批可评定为合格检验批

D. 一个检验批中不合格的试样超过 5% 时,应另抽 6 根试样进行破坏性检验,若检验结果全部合格,该检验批可评定为合格检验批

45. 依据 JGJ 336—2016,幕墙构架与主体混凝土结构采用后锚固连接时,下列说法错误的是_____。(　　)

A. 每个连接节点不应少于 2 个锚栓

B. 锚栓直径应通过承载力计算确定,并且不应小于 10mm

C. 锚栓连接的承载能力应进行设计验算,并进行现场检验

D. 锚栓连接应符合现行行业标准 JGJ 145 中结构构件的有关规定,后锚固连接安全等级应取一级

46. 依据 GB/T 29043—2023 进行幕墙试件传热系数检测,热箱和冷箱的空气平均温度 t_h 和 t_c 每小时变化的绝对值均不大于_____,温差 $\Delta\theta_1$ 和 $\Delta\theta_2$ 每小时变化的绝对值均不大于 0.3K,且上述温度和温差的变化不是单向变化,则表示传热已达到稳定状态。(　　)

A. 0.1℃　　　　B. 0.2℃　　　　C. 0.3℃　　　　D. 0.4℃

47. 依据 GB/T 39526—2020 进行建筑幕墙隔声性能检测时,接收室内任一频带的信号声压级和背景噪声叠加后的总声压级与背景噪声级的差值大于或等于_____时,不需要对背景噪声进行修正。(　　)

A. 6d　　　　B. 9dB　　　　C. 12dB　　　　D. 15dB

48. 依据 GB/T 18091—2015 进行建筑幕墙采光性能检测时,接收室用于检测幕墙的颜色透射指数的光谱仪波长范围为_____。(　　)

A. 380～780nm　　　　　　　B. 300～2500nm

C. 780～2500nm　　　　　　　D. 5.5～25μm

49. 依据 GB/T 21086—2007,在耐撞击性能试验中,撞击物体是总质量为_____kg 的软体重物,由两个轮胎、两个重块和其他连接件组成,轮胎内压力宜为(0.35±0.02) MPa。(　　)

　　A.(40±0.1)　　　　B.(50±0.1)　　　　C.(60±0.1)　　　　D.(70±0.1)

50. 依据 GB/T 41336—2022,进行建筑幕墙耐火性能检测时,试验过程中试件背火面 出现持续达_____以上的火焰时,即认为试件失去耐火完整性。(　　)

　　A. 10s　　　　　　B. 20s　　　　　　C. 30s　　　　　　D. 40s

第四章 多项选择题

第一节 常见分类及术语

1. 依据 GB/T 21086—2007,单元式幕墙单元部件间接口形式有_____。( )

A. 插接型　　　　B. 对接型　　　　C. 挂接型　　　　D. 连接型

2. 依据 GB/T 21086—2007,双层幕墙按通风方式分为_____。( )

A. 外通风双层幕墙　　　　　　　　B. 内通风双层幕墙

C. 内外通风双层幕墙　　　　　　　D. 循环通风双层幕墙

3. 依据 GB/T 21086—2007,按照密闭状态,建筑幕墙可分为封闭式建筑幕墙和开放式建筑幕墙两类,其中开放式建筑幕墙包括_____。( )

A. 遮挡式　　　　B. 错缝式　　　　C. 开缝式　　　　D. 开敞式

4. 依据 GB/T 21086—2007,双层幕墙是指由_____构成,且在热通道内能够形成空气有序流动的建筑幕墙。( )

A. 外层幕墙　　　B. 内外连接体系　　C. 空气腔　　　　D. 内层幕墙

5. 依据 GB/T 34327—2017,封闭式幕墙是指幕墙板块之间接缝采取密封措施,具有气密性能和水密性能的建筑幕墙,包括_____。( )

A. 注胶封闭式　　B. 面板封闭式　　C. 胶条封闭式　　D. 覆膜封闭式

6. 依据 GB/T 21086—2007,构件式玻璃幕墙按面板支承形式分为_____。( )

A. 明框结构　　　B. 全框结构　　　C. 隐框结构　　　D. 半隐框结构

7. 依据 GB/T 21086—2007,石材幕墙、人造板材幕墙按面板支承形式分类有_____。( )

A. 钢销式　　　　B. 穿透式　　　　C. 背栓式　　　　D. 短槽式

8. 依据 JGJ 336—2016,下列_____属于人造板材幕墙。( )

A. 陶板幕墙　　　B. 瓷板幕墙　　　C. 木纤维板幕墙　　D. 石材蜂窝板幕墙

9. 依据 JGJ 336—2016,幕墙的面板接缝应能够适应由于_____作用而产生的面板相对位移。( )

A. 风荷载　　　　B. 地震　　　　　C. 温度变化　　　D. 自重

10. 依据 GB/T 34327—2017,幕墙按面板支承框架显露程度分为_____。( )

A. 明框幕墙　　　B. 隐框幕墙　　　C. 拉索幕墙　　　D. 半隐框幕墙

11. 依据 GB/T 34327—2017,幕墙按立面形状分为_____。( )

A. 斜幕墙　　　　B. 平面幕墙　　　C. 曲面幕墙　　　D. 折面幕墙

12. 依据 GB/T 34327—2017,下列_____属于石材幕墙。(　　)

A. 花岗石幕墙　　　B. 大理石幕墙　　　C. 砂岩幕墙　　　D. 石材蜂窝板幕墙

13. 依据 JGJ 102—2003,幕墙非抗震设计时,应计算_____效应。(　　)

A. 温度作用　　　B. 重力荷载　　　C. 风荷载　　　D. 地震作用

14. 依据 JGJ 102—2003,下列玻璃幕墙中空玻璃二道密封应采用硅酮结构密封胶的是_____。(　　)

A. 明框幕墙　　　B. 隐框幕墙　　　C. 横明竖隐幕墙　　　D. 横隐竖明幕墙

15. 依据 JGJ 133—2001,幕墙的性能应包括下列_____项目。(　　)

A. 保温

B. 抗爆炸冲击波

C. 风压变形

D. 雨水渗漏

第二节　密封胶

1. 依据 GB/T 531.1—2008,使用邵氏硬度计,标尺的选择正确的是_____。(　　)

A. D 标尺值低于 20 时,选用 A 标尺

B. A 标尺值低于 20 时,选用 AO 标尺

C. A 标尺值高于 20 时,选用 D 标尺

D. 薄样品(样品厚度小于 6mm)选用 AM 标尺

2. 依据 GB/T 531.1—2008,应定期使用合适的仪器对邵氏硬度计的_____进行调整和校准。(　　)

A. 弹簧试验力

B. 有关几何尺寸

C. 砝码质量

D. 邵氏硬度计质量

3. 依据 GB/T 531.1—2008,对于邵氏 A 型硬度计,关于指示机构的示值范围校准描述正确的是_____。(　　)

A. 在压针最大伸出量为(2.50±0.02)mm 时硬度指示值为 0

B. 在压针最大伸出量为(2.50±0.02)mm 时硬度指示值为 100

C. 把压足和压针紧密接触合适的硬质平面,压针伸出量为 0 时硬度指示值为 100

D. 把压足和压针紧密接触合适的硬质平面,压针伸出量为 0 时硬度指示值为 0

4. 依据 GB/T 531.1—2008,关于邵氏 A 型硬度计相关仪器描述正确的是_____。(　　)

A. 中孔尺寸允差和压足大小的要求仅适用于便携式硬度计

B. 使用计时机构是为了提高准确度

C. 使用支架可提高测量准确度

D. 邵氏 A 型既可以和便携式硬度计一样用手直接使用,也可以安装在支架上使用

5. 依据 GB/T 531.1—2008,硬度试验中试样制备有要求的是_____。(　　)

A. 试样厚度　　　　　　　　　　B. 试样质量

C. 试样表面面积　　　　　　　　D. 试样表面平整度

6. 依据 GB/T 531.1—2008,使用邵氏 A 型硬度计测定硬度时,描述正确的是_____。(　　)

A. 试样厚度至少 6mm

B. 接触面半径至少 6mm

C. 不同测量位置两两相距至少 6mm

D. 测量位置距离任一边缘分别至少 6mm

7. 依据 GB/T 531.1—2008,邵氏 A 型硬度计包含以下零部件_____。(　　)

A. 压足　　　　　　　　　　　　　　B. 压针

C. 指示机构　　　　　　　　　　　　D. 自动计时机构(供选择)

8. 依据 GB/T 531.1—2008,使用邵氏 A 型硬度计测定硬度时,下列描述正确的是_____。(　　)

A. 需在试样表面不同位置进行 5 次测量

B. 邵氏硬度测量值算术平均值应符合标准技术要求

C. 邵氏硬度测量值取中值应符合标准技术要求

D. 邵氏硬度每一个测量值均应符合标准技术要求

9. 依据 GB 16776—2005,以下选项中属于拉伸粘结性技术指标的是_____。(　　)

A. 拉伸粘结强度　　　　　　　　　　B. 粘结破坏面积

C. 23℃时最大拉伸强度时伸长率　　　D. 热失重

10. 依据 GB 16776—2005,以下选项中可以是结构胶产品适用的基材类别的是_____。(　　)

A. M 类　　　　　B. G 类　　　　　C. S 类　　　　　D. Q 类

11. 依据 GB 16776—2005,结构胶标准条件下的拉伸粘结强度试验中,以下适合选用为产品基材的是_____。(　　)

A. 2mm 铝板　　　　　　　　　　　B. 3mm 无色透明浮法玻璃

C. 3mm 铝板　　　　　　　　　　　D. 6mm 无色透明浮法玻璃

12. 依据 GB 16776—2005,结构胶标准条件下的拉伸粘结强度试验中,试件的破坏形式主要有_____。(　　)

A. 粘结破坏　　　　B. 内聚破坏　　　　C. 断裂　　　　D. 龟裂

13. 依据 GB/T 13477.8—2017,建筑密封材料拉伸粘结性的测定方法适用于测定以下_____指标。(　　)

A. 正割拉伸模量　　　　　　　　　　B. 拉伸至破坏时的最大拉伸强度

C. 断裂伸长率　　　　　　　　　　　D. 与基材的粘结状况

14. 依据 GB 16776—2005,结构胶拉伸粘结强度试验除了标准状态还可以有_____处理条件。(　　)

A. −20℃　　　　　B. 90℃　　　　　C. 浸水后　　　　D. 水-紫外线光照后

15. 依据 GB 16776—2005,关于结构胶标准状态拉伸粘结强度试验描述正确的是_____。(　　)

A. 依据 GB/T 13477.8—2002 制备试件

B. 每 3 个试件为一组

C. 每个试件必须有一面选用 G 类基材

D. 依据 GB/T 13477.8—2017 养护

16. 依据 GB 16776—2005,属于结构装配系统用附件同密封胶相容性试验方法中所述的系统附件的有_____。(　　　)

　　A. 密封条　　　　　　B. 间隔条　　　　　　C. 衬垫条　　　　　　D. 固定块

17. 依据 GB 16776—2005,以下选项中属于结构装配系统用附件同密封胶相容性试验方法观测的指标的有_____。(　　　)

　　A. 密封胶的变色情况　　　　　　　　B. 密封胶对玻璃的粘结性

　　C. 密封胶对附件的粘结性　　　　　　D. 密封胶质量变化

18. 依据 GB 50210—2018,以下选项中属于幕墙用结构胶的复验指标的有_____。(　　　)

　　A. 邵氏硬度　　　　　　　　　　　　B. 标准条件拉伸粘结强度

　　C. 相容性试验　　　　　　　　　　　D. 剥离粘结性试验

19. 依据 GB 16776—2005,以下关于建筑幕墙结构装配系统用附件同密封胶相容性试验器具和材料使用正确的是_____。(　　　)

　　A. 75mm×50mm 隔离胶带　　　　　B. 20～100℃温度计

　　C. UVA - 340 紫外线荧光灯　　　　　D. 拉力机

20. 依据 JGJ 102—2003,玻璃幕墙用中空玻璃的二道密封可以采用_____。(　　　)

　　A. 硅酮结构密封胶　　　　　　　　　B. 聚硫密封胶

　　C. 硅酮密封胶　　　　　　　　　　　D. 丁基热熔密封胶

21. 依据 JGJ 102—2003,以下幕墙的玻璃与铝型材的粘结必须采用中性硅酮结构密封胶的是_____。(　　　)

　　A. 隐框玻璃幕墙　　　　　　　　　　B. 半隐框玻璃幕墙

　　C. 明框玻璃幕墙　　　　　　　　　　D. 全玻幕墙

22. 依据 GB 16776—2005,以下关于建筑幕墙结构装配系统用附件同密封胶相容性判定指标描述正确的是_____。(　　　)

　　A. 试验试件与对比试件颜色变化一致

　　B. 试验试件、对比试件与玻璃粘结破坏面积的差值小于等于 5%

　　C. 实际工程用基材与密封胶粘结破坏面积的算术平均值小于等于 5%

　　D. 实际工程用基材与密封胶粘结破坏面积的算术平均值小于等于 20%

23. 依据 GB 16776—2005,以下关于建筑幕墙结构装配系统用附件同密封胶相容性试验描述正确的是_____。(　　　)

　　A. 需按要求制备 8 块试件

　　B. 对比试件和试验试件制备方法完全相同

　　C. 对比试件不加附件

　　D. 试验试件不加附件

24. 依据 GB 16776—2005,实际工程用基材同密封胶粘结性试验浸水处理的溶液可以是_____。(　　　)

　　A. 去离子水　　　　　　　　　　　　B. 蒸馏水

　　C. 50%异丙醇-蒸馏水溶液　　　　　　D. 异丙醇

25. 依据 GB 16776—2005,关于实际工程用基材同密封胶粘结性试验使用的仪器和材

料正确的是_____。（　　）

A. 供方推荐的与密封胶粘结的基材　　　B. 供方推荐的清洁剂

C. 供方要求的底涂　　　　　　　　　　D. 50%异丙醇-蒸馏水溶液

26. 依据 GB 16776—2005,实际工程用基材同密封胶粘结性试验,必须要报告的是_____。（　　）

A. 每条试料带剥离粘结破坏面积的百分率及试验结果的算术平均值

B. 基材的类型

C. 破坏类型

D. 是否使用底涂

27. 依据 GB/T 13477.18—2002,实际工程用基材同密封胶粘结性试验,可以使用_____清洗玻璃和铝基材。（　　）

A. 蒸馏水　　　　B. 丙酮　　　　C. 异丙醇　　　　D. 二甲苯

28. 依据 GB/T 13477.18—2002,实际工程用基材同密封胶粘结性试验,应记录并计算每条试料带_____面积的百分率。（　　）

A. 粘结破坏　　　B. 断裂破坏　　　C. 内聚破坏　　　D. 剥离破坏

29. 依据 GB/T 23261—2009,石材用建筑密封胶污染性试验时,试件需在_____条件下处理。（　　）

A. 标准试验　　　　　　　　　　　　B. 加热老化

C. 低温老化　　　　　　　　　　　　D. 紫外线老化

30. 依据 GB/T 23261—2009,下列属于石材用建筑密封胶污染性试验装置的是_____。（　　）

A. 鼓风干燥箱　　　B. 紫外辐照箱　　　C. 压缩装置　　　D. 拉力试验机

31. 依据 GB/T 23261—2009,石材用建筑密封胶污染性试验时,评价指标为_____。（　　）

A. 污染深度　　　B. 污染程度　　　C. 污染宽度　　　D. 变色程度

32. 依据 GB/T 23261—2009,石材用建筑密封胶污染性试验时,关于试件数量正确的是_____。（　　）

A. 标准试验条件 4 个　　　　　　　　B. 加热老化 4 个

C. 紫外线老化 4 个　　　　　　　　　D. 备用组 4 个

33. 依据 GB/T 23261—2009,石材用建筑密封胶污染性试验时,基材可以选用_____。（　　）

A. 汉白玉　　　B. 玻璃　　　C. 工程用石材　　　D. 金属板

34. 依据 GB/T 14683—2017,硅酮建筑密封胶产品按组分分为_____。（　　）

A. 单组分　　　B. 双组分　　　C. 多组分　　　D. 改性

35. 依据 GB/T 14683—2017,硅酮建筑密封胶产品按用途分为_____。（　　）

A. F 类　　　B. Gn 类　　　C. Gw 类　　　D. R 类

36. 依据 GB/T 14683—2017,硅酮建筑密封胶产品按位移能力分为_____。（　　）

A. 50 级别　　　B. 35 级别　　　C. 25 级别　　　D. 20 级别

37. 依据 GB/T 14683—2017,硅酮建筑密封胶产品按产品的拉伸模量可分为

_____。(　　)

    A. 低模量　　　　　　B. 中模量　　　　　　C. 高模量　　　　　　D. 超高模量

    38. 依据 GB/T 14683—2017,硅酮建筑密封胶拉伸模量试验需在_____测试温度下进行。(　　)

    A.(−20±2)℃　　B.(23±2)℃　　　C.(48±2)℃　　　D.(50±2)℃

    39. 依据 GB/T 23261—2009,石材用建筑密封胶产品按组分分为_____。(　　)

    A. 单组分　　　　　　B. 双组分　　　　　　C. 多组分　　　　　　D. 改性

    40. 依据 GB/T 23261—2009,石材用建筑密封胶产品按位移能力分为_____。(　　)

    A. 50 级别　　　　　B. 25 级别　　　　　C. 20 级别　　　　　D. 12.5 级别

    41. 依据 GB/T 13477.8—2017,石材用建筑密封胶拉伸模量与以下_____因素有关。(　　)

    A. 密封胶类别　　　　　　　　　　　B. 规定的伸长率

    C. 规定伸长率时的力值　　　　　　　D. 试件初始截面积

第三节　幕墙主要面板

    1. 依据 GB 50411—2019,中空玻璃密封性能应用的露点仪中温度计的测量范围为_____,精度为_____。(　　)

    A. −80~30℃　　　B. −80~20℃　　　C. 1℃　　　　　　D. 0.1℃

    2. 依据 GB 50411—2019,中空玻璃密封性能试验环境温度为_____,相对湿度为_____。(　　)

    A.(23±5)℃　　　B.(25±3)℃　　　C. 30%~75%　　D. 20%~85%

    3. 依据 GB/T 2680—2021,可见光透射比测定所使用的仪器在测量过程中,照明光束的光轴与试样表面法线的夹角不超过_____,照明光束中任一光线与光轴的夹角不超过_____。(　　)

    A. 10°　　　　　　　B. 12°　　　　　　　C. 3°　　　　　　　D. 5°

    4. 依据 GB/T 2680—2021,太阳光辐射通量由_____组成。(　　)

    A. 太阳光直接透射比　　　　　　　　B. 太阳光直接接收比

    C. 太阳光直接反射比　　　　　　　　D. 太阳光直接吸收比

    5. 依据 GB/T 8484—2020,以下符合玻璃传热系数检测试件要求的有_____。(　　)

    A. 试件宜为 800mm×1250mm 的玻璃板块

    B. 试件构造应符合产品设计和制作要求

    C. 试件不应附加任何多余配件或采取特殊组装工艺

    D. 试件应完好,无裂纹,无缺角,无明显变形,周边密封无破损等现象

    6. 依据 GB/T 8484—2020,以下关于玻璃传热系数检测环境空间的要求正确的有_____。(　　)

    A. 检测装置应放在装有空调设备的实验室内,环境空间空气温度波动不应大于0.5 K,热箱壁内外表面平均温差应小于1.0 K

B. 实验室围护结构应有良好的保温性能和热稳定性

C. 墙体及顶棚内表面应进行绝热处理,且太阳光不应直接透过窗户进入室内

D. 热箱壁外表面与周边壁面之间距离不应小于 500mm

7. 依据 GB/T 9966.2—2020,石材干燥弯曲强度试验需要 _____ 等仪器设备。（　　）

A. 试验机　　　　B. 钢卷尺　　　　C. 万能角度尺　　　D. 鼓风干燥箱

8. 依据 GB/T 9966.2—2020,以下符合石材干燥弯曲强度试验试样要求的有 _____。（　　）

A. 试样规格 350mm×100mm×30mm

B. 试样长度尺寸偏差为±1mm,宽度、厚度尺寸偏差为±0.3mm

C. 试样上下受力面应经锯切、研磨 或抛光,达到平整且平行,侧面可采用锯切面,正面与侧面夹角应为 90°±0.5°

D. 试样不应有裂纹、缺棱和缺角等影响试验的缺陷

9. 依据 GB/T 9966.2—2020,石材干燥弯曲强度试验以(0.25±0.05)MPa/s 的速率对试样施加载荷至试样破坏,应记录试样的_____信息。（　　）

A. 破坏位置　　　B. 破坏形式　　　C. 最小载荷值　　　D. 最大载荷值

10. 依据 GB/T 9966.3—2020,石材体积密度、吸水率试验需要 _____ 等仪器设备。（　　）

A. 鼓风干燥箱　　　　　　　B. 水箱、金属网篮

C. 比重瓶、标准筛　　　　　D. 干燥器

11. 依据 GB/T 9966.3—2020,以下符合石材体积密度、吸水率试验试样要求的是 _____。（　　）

A. 试样为边长 50mm 的正方体或直径、高度均为 50mm 的圆柱体,尺寸偏差±0.5mm,每组五块

B. 试样规格 350mm×100mm×30mm

C. 每种试验条件下试样应制备 15 块,每个方向 5 块

D. 试样应从具有代表性部位截取,不应带有裂纹等缺陷

12. 依据 GB/T 9966.3—2020,石材体积密度、吸水率试验将试样置于(65±5)℃的鼓风干燥箱内干燥48h 至恒重,即在干燥_____时分别称量试样的质量。质量保持恒定时表明达到恒重,否则继续干燥,直至出现 3 次恒定的质量。（　　）

A. 45h　　　　B. 46h　　　　C. 47h　　　　D. 48h

13. 依据 GB/T 21086—2007,石材是建筑幕墙工程中大量使用的面板材料,以下 _____可以用作石材面板材料。（　　）

A. 花岗石　　　B. 大理石　　　C. 石灰石　　　D. 石英砂岩

14. 依据 GB/T 17748—2016,幕墙板的附着力检测方法有_____。（　　）

A. 划圈法　　　B. 划格法　　　C. 划痕法　　　D. 划线法

15. 依据 GB/T 17748—2016,评价幕墙板涂层厚度指标有_____。（　　）

A. 算术平均值　　B. 最大值　　C. 最小值　　D. 平方差

16. 依据 GB/T 17748—2016,幕墙板按燃烧性能技术指标分为_____。（　　）

A. 阻燃型 B. 不燃型 C. 难燃型 D. 高阻燃型

17. 依据 GB/T 17748—2016,幕墙用铝塑复合板铝材厚度测量点至少包含_____和_____等部位。( )

A. 四角 B. 对角 C. 中心 D. 两边

18. 依据 GB/T 17748—2016,幕墙用铝塑复合板滚筒剥离强度试验每组应分别测量_____。( )

A. 正面纵向 B. 正面横向 C. 背面纵向 D. 背面横向

19. 依据 GB/T 1457—2022,滚筒剥离装置中滚筒直径要求为_____,滚筒凸缘直径要求为_____。( )

A. (100±0.10)mm B. (125±0.10)mm

C. (100±0.20)mm D. (125±0.20)mm

20. 依据 GB/T 9966.2—2020,石材干燥弯曲强度试验机配有相应的试样支架,示值相对误差不超过_____,试样破坏的载荷在设备示值的_____范围内。( )

A. ±1% B. ±2% C. 20%～90% D. 30%～90%

第四节 幕墙主要支承和防火保温材料

1. 依据 GB/T 16865—2023,试样按标距可分为_____。( )

A. 比例试样 B. 定标距试样 C. 全截面试样 D. 非全截面试样

2. 依据 GB/T 5237.1—2017,铝型材试样按壁厚允许偏差分为_____。( )

A. 普通级 B. 高精级 C. 超高精级 D. 高强度级

3. 依据 GB/T 5237.6—2017,隔热型材传热系数按隔热效果分为_____级。( )

A. Ⅰ B. Ⅱ C. Ⅲ D. Ⅳ

4. 依据 GB/T 10294—2008,保温材料导热系数试验中,试件表面应平整,整个表面的不平整度应在试件厚度的_____以内,试件应_____。( )

A. 1% B. 2% C. 绝干 D. 恒质

5. 依据 GB 8624—2012,平板状建筑材料 A1 级燃烧性能需要做_____试验。( )

A. 可燃性 B. 单体燃烧 C. 不燃性 D. 热值

6. 依据 GB/T 8624—2012,下列不燃性试验数据中,能够满足平板状建筑材料 A1 级要求的是_____。( )

A. 炉内温升 10℃ B. 炉内温升 20℃

C. 炉内温升 30℃ D. 炉内温升 40℃

7. 依据 GB 8624—2012,下列关于平板状建筑材料燃烧性能分级对应关系正确的是_____。( )

A. A—A1、A2 B. B₁—B、C C. B₂—D、E D. B₃—F

8. 依据 GB 8624—2012,当节能保温材料燃烧性能等级为 A(A1)级时,其分级判据的试验方法标准为_____。( )

A. GB/T 20284—2006 B. GB/T 8626—2012

  C. GB/T 5464—2010   D. GB/T 14402—2007

  9. 依据 GB/T 5464—2010,建筑材料不燃性试验结果表述包含_____。( )

  A. 质量损失率   B. 火焰持续燃烧时间

  C. 炉内温升   D. 总热值

  10. 依据 GB/T 14402—2007,对于匀质制品,应进行 3 次试验,试验结果只有符合下述_____判据要求时,试验结果才有效。( )

  A. 3 组试验的最大值和最小值偏差小于等于 0.2MJ/kg

  B. 3 组试验的最大值和最小值偏差小于等于 0.1MJ/kg

  C. 试验结果范围在 0~3.2MJ/kg

  D. 试验结果范围在 0~4.1MJ/kg

  11. 依据 GB/T 14402—2007,对于建筑制品燃烧总热值 PCS 的计算,下列说法正确的是_____。( )

  A. 对于燃烧发生吸热反应的制品,得到的 PCS 值可能会是负值

  B. 对于匀质制品,以试验结果的平均值作为制品的 PCS 值

  C. 对于非匀质制品,应考虑每个组分的 PCS 平均值;若某一个组分的热值为负值,在计算试样总热值时可将该热值设为 0

  D. 金属成分不需要测试,计算时将其热值设为 0

  12. 依据 GB/T 14402—2007,对于非匀质制品的构成材料,当满足_____可视作制品的主要组分。( )

  A. 单层面密度大于等于 $1.0kg/m^2$ B. 单层面密度大于等于 $2.0kg/m^2$

  C. 厚度大于等于 1.0mm   D. 厚度大于等于 2.0mm

  13. 依据 GB/T 20284—2006,SBI 试验装置主要由_____部件组成。( )

  A. 燃烧室

  B. 试验设备(小推车、框架、燃烧器、集气罩等)

  C. 排烟系统

  D. 综合测量装置

  14. 依据 GB/T 20284—2006,SBI 单体燃烧试验中,下列_____参数可以用目测法进行测量。( )

  A. 火焰在长翼上的横向传播   B. 产烟量

  C. 热释放   D. 燃烧滴落物及颗粒物

  15. 依据 GB/T 20284—2006,SBI 单体燃烧试验中,试验开始后,试样暴露于主燃烧器火焰下的时间称为受火时间,下列_____在受火时间内。( )

  A. $t=270s$ B. $t=450s$ C. $t=680s$ D. $t=820s$

  16. 依据 GB/T 14402—2007,关于建筑材料及制品的燃烧热值检测,下列说法正确的是_____。( )

  A. 使用纯度大于等于 99.5% 的去除其他可燃物质的高压氧气

  B. 试验用水应为自来水

  C. 对于非匀质制品,应对制品的每个组分进行评价,包括次要组分

  D. 水当量的标定应采用标准物质苯甲酸

17. 依据 GB/T 10294—2008,防护热板装置类型可以分为_____。(　　)

　　A. 双试件式　　　　　B. 单试件式　　　　　C. 加热单元　　　　　D. 冷却单元

18. 依据 GB/T 5464—2010,该标准的使用范围是在特定条件下_____和_____主要组分的不燃性试验。(　　)

　　A. 匀质建筑制品　　　　　　　　　　　B. 非匀质建筑制品

　　C. 岩棉板　　　　　　　　　　　　　　D. 岩棉带

19. 依据 GB/T 16865—2023,铝型材_____和_____的性能数值以兆帕(MPa)表示,计算结果保留整数。(　　)

　　A. 抗拉强度　　　　　　　　　　　　　B. 规定非比例延伸强度

　　C. 屈服强度　　　　　　　　　　　　　D. 伸长率

20. 依据 GB/T 700—2006,做_____和_____时,型钢和钢棒取纵向试样。(　　)

　　A. 拉伸试验　　　　　B. 膜厚试验　　　　　C. 冷弯试验　　　　　D. 重量试验

第五节　幕墙系统

1. 依据 GB/T 21086—2007,建筑幕墙主要按照_____进行分类。(　　)

　　A. 主要支承结构形式　　　　　　　　　B. 密闭形式

　　C. 面板材料　　　　　　　　　　　　　D. 密封材料

2. 依据 GB/T 21086—2007,下列_____是按主要支承结构形式进行分类的。(　　)

　　A. 构件式幕墙　　　B. 石材幕墙　　　C. 点支承式幕墙　　　D. 开放式幕墙

3. 依据 GB/T 21086—2007,下列_____是按照面板材料进行分类的。(　　)

　　A. 玻璃幕墙　　　　B. 石材幕墙　　　C. 铝板幕墙　　　　D. 组合幕墙

4. 依据 GB/T 21086—2007,关于构件式玻璃幕墙专项要求,下列说法正确的是_____。(　　)

　　A. 幕墙用中空玻璃气体层厚度不应小于 9mm

　　B. 幕墙用中空玻璃的任一片玻璃厚度不宜小于 5mm

　　C. 明框玻璃幕墙的中空玻璃可采用丁基密封胶和聚硫密封胶

　　D. 隐框和半隐框玻璃幕墙的中空玻璃应采用丁基密封胶和硅酮结构密封胶

5. 依据 GB/T 15227—2019,建筑幕墙"三性"检测装置由_____组成。(　　)

　　A. 压力箱及供压系统　　　　　　　　　B. 测量装置

　　C. 淋水装置　　　　　　　　　　　　　D. 安装横梁

6. 依据 GB/T 15227—2019,建筑幕墙"四性"检测的试件要求包括_____。(　　)

　　A. 试件材料、规格和型号应与生产厂家所提供的图样一致

　　B. 构件式幕墙试件宽度至少包括一个承受设计荷载的垂直承力构件

　　C. 构件式幕墙试件高度至少包括一个层高

　　D. 试件的组装和安装时的受力状况应与实际相符

7. 依据 GB/T 15227—2019,建筑幕墙气密性能工程检测的判定项包括_____。以上判定项均应满足工程设计要求,否则应判定为不满足工程设计要求。(　　)

　　A. 正压条件下,试件单位面积的空气渗透量

B. 正压条件下,试件单位开启缝长的空气渗透量

C. 负压条件下,试件单位面积的空气渗透量

D. 负压条件下,试件单位开启缝长的空气渗透量

8. 依据 GB/T 21086—2007,单体建筑高度在 7 层以下时,幕墙气密性不低于_____。在 7 层及 7 层以上时,幕墙气密性不低于_____。(　　)

　　A. 1 级　　　　　　　B. 2 级　　　　　　　C. 3 级　　　　　　　D. 4 级

9. 依据 GB/T 15227—2019,下列_____属于建筑幕墙气密性能检测中的试验步骤。(　　)

A. 预备加压

B. 附加空气渗透量的测定

C. 附加空气渗透量与固定部分空气渗透量之和的测定

D. 总渗透量的测定

10. 依据 GB/T 15227—2019,建筑幕墙"三性"测量系统包括差压计、空气流量测量装置、水流量计及位移计,下列说法正确的是_____。(　　)

A. 差压计的误差不应大于示值的 1%

B. 空气流量测量装置的测量误差不应大于示值的 1%

C. 水流量计的测量误差不应大于示值的 1%

D. 位移计的精度应达到满量程的 0.25%

11. 依据 GB/T 15227—2019,关于建筑幕墙"三性"检测试件安装要求,下列说法正确的是_____。(　　)

A. 试件安装应符合设计要求,受力状况应和实际情况相符,不应加设任何特殊附件或采取其他附加措施,试件应干燥

B. 试件安装完毕后应对箱体、试件收边等部位进行漏气检查

C. 幕墙密封胶应固化至满足检测要求后方可进行检测

D. 试件安装完毕后应对试件进行检查,并由幕墙施工单位确认后方可进行检测

12. 依据 GB/T 15227—2019,试验环境标准状态为空气温度为_____、大气压力为_____、空气密度为 1.202kg/m³。(　　)

　　A. 20℃　　　　　　　B. 0℃　　　　　　　C. 101.3kPa　　　　　　D. 103.1kPa

13. 依据 GB/T 15227—2019,下列说法错误的是_____。(　　)

A. 压力差为试件室内、外表面所受到的空气绝对压力差值。当室外表面所受的压力高于室内表面所受的压力时,压力差为正值;反之为负值

B. 试件面积为试件周边与箱体密封的缝隙所包含的表面积,以室外测量为准

C. 开启缝长为试件上可开启部分室外侧接缝长度的总和

D. 附加空气渗透量为除试件可开启部分外通过的空气渗透量

14. 依据 GB/T 15227—2019,关于建筑幕墙气密性工程检测,下列说法正确的是_____。(　　)

A. 在正压预备加压前,将试件上所有可开启部分启闭 5 次,最后关紧

B. 测定附加空气渗透量时,应充分密封试件上的可开启缝隙和镶嵌缝隙或将箱体开口部分密封

C. 测定附加空气渗透量与固定部分空气渗透量之和时,应将试件上的可开启部分的开启缝隙密封后再进行检测

D. 测定总渗透量时,应去除试件上所加密封措施后再进行检测

15. 依据 GB/T 15227—2019,建筑幕墙水密检测过程中,_____属于严重渗漏。(　　)

A. 试件内侧出现水滴或局部少量喷溅　　B. 水珠连成线,但未渗出试件界面

C. 持续喷溅出试件界面　　　　　　　　D. 持续流出试件界面

16. 依据 GB/T 15227—2019,关于建筑幕墙水密检测稳定加压法,工程检测时,首先加压至可开启部分水密性能指标值,压力稳定作用_____或幕墙可开启部分产生_____为止,然后加压至幕墙固定部位水密性能指标值。(　　)

A. 15min　　　　　　B. 30min　　　　　　C. 渗漏　　　　　　D. 严重渗漏

17. 依据 GB/T 15227—2019,关于建筑幕墙水密检测稳定加压法,定级检测时,应逐级加压至幕墙_____部位出现_____为止。(　　)

A. 可开启　　　　　　B. 固定　　　　　　C. 渗漏　　　　　　D. 严重渗漏

18. 依据 GB/T 15227—2019,下列_____情况属于建筑幕墙抗风压检测中试件出现的功能障碍情况。(　　)

A. 五金件松动　　B. 开启困难　　C. 面板破损　　D. 粘结失效

19. 依据 GB/T 15227—2019,下列_____情况属于建筑幕墙抗风压检测中试件出现的结构性损坏情况。(　　)

A. 裂缝　　　　　　B. 面板破损　　　　C. 连接破坏　　　　D. 粘结失效

20. 依据 GB/T 15227—2019,建筑幕墙抗风压性能定级检测中变形检测试验,检测压力分级升降。每级升、降压力不超过_____,加压级数不少于_____级。(　　)

A. 100Pa　　　　　　B. 250Pa　　　　　　C. 4　　　　　　D. 5

21. 依据 GB/T 15227—2019,关于建筑幕墙抗风压性能位移计的安装,下列说法正确的是_____。(　　)

A. 简支梁型式杆件测点布置时,两端的位移计应靠近支承点,中间的位移计宜布置在两端位移计的中间点

B. 单元式幕墙当单元板块较大时,其内部的受力杆件也应布置测点

C. 点支承幕墙支承结构采用双向受力体系时应分别检测两个方向上的变形

D. 双层幕墙内外层分别布置测点

22. 依据 GB/T 15227—2019,建筑幕墙抗风压性能安全性检测包括_____。(　　)

A. 变形检测　　　　　　　　　　　B. 反复加压检测

C. 风荷载标准值 P_3' 检测　　　　　D. 风荷载设计值 P_{max}' 检测

23. 依据 GB/T 15227—2019,建筑幕墙抗风压工程检测试验中,下列关系正确的是_____。(　　)

A. $P_{max}'=1.4P_3'$　　B. $P_2'=1.4P_1'$　　C. $P_1'=0.4P_3'$　　D. $P_2'=0.6P_3'$

24. 依据 GB/T 15227—2019,关于建筑幕墙抗风压工程检测风荷载标准值 P_3' 检测的评定,在风荷载标准值作用下_____,应判为满足工程使用要求。(　　)

A. 试件对应的相对面法线挠度≤1.4×允许相对面法线挠度 f_0

B. 试件对应的相对面法线挠度≤允许相对面法线挠度 f_0

C. 试件未出现损坏

D. 试件未出现功能性障碍

25. 依据 GB/T 15227—2019,关于建筑幕墙抗风压工程检测风荷载设计值 P'_{max} 检测的评定,在风荷载设计值作用下_____,应判为满足工程使用要求。(　　)

A. 试件对应的相对面法线挠度≤1.4×允许相对面法线挠度 f_0

B. 试件对应的相对面法线挠度≤允许相对面法线挠度 f_0

C. 试件未出现损坏

D. 试件未出现功能性障碍

26. 依据 GB/T 15227—2019,关于建筑幕墙抗风压性能检测中预备加压,在正负压检测前分别施加_____个压力脉冲。压力差绝对值为_____,加压速度为100Pa/s,持续时间为 3s,待压力回零后开始进行检测。(　　)

A. 1　　　　　　B. 3　　　　　　C. 250Pa　　　　　　D. 500Pa

27. 依据 GB/T 18250—2015,幕墙平面内变形性能的检测是针对建筑物受_____引起的建筑物各层间发生相对位移时,平面内变形对幕墙所产生的影响程度。(　　)

A. 地震力　　　B. 竖向力　　　C. 风荷载　　　D. 温度应力

28. 依据 GB/T 18250—2015,关于建筑幕墙平面内变形性能检测,检测前,应对试件进行预加载。对于工程检测,预加载层间位移角取工程设计指标的_____;推动摆杆或活动梁沿 X 轴维度做_____个周期的左右相对移动。(　　)

A. 25%　　　　B. 50%　　　　C. 1　　　　　　D. 3

29. 依据 GB/T 18250—2015,X 轴维度位移计及 Y 轴维度位移计的精度不应低于满量程的_____,Z 轴维度位移计的精度不应低于满量程的_____。(　　)

A. 5%　　　　B. 2%　　　　C. 1%　　　　D. 0.25%

30. 依据 GB/T 18250—2015,X 轴维度变形性能检测时,作 3 个周期的相对反复移动,每个周期宜为_____;Z 轴维度变形性能检测时,作 3 个周期的相对反复移动,每个周期宜为_____。(　　)

A. 3~10s　　　B. 10~30s　　　C. 40s　　　　D. 60s

31. 依据 GB/T 18250—2015,关于构件式幕墙层间变形试验试件的要求,下列说法正确的是_____。(　　)

A. 试件规格、型号、材料、五金配件等应与委托单位所提供的图样一致

B. 试件应包括典型的垂直接缝、水平接缝和可开启部分,并且试件上可开启部分占试件总面积的比例与实际工程接近

C. 试件宽度至少应包括一个承受设计荷载的典型垂直承力构件

D. 试件高度不应少于一个层高,并应在垂直方向上有两处或两处以上与支承结构相连接

32. 依据 GB/T 18250—2015,下列说法正确的是_____。(　　)

A. 试验按照加载方式分为连续平行四边形法和层间变形法

B. 单楼层及两个楼层高度的幕墙试件,可采用连续平行四边形法或层间变形法进行加载

C. 两个楼层以上高度的幕墙试件,宜选用层间变形法进行加载

D. 仲裁检测应采用连续平行四边形法进行加载

33. 依据 GB/T 18250—2015,下列_____属于试件发生损坏的情况。(　　　)

A. 面板破裂或脱落

B. 连接件损坏或脱落

C. 金属杆件产生明显不可恢复的变形

D. 金属面板产生明显不可恢复的变形

34. 依据 GB/T 15227—2019,建筑幕墙水密性能波动加压顺序表中,每级压力波动周期为_____;每级压力加压时间为_____。(　　　)

A. 3～5s
B. 5～10s
C. 5min
D. 15min

35. 依据 GB/T 15227—2019,建筑幕墙工程检测中,抗风压性能反复加压检测的合格评定要求包含_____。(　　　)

A. 对应的相对面法线挠度≤0.6×允许相对面法线挠度 f_0

B. 对应的相对面法线挠度≤允许相对面法线挠度 f_0

C. 试件未出现功能性障碍

D. 试件未出现结构性损坏

36. 依据 GB/T 15227—2019,建筑幕墙检测设备中测量装置包括_____。(　　　)

A. 差压计

B. 空气流量测量装置

C. 水流量计

D. 位移计

37. 依据 DB34/T 3950—2021,同一工程、同一类型、同一材料系列、同一设计、同一单位施工的幕墙,均按最具代表性的状态单元做一个试样进行_____检测。(　　　)

A. 气密性能
B. 水密性能
C. 抗风压性能
D. 层间变形性能

38. 依据 DB34/T 3950—2021,对于应用高度不超过_____,且总面积不超过_____的幕墙工程,可采用同类产品的型式试验结果,但型式试验的幕墙品种、系列与工程应一致,且性能指标不低于工程设计要求。(　　　)

A. 20m
B. 24m
C. 300m²
D. 3000m²

39. 依据 JGJ 145—2013,后锚固件应进行抗拔承载力现场非破损检验。当遇到下列_____情况时,还应进行破坏性检验。(　　　)

A. 安全等级为一级的后锚固构件

B. 悬挑结构和构件

C. 对后锚固设计参数有疑问

D. 对该工程锚固质量有怀疑

40. 依据 JGJ 145—2013,锚栓锚固质量的非破损检验时的抽样数量规定:对非生命线工程的非结构构件,应取每一检验批锚固件总数的_____且不少于_____件进行检验。(　　　)

A. 0.1%
B. 1%
C. 3
D. 5

第五章 ▶ 判断题

第一节 常见分类及术语

1. 依据 GB/T 21086—2007,建筑幕墙构件应能承受主体结构传递的荷载和作用。
（　）

2. 依据 GB/T 21086—2007,单元式幕墙按单元部件间接口形式可分为插接型、对接型和勾托型。
（　）

3. 依据 GB/T 21086—2007,幕墙的抗风压性能指标应依据幕墙所受的风荷载标准值 W_k 确定,其指标值不应低于 W_k,且不应小于 1.0kPa。
（　）

4. 依据 GB/T 21086—2007,开放式建筑幕墙的抗风压性能可不作要求。
（　）

5. 依据 GB/T 21086—2007,建筑幕墙平面内变形性能以建筑幕墙层间位移角为性能指标。在非抗震设计时,指标值应不小于主体结构弹性层间位移角控制值的 3 倍。
（　）

6. 依据 GB/T 21086—2007,幕墙结构设计使用年限不宜低于 50 年。
（　）

7. 依据 GB/T 21086—2007,考虑可维护性要求,石材幕墙的面板宜采用便于各板块独立安装和拆卸的支承固定系统,不宜采用 T 型挂装系统。
（　）

8. 依据 GB/T 21086—2007,对于应用高度不超过 24m,且总面积不超过 300m² 的建筑幕墙产品,交收检验时检验项目综合表中幕墙性能必检项目可采用同类产品的型式试验结果。
（　）

9. 依据 GB/T 34327—2017,斜幕墙指与水平方向夹角小于等于 75°的幕墙。 （　）

10. 依据 GB/T 34327—2017,石材蜂窝板幕墙属于石材幕墙。 （　）

11. 依据 JGJ 102—2003,玻璃幕墙的隔热保温材料,宜采用岩棉、矿棉、玻璃棉、防火板等不燃或难燃材料。
（　）

12. 依据 JGJ 102—2003,有采暖、通风、空气调节要求时,玻璃幕墙的气密性能不应低于 2 级。
（　）

13. 依据 JGJ 102—2003,玻璃幕墙工程使用五年后应对该工程不同部位的结构硅酮密封胶进行粘结性能的抽样检查。
（　）

14. 依据 JGJ 133—2001,石材幕墙面板材料为满足等强度计算的要求,火烧石板的厚度应比抛光石板厚 3mm。
（　）

15. 依据 JGJ 133—2001,石材幕墙中的单块石材板面面积不宜大于 1.5m²。 （　）

第二节 密封胶

1. 依据 GB/T 531.1—2008,使用邵氏 A 型硬度计测定硬度时,为得到足够的试验厚度,可以由不多于 3 层叠加而成。 （ ）

2. 依据 GB/T 531.1—2008,指示机构用于读出压针末端伸出压足表面的长度,并用弹簧试验力表示出来。 （ ）

3. 依据 GB/T 531.1—2008,使用邵氏 A 型硬度计测定硬度时,应在试样表面不同位置进行 5 次测量取平均值。 （ ）

4. 依据 GB 16776—2005,使用邵氏 A 型硬度计测定硬度时,试件养护前应除去金属膜框。 （ ）

5. 依据 GB 16776—2005,使用邵氏 A 型硬度计测定硬度时,试验样品经养护后再揭去 PE 膜。 （ ）

6. 依据 GB/T 531.1—2008,应对邵氏硬度计弹簧试验力进行校准。 （ ）

7. 依据 GB/T 531.1—2008,邵氏 A 型硬度计只能安装在支架上使用。 （ ）

8. 依据 GB 16776—2005,结构胶标准条件下的拉伸粘结强度技术指标比其他条件下的指标高。 （ ）

9. 依据 GB 16776—2005,结构胶标准条件下的拉伸粘结强度试验,每 3 个试件为一组。 （ ）

10. 依据 GB 16776—2005,结构胶标准条件下的拉伸粘结强度试验,每个试件宜有一面选用 G 类基材。 （ ）

11. 依据 GB 16776—2005,结构胶标准条件下的拉伸粘结强度试验,23℃伸长率 10%、20%及 40%的模量不作为判定项目。 （ ）

12. 依据 GB 16776—2005,结构胶标准条件下的拉伸粘结强度试验,拉伸粘结性试验项目试验结果的算术平均值符合标准技术要求,则判定为合格。 （ ）

13. 依据 GB 16776—2005,附件同密封胶相容性试验,对比试件和试验试件的制备方法完全相同。 （ ）

14. 依据 GB 16776—2005,附件同密封胶相容性试验中,附件导致结构胶变色或粘结性变化,经验证明实际应用中也会出现类似情况。 （ ）

15. 依据 GB 16776—2005,附件同密封胶相容性试验紫外辐照箱的箱体能容纳 4 支 UVA-340 灯。 （ ）

16. 依据 GB 16776—2005,附件同密封胶相容性试验,试件表面温度在距试件 50mm 处测量。 （ ）

17. 依据 GB 16776—2005,附件同密封胶相容性试验,紫外灯使用 8 周后应更换。 （ ）

18. 依据 GB 16776—2005,附件同密封胶相容性试验,紫外灯位置的更换频率是 7 天。 （ ）

19. 依据 GB 16776—2005,附件同密封胶相容性试验,试件表面温度应每两周测量一次。 （ ）

20. 依据 GB 16776—2005,附件同密封胶相容性试验,制备的试件在标准条件下养护时间和在紫外箱中照射时间一致。　　　　　　　　　　　　　　　　　（　　）

21. 依据 GB 16776—2005,实际工程用基材同密封胶粘结性试验中的基材是指供方推荐的与密封胶粘结的基材。　　　　　　　　　　　　　　　　　　　（　　）

22. 依据 GB/T 13477.18—2002,实际工程用基材同密封胶粘结性试验时,若发现从试料上剥下的布条/金属丝网很干净,应舍弃记录的数据。　　　　　　　　（　　）

23. 依据 GB 16776—2005,实际工程用基材同密封胶粘结性试验中是否使用底涂应按供方要求。　　　　　　　　　　　　　　　　　　　　　　　　　　（　　）

24. 依据 GB/T 13477.18—2002,实际工程用基材同密封胶粘结性试验时,每种基材准备两块板,并在每块基材上制备两个试件,对每种基材应测试两块试件上的 4 条试验带。（　　）

25. 依据 GB 16776—2005,实际工程用基材同密封胶粘结性试验,多组分试件养护 14d。　　　　　　　　　　　　　　　　　　　　　　　　　　　　　（　　）

26. 依据 GB/T 23261—2009,石材用建筑密封胶污染性试验,全部试验试件均需保持受压状态。　　　　　　　　　　　　　　　　　　　　　　　　　　　（　　）

27. 依据 GB/T 23261—2009,石材用建筑密封胶污染性试验适用于所有弹性密封胶和任何多孔性基材(如大理石、石灰石、砂石或花岗石)污染性的测定。　　　（　　）

28. 依据 GB/T 23261—2009,石材用建筑密封胶污染性试验需要备用组。　（　　）

29. 依据 GB/T 23261—2009,石材用建筑密封胶污染性试验试件制备好后直接按照不同处理条件进行试验。　　　　　　　　　　　　　　　　　　　　　（　　）

30. 依据 GB/T 23261—2009,石材用建筑密封胶污染性试验,评价污染性的两个指标值要求相同。　　　　　　　　　　　　　　　　　　　　　　　　　（　　）

31. 依据 GB/T 14683—2017,不同级别的硅酮建筑密封胶拉伸模量不同。　（　　）

32. 依据 GB/T 14683—2017,高模量产品单项判定中,在 23℃和−20℃的拉伸模量有一项符合标准指标规定时,则判该项合格。　　　　　　　　　　　（　　）

33. 依据 GB/T 14683—2017,低模量产品单项判定中,在 23℃和−20℃的拉伸模量均符合标准指标规定时,则判该项合格。　　　　　　　　　　　　　（　　）

34. 依据 GB/T 14683—2017,本标准适用于普通装饰装修和建筑幕墙结构性装配用硅酮建筑密封胶。　　　　　　　　　　　　　　　　　　　　　　　（　　）

35. 依据 GB/T 23261—2009,石材用建筑密封胶拉伸模量试验需准备备用组试件 3 个。　　　　　　　　　　　　　　　　　　　　　　　　　　　　　（　　）

36. 依据 GB/T 23261—2009,石材用建筑密封胶拉伸模量平均值修约至小数点后两位。　　　　　　　　　　　　　　　　　　　　　　　　　　　　　（　　）

37. 依据 GB/T 23261—2009,石材用建筑密封胶拉伸模量的试验结果单项判定时,每个试件的拉伸模量都应符合标准要求。　　　　　　　　　　　　　　（　　）

第三节　幕墙主要面板

1. GB 50411—2019,中空玻璃密封性能试验,玻璃样品规格为 8＋12A＋8(mm)时,露点仪与单个试样接触时间是 6mim。　　　　　　　　　　　　　　（　　）

2. 依据 GB 50411—2019,中空玻璃密封性能使用的露点仪中温度计的测量范围为 $-80\sim20$℃。 （　　）

3. 依据 GB 50411—2019,中空玻璃密封性能检验环境温度应为 (23 ± 5)℃。 （　　）

4. 依据 GB/T 2680—2021,太阳得热系数是太阳光直接透射比与被玻璃组件吸收的太阳辐射向室内的二次热传递系数之和,也称为太阳能总透射比、阳光因子。 （　　）

5. 依据 GB/T 2680—2021,试样室外表面换热系数 h_e,单位为瓦每平方米开尔文 $[W/(m^2 \cdot K)]$。 （　　）

6. 依据 GB/T 2680—2021,可见光透射比测定所使用的仪器在测量过程中,照明光束的光轴与试样表面法线的夹角不超过 $10°$,照明光束中任一光线与光轴的夹角不超过 $5°$。 （　　）

7. 依据 GB/T 8484—2020,门窗保温性能检测装置应放在装有空调设备的实验室内,环境空间空气温度波动不应大于 $0.5K$,热箱壁内外表面平均温差应小于 $1.0K$。 （　　）

8. 依据 GB/T 8484—2020,热箱壁外表面与周边壁面之间距离不应小于 $100mm$。 （　　）

9. 依据 GB/T 9966.2—2020,石材干燥弯曲强度试验中试验机示值相对误差不超过 $\pm2\%$。 （　　）

10. 依据 GB/T 9966.2—2020,石材干燥弯曲强度试验中,鼓风干燥箱温度可控制在 (65 ± 5)℃范围内。 （　　）

11. 依据 GB/T 9966.2—2020,石材干燥弯曲强度试验中,石材试样长度尺寸偏差为 $\pm1mm$,宽度、厚度尺寸偏差为 $\pm0.2mm$。 （　　）

12. 依据 GB/T 9966.2—2020,石材干燥弯曲强度石材试样上下受力面应经锯切、研磨或抛光,达到平整且平行。侧面可采用锯切面,正面与侧面夹角应为 $60°\pm0.5°$。 （　　）

13. 依据 GB/T 9966.2—2020,石材干燥弯曲强度试验中,试样数量要求为每种试验条件下每个层理方向的试样为一组,每组试样数量为 15 块。 （　　）

14. 依据 GB/T 9966.2—2020,石材干燥弯曲强度试验以 (0.25 ± 0.05)MPa/s 的速率对试样施加载荷至试样破坏。 （　　）

15. 依据 GB/T 9966.2—2020,石材干燥弯曲强度以一组石材试样弯曲强度的最小值作为试验结果。 （　　）

16. 依据 GB/T 17748—2016,幕墙板所用铝材的平均厚度不应小于 $0.45mm$,最小厚度不应小于 $0.48mm$。 （　　）

17. 依据 GB/T 17748—2016,幕墙板长度的尺寸允许偏差技术要求应为 $\pm3mm$。 （　　）

18. 依据 GB/T 17748—2016,幕墙板涂层厚度二涂技术要求中平均值为大于等于 $30\mu m$,最小值为大于等于 $23\mu m$。 （　　）

19. 依据 GB/T 17748—2016,幕墙用铝塑复合板试验前,试样应在 GB/T 2918 规定的标准环境下放置 48h。除特殊规定外,试验也应在该条件下进行。 （　　）

20. 依据 GB/T 17748—2016,幕墙用铝塑复合板滚筒剥离强度试样尺寸为 $25mm\times350mm$。 （　　）

21. 依据 GB/T 4741—1999,抗弯强度极限是指试样受静弯曲力作用到破坏时的最大

应力,用试样破坏时所受弯曲力距断裂处的断面模数之比来表示。（　　）

22. 依据 GB/T 4741—1999,陶板抗弯强度试验试样应取长度为 120mm,宽厚比为1∶1的长方体试样 10 根。（　　）

23. 依据 GB/T 4741—1999,陶板抗弯强度试验方法中天平的感量为 0.1g。（　　）

24. 依据 GB 18915.2—2013,低辐射镀膜玻璃是一种对波长范围 4.5～25μm 红外线有较高反射比的镀膜玻璃,也称 Low-E 玻璃。（　　）

25. 依据 GB/T 16865—2023,除铝箔外的其他产品,测量断后标距(L_u)时,应清除影响断口对接的碎屑,然后将试样断裂的部分仔细地对接在一起,使其轴线处于同一直线上。若紧密对接后仍有缝隙,则缝隙应计入拉断后地标距内。（　　）

26. 依据 GB/T 16865—2023,变形铝、镁及其合金加工制品在进行拉伸试验时,应在夹持系统装配完成后,试样两端被夹持之前设定力测量系统的零点。（　　）

27. 依据 GB/T 16865—2023,除铝箔外的其他产品,断后伸长率数值按 GB/T 8170 的规定修约至最接近的 0.5 的倍数。（　　）

28. 依据 GB/T 16865—2023,使用引伸计测定断后伸长率时,试样原始标距可不做标记。（　　）

第四节　幕墙主要支承和防火保温材料

1. 依据 GB/T 232—2024,型钢弯曲试验中,当出现争议时,弯曲压头的位移速率应为(1.0 ± 0.2)mm/s。（　　）

2. 依据 GB/T 700—2006,厚度大于 100mm 的钢材,抗拉强度下限允许降低 20N/mm²。（　　）

3. 依据 GB/T 700—2006,做拉伸和冷弯试验时,型钢和钢棒取横向试样。（　　）

4. 依据 GB/T 700—2006,用 Q195 和 Q235B 级沸腾钢轧制的钢材,其厚度（或直径）不大于 25mm。（　　）

5. 依据 GB/T 28289—2012,铝合金隔热型材试样应在温度为(23 ± 2)℃,相对湿度为 50%±10% 的环境条件下放置 24h。（　　）

6. 依据 JG 175—2011,铝合金隔热型材浇注式试样应在温度为(23 ± 2)℃,相对湿度为 50%±5% 的环境条件下放置 168h。（　　）

7. 依据 GB/T 28289—2012,铝合金隔热型材进行纵向抗剪试验时,不需要进行预加载。（　　）

8. 依据 GB/T 28289—2012,隔热型材横向拉伸试验中,试样最短允许缩至 18mm,但在试样切割方式上应避免对试样的测试结果造成影响。（　　）

9. 依据 GB/T 28289—2012,隔热型材纵向剪切试验中,试验机最大荷载不小于 20kN。（　　）

10. 依据 GB/T 28289—2012,铝合金隔热型材试样应在温度为(23 ± 2)℃,相对湿度为 50%±10% 的环境条件下放置 48h。（　　）

11. 依据 GB/T 28289—2012,隔热型材纵向剪切试验中,试验机应符合 GB/T 16825.1—2008 的规定,精确度为 Ⅰ 级或更优级别。（　　）

12. 依据 GB/T 16865—2023,矩形 $A_{11.3}$ 比例试样原始标距(L_0)的计算结果小于 30mm 时,L_0 取 30mm。 (　　)

13. 依据 GB/T 5464—2010,建筑材料不燃性试验时,试样为圆柱体,高度为(50±3)mm,若材料厚度不满足(50±3)mm,可通过叠加该材料的层数或调整材料厚度来达到(50±3)mm 的试样高度。 (　　)

14. 依据 GB/T 5464—2010,该标准规定了在特定条件下匀质建筑制品和非匀质建筑制品主要组分的不燃性试验方法。 (　　)

15. 依据 GB/T 5464—2010,温升为炉内最高温度与炉内初始温度之差。 (　　)

16. 依据 GB/T 5464—2010,炉内初始温度为炉内温度平衡期最后 10min 的温度平均值;炉内最终温度为试验过程最后 1min 的温度平均值。 (　　)

17. 依据 GB 8624—2012,当非匀质平板状建筑制品燃烧性能为 A1 级时,其内部次要组分的总热值技术要求为小于等于 1.4MJ/m²;主要组分的总热值技术要求为小于等于 2.0MJ/m²。 (　　)

18. 依据 GB/T 14402—2007,试样质量的称量应精确至 0.001g。 (　　)

19. 依据 GB/T 14402—2007,对于低热值的制品,可提高助燃物苯甲酸的质量比例,来增加试样的总热值。 (　　)

20. 依据 JGJ 289—2012,防火隔离带应与基层墙体可靠连接,应能适应外保温系统的正常变形而不产生渗透、裂缝和空鼓;应能承受自重、风荷载和室外气候的反复作用而不产生破坏。 (　　)

第五节　幕墙系统

1. GB/T 21086—2007 标准适用于全玻幕墙、采光顶、金属屋面、混凝土板幕墙,不适用于无支承框架结构的外墙干挂系统。 (　　)

2. 依据 GB/T 18250—2015,建筑幕墙层间变形性能工程检测达到设计位移值时,如未发生损坏或功能障碍,判定为满足工程使用要求,否则应判定为不满足工程使用要求。 (　　)

3. 依据 GB/T 18250—2015,X 轴维度变形性能检测时作 3 个周期的相对反复移动,每个周期宜为 3~10s;Z 轴维度变形性能检测时作 3 个周期的相对反复移动,每个周期宜为 60s。 (　　)

4. 依据 GB/T 18250—2015,X 轴维度、Y 轴维度变形性能分级指标值分别为 X 轴维度层间位移角 γ_x、Y 轴维度层间位移角 γ_y,无量纲;Z 轴维度变形性能分级指标值为 Z 轴方向垂直位移绝对值 δ_z,单位为毫米。 (　　)

5. 依据 GB/T 18250—2015,X 轴维度位移计、Y 轴维度位移计及 Z 轴维度位移计的精度均不应低于满量程的 1%。 (　　)

6. 依据 GB/T 18250—2015,建筑幕墙层间变形试验静力加载装置应具备与安装架连接的机构和驱动装置,且应具备使幕墙在三个维度作低周反复运动的能力,最大允许行程不应小于最大试验变形量的 2 倍。 (　　)

7. 依据 GB/T 18250—2015,仲裁检测应采用层间变形法进行加载。 (　　)

8. 依据 GB/T 15227—2019,建筑幕墙水密性定级检测以未发生渗漏时的最高压力差值 Δp 对照 GB/T 31433 的规定进行定级,可开启部分和固定部分分别定级。 　( )

9. 依据 GB/T 15227—2019,压力箱开口为固定尺寸时,附加空气渗透量不宜高于试件空气渗透量的 50%。 　( )

10. 依据 GB/T 15227—2019,建筑幕墙水密性能试验中,稳定加压法的淋水量为 $4L/(m^2 \cdot min)$。 　( )

11. 依据 GB/T 15227—2019,建筑幕墙工程检测顺序宜按照气密、水密、抗风压变形 p'_1、抗风压反复加压 p'_2、风荷载标准值 p'_3、风荷载设计值 p'_{max} 的顺序进行。 　( )

12. 依据 GB/T 15227—2019,建筑幕墙气密、水密、抗风压性能检测应在环境温度不低于 5℃ 的条件下进行。 　( )

13. 依据 GB/T 31433—2015,建筑幕墙抗风压性能划分为 9 个等级;平面内变形性能划分为 5 个等级;气密性能划分为 8 个等级;水密性能划分为 6 个等级。 　( )

14. 依据 GB/T 15227—2019,建筑幕墙气密、水密、抗风压性能检测应在环境温度不低于 0℃ 的条件下进行。 　( )

15. 依据 GB/T 15227—2019,双层幕墙抗风压性能检测中,位移计应布置在外层杆件和面板上。 　( )

16. 依据 GB/T 15227—2019,幕墙水密性能检测时,定级检测采用波动加压法。

　( )

17. 依据 GB/T 15227—2019,幕墙抗风压性能工程检测中变形检测时,检测压力分级升降,每级升、降压力不超过 250Pa,加压级数不少于 4 级。 　( )

18. 依据 GB/T 15227—2019,关于幕墙抗风压性能工程检测中安全检测评定,在风荷载标准值作用下对应的相对面法线挠度大于允许相对面法线挠度 f_0 且试件出现功能障碍和损坏,并应判为不满足工程使用要求。 　( )

19. 依据 JGJ 145—2013,受现场条件限制无法进行原位破坏性检验时,可在工程施工的同时,现场浇筑同条件的混凝土块体作为基材安装锚固件,并应按规定的时间进行破坏性检验,且应事先征得设计和监理单位的书面同意,并在现场见证试验。 　( )

20. 依据 JGJ 145—2013,采用化学锚栓的混凝土结构,其锚固区基材的长期使用温度不应高于 50℃。 　( )

21. 依据 JGJ 145—2013,后锚固是通过相关技术手段在已有混凝土结构上的锚固。

　( )

22. 依据 JGJ 145—2013,依据锚固连接破坏后果的严重程度,混凝土结构后锚固连接设计应确定相应的安全等级,安全等级共分为 3 个级别,后锚固连接安全等级为一级时,其破坏后果很严重。 　( )

23. 依据 JGJ 145—2013,化学锚栓由金属螺杆和锚固胶组成,通过锚固胶形成锚固作用的锚栓。化学锚栓分为普通化学锚栓和特殊倒锥形化学锚栓。 　( )

24. 依据 JGJ 145—2013 进行幕墙化学锚栓锚固承载力非破损检测,现场检测用的加荷设备,应采用专门的拉拔仪,加载设备应能够按照规定的速度加载,测力系统整机允许偏差为全量程的 ±5%。 　( )

25. 依据 JGJ 145—2013,锚固拉拔承载力进行非破损检验连续加载时,应以均匀速率

在 5～10min 时间内加载至设定的检验荷载,并持荷 1min。　　　　　　　　（　　）

26. 依据 JGJ 145—2013,锚固拉拔承载力进行非破损检验的评定时,一个检验批中不合格的试样不超过 5%时,应另抽 3 根试样进行破坏性检验。若检验结果全部合格,该检验批仍可评定为合格检验批。　　　　　　　　（　　）

27. 依据 GB/T 29043—2023,建筑幕墙传热系数是依据稳定传热原理,采用防护热箱法进行检测。　　　　　　　　（　　）

28. 依据 GB/T 39526—2020,计权隔声量 R_w 是将测得的试件空气声隔声量频率特性曲线与 GB/T 50121—2005 规定的空气声隔声基准曲线按照规定的方法相比较而得出的单值评价量,单位为分贝(dB)。　　　　　　　　（　　）

29. 依据 GB/T 31433—2015,幕墙采光性能以透光折减系数 T_r 为分级指标,采光性能试验方法按照《玻璃幕墙光热性能》(GB/T 18091—2015)标准进行检测。　　　　　　　　（　　）

30. 依据 GB/T 41336—2022,耐火隔热性判定时,当试件背火面平均温升超过 140℃时,即认为试件失去耐火隔热性。　　　　　　　　（　　）

第六章 ▶ 简答题

第一节 常见分类及术语

1. 依据 DB34/T 3950—2021,简述钢化玻璃自爆原因及采取何种措施可减少玻璃自爆。

2. 依据 DB34/T 3950—2021,简述全玻璃幕墙现场打胶相关环境要求。

3. 依据 GB/T 21086—2007,按照建筑幕墙的主要支承结构形式,幕墙可分为哪些种类(不少于 4 种)?

4. 依据 GB/T 21086—2007,简述建筑幕墙的三要素。

5. 依据 GB/T 34327—2017,双层幕墙按空气间层的分隔形式分类有哪些(不少于 3 种)?

6. 依据 GB/T 21086—2007,建筑幕墙标记方式由哪些部分组成?

7. 依据 GB/T 34327—2017,简述建筑幕墙定义。

8. 依据 GB/T 34327—2017,点支式玻璃幕墙的支承结构主要有哪些支撑体系?

第二节　密封胶

1. 依据 GB/T 531.1—2008,简述邵氏硬度计的测量原理。

2. 依据 GB/T 531.1—2008,邵氏 A 型硬度计应定期对哪些指标进行校准和核查,使用什么进行核查,核查周期是如何要求的?

3. 依据 GB/T 531.1—2008,使用邵氏 A 型硬度计测定硬度时,测量次数和位置是如何要求的?

4. 依据 GB/T 531.1—2008,使用邵氏 A 型硬度计测定硬度时,对试样厚度有什么要求?

5. 依据 GB/T 13477.8—2017,简述结构胶的拉伸粘结性试验原理。

6. 依据 GB/T 13477.8—2017,简述结构胶的拉伸粘结性试验用的主要试验器具有哪些。

7. 依据 GB 16776—2005,结构胶的拉伸粘结性试验粘结破坏面积是如何测量和计算的?

8. 依据 GB 16776—2005,简述附件同密封胶相容性试验原理。

9. 依据 GB 16776—2005,请简述附件同密封胶相容性试验中,为保证紫外辐照强度在一定范围内所应采取的措施。

10. 依据 GB 16776—2005,附件同密封胶相容性试验主要观测的指标有哪些?

11. 依据 GB 16776—2005,写出结构装配系统用附件同密封胶相容性试验结果判定指标。

12. 依据 GB 16776—2005,关于实际工程用基材同密封胶粘结性试验,试验结果应至少报告哪些内容?

13. 依据 GB 16776—2005,实际工程用基材同密封胶粘结性试验如何进行结果的判定?

14. 依据 GB/T 13477.18—2002,简述密封胶剥离粘结性的试验原理。

15. 依据 GB/T 23261—2009,简述石材用建筑密封胶污染性试验中试件的处理方法。

16. 依据 GB/T 23261—2009,简述石材用建筑密封胶污染性试验中试件的养护方法。

17. 依据 GB/T 13477.18—2002,简述石材用建筑密封胶污染性试验原理。

18. 依据 GB/T 23261—2009,简述石材用建筑密封胶污染性试验结果评价时如何测量污染深度。

19. 依据 GB/T 13477.8—2017,正割拉伸模量试验结果是如何计算的?

20. 依据 GB/T 23261—2009,石材用密封胶的拉伸模量粘结试件数量和试验基材是如何规定的?

第三节　幕墙主要面板

1. 依据 GB 50411—2019,简述中空玻璃密封性能检测时的试验环境温度和湿度。

2. 依据 GB/T 2680—2021,简述可见光透射比的定义。

3. 依据 GB/T 8484—2020,玻璃传热系数检测试件应满足哪些要求?

4. 依据 GB/T 9966.2—2020,石材干燥弯曲强度试验中,石材试样规格的规定有哪些?

5. 依据 GB/T 9966.2—2020,石材干燥弯曲强度试验中,石材试样外观有哪些要求?

6. 依据 GB/T 9966.3—2020,石材体积密度、吸水率试验试样有哪些要求?

7. 依据 GB/T 17748—2016,简述幕墙用铝塑复合板涂层厚度的测量方法。

8. 依据 GB/T 17748—2016,简述幕墙用铝塑复合板光泽度偏差的测量方法。

9. 依据 GB/T 16865—2023,简述如何测定铝材产品矩形试样的原始横截面积(S_0)。

10. 依据 GB/T 16865—2023,铝材产品矩形试样原始标距(L_0)的标记是如何规定的?

第四节　幕墙主要支承和防火保温材料

1. 依据 GB/T 5237.1—2017,在一个检验批中抽样检验铝合金建筑型材基材的力学性能,抽取的样本中存在力学性能不合格的情况,检验结果应如何判定?

2. 依据 GB/T 16865—2023,当订货单(或合同)中无规定时,轧制板、带、箔材拉伸试验用试样的切取部位和方向应该如何选择?(本题不测定塑性应变比,也不考虑航空产品的特殊要求)

3. 依据 GB/T 16865—2023,铝型材拉伸试验测定的规定非比例延伸强度($R_{p0.2}$)、抗拉强度(R_m)和断后伸长率(A)的计算结果如何进行数值修约?

4. 依据 GB/T 16865—2023,除铝箔试样外,其他铝型材产品拉伸试验的断后标距应如何测定?

5. 依据 GB/T 28289—2012,简述铝合金隔热型材室温条件下纵向剪切试验步骤。

6. 依据 GB/T 28289—2012,铝合金隔热型材的纵向剪切试验对试样有什么要求?

7. 依据 GB/T 700—2006,某钢材的牌号为 Q235ATZ,请列出该牌号表示的含义。

8. 依据 GB/T 16865—2023,除铝箔外,其他产品的矩形试样在测量横截面原始尺寸时,应如何测量和修约? 对试样原始横截面积测定误差有什么要求?

9. 依据 GB/T 232—2024,简述型钢试样弯曲至规定弯曲角度的试验步骤。

10. 依据 GB/T 232—2024,简述金属材料的弯曲试验原理。

第五节　幕墙系统

1. 依据 GB/T 21086—2007,简述"建筑幕墙"及"构件式建筑幕墙"的术语定义。

2. 依据 GB/T 15227—2019,简述建筑幕墙"定级检测"及"工程检测"的术语定义。

3. 依据 GB/T 15227—2019,简述建筑幕墙"三性"试验的检测原理。

4. 依据 GB/T 15227—2019,简述建筑幕墙"三性"试验的工程检测顺序。

5. 依据 GB/T 15227—2019,从试验加压过程、结果判定两个方面,简述建筑幕墙水密性能稳定加压法试验中定级检测和工程检测的区别。

6. 依据 GB/T 15227—2019,简述"面法线位移""面法线挠度""相对面法线挠度""允许相对面法线挠度"的术语定义。

7. 依据 GB/T 15227—2019,简述抗风压工程检测中变形检测的过程。

8. 依据 GB/T 15227—2019,简述建筑幕墙抗风压工程检测中反复加压检测过程。

9. 依据 GB/T 15227—2019,简述建筑幕墙抗风压工程检测中安全检测结果的评定要求。

10. 依据 GB/T 15227—2019,简述建筑幕墙气密性工程检测结果的评定要求。

11. 依据 GB/T 15227—2019,列举建筑幕墙水密性检测中五种渗漏状态,其中哪几种渗漏状态属于严重渗漏?

12. 依据 GB/T 15227—2019,分别列举建筑幕墙抗风压检测中"结构性损坏"和"功能障碍"的表现形式。

13. 依据 GB/T 18250—2015,简述建筑幕墙层间变形性能检测原理。

14. 依据 GB/T 18250—2015,简述建筑幕墙层间变形性能检测关于构件式幕墙试件的要求。

15. 依据 GB/T 18250—2015,简述预加载后建筑幕墙 X 轴维度变形性能工程检测的过程。

16. 依据 JGJ 145—2013,简述"化学锚栓"及"破坏模式"的术语定义。

17. 依据 JGJ 145—2013,关于锚固拉拔承载力现场检验,当受现场条件限制无法进行原位破坏性检验时,该如何处理?

18. 依据 JGJ 145—2013,锚固拉拔承载力现场非破损检验,选用连续加载方式时,施加荷载应符合哪些规定要求?

19. 依据 JGJ 145—2013,简述锚固承载力现场非破损检验的评定要求。

20. 依据 JGJ 145—2013,简述锚固拉拔承载力检验时,采用胶粘的锚固件的检验时间要求。

第七章 综合题

第一节 常见分类及术语

1. 某大型建筑幕墙验收过程中,监理单位审查了石材、瓷板、陶板、微晶玻璃板、木纤维板、纤维水泥板和石材蜂窝板的抗弯强度。依据 GB 50210—2018,请简述幕墙工程应对哪些材料及其性能指标进行复验。

2. 某建设单位委托检测单位进行幕墙"四性"检测。依据 JGJ 102—2003,当幕墙某项性能检测不合格时应如何分析处理?

第二节 密封胶

1. 依据 GB/T 531.1—2008,使用邵氏 A 型硬度计测定结构胶硬度时,将制好的 5mm 厚的试样放在平整、坚硬的表面上,快速地将压足压到试样上。按照规定加弹簧试验力使压足和试样表面紧密接触,当压足和试样紧密接触 10s 后,读数。在试样表面不同位置进行 3 次测量取平均值,不同测量位置两两相距至少 3mm。以上关于结构胶硬度操作描述中,有哪些错误?请指出并修正。

2. 依据 GB/T 531.1—2008,使用标准橡胶块进行核查。先将邵氏 A 型硬度计压在坚硬桌面上,调整刻度盘上的读数为 100IRHD。推荐使用一套硬度值 30IRHD～90IRHD 的标准橡胶块对其进行校准,所有的调整应按照制造厂的说明书进行。一套标准橡胶块包括至少 5 块,在标准橡胶块间撒上少量的滑石粉,存放于避光、热、油脂的有盖盒子中。标准橡胶块要按照 GB/T 6031 给出的方法用定负荷硬度计定期重新校准,校准间隔时间不超出 12个月。日常使用的硬度计应至少每月使用标准橡胶块进行核查。以上关于邵氏 A 型硬度计使用标准橡胶块进行核查操作的描述中,有哪些错误? 请指出并修正。

3. 依据 GB/T 531.1—2008,使用邵氏 A 型硬度计测定两组结构胶硬度时,邵尔硬度值分别见表 3-7-1、表 3-7-2 所列,请问该如何判定?

表 3-7-1 结构胶邵尔硬度值记录表 1

序号	1	2	3	4	5
硬度值 Shore A	15	20	22	19	21

表 3-7-2 结构胶邵尔硬度值记录表 2

序号	1	2	3	4	5
硬度值 Shore A	40	40	42	45	43

4. 依据 GB 16776—2005,结构胶标准条件下的拉伸粘结强度数据见表 3-7-3 所列,试件初始截面积为 $600mm^2$,请判定 23℃拉伸粘结强度试验结果是否合格。

表 3-7-3 结构胶标准条件下的拉伸粘结强度试验数据记录表

序号	1	2	3	4	5
伸长率为 100%时力值/N	408	412	405	420	416
最大力值/N	432	430	436	440	438

5. 依据 GB 16776—2005,结构胶标准条件下的拉伸粘结强度数据见表 3 - 7 - 4 所列,试件初始截面积为 600mm², 请计算试件 23℃时的最大拉伸强度试验结果。

表 3 - 7 - 4　结构胶标准条件下的拉伸粘结强度试验数据记录表

序号	1	2	3	4	5
伸长率为 100% 时力值/N	408	412	405	420	416
最大力值/N	432	430	436	440	438

6. 依据 GB 16776—2005,结构胶标准条件下的拉伸粘结破坏面积试验中,采用透过印制有 1mm×1mm 网格线的透明膜片,测量拉伸粘结试件两粘结面(A 面、B 面)上粘结破坏面积占有的网格数,精确到 1 格(不足 1 格也计作 1 格)。结构胶标准条件下的拉伸粘结破坏面积记录见表 3 - 7 - 5 所列。请说明以上操作中不正确的操作,并计算试件粘结破坏面积。

表 3 - 7 - 5　结构胶标准条件下的拉伸粘结破坏面积记录表

	A 面			B 面		
试件 1	总格数	破坏足格数	破坏不足 1 格数	总格数	破坏足格数	破坏不足 1 格数
	50	4	1	50	2	2

7. 依据 GB 16776—2005,请描述"结构胶标准条件下的拉伸粘结"和"实际工程用基材同密封胶粘结性试验"中粘结破坏面积试验、测量、计算和判定有什么相同和不同之处。

8. 某检测单位受建设单位的委托,对某体育馆游泳池和训练池两栋建筑的玻璃幕墙进行检测。对于玻璃幕墙中单组分结构胶相容性检测,委托单位要求一周内出具检测报告,请问作为检测单位能否满足委托单位的要求?结构胶相容性试验周期应如何计算?

9. 依据 GB 16776—2005,使用清洁的镀膜玻璃板,尺寸为 75mm×50mm×6mm,表面用蒸馏水溶液清洗并用洁净布擦干净。在玻璃的一端粘贴隔离胶带,覆盖宽度约 50mm。制备 8 块试件,4 块是无附件的对比试件,另外 4 块是有附件的试验试件。将附件裁切成条状,尺寸为 6mm×6mm×50mm,放在玻璃板中间。将试验密封胶挤注在附件的一侧,参照密封胶挤注在附件的另一侧,用刮刀整理密封胶使之与附件上端面及侧面紧密接触,并与玻璃密实粘结。两种胶的相接处应高于附件上端约 5mm。以上关于结构胶相容性试验试件的制备有哪些错误? 请指出并修正。

10. 依据 GB 16776—2005,简述结构胶相容性试验试件的养护和处理方法。

11. 依据 GB 16776—2005,结构胶相容性试验试件内聚破坏面积的百分率是如何测量并计算的?

12. 依据 GB 16776—2005,将制备好的结构胶相容性试验试件在标准条件下养护 21d。取两个试验试件和两个对比试件,玻璃面朝下放置在紫外辐照箱中;再放入两个试验试件和两个对比试件,玻璃面朝上放置在紫外灯下照射 7d。紫外灯使用寿命为 4 周,且每周更换一次灯管的位置。试验箱温度应控制在(70±2)℃,试件表面温度每天测一次。请指出以上关于结构胶相容性试件的养护处理方法错误之处并修正。

13. 依据 GB 16776—2005,实际工程用基材同密封胶粘结性试验中,对于制备好的试件需要如何养护? 养护中如何处理?

14. 依据 GB 16776—2005,实际工程用基材同密封胶粘结性试验中,养护结束后的试件,用锋利的刀片沿试件横向切割 5 条线,每次都要切透试料和布条/金属丝网至基材表面;留下 2 条 25mm 宽的、埋有布条/金属丝网的试料带,两条带的间距为 10mm,除去其余部分。切割后的试料带浸入 50％异丙醇-蒸馏水中处理 14d,取出试件后 10min 内进行剥离试验,以试料带长度×试料带宽度为基础面积,计算内聚破坏面积的百分率及算术平均值(％)。以上关于结构胶剥离粘结性试验有哪些错误? 请指出并修正。

15. 依据 GB 16776—2005,实际工程用基材同密封胶粘结性试验中,测量并报告了每条试料带剥离粘结破坏面积的百分率,请问报告内容完整吗? 还需要至少报告哪些内容?

16. 依据 GB/T 23261—2009,石材用建筑密封胶污染性试验试件按如下方法处理:3 个试件按 25％压缩并夹紧;3 个试件按 50％压缩并夹紧;3 个试件保持受压状态放置于标准试验条件 21d;3 个试件保持受压状态放置于烘箱中 21d。请问上述处理方法正确吗? 请描述正确的处理方式。

17. 某检测单位受某建设单位的委托,对石材幕墙中单组分石材用建筑密封胶进行污染性检测,委托单位要求一周内出具检测报告,请问作为检测单位能否满足委托单位的要求? 其试验周期应如何计算?

18. 依据 GB/T 23261—2009,石材用建筑密封胶污染性试验试件污染值测量数据见表 3-7-6 所列,请判定样品污染宽度试验结果是否合格。

表 3-7-6　石材用建筑密封胶污染性试验试件污染值数据记录表

污染宽度/mm	处理条件	标准试验条件				烘箱				紫外辐照箱			
	序号	1	2	3	4	1	2	3	4	1	2	3	4
	测量值	1.6	1.5	1.5	1.4	2.0	1.8	1.7	1.5	1.5	1.6	2.0	1.5
		1.8	1.6	1.5	1.5	1.8	1.6	1.6	2.0	1.8	1.8	1.6	1.4
		1.6	1.7	1.7	1.6	1.6	1.0	1.5	1.6	2.0	1.5	2.0	1.3

19. 依据 GB/T 14683—2017,耐候胶(35LM 级别)标准状态下的拉伸模量试验数据见表 3-7-7 所列,试件初始截面积为 600mm²,请计算该组正割拉伸模量试验结果。

表 3-7-7　耐候胶(35LM 级别)标准状态下的拉伸模量试验数据记录表

力值/N　伸长率	试件 1	试件 2	试件 3
20%	58	65	68
40%	108	105	102
60%	166	168	172
100%	202	206	212
150%	224	228	225

20. 依据 GB/T 23261—2009,耐候胶(50HM 级别)拉伸模量试验数据见表 3-7-8 所列,试件初始截面积为 600mm², 请计算该组拉伸模量试验结果。

表 3-7-8　耐候胶(50HM 级别)拉伸模量试验数据记录表

伸长率 ＼ 力值/N	试件 1	试件 2	试件 3
20％	58	65	68
40％	108	105	102
60％	166	168	172
100％	202	206	212
150％	224	228	225

第三节　幕墙主要面板

1. 依据 GB 50411—2019,某检测单位受某建设单位的委托,将样品规格为 8Low-E+12A+8(mm)的玻璃进行中空玻璃密封性能检测,检测人员直接对 8 块样品进行检测,每块与露点仪接触时间为 7min, 移开露点仪,1min 后观察玻璃样品的内表面有无结露或结霜现象。请问该检测人员做法对吗?哪些不对?请指出并修正。

2. 依据 GB/T 2680—2021,某检测单位对检测员进行能力考核,请根据检测单位给出的以下数据计算出该单片玻璃的可见光透射比。

$D_\lambda V(\lambda) \Delta\lambda$——准照明体 D65 的相对光谱功率分布 D_λ 与 CIE 标准视见函数 $V(\lambda)$ 和波长间隔 $\Delta\lambda$ 的乘积,$D_\lambda V(\lambda) \Delta\lambda$ 的值见表 3-7-9 所列。

$\tau(\lambda)$——试样的光谱透射比,见表 3-7-10 所列。

表 3-7-9　$D_\lambda V(\lambda) \Delta\lambda$ 数值记录表

λ/nm	$D_\lambda V(\lambda) \Delta\lambda \times 10^2$	λ/nm	$D_\lambda V(\lambda) \Delta\lambda \times 10^2$
380	0.0000	590	6.3306
390	0.0005	600	5.3542
400	0.0030	610	4.2491

（续表）

λ/nm	$D_\lambda V(\lambda)\Delta\lambda\times10^2$	λ/nm	$D_\lambda V(\lambda)\Delta\lambda\times10^2$
410	0.0103	620	3.1502
420	0.0352	630	2.0812
430	0.0948	640	1.3810
440	0.2274	650	0.8070
450	0.4192	660	0.4612
460	0.6663	670	0.2485
470	0.9850	680	0.1255
480	1.5189	690	0.0536
490	2.1336	700	0.0276
500	3.3491	710	0.0146
510	5.1393	720	0.0057
520	7.0523	730	0.0035
530	8.7990	740	0.0021
540	9.4427	750	0.0008
550	9.8077	760	0.0001
560	9.4306	770	0.0000
570	8.6891	780	0.0000
580	7.8994	/	/

表 3-7-10　$\tau(\lambda)$ 数值记录表

λ/nm	$\tau(\lambda)$	λ/nm	$\tau(\lambda)$
380	80.07	590	87.15
390	84.19	600	86.80
400	86.51	610	86.24
410	86.67	620	85.64
420	86.23	630	85.16
430	86.31	640	84.71
440	86.29	650	84.03
450	86.85	660	83.54
460	87.51	670	83.02
470	87.98	680	82.42
480	88.18	690	81.67

(续表)

λ/nm	τ(λ)	λ/nm	τ(λ)
490	88.39	700	81.15
500	88.60	710	80.48
510	88.66	720	79.86
520	88.80	730	79.20
530	88.60	740	78.51
540	88.55	750	77.73
550	88.39	760	76.99
560	88.24	770	76.27
570	87.80	780	75.61
580	87.52	/	/

3. 依据 GB/T 8484—2020,某检测公司用 800mm×1250mm 的玻璃板块做传热系数试验,设备洞口尺寸为 1.8m×2.0m。由标定试验确定的热箱壁热流系数 M_1 为 8.10W/K,由标定试验确定的试件框热流系数 M_2 为 1.20W/K,填充板的热导为 0.7W/(m² · K),热箱壁内外表面面积加权平均温度之差为 -1.20K,试件框热侧冷侧表面面积加权平均温度之差为 39.80K,填充板热侧冷侧表面的平均温差为 38.80K,冷热侧空气温度差为 39.90K,试件与填充板间的边缘线传热量为 2.20W,加热装置加热功率为 190.00W。根据以上数据计算玻璃的传热系数。

4. 依据 GB/T 8484—2020,某检测单位受某建设单位的委托,将样品规格 8Low－E＋12A＋8(mm)的玻璃进行传热系数检测,检测人员安装好样品,启动检测装置后直接离开。请问该检测人员做法对吗? 正确的检测程序是怎样的?

5. 某检测单位受某建设单位的委托,对某小区住宅外立面铝单板进行检测。依据 GB/T 16865—2023,试验人员使用万能试验机采集了一组力值,求该铝单板的抗拉强度试验结果为多少? 已知该铝单板试样的原始横截面积为 125mm²;拉伸测试过程中加在试样上的最大力为 24125N。

6. 某检测单位受某建设单位的委托,对某小区住宅外立面铝单板进行检测。依据 GB/T 16865—2023,试验人员使用万能试验机进行了力学性能测试,求该铝单板的断后伸长率试验结果为多少? 已知该铝单板原始标距为 50.25mm;断后标距为 63.50mm。

7. 依据 GB/T 9966.2—2020,某公司用 250mm×50mm×50mm 的天然花岗石做干燥弯曲强度试验,以(0.25±0.05)MPa/s 的速率对试样施加载荷至试样破坏,记录试样破坏最大载荷值分别为 3180N、3380N、3260N、3240N、3310N。该天然花岗石干燥弯曲强度试验结果是否符合 GB/T 21086—2007 中的技术要求?

8. 依据 GB/T 9966.3—2020,某公司在做天然花岗石吸水率试验时,检测记录见表 3-7-11 所列。

表 3-7-11　天然花岗石吸水率试验数据记录表

干燥试样在空气中的质量/g	197.28	196.67	194.09	194.47	198.25
	197.28	196.67	194.09	194.47	198.25
	197.28	196.67	194.09	194.47	198.25
水饱和试样在空气中的质量/g	198.07	197.46	194.90	195.21	198.99

该天然花岗石吸水率试验结果是否符合 GB/T 21086—2007 中技术要求?

9. 依据 GB/T 9966.2—2020,某公司检测人员进行干燥弯曲强度试验,检测人员操作步骤如下:

(1)将试样在(70±5)℃的鼓风干燥箱内干燥 24 h,然后放入干燥器中冷却至室温。

(2)按试验类型选择相应的试样支架,调节支座之间的距离到规定的跨距要求。按照试样上标记的支点位置将其放在上下支座之间,试样和支座受力表面应保持清洁。装饰面应朝下放在支架下座上,使加载过程中试样装饰面处于弯曲拉伸状态。

(3)以(0.40±0.05)MPa/s 的速率对试样施加载荷至试样破坏,记录试样破坏位置和形式及最大载荷值(F),读数精度不低于 1N。

(4)用游标卡尺测量试样断裂面的宽度(K)和厚度(H),精确至 0.01mm。

请指出以上步骤错误之处并修正。

10. 依据 GB/T 17748—2016,某公司检测人员对铝塑复合板进行剥离强度测试,仅对一块铝塑复合板进行了试验,请问该检测人员行为是否符合要求?请描述正确的方法,如何报告检验结果?

第四节　幕墙主要支承和防火保温材料

1. 依据 GB/T 5237.6—2017,某检测单位受某建设单位的委托,对某高校幕墙材料铝合金隔热型材进行室温纵向剪切检测,得到数据见表 3 - 7 - 12 所列,计算该型材的抗剪特征值为多少。

表 3 - 7 - 12　铝合金隔热型材室温纵向剪切试验数据记录表

试件编号	1	2	3	4	5	6	7	8	9	10
试件长度/mm	101.07	99.53	100.30	101.17	100.02	98.52	101.04	98.93	101.34	98.83
最大剪切力/N	3238	3038	3031	3131	2930	3186	3084	3089	3249	2874

2. 依据 GB/T 16865—2023,某检测单位受某建设单位的委托,对某高校幕墙材料铝合金建筑型材进行检测,得到数据见表 3-7-13 所列,该型材牌号为 6063-T5,厚度为 3mm。求该型材的抗拉强度试验结果为多少。

表 3-7-13　铝合金型材力学试验数据记录表

试件宽度 b_0/mm	12.50	12.49	12.49
试件厚度 a_0/mm	2.99	3.00	2.99
拉伸试样最大力 F_m/N	7007.1		

3. 依据 GB 10294—2008,单试件防护热板法测量某种保温材料的导热系数,测得试件热侧表面平均温度 35.1℃,冷侧表面平均温度 15.0℃,试件平均厚度为 29.8mm,热稳定状态时加热功率为 1.040W,设备的计量面积为 0.0225m²,根据以上数据计算保温材料的导热系数。

4. 某种材料做不燃性试验时,测得 5 组试样的试验数据见表 3-7-14 所列。

表 3-7-14　某材料不燃性试验数据记录表

试样	炉内初始温度 T_i/℃	炉内最高温度 T_m/℃	炉内最终温度 T_f/℃	持续燃烧时间 t_f/s	试验前质量/g	试验后质量/g
1	750.5	862.2	820.6	6	19.22	15.68
2	750.9	867.5	825.1	7	19.54	15.91
3	749.6	858.6	818.9	6	18.96	15.40
4	748.8	865.8	822.9	7	20.06	16.41
5	749.4	868.4	827.6	7	20.28	16.76

试计算该组样品的质量损失率、持续燃烧时间、炉内温升,并判断该组样品的不燃性试验结果是否满足 GB 8624—2012 中 A1 级的要求。

5. 某种匀质材料做热值试验时,已知 $PCS=[E(T_m-T_i+c)-b]/m$,其中 $E=10607J/K$,测得 3 次试样的试验的数据见表 3-7-15 所列。

表 3-7-15 某材料热值试验数据记录表

序号	试样质量/ g	助燃质量/ g	助燃热值/ $J \cdot g^{-1}$	点火丝热量/ J	起始温度/ ℃	最高温度/ ℃	温度修正值/ K
第 1 次	0.5049	0.5114	26470	179.8	20.480	21.912	−0.00065
第 2 次	0.5120	0.5070	26470	204.5	19.796	21.223	−0.00064
第 3 次	0.5128	0.5007	26470	252.4	20.208	21.624	−0.00064

试判断该组样品的热值试验结果是否满足 GB 8624—2012 中 A2 级的技术要求。

6. 依据 GB/T 14402—2007,某种匀质材料做热值试验时,已知 $PCS=[E(T_m-T_i+c)-b]/m$,其中 $E=10607J/K$,测得 3 次试样的试验数据见表 3-7-16 所列。

表 3-7-16 某均质材料热值试验数据记录表

序号	试样质量/ g	助燃质量/ g	助燃热值/ $J \cdot g^{-1}$	点火丝热量/ J	起始温度/ ℃	最高温度/ ℃	温度修正值/ K
第 1 次	0.5009	0.5070	26470	247.9	20.092	21.438	−0.00063
第 2 次	0.5071	0.5017	26470	186.5	20.259	21.584	−0.00065
第 3 次	0.5076	0.5126	26470	244.2	20.463	21.820	−0.00063

分别计算该组试验的总热值。

7. 依据 GB/T 28289—2012,某检测单位受某建设单位的委托,对某高校幕墙材料铝合金隔热型材进行室温横向拉伸检测,得到某组试验数据见表 3-7-17 所列,求该组试验的横向抗拉特征值为多少。

表 3-7-17　铝合金隔热型材室温横向拉伸试验数据记录表

试件编号	1	2	3	4	5	6	7	8	9	10
试件长度/mm	98.88	99.76	99.15	99.97	100.05	99.46	99.77	98.46	101.52	100.58
最大拉伸力/N	2793	3196	3072	3104	3143	3223	3193	3203	3135	2749

8. 依据 GB/T 16865—2023,某检测单位受某建设单位的委托,对某高校幕墙材料铝合金建筑型材进行检测,得到数据见表 3-7-18 所列,该型材牌号为 6063-T5,厚度为 3mm。求该型材的断后伸长率试验结果。

表 3-7-18　铝合金型材力学试验数据记录表

断后标距 L_u/mm	55.21
原始标距 L_0/mm	50.00

9. 截面积为 314.2mm² 碳素结构钢,等级为 Q235B,产品标准参照 GB/T 700—2006。经力学性能试验测出该样品最大力为 146.32kN,屈服力为 83.65kN,原始标距 $L_0=100$mm,断后标距 $L_u=127.49$mm。请计算出该样品的抗拉强度、屈服强度和断后伸长率的试验结果。

第五节 幕墙系统

1. 某工程设计采用构件式玻璃幕墙。依据 GB/T 15227—2019,试验室对该幕墙工程试件进行抗风压性能工程检测,其中铝型材立柱的位移计测点间距为 4320mm,铝型材横梁的位移计测点间距为 1080mm,玻璃面板的位移计测点间距为 1080mm,试问变形检测时,该幕墙试件的立柱、横梁及玻璃面板的最大允许面法线扰度限值分别为多少?

2. 依据 GB/T 15227—2019,稳定加压法对某石材幕墙进行水密性检测,幕墙试件的尺寸为 4.5m×6m,开启的淋水蓬头面积为 5m×6m,调节水流量计,对整个幕墙试件均匀地淋水,试问水流量计的流量应调整为多少 m³/h 才符合试验方法标准要求?

3. 依据 GB/T 15227—2019,对合肥地区某工程玻璃幕墙试件进行水密性工程检测,该幕墙试件水密性工程设计等级为 2 级,尺寸为 4m×6m,开启扇缝长为 2.8m。某试验员 A 的试验行为见表 3-7-19 所列。

表 3-7-19 幕墙试件水密性工程检测试验行为记录值

序号	试验行为
1	对试件进行检查,确认符合检测要求
2	检测前,将试件可开启部分开关 1 次,最后关紧
3	开启淋水蓬头,调节水流量,对整个幕墙试件均匀地淋水,淋水量为 4L/(m²·min)
4	对试件施加 1 个压力脉冲。压力差绝对值为 500Pa
5	首先加压至可开启部分水密性能指标值,压力稳定作用 30min 或可开启部分产生渗漏为止,然后加压至幕墙固定部位水密性能指标值,压力稳定作用 30min 或幕墙固定部位产生渗漏为止
6	在压力作用过程中,观察并记录渗漏状态及部位

请评析试验员 A 在表中的试验行为。

4. 某玻璃幕墙试件面积为 3.6m×6m。在各级正负压差作用下,试件中某杆件的各测点的面法线位移量见表 3-7-20 所列,其中 A_2 测点为杆件中心测点,A_1、A_3 测点为杆件两端测点,A_1、A_3 测点距离为 1080mm。依据 GB/T 15227—2019,对该幕墙试件进行抗风压性能定级检测的变形检测时,以此杆件推算出的该幕墙变形检测时的 $\pm P_1$ 值分别为多少?

表 3-7-20 玻璃幕墙试件抗风压检测中某杆件各测点面法线位移量数据记录表

正压/Pa	位移 A_1/mm	位移 A_2/mm	位移 A_3/mm	挠度/mm	负压/Pa	位移 A_1/mm	位移 A_2/mm	位移 A_3/mm	挠度/mm
200	0.40	1.61	0.41	1.20	−200	0.34	1.40	0.52	0.97
400	0.55	2.53	0.64	1.94	−400	0.57	2.41	0.72	1.77
600	0.79	3.32	0.81	2.53	−600	0.75	3.16	0.88	2.35
800	1.00	4.09	1.09	3.05	−800	0.93	3.84	0.99	2.88

提示:该杆件的最大允许相对面法线挠度 $f_0 = L/180$;采用线性比例插值方法推算。

5. 依据 GB/T 15227—2019,对某工程幕墙试件进行抗风压性能工程检测,变形检测时,某杆件的各测点预备加压后稳定初始读数值分别为 $a_0 = 5.10\text{mm}$,$b_0 = 5.23\text{mm}$,$c_0 = 5.20\text{mm}$,在进行一定压力作用过程后,位移表读数分别为 $a = 5.70\text{mm}$,$b = 7.25\text{mm}$,$c = 5.80\text{mm}$,则该杆件的面法线挠度值为多少?

6. 依据 GB/T 21086—2007,建筑幕墙平面内变形性能以建筑幕墙层间位移角为性能指标进行分级,在非抗震设计时,指标值应不小于主体结构弹性层间位移角控制值;在抗震设计时,指标值应不小于主体结构弹性层间位移角控制值的 3 倍。建筑高度小于 150m 的钢筋混凝土框架结构的楼层最大弹性层间位移角为 1/550。

合肥地区某 12 层钢筋混凝土框架结构单体建筑玻璃幕墙,该建筑首层层高 4.2m,其余标准层层高 3.2m,依据上述知识点,试问该建筑首层及标准层的层间位移值应分别不小于多少才满足幕墙抗震设计要求?

7. 某石材幕墙试件面积为 5m×6m,无开启部分。依据 GB/T 15227—2019,对该幕墙试件进行气密性能定级检测时,正压升降过程中在 100Pa 压差作用下,两个空气附加渗透量检测值的平均值为 134.5m³/h,两个空气总渗透量平均值为 186.5m³/h,负压作用下的分级指标值 $-q_A$ 为 0.54m³/(m²·h)。试验室气压值 101.8kPa,温度 15℃。试问该幕墙试件气密性能等级?(GB/T 21086—2007 中幕墙气密性能等级及指标分级见表 3-7-21 所列)

表 3-7-21　GB/T 21086—2007 中幕墙气密性能等级及指标分级表

分级等级	1	2	3	4
分级指标值 q_A/ m³·m⁻²·h	$4.0 \geqslant q_A > 2.0$	$2.0 \geqslant q_A > 1.2$	$1.2 \geqslant q_A > 0.5$	$q_A \leqslant 0.5$

8. 某石材幕墙工程进行气密性定级检测,试验时的环境条件:气温 5℃,大气压 101.5kPa,试件面积 7.13m²,集流管截面积 $S = 4.876 \times 10^{-3} m^2$。依据 GB/T 15227—2019 气密性检测数据(见表 3-7-22 所列),该幕墙气密性能属于几级?

表 3-7-22　某石材幕墙气密性能试验数据记录表

压差/Pa	50	100	150	100	50	-50	-100	-150	-100	-50
附加渗透量测定时风速/m·s⁻¹	0.11	0.20	0.32	0.19	0.11	0.12	0.27	0.35	0.19	0.11
总渗透量测定时风速/m·s⁻¹	0.65	1.32	1.94	1.29	0.65	0.66	1.31	1.97	1.30	0.66

9. 依据 GB/T 15227—2019,对某玻璃幕墙试件进行气密性工程检测,下表记录了试验员 A 的一些检测操作行为,见表 3-7-23 所列。

表 3-7-23　某玻璃幕墙试件气密性能工程检测试验行为记录表

序号	操作行为
1	对试件进行检查,确认符合检测要求
2	于试件的室外侧,量取试件面积及开启扇缝长。记录试件面积为 24m² 及开启扇缝长为 4.3m; 查看试验环境条件,记录环境温度为 20℃ 及大气压力为 101.3kPa

（续表）

序号	操作行为
3	预备加压：在正、负压检测前，分别施加 1 个压力脉冲。压力差绝对值为 500Pa，加载速度约为 100Pa/s。压力稳定作用时间为 3s，泄压时间不少于 1s
4	附加空气渗透量的测定： (1)充分密封试件上的可开启缝隙和镶嵌缝隙或将箱体开口部分密封。 (2)按照规定的加压顺序进行加压，每级压力作用时间不应小于 10s，先逐级加正压，后逐级加负压。记录各级压力的空气渗透量检测值
5	附加空气渗透量与固定部分空气渗透量之和的测定： (1)将试件上的固定部分的缝隙密封后进行检测。 (2)按照规定的加压顺序进行加压，每级压力作用时间不应小于 10s，先逐级加正压，后逐级加负压。记录各级压力的空气渗透量检测值
6	总渗透量的测定： (1)去除试件上所加密封措施后进行检测。 (2)按照规定的加压顺序进行加压，每级压力作用时间不应小于 10s，先逐级加正压，后逐级加负压。记录各级压力的空气渗透量检测值

请评析试验员 A 在表中的检测操作行为。

10. 依据 GB/T 15227—2019，对某玻璃幕墙试件进行气密性定级检测，试件面积为 24m²，开启扇缝长为 4.3m；试验环境温度为 20℃，大气压力为 101.3kPa。

该试件在正压下的试验数据见表 3-7-24 所列。

表 3-7-24　某玻璃幕墙试件气密性能试验数据记录表

压差/Pa	50	100	150	100	50
附加渗透量/m³·h⁻¹	122.5	134.5	145.9	129.2	124.3
固附之和渗透量/m³·h⁻¹	156.7	166.5	176.6	161.2	152.8
总渗透量/m³·h⁻¹	171.1	186.5	201.3	181.2	170.4

计算该幕墙试件在正压下的气密性能检测结果。

11. 依据 GB/T 15227—2019,对某工程幕墙试件进行抗风压性能工程检测,该试件抗风压性能工程设计等级为 1 级,风荷载标准值为 1000Pa。

(1)变形检测时,检测压力达到多少时停止检测?

(2)变形检测时,该试件的每级升、降压力设置为多少 Pa 比较合适?

(3)反复加压检测,检测压力 P_2' 设置为多少 Pa?

12. 依据 GB/T 18250—2015,检测设备由安装架、静力加载装置和位移测量装置组成。某试验室采用连续平行四边形法检测建筑幕墙层间变形性能,检测设备摆杆长度为 6m。试问该试验室检测设备静力加载装置在 X 轴、Y 轴或 Z 轴维度方向的最大允许行程不得小于多少 mm?

提示:最大试验变形量按照 $\gamma_x = 1/100$、$\gamma_Y = 1/100$、$\delta_z = 25mm$ 计算。

13. 依据 GB/T 15227—2019,对某玻璃幕墙试件进行气密性工程检测,该试件面积为 24m² 、开启扇缝长为 4.3m、工程设计压力值为 100Pa,试验时的环境条件为气温 20℃、大气压 101.3kPa,试件在工程设计压力值下的试验数据见表 3 - 7 - 25 所列。

表 3 - 7 - 25　某玻璃幕墙试件气密性能试验数据记录表

压差/Pa	100	−100
附加渗透量/m³ · h⁻¹	131.8	128.4
固附之和渗透量/m³ · h⁻¹	162.5	161.1
总渗透量/m³ · h⁻¹	189.7	182.7

试计算该幕墙试件在工程设计压力值下的检测结果,并写出工程检测中气密性能的判定规则。

14. 依据 GB/T 15227—2019,对某构件式玻璃幕墙试件进行抗风压性能工程检测,该试件抗风压性能工程设计等级为 2 级,风荷载标准值为 1500Pa。试验员 A 关于变形检测的一些检测操作行为见表 3－7－26 所列。

表 3－7－26　某构件式玻璃幕墙试件抗风压性能工程检测试验行为记录表

序号	操作行为
1	对试件进行检查,确认符合检测要求。 将试件可开启部分开关不少于 5 次,最后关紧
2	按照标准要求安装杆件及玻璃面板的位移计
3	预备加压:在正、负压检测前,分别施加 1 个压力脉冲。压力差绝对值为 500Pa,加载速度约为 100Pa/s。压力稳定作用时间为 3s,泄压时间不少于 1s
4	变形检测: 检测压力分级升降。每级升、降压设置为 200Pa,加压级数为 3 级,每级压力作用时间不少于 10s。压力的升、降达到检测压力 600Pa 时停止检测,记录每级压力差作用下各个测点的面法线位移量,功能障碍或损坏的状况和部位

请评析试验员 A 在表中的检测操作行为。

15. 依据 GB/T 15227—2019,对某构件式玻璃幕墙试件进行抗风压性能工程检测,该试件抗风压性能工程设计等级为 2 级,风荷载标准值为 1500Pa。试验员 A 关于反复加压检测、安全检测的一些检测操作行为见表 3－7－27 所列。

表 3－7－27　某构件式玻璃幕墙试件抗风压性能工程检测试验行为记录表

序号	操作行为
1	反复加压检测: 变形检测未出现功能障碍或损坏时,应进行反复加压检测。以检测压力 800Pa 为平均值,以平均值的 20% 为波幅,进行波动检测,先后进行正负压检测。波动压力周期为 5～7s,波动次数不少于 10 次。记录反复检测压力值 $\pm P_2'$,并记录出现的功能障碍或损坏的状况和部位
2	风荷载标准值 P_3' 检测 检测压力升至 1500Pa,随后降至零,再降至－1500Pa,然后升至零。升降压速度为 300～500Pa/s,压力持续时间不少于 3s。记录面法线位移量、功能障碍或损坏的状况和部位
3	风荷载标准值 P_{max}' 检测 检测压力升至 1800Pa,压力持续时间不少于 3s,随后降至零,再降到－1800Pa,压力持续时间不少于 3s,然后升至零。观察并记录试件的损坏情况或功能障碍情况

请评析试验员 A 在表中的检测操作行为。

16. 依据 GB/T 15227—2019,对某构件式玻璃幕墙试件进行抗风压性能工程检测,该试件抗风压性能工程设计等级为 3 级,风荷载标准值为 2000Pa。试问变形检测压力 P'_1、反复加压检测检测压力 P'_2、风荷载标准值 P'_{max} 分别设置为多少?

17. 依据 JGJ 145—2013 及 JGJ 336—2016 对某非生命线工程中人造板材幕墙进行化学锚栓的抗拔承载力现场非破损检验,同一检验批内锚栓锚固的数量为 1000 件。试验员 A 在该检验批内抽检 3 件锚栓进行试验。试问抽检数量是否符合标准要求?

18. 依据 JGJ 145—2013 对植筋的抗拔承载力现场非破损检验,植筋采用 HRB400 级热轧带肋钢筋,直径为 20mm,设计植筋 $N_{Rk,*}$ 值为 140kN。现采用量程为 120kN 的拉拔仪进行检验。试问该拉拔仪是否符合试验要求?

19. 依据 GB/T 29043—2023,对幕墙传热系数进行检测,幕墙试件的面积为 12m²,试验采用填充板的热导率为 0.79W/(m²·K),填充板的面积为 4.5m²。由标定试验确定的检测装置的热箱外壁热流系数 M_1 和试件框热流系数 M_2 分别为 7.97W/K 和 1.52W/K;送风机电机发热量为 175W。试验中,传热过程已达到稳定状态后,某一次的测量参数数据见表 3-7-28 所列。

表 3-7-28　幕墙传热系数试验数据记录表

序号	冷热箱空气温度/℃		热箱壁面积加权平均温度/℃		试件框面积加权平均温度/℃		填充板表面平均温度/℃		加热功率/W
	热箱	冷箱	内表面	外表面	热侧	冷侧	热侧	冷侧	
1	19.9	−19.6	17.5	17.3	17.8℃	−18.2	14.7	−16.4	652

求该次的测量数据下幕墙试件的传热系数 K 值。

第八章 参考答案

第一节 填空题部分

(一)常见分类及术语

1. 承载能力,位移能力　2. 点支承装置,支承结构　3. 支承体系,75°　4. 玻璃面板,玻璃肋　5. 光伏构件,太阳能光电　6. 楼板,楼板和屋顶　7. 立柱,横梁,各种面板　8. 阳极氧化,电泳涂漆,粉末喷涂　9. 3　10. 0.30,0.20　11. 2,5,100　12. 防撞设施　13. 承载能力,刚度,稳定性　14. 十　15. 不应

(二)密封胶

1. 邵尔A型　2. 普通　3. 压入深度　4. 6mm　5. 标准橡胶块　6. 支架上　7. D标尺值　8. 硬度值　9. 金属　10. 5　11. G类　12. 粘结破坏面积　13. 最大拉伸强度　14. (23±2)℃　15. (5.5±0.7)mm/min　16. 气泡　17. 破坏形式　18. 结构装配系统用附件　19. 颜色,粘结性　20. 8周　21. 8　22. 7天　23. 21天　24. 4h　25. 90°方向　26. (48±2)℃　27. 每周　28. 基材粘结破坏面积　29. 浸水处理　30. (23±2)℃,(50±5)%　31. 14d,21d　32. 1.5mm　33. 180°　34. 7d　35. ≤20%　36. 12个　37. 污染深度和宽度　38. 24　39. 50%　40. 7d　41. 3　42. 0.5mm　43. 2h　44. A法　45. 3　46. 4h　47. 相应伸长率　48. 花岗石　49. 6个

(三)幕墙主要面板

1. 24h　2. 4min　3. 乙醇　4. 10nm　5. 单层玻璃,多层窗玻璃　6. 0.85,150～300mm　7. 0.040W/(m·K)　8. 30min　9. 20～22kg/m³　10. ±1%,20%～90%　11. (65±5)℃　12. ±1,±0.3　13. (90±0.5)°　14. 5,15,5　15. (0.25±0.05)MPa/s,10　16. 算术平均值,0.1　17. 算术平均值,三位,两位　18. 10～35℃　19. 4　20. ≥30μm　21. ≥25μm　22. 5%　23. (110±5)℃　24. 套环夹具

(四)幕墙主要支承和防火保温材料

1. 纵向　2. 10～35℃　3. (23±5)℃　4. (1.0±0.2)mm/s　5. 2～12MPa/s　6. 0.48L₀/min　7. 整数　8. 全截面试样,非全截面试样　9. 比例试样,定标距试样(或非比例试样)　10. 0.1mm　11. 3/4　12. 10～35℃　13. ±1%　14. 穿条式,浇注式　15. 24　16. 18mm　17. 24　18. (23±2)℃,(50±10)%　19. 2%　20. 0.01g

(五)幕墙系统

1. 3000m²,50%　2. 水密性能,抗风压性能,层间变形性能　3. L/180,L/250,短边距/60

4. 1,2,3　5. 检测相关方,满足检测要求　6. 室内测量,测点间距 l　7. 性能等级,工程设计要求　8. 5,5　9. 293K(20℃),101.3kPa(760mmHg)　10. 供压装置,淋水装置,测量装置　11. 1%,5%,0.25%　12. 附加空气渗透量,附加空气渗透量与固定部分空气渗透量之和,总空气渗透量　13. 5,三,500　14. 50%　15. 波动加压法,稳定加压法　16. 3L/(m²·min),4L/(m²·min)　17. 固定部位,30min　18. 可开启部分,固定部位　19. 严重渗漏,设计指标值 Δp　20. 允许值,结构性损坏,功能障碍　21. 24,300　22. 支承处,较大位移处　23. 变形,反复加压,安全　24. 8　25. 10%,40%　26. 5,1.5　27. 面法线位移量,功能障碍,损坏　28. 安装架,静力加载装置,位移测量装置　29. 1%,0.25%　30. 连续平行四边形法,层间变形法　31. 连续平行四边形法,连续平行四边形法　32. 地震,风荷载　33. 工程设计指标值,三　34. 层间位移角,层间位移角,层间高度变化量　35. 连续加载,分级加载　36. 0.1%,5件　37. 2min内无下降,下降幅度不超过5%,5%　38. 传热系数 K,8　39. 计权隔声量与交通噪声频谱修正量之和(R_w+C_{tr})　40. 透光折减系数 T_r　41. 撞击能量 E　42. 耐火完整性,耐火隔热性,降辐射热性

第二节　单项选择题部分

(一)常见分类及术语

1	D	2	C	3	D	4	C	5	C
6	D	7	B	8	D	9	C	10	C
11	B	12	A	13	B	14	A	15	A

(二)密封胶

1	D	2	B	3	C	4	C	5	D
6	B	7	A	8	D	9	C	10	C
11	C	12	D	13	C	14	A	15	C
16	A	17	D	18	B	19	B	20	D
21	B	22	C	23	D	24	D	25	C
26	B	27	C	28	D	29	B	30	B
31	D	32	B	33	D	34	A	35	B
36	C	37	B	38	D	39	D	40	B
41	C	42	A	43	B	44	A	45	C
46	B	47	A	48	D	49	A	50	C

(三)幕墙主要面板

1	C	2	B	3	A	4	A	5	A
6	A	7	D	8	C	9	B	10	B
11	C	12	D	13	B	14	A	15	B
16	D	17	D	18	C	19	B	20	A
21	C	22	A	23	B	24	C	25	A
26	D	27	C	28	A	29	C	30	A
31	A	32	A	33	B	34	A	35	A
36	B	37	A	38	A	39	A	40	A

(四)幕墙主要支承和防火保温材料

1	B	2	A	3	B	4	C	5	C
6	D	7	A	8	D	9	C	10	A
11	C	12	A	13	A	14	A	15	C
16	C	17	A	18	C	19	D	20	B
21	D	22	B	23	B	24	D	25	C
26	B	27	A	28	A	29	D	30	A
31	B	32	C	33	D	34	D	35	B
36	A	37	A	38	D	39	A	40	B

(五)幕墙系统

1	C	2	A	3	D	4	D	5	C
6	A	7	A	8	A	9	C	10	A
11	D	12	B	13	D	14	C	15	D
16	A	17	C	18	D	19	D	20	B
21	A	22	B	23	D	24	A	25	C
26	B	27	B	28	C	29	D	30	B
31	A	32	D	33	A	34	B	35	C
36	D	37	D	38	A	39	A	40	A

41	A	42	D	43	C	44	D	45	D
46	C	47	D	48	A	49	B	50	A

第三节　多项选择题部分

(一)常见分类及术语

1	ABD	2	ABC	3	AC	4	ACD	5	AC
6	ACD	7	ABCD	8	ABCD	9	ABCD	10	ABD
11	BCD	12	ABC	13	BC	14	BCD	15	ACD

(二)密封胶

1	ABD	2	AB	3	AC	4	BCD	5	ACD
6	ABC	7	ABCD	8	AC	9	ABC	10	ABD
11	CD	12	AB	13	ABCD	14	BCD	15	AC
16	ABCD	17	ABC	18	ABCD	19	BC	20	ABC
21	AB	22	AB	23	ABC	24	AB	25	BC
26	ABD	27	BD	28	AC	29	ABD	30	ABC
31	AC	32	ABCD	33	AC	34	AC	35	ABC
36	ABCD	37	AC	38	AB	39	AB	40	ABCD
41	ABCD								

(三)幕墙主要面板

1	AC	2	BC	3	AD	4	ACD	5	ABCD
6	ABCD	7	ACD	8	ABCD	9	ABD	10	ABCD
11	AD	12	BCD	13	ABCD	14	AB	15	AC
16	AD	17	AC	18	ABCD	19	AB	20	AC

(四)幕墙主要支承和防火保温材料

1	AB	2	ABC	3	ABCD	4	BCD	5	CD
6	ABC	7	ABCD	8	CD	9	ABC	10	AC

11	ABCD	12	AC	13	ABCD	14	AD	15	BCD
16	ACD	17	AB	18	AB	19	AB	20	AC

（五）幕墙系统

1	ABC	2	AC	3	ABCD	4	ACD	5	ABCD
6	ABCD	7	ABCD	8	BC	9	ABCD	10	AD
11	ABC	12	AC	13	BCD	14	ABCD	15	CD
16	AD	17	BD	18	AB	19	ABCD	20	BC
21	ABCD	22	CD	23	ACD	24	BCD	25	CD
26	BD	27	AC	28	BC	29	CD	30	AD
31	ABCD	32	ABD	33	ABCD	34	AC	35	CD
36	ABCD	37	ABCD	38	BC	39	ABCD	40	AD

第四节　判断题部分

（一）常见分类及术语

1	×	2	×	3	√	4	×	5	×
6	×	7	√	8	√	9	×	10	×
11	√	12	×	13	×	14	√	15	√

（二）密封胶

1	√	2	×	3	×	4	√	5	√
6	√	7	×	8	√	9	×	10	×
11	√	12	×	13	√	14	√	15	√
16	×	17	√	18	×	19	×	20	×
21	×	22	√	23	√	24	√	25	√
26	√	27	√	28	√	29	×	30	√
31	√	32	√	33	√	34	×	35	×
36	×	37	×						

(三)幕墙主要面板

1	√	2	×	3	×	4	√	5	√
6	√	7	√	8	×	9	×	10	√
11	×	12	×	13	×	14	√	15	×
16	×	17	√	18	×	19	×	20	√
21	√	22	√	23	√	24	√	25	√
26	√	27	√	28	√				

(四)幕墙主要支承和防火保温材料

1	√	2	√	3	×	4	√	5	×
6	√	7	×	8	√	9	√	10	√
11	√	12	×	13	√	14	√	15	√
16	√	17	√	18	×	19	√	20	√

(五)幕墙系统

1	×	2	√	3	√	4	√	5	×
6	×	7	×	8	×	9	√	10	×
11	×	12	√	13	×	14	×	15	×
16	×	17	×	18	×	19	√	20	√
21	√	22	×	23	√	24	×	25	×
26	√	27	×	28	√	29	√	30	√

第五节　简答题部分

(一)常见分类及术语

1. 玻璃自爆的原因是玻璃中含有硫化镍晶体,由于硫化镍晶体的密度变化,其体积膨胀4%,膨胀应力可以使玻璃破裂。为了减少这种自爆,可对钢化玻璃进行二次热处理,通常称为引爆处理或均质处理。

2. 全玻璃幕墙现场打胶严禁雨雪天气打胶,打胶现场要求光线充足、环境清洁、气温在15~30℃、相对湿度在50%以上,并具有防火、防暴、防尘等措施。

3. 依据建筑幕墙的主要支承结构形式,幕墙可分为构件式、单元式、点支承、全玻、双层。

4. 建筑幕墙的三要素:(1)由面板与支承结构体系(支承装置与支承结构)组成;(2)可相对主体结构有一定位移能力;(3)自身有一定变形能力、不承担主体结构所受作用。

5. 双层幕墙按空气间层的分隔形式主要分类如下:箱体式双层幕墙、单楼层式双层幕墙、多楼层式双层幕墙、整面式双层幕墙、井道式双层幕墙

6.《建筑幕墙》(GB/T 21086—2007)中规定了建筑幕墙的标记方式,即幕墙产品由主要支承结构形式、面板支承形式(单元接口形式)、密闭形式(通风方式)、面板材料和主参数(抗风压性能)五部分组成。

7. 建筑幕墙是由面板与支承结构体系组成的,具有规定的承载能力、变形能力和适应主体结构位移能力,不分担主体结构所受作用的建筑外围护墙体结构或装饰性结构。

8. 点支式玻璃幕墙的支承结构主要有钢结构点支承、索结构点支承、玻璃肋点支承。

(二)密封胶

1. 邵氏硬度计的测量原理是在特定的条件下把特定形状的压针压入橡胶试样面形成压入深度,再把压入深度转换为硬度值。

2. 应定期使用合适的仪器对邵氏 A 型硬度计的弹簧试验力和有关几何尺寸进行调整和校准。使用标准橡胶块进行核查。日常使用的硬度计应至少每星期使用标准橡胶块进行核查。

3. 邵氏 A 型硬度计测量次数和位置应符合下列规定:在试样表面不同位置进行 5 次测量取中值,不同测量位置两两相距至少 6mm。

4. 使用邵氏 A 型硬度计测定硬度时,试样的厚度至少为 6mm。对于厚度小于 6mm 和 1.5mm 的薄片,为得到足够的厚度,试样可以由不多于 3 层叠加而成,叠加后试样总厚度至少为 6mm。但由叠层试样测定的结果和单层试样测定的结果不一定一致。

5. 结构胶的拉伸粘结性试验原理:将待测密封材料粘结在两个平行基材的表面之间,制成试件。将试件拉伸至破坏,绘制力值-伸长值曲线,以计算的正割拉伸模量、最大拉伸强度、断裂伸长率表示密封材料的拉伸粘结性能。

6. 结构胶的拉伸粘结性试验用的主要试验器具:粘结基材、隔离垫块、防粘材料、拉力试验机。

7. 结构胶的拉伸粘结性试验粘结破坏面积的测量和计算,采用透过印制有 1mm×1mm 网格线的透明膜片,测量拉伸粘结试件两粘结面上粘结破坏面积较大面占有的网格数,精确到 1 格(不足一格不计)。粘结破坏面积以粘结破坏格数占总格数的百分比表示。

8. 附件同密封胶相容性试验原理:将一个有附件的试验试件放在紫外灯下直接辐照,在热条件下透过玻璃辐照另一个试件。再对没有附件的对比试件进行同样的试验,观察两组试件颜色的变化,对比试验密封胶同参照密封胶对玻璃及附件粘结性的变化。

9. 为保证紫外辐照强度在一定范围内,紫外灯使用 8 周后应更换,为保证均匀辐照,每两周如图 3-8-1 所示更换一次灯管的位置,去除 3♯灯,将 2♯灯移到 3♯灯的位置,将 1♯灯移到 2♯灯的位置,将 4♯灯移到 1♯灯的位置,在 4♯灯的位置安装一个新灯管。

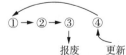

图 3-8-1　结构胶相容性
试验紫外线荧光灯灯管
位置及更换次序

10. 附件同密封胶相容性试验主要观测的指标:密封胶的变色情况、密封胶对玻璃的粘结性、密封胶对附件的粘结性。

11. 结构装配系统用附件同密封胶相容性试验结果判定见表 3-8-1 所列。

表 3-8-1 结构装配系统用附件同密封胶相容性试验结果判定指标表

试验项目		判定指标
附件同密封胶相容	颜色变化	试验试件与对比试件颜色变化
	玻璃和密封胶	试验试件、对比试件与玻璃粘结破坏面积的差值≤5%

12. 实际工程用基材同密封胶粘结性试验:报告每条试料带剥离粘结破坏面积的百分率及试验结果的算术平均值(%),同时报告基材的类型、是否使用底涂。

13. 实际工程用基材同密封胶粘结性试验结果的判定:实际工程用基材与密封胶粘结:粘结破坏面积的算术平均值≤20%。

14. 密封胶剥离粘结性的试验原理:将被测密封材料涂在粘结基材上,并埋入一布条,制得试件。于规定条件下将试件养护至规定时间,然后使用拉伸试验机将埋放的布条沿180°方向从粘结基材上剥下,测定剥下布条时的拉力值及密封材料与粘结基材剥离时的破坏状况。

15. 石材用建筑密封胶污染性试验试件应经受如下处理:12 个试件按 50% 压缩并夹紧;1/3 试件保持受压状态放置于标准试验条件 28d;1/3 试件保持受压状态放置于烘箱中 28d;1/3 试件保持受压状态放置于紫外线箱中 28d。

16. 石材用建筑密封胶污染性试验中试件养护方法:
(1)双组分密封胶在标准试验条件下放置 14d;
(2)单组分密封胶在标准试验条件下放置 21d;
在不损坏试件条件下,养护期间垫块应尽早分离。

17. 石材用建筑密封胶污染性试验原理:本试验方法测量接缝密封材料在规定的条件下对多孔基材造成的肉眼可见的污染。将密封材料填入两块多孔基材之间固化制成试件。将试件压缩(或不压缩)并经受热和/或低温和/或光辐射加速老化处理,老化处理后评价试验试件。通过目测基材表面产生的变化,测量最大和最小污染宽度及污染深度,记录基材外表面和本体内部的污染现象。

18. 石材用建筑密封胶污染性试验污染深度的测量:将基材从中间敲成两块[最后的基材尺寸约为 40mm×25mm×25mm],若表面有污染,则从最大污染表面处敲开基材,测量至少 3 点的污染深度,记录测量的平均值,精确到 0.5mm。若使用底涂料,则需分别记录每个试件加底涂料和不加底涂料基材污染值。

19. 正割拉伸模量试验结果按如下方法计算:
每个试件选定伸长时的正割拉伸模量(σ)按下式计算,取 3 个试件的算术平均值,精确至 0.01MPa。

$$\sigma=\frac{F}{S}$$

式中:

σ——正割拉伸模量,单位为兆帕(MPa);

F——选定伸长时的力值,单位为牛顿(N);

S——试件初始截面积,单位为平方毫米(mm^2)。

20. ＋23℃和－20℃石材用密封胶的拉伸模量粘结试件数量各为 3 个,试验基材为结构密实的花岗石。

(三)幕墙主要面板

1. 中空玻璃密封性能检验应在温度(25±3)℃、相对湿度 30％～75％的条件下进行。

2. 可见光透射比:在可见光光谱(380～780nm),CIE D65 标准照明体条件下,CIE 标准视见函数为接收条件的透过光通量与入射光通量之比。

3. (1)试件宜为 800mm×1250mm 的玻璃板块。

(2)试件构造应符合产品设计和制作要求,不应附加任何多余配件或采取特殊组装工艺。

(3)试件应完好,无裂纹,无缺角,无明显变形,周边密封无破损等现象。

4. 方法 A:350mm×100mm×30mm,也可采用实际厚度(H)的样品,试样长度为 $10H+50mm$,宽度为 100mm。

方法 B:250mm×50mm×50mm。

5. 试样不应有裂纹、缺棱和缺角等影响试验的缺陷。

6. (1)试样为边长 50mm 的正方体或直径、高度均为 50mm 的圆柱体,尺寸偏差±0.5mm,每组 5 块。特殊要求时可选用其他规则形状的试样,外形几何体积应不小于 $60cm^3$,其表面积与体积之比应在 0.08～0.20mm^{-1}。

(2)试样应从具有代表性部位截取,不应带有裂纹等缺陷。

(3)试样表面应平滑,粗糙面应打磨平整。

7. 按照 GB/T 4957 的规定进行,测量点应至少包括四角和中心共 5 个部位,以全部测量值中的最小值和算术平均值作为检验结果。

8. 按照 GB/T 9754 的规定进行,测量点应至少包括四角和中心共 5 个部位。试验中应保持试件生产方向的一致性。以全部测量值中的最大值与最小值之差值作为检验结果。

9. 铝材产品矩形试样在标距两端及中间三处进行原始厚度(a_0)和原始宽度(b_0)的测量,按 $S_0=a_0 \cdot b_0$ 计算矩形试样三处的横截面积,数值以平方毫米(mm^2)表示,选三处中面积最小值作为试样原始横截面积(S_0)。

式中:S_0——试样的原始横截面积,单位为平方毫米(mm^2);

a_0——试样的厚度,单位为毫米(mm);

b_0——试样的宽度,单位为毫米(mm)。

10. 其他产品试样原始标距(L_0)的标记规定:使用引伸计测定断后伸长率(A)时,可不做标记。采用其他方式测定断后伸长率时应标记原始标距,不应使用会引起过早断裂的缺口做标记。原始标距的标记应准确到±1％。

(四)幕墙主要支承和防火保温材料

1. 任一试样的力学性能不合格时,应从该批基材中另取双倍数量的试样进行重复试验,重复试验结果全部合格,则判该批基材合格;若重复试验结果仍有试样性能不合格,则判该批基材不合格。

2. 镁及镁合金、纯铝及不可热处理强化铝合金的轧制板、带、箔材应切取纵向试样(试样的纵轴平行于轧制方向)。可热处理强化的铝合金产品宽度不小于 230mm 时,应切取横向试样(试样的纵轴垂直于轧制方向);当产品宽度小于 230mm 时,可切取纵向试样,并在报告中注明取样方向。

产品厚度大于 40mm 时,试样应在 1/4 厚度处切取;产品厚度不大于 40mm 时,试样应在厚度的中心部位切取。

3. 规定非比例延伸强度($R_{p0.2}$)和抗拉强度(R_m)的计算结果,数值以兆帕(MPa)表示,计算结果保留整数,数值修约按 GB/T 8170 的规定进行。

断后伸长率(A)的计算结果,数值以百分数(%)表示,计算结果表示到小数点后一位,数值修约按 GB/T 8170 的规定修约至最接近的 0.5 的倍数。

4. 除铝箔试样外,其他铝型材产品拉伸试验的断后标距测定方法:

(1)测量断后标距(L_u)时,应清除影响断口对接的碎屑,然后将试样断裂的部分仔细地对接在一起,使其纵轴处于同一直线上。若紧密对接后仍有缝隙,则缝隙应计入拉断后的标距内。

(2)测量断后标距(L_u),精确到 0.1mm 或 $0.5\%L_0$,以较小者为准。

5. 铝合金隔热型材室温条件下纵向剪切试验步骤:

(1)试验前,铝合金隔热型材试样应在温度为(23±2)℃、相对湿度为 50%±10% 的环境条件下放置 48 h,进行状态调节。

(2)将纵向剪切夹具安装在试验机上,紧固好连接部位,确保在试验过程中不会出现试验偏转现象。

(3)将试样安装在剪切夹具上,刚性支撑边缘靠近隔热材料与铝合金型材相接位置,距离以不大于 0.5mm 为宜。

(4)以 5mm/min 的速度,加至 100N 的预荷载。

(5)以 1~5mm/min 的速度进行纵向剪切试验,并记录所加荷载和在试样上直接测得的相应剪切位移(荷载-位移曲线),直至出现最大荷载。

6. 铝合金隔热型材的纵向剪切试验对试样有如下要求:

(1)试样应从符合相应产品标准规定的型材上切取,保留其原始表面,清除加工后试样上的毛刺;

(2)切取试样时应预防因加工受热而影响试样的性能测试结果;

(3)试样形位公差应符合标准要求;

(4)试样尺寸为(100±2)mm,用分辨力不大于 0.02mm 的游标卡尺,在隔热材料与铝型材复合部位进行尺寸测量,每个试样测量 2 个位置的尺寸,计算其平均值。

(5)试样按相应产品标准中规定进行分组并编号。

7. 某钢材的牌号为 Q235ATZ,该牌号表示该钢材的屈服强度为 235MPa、质量等级为 A 级、脱氧方法为特殊镇静钢。

8. 除铝箔外,其他产品的矩形试样在测量横截面原始尺寸时,在标距两端及中间三处进行原始厚度(a_0)和原始宽度(b_0)的测量,试样原始横截面积(S_0)的计算结果保留四位有效数字,选三处中面积最小值作为试样原始横截面积(S_0)。

试样原始横截面积的测定误差应不大于±1‰,厚度小于 0.3mm 的试样原始横截面积的测定误差应不大于±2‰。

9. GB/T 232—2024,型钢试样弯曲至规定弯曲角度的试验步骤如下:

(1)试验一般在 10～35℃的室温范围内进行。对温度要求严格的试验,试验温度应为 (23±5)℃。

(2)试样弯曲至规定弯曲角度的试验,应将试样放于两支辊或 V 形模具上,试样轴线应与弯曲压头轴线垂直,弯曲压头在两支座之间的中点处对试样连续施加力使其弯曲,直至达到规定的弯曲角度。弯曲角度 α 可以通过测量弯曲压头的位移计算得出。

10. GB/T 232—2024,金属材料的弯曲试验原理如下:

(1)弯曲试验是以圆形、方形、矩形或多边形横截面试样在弯曲装置上经受弯曲塑性变形,不改变加力方向,直至达到规定的弯曲角度。

(2)弯曲试验时,试样两臂的轴线保持在垂直于弯曲轴的平面内。在弯曲 180°的弯曲试验中,按照相关产品标准的要求,可以将试样弯曲至两臂直接接触或两臂相互平行且相距规定距离,可使用垫块控制规定距离。

(五)幕墙系统

1."建筑幕墙":由面板与支承结构体系(支承装置与支承结构)组成的、可相对主体结构有一定位移能力或自身有一定变形能力、不承担主体结构所受作用的建筑外围护墙。

"构件式建筑幕墙":现场在主体结构上安装立柱、横梁和各种面板的建筑幕墙。

2."定级检测":为确定试件性能等级而进行的检测。

"工程检测":为确定试件是否满足工程设计要求的性能而进行的检测。

3. 建筑幕墙"三性"试验的检测原理:将足尺试件安装在压力箱上,利用供压装置使试件两侧形成稳定压力差或按照一定周期波动的压力差,模拟试件受到不同风荷载作用时的状态,检测在此状态下的试件阻止空气渗透的能力和承受允许变形的能力,即气密性能检测和抗风压性能检测。在施压的同时向试件室外侧淋水,模拟试件受到风雨同时作用时阻止雨水向室内侧渗漏的能力,即水密性能检测。

4. 建筑幕墙"三性"试验工程检测顺序宜按照气密、抗风压变形 p_1'、水密、抗风压反复加压 p_2'、风荷载标准值 p_3'、风荷载设计值 p_{max}' 的顺序进行。

5. 建筑幕墙水密性能稳定加压试验中两过程不同:

试验加压过程:定级检测时,逐级加压至幕墙固定部位出现严重渗漏为止。工程检测时,首先加压至可开启部分水密性能指标值,压力稳定作用 15min 或幕墙可开启部分产生严重渗漏为止,然后加压至幕墙固定部位水密性能指标值,压力稳定作用 15min 或产生幕墙固定部位严重渗漏为止;无开启结构的幕墙试件压力稳定作用 30min 或产生严重渗漏为止。

结果判定:定级检测以未发生严重渗漏时的最高压力差值 Δp 对照 GB/T 31433 的规定进行定级,可开启部分和固定部分分别定级。工程检测以是否达到水密性能设计指标值 Δp 作为评定依据。

6."面法线位移":试件受力构件表面上任意一点沿面法线方向的线位移量。

"面法线挠度":试件受力构件表面某一点沿面法线方向的线位移量的最大差值。

"相对面法线挠度":试件面法线挠度和支承处测点间距 l 的比值。

"允许相对面法线挠度":试件主要受力构件在正常使用极限状态时的相对面法线挠度

的限值。

7. 预备加压后,按照以下要求进行抗风压变形检测:检测压力分级升降。每级升、降压力不超过风荷载标准值的 10%,每级压力作用时间不少于 10s。压力的升、降达到检测压力 P_1'(风荷载标准值的 40%)时停止检测,记录每级压力差作用下各个测点的面法线位移量,功能障碍或损坏的状况和部位。

8. 抗风压工程检测中反复加压检测:变形检测未出现功能障碍或损坏时,应进行反复加压检测。检测前,应将试件可开启部分启闭不少于 5 次,最后关紧。以检测压力 P_2'($P_2'=1.5P_1'$)为平均值,以平均值的 1/4 为波幅,进行波动检测,先后进行正负压检测。波动压力周期为 5~7s,波动次数不少于 10 次。记录反复检测压力值 $\pm P_2'$,并记录出现的功能障碍或损坏的状况和部位。

9. 建筑幕墙抗风压工程检测中安全检测结果的评定要求:

(1)风荷载标准值检测的评定:在风荷载标准值作用下对应的相对面法线挠度小于或等于允许相对面法线挠度 f_0,且检测时未出现功能性障碍和损坏,应判为满足工程使用要求;在风荷载标准值作用下对应的相对面法线挠度大于允许相对面法线挠度 f_0 或试件出现功能障碍和损坏,应注明出现功能障碍或损坏的情况及其发生部位,并应判为不满足工程使用要求。

(2)风荷载设计值检测的评定:在风荷载设计值作用下,试件不应出现功能障碍和损坏,否则应注明出现功能障碍或损坏的情况及其发生部位,并判为不满足工程使用要求。

10. 建筑幕墙气密性工程检测结果的评定要求:在正压、负压条件下,试件单位面积(含可开启部分)和单位开启缝长的空气渗透量均应满足工程设计要求,否则应判定为不满足工程设计要求。

11. 建筑幕墙水密性检测中五种渗漏状态:(1)试件内侧出现水滴;(2)水珠连成线,但未渗出试件界面;(3)局部少量喷溅;(4)持续喷溅出试件界面;(5)持续流出试件界面。其中,(4)项、(5)项属于严重渗漏。

12. 抗风压检测中"结构性损坏":裂缝、面板破损、连接破坏、粘结破坏等。
"功能障碍":五金件松动、启闭困难等。

13. 建筑幕墙层间变形性能检测原理是通过静力加载装置,模拟主体结构受地震、风荷载等作用时产生的 X 轴、Y 轴、Z 轴或组合位移变形,使幕墙试件产生低周反复运动,以检测幕墙对层间变形的承受能力。

14. 建筑幕墙层间变形性能检测关于构件式幕墙试件的要求:

(1)试件规格型号、材料、五金配件等应与委托单位所提供的图样一致。

(2)试件应包括典型的垂直接缝、水平接缝和可开启部分,并且试件上可开启部分占试件总面积的比例与实际工程接近。

(3)构件式幕墙试件宽度至少应包括一个承受设计荷载的典型垂直承力构件,试件高度不应少于一个层高,并应在垂直方向上有两处或两处以上与支承结构相连接。

15. 预加载后,按照以下要求进行建筑幕墙 X 轴维度变形性能检测:对于判定是否达到设计要求的工程检测,层间位移角取工程设计指标值,操作静力加载装置,推动摆杆或活动梁沿 X 轴维度作三个周期的相对反复移动。每个周期宜为 3~10s,三个周期结束后将试件的可开启部分开关五次,然后关紧。检查并记录试件状态。当试件发生损坏(指面板破裂或脱落、连接件损坏或脱落、金属框或金属面板产生明显不可恢复的变形)或功能障碍(指启闭功能障碍、胶条脱落等现象)时应停止检测,记录试件状态。

16. "化学锚栓":由金属螺杆和锚固胶组成,通过锚固胶形成锚固作用的锚栓。化学锚栓分为普通化学锚栓和特殊倒锥形化学锚栓。

"破坏模式":荷载作用下锚固连接的破坏形式,分为锚栓钢材破坏、混凝土破坏、混合型破坏、拔出破坏、穿出破坏及界面破坏。

17. 受现场条件限制无法进行原位破坏性检验时,可在工程施工的同时,现场浇筑同条件的混凝土块体作为基材安装锚固件,并应按规定的时间进行破坏性检验,且应事先征得设计单位和监理单位的书面同意,并在现场见证试验。

18. 进行非破损检验连续加载时,应以均匀速率在 $2\sim3\mathrm{min}$ 加载至设定的检验荷载,并持荷 $2\mathrm{min}$;荷载检验值应取 $0.9f_{yk}A_s$ 和 $0.8N_{Rk,*}$ 的较小值。

19. 锚固承载力现场非破损检验的评定要求:

(1)试样在持荷期间,锚固件无滑移、基材混凝土无裂纹或其他局部损坏迹象出现,且加载装置的荷载示值在 $2\mathrm{min}$ 内无下降或下降幅度不超过 5% 的检验荷载时,应评定为合格;

(2)一个检验批所抽取的试样全部合格时,该检验批应评定为合格检验批;

(3)一个检验批中不合格的试样不超过 5% 时,应另抽 3 根试样进行破坏性检验,若检验结果全部合格,该检验批仍可评定为合格检验批;

(4)一个检验批中不合格的试样超过 5% 时,该检验批应评定为不合格,且不应重做检验。

20. 锚固拉拔承载力检验时,采用胶粘的锚固件,其检验宜在锚固胶达到其产品说明书标示的固化时间的当天进行。若因故需推迟抽样与检验日期,除应征得监理单位同意外,推迟时间不应超过 3d。

第六节　综合题部分

(一)常见分类及术语

1. 幕墙工程应对下列材料及其性能指标进行复验:

(1)铝塑复合板的剥离强度;

(2)石材、瓷板、陶板、微晶玻璃板、木纤维板、纤维水泥板和石材蜂窝板的抗弯强度;严寒、寒冷地区石材、瓷板、陶板、纤维水泥板和石材蜂窝板的抗冻性;室内用花岗石的放射性;

(3)幕墙用结构胶的邵氏硬度、标准条件拉伸粘结强度、相容性试验、剥离粘结性试验;石材用密封胶的污染性;

(4)中空玻璃的密封性能;

(5)防火、保温材料的燃烧性能;

(6)铝材、钢材主受力杆件的抗拉强度。

2. 幕墙性能检测出现不合格时应按以下方式处理:

(1)因安装缺陷导致幕墙性能检测未达标时,允许在改进安装工艺、修补缺陷后重新检测,检测报告中应叙述改进内容;

(2)因设计或材料缺陷导致幕墙性能检测未达标时,应停止检测,修改设计或更换材料后,重新制作试件,另行检测。

(二)密封胶

1. 错误主要有:试样厚度至少为 6mm;弹簧试验力保持时间为 3s;在试样表面不同位置进行 5 次测量取中值;不同测量位置两两相距至少 6mm。

2. 错误主要有:先将邵氏 A 型硬度计压在玻璃平板上;一套标准橡胶块应至少有 6 块;标准橡胶块要按照 GB/T 6031 给出的方法用定负荷硬度计定期重新校准,校准间隔时间不超出 6 个月;日常使用的硬度计应至少每星期使用标准橡胶块进行核查。

3. 第一组结构胶 5 次测量数据取中值,邵尔硬度为 20;

第二组结构胶 5 次测量数据取中值,邵尔硬度为 42;

依据 GB 16776—2005 硬度技术指标 20～60,两组硬度均合格。

4. 每个试件拉伸粘结强度数据计算见表 3-8-2 所列。

表 3-8-2　拉伸粘结强度数据计算表

序号	1	2	3	4	5
伸长率为 100% 时的力值/N	408	412	405	420	416
拉伸粘结强度/MPa	0.68	0.69	0.68	0.70	0.69

取 5 个试件的算术平均值,精确至 0.01MPa

$(0.68+0.69+0.68+0.70+0.69)/5=0.69\text{MPa}\geqslant 0.60\text{MPa}$,合格。

5. 拉伸粘结强度数据计算见表 3-8-3 所列。

表 3-8-3　拉伸粘结强度数据计算表

序号	1	2	3	4	5
最大力值/N	432	430	436	440	438
最大拉伸强度/MPa	0.72	0.72	0.73	0.73	0.73
取 5 个试件的算术平均值,精确至 0.01MPa	0.73				

6. 采用透过印制有 1mm×1mm 网格线的透明膜片,测量拉伸粘结试件两粘结面上粘结破坏面积较大面占有的网格数,精确到 1 格(不足 1 格不计)。

粘结破坏面积以粘结破坏格数占总格数的百分比表示。

$$4/50=8\%$$

7. 两者粘结破坏面积试验和测量方法相同。均采用透过印制有 1mm×1mm 网格线的透明膜片,测量拉伸粘结试件两粘结面上粘结破坏面积较大面占有的网格数,精确到 1 格(不足 1 格不计)。

不同:结构胶标准条件下的拉伸粘结破坏面积以粘结破坏格数占总格数的百分比表示;标准要求粘结破坏面积小于等于 5%。结构胶实际工程用基材同密封胶粘结性试验中粘结破坏面积以剥离长度×试料带宽度为基础面积,计算粘结破坏面积的百分率及算术平均值(%);标准要求粘结破坏面积的算术平均值小于等于 20%。

8. 依据 GB 16776—2005 规定,结构胶相容性从收样、样品状态调节(1d)、试样制备、试样养护(7d)、试样处理(21d)到试验(冷却 4h),数据记录与处理,最后到报告,周期至少 30d。委托单位要求一周内出具检测报告是不符合试验周期要求的。

9. 玻璃板应采用清洁的无色透明浮法玻璃;表面用 50% 异丙醇-蒸馏水溶液清洗;隔离胶带覆盖宽度约 25mm;两种胶的相接处应高于附件上端约 3mm。

10. (1)制备的试件在标准条件下养护 7d。取两个试验试件和两个对比试件,玻璃面朝下放置在紫外辐照箱中;再放入两个试验试件和两个对比试件,玻璃面朝上放置在紫外灯下照射 21d。

(2)为保证紫外辐照强度在一定范围内,紫外灯使用 8 周后应更换,为保证均匀辐照,每两周如图 3-8-2 所示更换一次灯管的位置,去除 3♯灯,将 2♯灯移到 3♯灯的位置,将 1♯灯移到 2♯灯的位置,将 4♯灯移到 1♯灯的位置,在 4♯灯的位置安装一个新灯管。

图 3-8-2　结构胶相容性试验紫外线荧光灯灯管位置及更换次序

(3)试验箱温度应控制在(48±2)℃(距离试件 5mm 处测量),试件表面温度每周测一次。

11. 用手握住隔离胶带上的密封胶,与玻璃成 90°方向用力拉密封胶,使密封胶从玻璃粘结处剥离。按 GB/T 13477.8—2017 进行试验,测量和计算粘结破坏面积,采用透过印制有 1mm×1mm 网格线的透明膜片,测量拉伸粘结试件两粘结面上粘结破坏面积较大面占有的网格数,精确到 1 格(不足 1 格不计)。粘结破坏面积以粘结破坏格数占总格数的百分比表示。依据上述测量并计算试验胶、参照胶与玻璃内聚破坏面积的百分率。

$$C_r = 100\% - A_L$$

式中:

C_r——内聚破坏面积的百分率;

A_L——粘结破坏面积的百分率。

12. 制备的试件在标准条件下养护 7d。在紫外辐照箱中紫外灯下照射 21d。为保证紫外辐照强度在一定范围内,紫外灯使用 8 周后应更换。为保证均匀辐照,每两周更换一次灯管的位置;试验箱温度应控制在(48±2)℃(距离试件 5mm 处测量),试件表面温度每周测一次。

13. 制备好的试件按以下条件养护:双组分试件样品在标准条件下养护 14d;单组分样品在标准条件下养护 21d。养护 7d 后应在布/金属丝网上复涂一层 1.5mm 厚试验样品。

14. 用锋利的刀片沿试件纵向切割 4 条线;切割后的试料带并浸入去离子水或蒸馏水中处理 7d;以剥离长度×试料带宽度为基础面积,计算粘结破坏面积的百分率及算术平均值(%)。

15. 不完整。除了报告每条试料带剥离粘结破坏面积的百分率还需要报告试验结果的算术平均值(%),同时报告基材的类型、是否使用底涂等。

16. 不正确。石材用建筑密封胶污染性试验试件应经受如下处理:12 个试件按 50% 压缩并夹紧;1/3 试件保持受压状态放置于标准试验条件 28d;1/3 试件保持受压状态放置于烘箱中 28d;1/3 试件保持受压状态放置于紫外线箱中 28d。

17. 依据 GB/T 23261—2009,石材用建筑密封胶污染性试验从收样、样品状态调节

(1d)、试样制备、试样养护(单组分 21d)、试样处理(28d)到试验,结果评价(标准条件下放置 1d),数据记录与处理,最后到报告,周期至少 51d。委托单位要求一周内出具检测报告不符合试验周期要求。

18. 石材用建筑密封胶污染性试验数据计算见表 3-8-4 所列。

表 3-8-4　石材用建筑密封胶污染性试验数据计算表

处理条件		标准试验条件				烘箱				紫外辐照箱			
序号		1	2	3	4	1	2	3	4	1	2	3	4
污染宽度/mm	测量值	1.6	1.5	1.5	1.4	2.0	1.8	1.7	1.5	1.5	1.6	2.0	1.5
		1.8	1.6	1.5	1.5	1.8	1.6	1.6	2.0	1.8	1.8	1.6	1.4
		1.6	1.7	1.7	1.6	1.6	1.0	1.5	1.6	2.0	1.5	2.0	1.3
	平均值 (精确到 0.5mm)	1.5	1.5	1.5	1.5	2.0	1.5	1.5	1.5	2.0	1.5	2.0	1.5
	算术平均值	1.5				1.5				2.0			

污染宽度小于等于 2.0mm,合格。

19. 耐候胶(35LM 级别)标准状态下的拉伸模量试验数据计算见表 3-8-5 所列。

表 3-8-5　耐候胶(35LM 级别)标准状态下的拉伸模量试验数据计算表

	试件 1	试件 2	试件 3
100%伸长率时力值/N	202	206	212
拉伸模量/MPa	0.34	0.34	0.35
算术平均值 (修约至 0.01MPa)	0.34		

20. 耐候胶(50HM 级别)标准状态下的拉伸模量试验数据计算见表 3-8-6 所列。

表 3-8-6　耐候胶(50HM 级别)标准状态下的拉伸模量试验数据计算表

	试件 1	试件 2	试件 3
150%伸长率时力值/N	224	228	225
拉伸模量/MPa	0.37	0.38	0.38
算术平均值 (修约至小数点后一位)	0.4		

(三)幕墙主要面板

1. 不对,检测样品应为 10 块,实验前应将样品放置温度为(25±3)℃,相对湿度 30%～75%的条件放置至少 24h;露点接触时间应为 6min;移开露点仪后应立刻观察玻璃样品的内表面有无结露或结霜现象。

2. $\tau_v = \dfrac{\sum_{\lambda=380\text{nm}}^{780\text{nm}} \tau(\lambda) D_\lambda V(\lambda) \Delta\lambda}{\sum_{\lambda=380\text{nm}}^{780\text{nm}} D_\lambda V(\lambda) \Delta\lambda} = 88\%$

3. $K = \dfrac{Q - M_1 \cdot \Delta\theta_1 - M_2 \cdot \Delta\theta_2 - S \cdot \Lambda \cdot \Delta\theta_3 - \Phi_{\text{edge}}}{A \cdot (T_1 - T_2)} = [190 - 8.1 \times (-1.2) - 1.2 \times$

$39.8 - (1.8 \times 2 - 0.8 \times 1.25) \times 0.7 \times 38.8 - 2.2]/(0.8 \times 1.25 \times 39.9) = 1.98(\text{W}/(\text{m}^2 \cdot \text{K})) \approx$

$2.0[\text{W}/\text{m}^2 \cdot \text{K}]$

4. 不应该直接离开。正确的检测程序如下：

(1)启动检测装置,设定冷、热箱和环境空间空气温度。

(2)当冷、热箱和环境空间空气温度达到设定值,且测得的热箱和冷箱的空气平均温度每小时变化的绝对值分别不大于 0.1K 和 0.3K,热箱内外表面面积加权平均温度差值和试件框冷热侧表面面积加权平均温度差值每小时变化的绝对值分别不大于 0.1K 和 0.3K,且不是单向变化时,传热过程已达到稳定状态;热箱内外表面、试件框冷热侧表面面积加权平均温度计算应符合标准的规定。

(3)传热过程达到稳定状态后,每隔 30min 测量一次参数,共测六次。

(4)测量结束后记录试件热侧表面结露或结霜状况。

5. 已知该铝单板试样的原始横截面积为 125mm²;拉伸测试过程中加在试样上的最大力为 24125N。

$$R_m = F_m/S_0 = 24125/125 = 193(\text{MPa})$$

6. 已知该铝单板原始标距为 50.25mm;断后标距为 63.50mm。

$$\overline{T} = (63.50 - 50.25)/50.25 \times 100\% = 26.4\%$$

修约 26.5%

7.

$$P_B = \frac{3FL}{2KH^2}$$

$$P = 3 \times 3180 \times 200/(2 \times 50 \times 50 \times 50) = 7.6(\text{MPa})$$

$$P = 3 \times 3380 \times 200/(2 \times 50 \times 50 \times 50) = 8.1(\text{MPa})$$

$$P = 3 \times 3260 \times 200/(2 \times 50 \times 50 \times 50) = 7.8(\text{MPa})$$

$$P = 3 \times 3240 \times 200/(2 \times 50 \times 50 \times 50) = 7.8(\text{MPa})$$

$$P = 3 \times 3310 \times 200/(2 \times 50 \times 50 \times 50) = 7.9(\text{MPa})$$

$$(7.6 + 8.1 + 7.8 + 7.8 + 7.9)/5 = 7.8(\text{MPa})$$

7.8MPa<8.0MPa,天然花岗石干燥弯曲强度不符合 GB/T 21086—2007 中的技术要求。

8.

$$\omega_a = \frac{m_1 - m_0}{m_0} \times 100$$

$(198.07 - 197.28)/197.28 \times 100 = 0.400\%$

$(197.46 - 196.67)/196.67 \times 100 = 0.402\%$

$(194.90 - 194.09)/194.09 \times 100 = 0.417\%$

$(195.21 - 194.47)/194.47 \times 100 = 0.381\%$

$(198.99 - 198.25)/198.25 \times 100 = 0.373\%$

$(0.400 + 0.402 + 0.417 + 0.381 + 0.373)/5 = 0.395\% \approx 0.40\%$

$0.40\% < 0.60\%$，天然花岗石吸水率符合 GB/T 21086—2007 中技术要求。

9. 以下步骤有错误：

(1)将试样在(65 ± 5)℃的鼓风干燥箱内干燥 48h，然后放入干燥器中冷却至室温。

(3)以(0.25 ± 0.05)MPa/s 的速率对试样施加载荷至试样破坏，记录试样破坏位置和形式及最大载荷值(F)，读数精度不低于 10N。

(4)用游标卡尺测量试样断裂面的宽度(K)和厚度(H)，精确至 0.1mm。

10. 不符合要求。应以 3 个试件为一组，分别测量正面纵向、正面横向、背面纵向、背面横向各组试件中每个试件的平均剥离强度和最小剥离强度。分别以各组 3 个试件的平均剥离强度的算术平均值和最小剥离强度中的最小值作为该组的检验结果。

(四)幕墙主要支承和防火保温材料

1. 先算出单位长度最大剪切力见表 3-8-7 所列。

表 3-8-7　铝合金隔热型材室温纵向剪切试验数据计算表

单位长度最大剪切力/ N·mm⁻¹									
32.04	30.52	30.22	30.95	29.29	32.34	30.52	31.22	32.06	29.08

按照公式计算单位长度最大剪切力十个数据的标准差：

$$S_T = \sqrt{\frac{1}{10-1} \sum_{i=1}^{10} (T_i - \overline{T})^2}$$

得 S_T 为 1.13N/mm

$$T_C = \overline{T} - 2.02 \times S_T$$

得该型材的抗剪特征值 T_C 为 29N/mm

2. 按照公式 $S_0 = a_0 \cdot b_0 = 12.49 \times 2.99 = 37.3451 (\text{mm}^2)$

$R_m = F_m/S_0 = 7007.1/37.3451 = 188 (\text{MPa})$

3. 保温材料的热阻 $R = A \cdot \Delta t/Q = (35.1 - 15.0) \times 0.0225/1.04 = 0.43 (\text{m}^2 \cdot \text{K})/\text{W}$

保温材料的导热系数 $\lambda = d/R = 0.0298/0.43 = 0.0693 \text{W}/(\text{m} \cdot \text{K})$

4. 质量损失率:质量损失率=(实验前质量−实验后质量)÷实验前质量×100%

$$\Delta m_1=(19.22-15.68)\div19.22\times100\%=18.4\%$$

$$\Delta m_2=(19.54-15.91)\div19.54\times100\%=18.6\%$$

$$\Delta m_3=(18.96-15.40)\div18.96\times100\%=18.8\%$$

$$\Delta m_4=(20.06-16.41)\div20.06\times100\%=18.2\%$$

$$\Delta m_5=(20.28-16.76)\div20.28\times100\%=17.4\%$$

质量损失率 $\Delta m=(18.4\%+18.6\%+18.8\%+18.2\%+17.4\%)\div5=18\%$

持续燃烧时间: $t_f=(6+7+6+7+7)\div5=7s$

炉内温升: $\Delta T=T_m-T_f$

$$\Delta T_1=(862.2-820.6)=41.6℃$$

$$\Delta T_2=(867.5-825.1)=42.4℃$$

$$\Delta T_3=(858.6-818.9)=39.7℃$$

$$\Delta T_4=(865.8-822.9)=42.9℃$$

$$\Delta T_5=(868.4-827.6)=40.8℃$$

炉内温升 $\Delta T=(41.6+42.4+39.7+42.9+40.8)\div5=41℃$

依据 GB 8624—2012,A1 级中不燃性试验的指标为:炉内温升 $\Delta T\leqslant30℃$,质量损失率 $\Delta m\leqslant50\%$,持续燃烧时间 $t_f=0$。

因为炉内温升 41℃>30℃,持续燃烧时间 7s>0s

所以判定结果不合格。

5. 第一组:PCS $=\{0.010607[(21.912-20.480)+(-0.00065)]-[(0.5114\times0.026470)+0.0001798]\}/0.0005049=2.90(MJ/kg)$

第二组:PCS $=\{0.010607[(21.223-19.796)+(-0.00064)]-[(0.5070\times0.026470)+0.0002045]\}/0.0005120=2.94(MJ/kg)$

第三组:PCS $=\{0.010607[(21.624-20.208)+(-0.00064)]-[(0.5007\times0.026470)+0.0002524]\}/0.0005128=2.94(MJ/kg)$

最大和最小偏差 $=2.94-2.90\leqslant0.2MJ/kg$,且在 0~3.2MJ/kg 有效范围内,所以试验有效,该制品的热值为这 3 次测试结果的平均值。

平均值为 $(2.90+2.94+2.94)/3=2.93(MJ/kg)$

依据 GB 8624—2012,A2 级中总热值指标为 PCS $\leqslant3.0MJ/kg$,所以判定结果满足A2 级。

6. 第一组:PCS $=\{0.010607[(21.438-20.092)+(-0.00063)]-[(0.5070\times0.026470)+0.0002479]\}/0.0005009=1.20(MJ/kg)$

第二组:PCS $=\{0.010607[(21.584-20.259)+(-0.00065)]-[(0.5017\times0.026470)+0.0001865]\}/0.0005071=1.15(MJ/kg)$

第三组:PCS $=\{0.010607[(21.820-20.463)+(-0.00063)]-[(0.5126\times0.026470)+0.0002442]\}/0.0005076=1.13(MJ/kg)$

最大和最小偏差 $=1.20-1.13\leqslant0.2MJ/kg$,且在 0~3.2MJ/kg 有效范围内,所以试验

有效,该制品的热值为这 3 次测试结果的平均值。

平均值为(1.20+1.15+1.13)/3=1.16MJ/kg

7. 先算出单位长度最大拉伸力,见表 3-8-8 所列。

表 3-8-8　　铝合金隔热型材室温横向拉伸试验数据计算表

单位长度 最大拉伸力/N·mm^{-1}	28.25	32.04	30.98	31.05	31.41	32.40	32.00	32.53	30.88	27.33

10 个试样单位长度上所能承受的最大拉伸力的标准差:

$$S_Q = \sqrt{\frac{1}{10-1}\sum_{i=1}^{10}(Q_i-\bar{Q})^2}$$

得 S_Q = 1.75N/mm

$$Q_C = \bar{Q} - 2.02 \times S_Q$$

得该型材的横向抗拉特征值 Q_C 为 27N/mm

8. $A = (L_u - L_0)/L_0 \times 100\%$

得 A = (55.21−50.00)/50.00×100% ≈ 10.5%

9. 抗拉强度=146.32×1000/314.2=466(N/mm^2)=466(MPa)

上屈服强度=83.65×1000/314.2=266(N/mm^2)=266(MPa)

断后伸长率=(127.49−100)/100×100%=27.49%≈27.50%。按照标准精确到±0.25mm。

(五)幕墙系统

1. (1)依据 GB/T 21086—2006,风荷载标准值作用下,构件式玻璃幕墙铝型材的最大允许相对面法线扰度限值 f_0=L/180(L 为测点间距);玻璃面板 f_0=短边距/60,则:

铝型材立柱 f_0=4320/180=24mm

铝型材横梁 f_0=1080/180=6mm

玻璃面板 f_0=1080/60=18mm

(2)依据 GB/T 15227—2019,变形检测时,幕墙构件的允许相对面法线扰度限值为 f_0/2.5。则:

铝型材立柱 f_0/2.5=24/2.5=9.6mm

铝型材横梁 f_0=6/2.5=2.4mm

玻璃面板 f_0=18/2.5=7.2mm

2. (1)依据 GB/T 15227—2019,水密性检测中稳定加压法的淋水量为 3L/(m^2·min)。

(2)以淋水蓬头面积 S 计算,S=5×6=30m^2。

则该面积内的淋水量 Q 按下式计算:

$$Q = \frac{3L \times 30m^2}{1m^2 \cdot min} = 90(L/min) = 90 \times 10^{-3} \times 60(m^3/h) = 5.4(m^3/h)$$

3. 试验员 A 的试验行为剖析如下:

行为 2:检测前应将试件可开启部分启闭不少于 5 次,最后关紧。

行为 3：合肥地区属于非热带风暴和台风地区，工程检测应采用稳定加压法，稳定加压法的淋水量为 $3L/(m^2 \cdot min)$。

行为 4：施加三个压力脉冲。压力差绝对值为 500Pa。

行为 5：首先加压至可开启部分水密性能指标值，压力稳定作用 15min 或可开启部分产生严重渗漏为止，然后加压至幕墙固定部位水密性能指标值，压力稳定作用 15min 或幕墙固定部位产生严重渗漏为止。

4.（1）在风荷载标准值 P_3 值作用下该杆件最大允许面法线挠度为 $1080/180＝6(mm)$。

（2）在 P_1 值作用下该杆件最大允许面法线挠度为 $6/2.5＝2.4(mm)$。

（3）观察上述正压数据知：挠度值为 2.4mm 时，P_1 在 $400\sim600Pa$。插值得：

$$P_1＝400＋(2.4-1.94)\times(600-400)/(2.53-1.94)＝556(Pa)$$

（4）观察上述负压数据知：挠度值为 2.4mm 时，$-P_1$ 在 $600\sim800Pa$。插值得：

$$-P_1＝600＋(2.4-2.35)\times(800-600)/(2.88-2.35)＝619(Pa)$$

5. 面法线挠度 f_{max} 依据下式计算：

$$f_{max}＝(b-b_0)-\frac{(a-a_0)+(c-c_0)}{2}$$

$$＝(7.25-5.23)-[(5.70-5.10)+(5.80-5.20)]/2＝1.42(mm)$$

该杆件的面法线挠度值为 1.42mm。

6.（1）依据 GB/T 18250—2015，X 轴维度层间位移角 γ_x 按照下式计算：

$$\gamma_x＝\delta_x/H$$

式中：H ——层高，单位为毫米；

　　　δ_x ——层间水平位移值，单位为毫米。

（2）首层 δ_x：$3\times4200/550＝22.9(mm)$；

标准层 δ_x：$3\times3200/550＝17.5(mm)$。

7.（1）正压检测时：整体幕墙试件空气渗透量为

$$q_t＝\overline{q_z}-\overline{q_f}＝186.5-134.5＝52(m^3/h)$$

换算成标准状态下整体幕墙试件空气渗透量：

$$q_1＝\frac{293}{101.3}\times\frac{P}{T}\times q_t$$

$$＝(293\times101.8\times52)/(101.3\times288)＝53.2(m^3/h)$$

在 100Pa 下，整体幕墙试件单位面积的空气渗透量 $q_A＝q_1/A＝53.2/30＝1.77(m^3/(m^2 \cdot h))$；

换算成 10Pa 压差下的分级指标值 $q_A＝1.77/4.65＝0.38(m^3/(m^2 \cdot h))$；

正压幕墙整体气密性能等级属于 4 级。

（2）负压检测时：负压作用下的分级指标值 $-q_A$ 为 $0.54m^3/(m^2 \cdot h)$，负压下幕墙整体气密性能等级属于 3 级。

(3)正负压分别定级,取最不利的级别定级,综合上述,该幕墙整体气密性能等级判定为3级。

8.(1)正压 100Pa 时:空气总渗透量风速平均值 $V_1=(1.32+1.29)/2=1.305(\text{m/s})$;

附加空气渗透量风速平均值 $V_2=(0.20+0.19)/2=0.195(\text{m/s})$;

100Pa 时的平均风速 $V_g=V_1-V_2=1.305-0.195=1.11(\text{m/s})$;

100Pa 时的瞬时流量 $q_t=V_g\times S=1.11\times4.876\times10^{-3}=5.41\times10^{-3}(\text{m}^3/\text{s})=19.48(\text{m}^3/\text{h})$;

换算成标准状况下的流量 q_1:

$$q_1=\frac{293}{101.3}\times\frac{P}{T}\times q_t=\frac{293}{101.3}\times\frac{101.5}{278}\times19.48=20.57(\text{m}^3/\text{h})$$

换算成 10Pa 时的单位面积渗透量 q_A:

$$q_A=\frac{q_1}{A\times4.65}=\frac{20.57}{7.13\times4.65}=0.62(\text{m}^3/\text{h})$$

正压下,单位面积渗透量属于气密性 3 级。

(2)同理:负压 100Pa 的瞬时流量 q_t:$q_t=1.08\times4.876\times10^{-3}=5.27\times10^{-3}(\text{m}^3/\text{s})=18.97(\text{m}^3/\text{h})$;

标准状况下的流量 $q_1=20.03(\text{m}^3/\text{h})$;

10Pa 时的单位面积渗透量 $q_A=0.60(\text{m}^3/\text{h})$;

负压下,单位面积渗透量属于气密性 3 级。

(3)依据 GB/T 15227—2019,正负压分别定级,取最不利的级别定级。所以该试件定级为气密性 3 级。

9. 试验员 A 的检测操作行为剖析如下:

行为 2:试件面积及开启扇缝长,以室内侧测量为准。

行为 3:在正压预备加压前,应将试件上所有可开启部分启闭 5 次,最后关紧。

行为 4:在正、负压检测前,应分别施加 3 个压力脉冲,压力差绝对值为 500Pa。

行为 5:将试件上的可开启缝隙密封起来后进行检测。

10.(1)正压 100Pa 时:

空气总渗透量平均值 $=(186.5+181.2)/2=183.85(\text{m}^3/\text{h})$;

固附之和渗透量平均值 $=(166.5+161.2)/2=163.85(\text{m}^3/\text{h})$;

附加渗透量平均值 $=(134.5+129.2)/2=131.85(\text{m}^3/\text{h})$。

(2)因环境条件为标准条件,无须进行标准条件下渗透量的换算。

(3)100Pa 压力差作用下,试件整体(含可开启部分)的空气渗透量 q_1 计算:

$$q_1=183.85-131.85=52(\text{m}^3/\text{h})$$

100Pa 压力差作用下,试件可开启部分空气渗透量 q_2 计算:

$$q_2=183.85-163.85=20(\text{m}^3/\text{h})$$

(4)换算成 10Pa 时的单位面积渗透量 q_A:

$$q_A=\frac{q_1}{A\times4.65}=\frac{52}{24\times4.65}=0.47(\text{m}^3/\text{h})$$

换算成 10Pa 时的单位缝长渗透量 q_l：

$$q_l = \frac{q_2}{L \times 4.65} = \frac{20}{4.3 \times 4.65} = 1.00 (\mathrm{m^3/h})$$

11. (1)按照 GB/T 15227—2019，压力的升、降达到检测压力 P_1'（风荷载标准值的 40%）时停止检测。$P_1' = 0.4 \times 1000 = 400\mathrm{Pa}$。

(2)按照 GB/T 15227—2019，检测压力分级升降。每级升、降压力不超过风荷载标准值的 10%。实际操作中分级一般不少于 4 级。P_1' 为 400Pa，每级压差不超过 $0.1 \times 1000 = 100\mathrm{Pa}$。所以每级升、降压力设置为 100Pa 比较合适，加压级数为 4 级。

(3)按照 GB/T 15227—2019，以检测压力 P_2'（$P_2' = 1.5P_1'$）为平均值，以平均值的 1/4 为波幅，进行波动检测。$P_2' = 1.5P_1' = 600\mathrm{Pa}$。

12. 依据 GB/T 18250—2015，静力加载装置最大允许行程不应小于最大试验变形量的 1.5 倍。

(1)X 轴最大允许行程：$6000/100 \times 1.5 = 90 (\mathrm{mm})$；

(2)Y 轴最大允许行程：$6000/100 \times 1.5 = 90 (\mathrm{mm})$；

(3)Z 轴最大允许行程：$25 \times 1.5 = 37.5 (\mathrm{mm})$。

13. (1)因环境条件为标准条件，无须进行标准条件下渗透量的换算。

(2)正压 100Pa 压力差作用下，试件整体（含可开启部分）的空气渗透量 q_s 计算：

$$q_s = 189.7 - 131.8 = 57.9 (\mathrm{m^3/h})$$

正压 100Pa 压力差作用下，试件可开启部分空气渗透量 q_k 计算：

$$q_k = 189.7 - 162.5 = 27.2 (\mathrm{m^3/h})$$

(3)负压 100Pa 压力差作用下，试件整体（含可开启部分）的空气渗透量 q_s 计算：

$$q_s = 182.7 - 128.4 = 54.3 (\mathrm{m^3/h})$$

负压 100Pa 压力差作用下，试件可开启部分空气渗透量 q_k 计算：

$$q_k = 182.7 - 161.1 = 21.6 (\mathrm{m^3/h})$$

(4)正压工程设计压力值作用下，试件单位面积的空气渗透量 q_A 计算：

$$q_A = 57.9/24 = 2.4 (\mathrm{m^3/h})$$

正压工程设计压力值作用下，试件单位缝长空气渗透量 q_l 计算：

$$q_l = 27.2/4.3 = 6.3 (\mathrm{m^3/h})$$

负压工程设计压力值作用下，试件单位面积的空气渗透量 q_A 计算：

$$q_A = 54.3/24 = 2.3 (\mathrm{m^3/h})$$

负压工程设计压力值作用下，试件单位缝长空气渗透量 q_l 计算：

$$q_l = 21.6/4.3 = 5.0 (\mathrm{m^3/h})$$

(5)工程检测的判定规则：在正压、负压条件下，试件单位面积和单位开启缝长的空气渗透量均应满足工程设计要求,否则应判定为不满足工程设计要求。

14. 试验员 A 的检测操作行为剖析如下:

行为 3:在正、负压检测前,应分别施加 3 个压力脉冲,压力差绝对值为 500Pa。

行为 4:每级升、降压力应不超过风荷载标准值的 10%,设置为 150Pa 比较合理,加压级数为 4 级。

15. 试验员 A 的检测操作行为剖析如下:

行为 1:反复加压检测前,应将试件可开启部分启闭不少于 5 次,最后关紧。P_2' 应设置为 900Pa。以 900Pa 为平均值的 25% 为波幅,进行波动检测。

行为 2:正压前和负压后均将试件可开启部分启闭不少于 5 次,最后关紧。

行为 3:风荷载设计值 $P_{\max}'$ 应设置为 2100Pa。

16. 按照 GB/T 15227—2019,风荷载标准值 P_3' 为 2000Pa。

变形检测压力 $P_1'=0.4P_3'=0.4\times2000=800(\text{Pa})$;

反复加压检测检测压力 $P_2'=1.5P_1'=1.5\times800=1200(\text{Pa})$;

风荷载设计值 $P_{\max}'=1.4P_3'=1.4\times2000=2800(\text{Pa})$。

17. (1)依据 JGJ 336—2016,幕墙构架与主体混凝土结构采用后锚固连接时,锚栓连接应符合现行行业标准《混凝土结构后锚固技术规程》JGJ 145 中非结构构件的有关规定,后锚固连接安全等级可取二级。

(2)依据 JGJ 145—2013,锚栓锚固质量的非破损检验时:对非生命线工程的非结构构件,应取每一检验批锚固件总数的 0.1% 且不少于 5 件进行检验。

(3)综上所述,试验员 A 应抽检 5 件锚栓进行现场非破损检验。

18. (1)依据 JGJ 145—2013,荷载检验值应取 $0.9f_{yk}A_s$ 和 $0.8N_{Rk,*}$ 的较小值。

$$0.9f_{yk}A_s=0.9\times400\times314.2=113.1(\text{kN})$$

$$0.8N_{Rk,*}=0.8\times140=112(\text{kN})$$

荷载检验值取 112kN。

(2)依据 JGJ 145—2013,设备的加荷能力应比预计的检验荷载值至少大 20%,且不大于检验荷载的 2.5 倍。

$112\times1.2=134.4\text{kN}>120\text{kN}$。

综合上述,拉拔仪量程不符合试验要求。

19. $Q=652\text{W}$;$Q_f=175\text{W}$;$A=12\text{m}^2$;$T_1=19.9℃$;$T_2=-19.6℃$;$M_1=7.97$;$\Delta\theta_1=17.5-17.3=0.2(℃)$;$M_2=1.52$;$\Delta\theta_2=17.8+18.2=36.0(℃)$;$S=4.5\text{m}^2$;$\Delta\theta_3=14.7+16.4=31.1(℃)$;$\Lambda=0.79\text{W}/(\text{m}^2\cdot\text{K})$。

依据以下公式计算:

$$K=\frac{Q+Q_f-M_1\cdot\Delta\theta_1-M_2\cdot\Delta\theta_2-S\cdot\Lambda\cdot\Delta\theta_3}{A(T_1-T_2)}$$

$$=\frac{652+175-7.97\times0.2-1.52\times36-4.5\times0.79\times31.1}{12\times39.5}$$

$$=1.39[\text{W}/(\text{m}^2\cdot\text{K})]$$

第四篇

公共基础知识

第一章 法律法规及规范性文件、标准规范等清单

第一节 工程建设法律法规及规范性文件

《中华人民共和国建筑法》

《建设工程质量管理条例》

《建设工程质量检测管理办法》(住房和城乡建设部令第 57 号)

《住房和城乡建设部关于落实建设单位工程质量首要责任的通知》(住房和城乡建设部建质规〔2020〕9 号)

《建设工程质量检测机构资质标准》(住房和城乡建设部建质规〔2023〕1 号)

《房屋建筑和市政基础设施工程质量检测技术管理规范》(GB 50618—2011)

第二节 试验室管理

《检验检测机构资质认定管理办法》(国家质量监督检验检疫总局令第 163 号)

《检验检测机构监督管理办法》(国家市场监督管理总局令第 39 号)

《检验检测机构资质认定评审准则》(国家市场监管总局 2023 年第 21 号)

《检测和校准实验室能力的通用要求》(GB/T 27025—2019)

《检验检测机构诚信基本要求》(GB/T 31880—2015)

《检验检测实验室技术要求验收规范》(GB/T 37140—2018)

《合格评定 能力验证的通用要求》(GB/T 27043—2012)

第三节 计量基础知识

《中华人民共和国法定计量单位》(国务院 1984 年 2 月 27 日发布)

《中华人民共和国法定计量单位使用方法》(1984 年 6 月 9 日国家计量局公布)

《数值修约规则与极限数值的表示和判定》(GB/T 8170—2008)

《测量不确定度评定和表示》(GB/T 27418—2017)

第二章 ▶ 填空题

第一节　工程建设法律法规及规范性文件

1. 依据《建设工程质量检测管理办法》，从事建设工程质量检测活动，应当遵守相关法律、法规和标准，相关人员应当具备相应的建设工程质量检测知识和_____。

2. 依据《建设工程质量检测管理办法》，建设单位委托检测机构开展建设工程质量检测活动时，_____应当对建设工程质量检测活动实施见证，施工人员应当在见证人员监督下现场取样。见证人员应当制作见证记录，记录取样、制样、标识、封志、送检以及现场检测等情况，并签字确认。

3. 依据《建设工程质量检测机构资质标准》，建设工程质量检测资质包括 9 个专项资质。检测机构申报建设工程质量检测综合资质时，应具有建筑材料及构配件（或市政工程材料）、主体结构及装饰装修、建筑节能、钢结构、地基基础 5 个专项资质和_____。

4. 依据《建设工程质量检测管理办法》，检测机构接收检测试样时，应当对_____、标识、封志等进行符合性检查，确认无误后方可进行检测。

5. 依据《建设工程质量检测管理办法》，检测机构应当建立建设工程_____和结果数据、检测影像资料及检测报告记录与留存制度，对检测数据和检测报告的真实性、准确性负责。

6. 依据《建设工程质量检测管理办法》，检测机构在检测过程中发现检测项目涉及结构安全、主要使用功能检测结果不合格时，应当_____建设工程所在地县级以上地方人民政府住房和城乡建设主管部门。

7. 依据《建设工程质量检测管理办法》，检测机构应当建立档案管理制度。检测合同、委托单、检测数据原始记录、检测报告按照_____，编号应当连续，不得随意抽撤、涂改，应当单独建立检测结果不合格项目台账。

8. 依据《建设工程质量检测管理办法》，检测机构应当建立信息化管理系统，对检测业务受理、检测数据采集、检测信息上传、检测报告出具、检测档案管理等活动进行信息化管理，保证建设工程质量检测活动_____。

9. 依据《建设工程质量检测管理办法》，住房和城乡建设主管部门实施监督检查时，有权查阅、_____有关检测数据、影像资料、报告、合同以及其他相关资料。

10. 依据《建设工程质量检测管理办法》，检测机构与所检测建设工程相关的建设、施工、监理单位，以及建筑材料、建筑构配件和设备供应单位不得有_____或者其他利害关系。

11. 依据《建设工程质量检测管理办法》,任何单位和个人不得明示或者暗示检测机构出具_____,不得篡改或者伪造检测报告。

12. 依据《建设工程质量检测管理办法》,县级以上地方人民政府住房和城乡建设主管部门对检测机构的违法违规行为实施行政处罚时,应当自行政处罚告知书送达之日起 20 个工作日内将行政处罚决定告知检测机构的_____和违法行为发生地省级人民政府住房和城乡建设主管部门。

13. 依据《建设工程质量检测管理办法》,检测机构未取得相应资质、资质证书已过有效期或者_____从事建设工程质量检测活动时,其检测报告无效,由县级以上地方人民政府住房和城乡建设主管部门处 5 万元以上 10 万元以下罚款;造成危害后果的,处 10 万元以上 20 万元以下罚款;构成犯罪的,依法追究刑事责任。

14. 依据《建设工程质量检测管理办法》,检测机构未建立并使用信息化管理系统对检测活动进行管理的,由县级以上地方人民政府住房和城乡建设主管部门责令改正,处_____罚款。

15. 依据《建设工程质量检测管理办法》,检测机构应当保持人员、仪器设备、检测场所、质量保证体系等方面符合建设工程质量检测资质标准,应当加强检测人员培训,按照有关规定对仪器设备进行定期检定或者校准,确保_____持续满足所开展建设工程质量检测活动的要求。

16. 依据《建设工程质量检测管理办法》,检测机构取得检测机构资质后,不再符合相应资质标准时,资质许可机关应当责令其限期整改并向社会公开。检测机构完成整改后,应当向资质许可机关提出_____。

17. 依据《建设工程质量检测管理办法》,检测机构跨省、自治区、直辖市承担检测业务时,应当向_____的省、自治区、直辖市人民政府住房和城乡建设主管部门备案;在承担检测业务所在地的人员、仪器设备、检测场所、质量保证体系等应当满足开展相应建设工程质量检测活动的要求。

18. 依据《建设工程质量检测机构资质标准》,取得建设工程质量检测综合资质的检测机构可以承担_____中已取得检测参数的检测业务。

19. 依据《建设工程质量检测机构资质标准》,取得建设工程质量检测专项资质的检测机构可承担所取得专项资质范围内已取得_____的检测业务。

20. 依据 GB 50618—2011,检测应严格按照经确认的检测方法标准和现场工程实体_____进行。

21. 依据 GB 50618—2011,检测机构的收样及检测试件管理人员不得同时从事_____,并不得将试件的信息泄露给检测人员。

22. 依据 GB 50618—2011,检测机构自行研制的检测设备应经过检测验收,并委托校准单位进行_____的校准,符合要求后方可使用。

23. 依据《中华人民共和国建筑法》,建筑施工企业必须按照工程设计要求、施工技术标准和合同的约定,对建筑材料、_____和_____进行检验,不合格的不得使用。

24. 依据《中华人民共和国建筑法》,任何单位和个人对建筑工程的质量事故、_____都有权向建设行政主管部门或者其他有关部门进行投诉、检举和控告。

25. 依据《建设工程质量管理条例》,施工人员对涉及结构安全的试块、试件及有关材料,应当在_____或者_____监督下现场取样,并送具有相应资质等级的质量检测单位进行检测。

第二节 试验室管理

1. 依据 GB/T 27025—2019,实验室间比对是指按照预先规定的条件,由 2 个或多个实验室对_____的物品进行测量或检测的组织、实施和评价。

2. 依据 GB/T 27025—2019,实验室应公正地实施检测活动,并从_____和管理上保证公正性。

3. 依据 GB/T 27025—2019,实验室应对从检测活动中获得或产生的_____信息承担管理责任。

4. 按照 GB/T 27025—2019 进行方法验证的人员应经所在机构_____。

5. 依据 GB/T 27025—2019,当设备被投入使用或重新投入使用前,实验室应_____其符合规定的要求。

6. 依据 GB/T 27025—2019,实验室应制定仪器设备的_____,并进行复核和必要的调整,以保持对校准状态的信心。

7. 依据 GB/T 27025—2019,当客户要求的方法不合适或者过期时,实验室应_____客户。

8. 依据 GB/T 27025—2019,某项目检测工作开始后合同发生了修改,此时应重新进行_____,并将修改的内容通知所有受到影响的人员。

9. 依据 GB/T 27025—2019,原始的观察结果、数据和计算应在_____时予以记录,并应按特定任务予以识别。

10. 依据 GB/T 27025—2019,实验室在接到投诉后应收集并验证所有必要的信息,以便确认投诉是否_____。

11. 依据《检验检测机构资质认定管理办法》,资质认定证书有效期为_____年。

12. 依据《检验检测机构资质认定管理办法》,资质认定标志由 CMA(检验检测机构资质认定标志)图案和_____组成。

13. 依据《检验检测机构资质认定管理办法》,当检验检测机构在资质认定证书确定的能力范围内,对社会出具具有证明作用数据、结果时,_____在其检验检测报告上标注资质认定标志。

14. 依据《检验检测机构资质认定管理办法》,被撤销资质认定的检验检测机构,_____不得再次申请资质认定。

15. 依据《检验检测机构资质认定管理办法》,对于以欺骗、贿赂等不正当手段取得资质认定的,资质认定部门应当依法_____资质认定。

16. 依据《检验检测机构监督管理办法》,检测机构及其_____应当对其出具的检测报告负责。

17. 依据《检验检测机构监督管理办法》,检验检测机构及其人员应当对其出具的检验检测报告负责,依法承担民事、行政和_____法律责任。

18. 依据《检验检测机构监督管理办法》,从事_____的人员,不得同时在 2 个以上检验检测机构中从业。

19. 依据《检验检测机构监督管理办法》,送检样品的＿＿＿＿和＿＿＿＿由委托人负责。

20. 依据《检验检测机构监督管理办法》,检验检测机构应当在检验检测报告中注明分包的检验检测项目及＿＿＿＿。

21. 依据《检验检测机构监督管理办法》,检验检测机构应当在其检验检测报告上加盖检验检测机构公章或者＿＿＿＿,由＿＿＿＿在其技术能力范围内签发。

22. 依据《检验检测机构监督管理办法》,检验检测报告存在文字错误,确需更正时,检验检测机构应当按照标准等规定进行更正,并予以＿＿＿＿。

23. 依据《检验检测机构监督管理办法》,检验检测机构应当对检验检测原始记录和报告进行归档留存。保存期限不少于＿＿＿＿年。

24. 依据《检验检测机构监督管理办法》,检验检测机构及其人员应当对其在检验检测工作中所知悉的国家秘密、＿＿＿＿予以保密。

25. 依据《检验检测机构监督管理办法》,检验检测机构应当向所在地＿＿＿＿报告持续符合相应条件和要求、遵守从业规范、开展检验检测活动以及统计数据等信息。

26. 依据《检验检测机构监督管理办法》,县级以上市场监督管理部门应当依据检验检测机构年度监督检查计划,随机＿＿＿＿、随机＿＿＿＿开展监督检查工作。

27. 依据《检验检测机构资质认定评审准则》,检验检测机构应当是依法成立并能够承担相应法律责任的法人或者＿＿＿＿。

28. 依据《检验检测机构资质认定评审准则》,检验检测机构资质认定一般程序的技术评审方式包括现场评审、书面审查和＿＿＿＿。

29. 依据《检验检测机构资质认定评审准则》,检验检测方法包括标准方法和非标准方法。使用非标准方法前,应当先对方法进行确认,再＿＿＿＿。

30. 依据 GB/T 37140—2018,所有实验废弃物的收集、＿＿＿＿、＿＿＿＿和处置均应按适用的国家标准要求进行。

31. 依据 GB/T 27043—2012,能力验证提供者管理体系应覆盖其在固定设施内、离开其固定设施的场所和在相关＿＿＿＿中进行的工作。

32. 依据 GB/T 27043—2012,能力验证提供者应通过利用质量方针、质量目标、审核结果、数据分析、＿＿＿＿、＿＿＿＿和管理评审来持续改进管理体系的有效性。

33. 依据 GB/T 31880—2015,检验检测机构是指依法成立,依据相关标准或者技术规范,利用＿＿＿＿、＿＿＿＿等技术条件和专业技能,对产品或者法律法规规定的特定对象进行检验检测的专业技术组织 。

34. 依据 GB/T 31880—2015,检验检测机构应确保其＿＿＿＿人员、＿＿＿＿人员、核查人员等接受与诚信相关的培训,确保每位人员的能力满足工作岗位要求。

第三节　计量基础知识

1.《中华人民共和国法定计量单位使用方法》规定,法定计量单位是以国际单位制单位为基础,国际单位制包括＿＿＿＿、＿＿＿＿和 SI 单位的十进倍数与分数单位三部分。

2. 用 SI 基本单位和具有专门名称的_____或(和)SI 辅助单位以代数形式表示的单位称为组合形式的 SI 导出单位。

3. SI 基本单位共有 7 个,其中长度的单位名称为_____,单位符号为_____。

4. 法定计量单位名称的读法:50km/h 读作"_____"。

5. 力矩单位"牛顿米"的符号应写成_____。

6. 数字 70.25 按照 0.5 单位进行修约应为_____。

7. 数字 12.5000 修约到"个"数位应为_____。

8. 数字 833"百"数位按照 0.2 单位进行修约应为_____。

9. 极限数值比较的方法有全数值比较法、_____。

10. 全数值比较法不经修约处理,用该数值与规定的极限数值作比较,只要超出极限数值规定的范围,都判定为_____。

11. 误差通常分为两种,即_____和系统误差。

第三章 单项选择题

第一节 工程建设法律法规及规范性文件

1. 依据《建设工程质量检测管理办法》,建设工程质量检测资质有效期为_____年。（　）
A. 2　　　　　　B. 3　　　　　　C. 5　　　　　　D. 6

2. 依据《建设工程质量检测管理办法》,检测机构检测场所、技术人员、仪器设备等事项发生变更影响其符合资质标准的,应当在变更后_____个工作日内向资质许可机关提出资质重新核定申请。（　）
A. 10　　　　　B. 30　　　　　C. 60　　　　　D. 90

3. 依据《建设工程质量检测管理办法》,以欺骗、贿赂等不正当手段取得资质证书的,由资质许可机关予以撤销;由县级以上地方人民政府住房和城乡建设主管部门给予警告或者通报批评,并处 5 万元以上 10 万元以下罚款;检测机构_____年内不得再次申请资质;构成犯罪的,依法追究刑事责任。（　）
A. 1　　　　　　B. 2　　　　　　C. 3　　　　　　D. 5

4. 依据《建设工程质量检测管理办法》,检测机构隐瞒有关情况或者提供虚假材料申请资质,资质许可机关不予受理或者不予行政许可,并给予警告;检测机构_____年内不得再次申请资质。（　）
A. 1　　　　　　B. 2　　　　　　C. 3　　　　　　D. 5

5. 依据《建设工程质量检测机构资质标准》,申报综合资质的机构,应为独立法人资格的企业、事业单位,或依法设立的合伙企业,且均具有_____年以上质量检测经历。（　）
A. 5　　　　　　B. 10　　　　　C. 15　　　　　D. 20

6. 依据《建设工程质量检测机构资质标准》,机构申报主体结构及装饰装修、钢结构、地基基础、建筑幕墙、道路工程、桥梁及地下工程等 6 项专项资质,应当具有_____年以上质量检测经历。（　）
A. 1　　　　　　B. 3　　　　　　C. 5　　　　　　D. 10

7. 依据《建设工程质量检测机构资质标准》,申报综合资质的机构应有完善的组织机构和质量管理体系,并满足_____要求。（　）
A. GB/T 27025—2019　　　　　　B. RB/T 214—2017
C. ISO 9001:2015　　　　　　　　D. CNAS－CL01:2018

8. 依据 GB 50618—2011,检测机构对现场工程实体进行检测时,应事前编制检测方案,经_____批准;鉴定检测、危房检测,以及重大、重要检测项目和为有争议事项提供检测数据的检测方案应取得委托方的同意。(　　　)

　　A. 法定代表人　　　　B. 项目负责人　　　　C. 专业负责人　　　　D. 技术负责人

9. 依据 GB 50618—2011,检测机构应按相关标准、规定和合同约定的要求进行样品留置。有关标准留置时间无明确要求的,留置时间不应少于_____h。(　　　)

　　A. 24　　　　　　　B. 48　　　　　　　C. 72　　　　　　　D. 96

10. 依据《住房和城乡建设部关于落实建设单位工程质量首要责任的通知》,建设单位应严格质量检测管理,按时足额支付检测费用,不得违规减少依法应由建设单位委托的检测项目和_____,非建设单位委托的检测机构出具的检测报告不得作为工程质量验收依据。(　　　)

　　A. 检测内容　　　　B. 参数　　　　　　C. 数量　　　　　　D. 类别

第二节　试验室管理

1. 依据 GB/T 27025—2019,实验室应通过作出具有法律效力的承诺,对在检测活动中获得或产生的所有_____承担管理责任。(　　　)

　　A. 数据　　　　　　B. 结果　　　　　　C. 秘密　　　　　　D. 信息

2. 依据 GB/T 27025—2019,当修改已经发布的检测报告并重新发布全新检测报告时,应_____。(　　　)

　　A. 采用原报告编号作为唯一标识　　　　B. 仅标明对某报告的修改

　　C. 注明所替代的原报告　　　　　　　　D. 标明修改人

3. 依据 GB/T 27025—2019,当发生不符合工作时,实验室应评价是否需要采取措施,以消除产生不符合工作的原因,评价活动不包含_____。(　　　)

　　A. 评审和分析不符合工作　　　　　　　B. 确定不符合的原因

　　C. 采取措施控制和纠正不符合工作　　　D. 确定是否可能发生类似的不符合

4. 依据《检验检测机构资质认定管理办法》,检验检测机构资质认定程序分为_____。除法律、行政法规或者国务院规定必须采用其中一种程序外,检验检测机构可以自主选择资质认定程序。(　　　)

　　A. 一般程序和特殊程序　　　　　　　　B. 一般程序和告知承诺程序

　　C. 特殊程序和远程评审程序　　　　　　D. 远程评审程序和告知承诺程序

5. 依据《检验检测机构资质认定管理办法》,当检测机构不再符合资质认定条件和要求时,不得向社会出具具有_____作用的检验检测数据和结果。(　　　)

　　A. 公正　　　　　　B. 证实　　　　　　C. 证明　　　　　　D. 科研和验收

6. 依据《检验检测机构资质认定管理办法》,对于检验检测机构申请资质认定时提供虚假材料或者隐瞒有关情况,资质认定部门应当不予受理或者不予许可,检验检测机构在_____内不得再次申请资质认定。(　　　)

　　A. 60 个工作日　　B. 3 个月　　　　　C. 1 年　　　　　　D. 3 年

7. 依据《检验检测机构监督管理办法》,检测机构_____参加省级及以上市场监管部门组织的能力验证工作。(　　　)

A. 应当　　　　　　　B. 按需　　　　　　　C. 选择　　　　　　　D. 拒绝

8. 依据《检验检测机构资质认定评审准则》,检验检测机构租用、借用仪器设备开展检验检测时,应确保有租用、借用合同,且租用、借用期限不少于_____。（　　　）

A. 1 年　　　　　　　B. 3 年　　　　　　　C. 6 个月　　　　　　D. 2 年

9. 依据《检验检测机构资质认定评审准则》,首次申请资质认定的检验检测机构,建立和运行管理体系应不少于_____。（　　　）

A. 3 个月　　　　　　B. 6 个月　　　　　　C. 1 个月　　　　　　D. 12 个月

10. 依据 GB/T 37140—2018,实验室走道应依据实验室具体使用需求以及设备安装维护需求确定走道的宽度和高度。单面布房的走道宽度不宜小于_____,双面布房的走道宽度不宜小于_____。（　　　）

A. 2.0m,2.5m　　　B. 1.5m,1.8m　　　C. 1.0m,1.5m　　　D. 1.2m,1.8m

11. 依据 GB/T 37140—2018,由 1/2 标准单元组成的实验室的门洞口宽度不宜小于_____,高度不宜小于 2.1m。由一个及以上标准单元组成的实验室的门洞口宽度不宜小于_____,高度不宜小于 2.1m。（　　　）

A. 1.0m,1.2m　　　B. 1.5m,1.8m　　　C. 1.0m,1.5m　　　D. 1.2m,1.8m

12. 依据 GB/T 37140—2018,以下_____是供暖室内设计宜采用的温度。（　　　）

A. 16℃　　　　　　B. 22℃　　　　　　C. 25℃　　　　　　D. 28℃

13. 依据 GB/T 27043—2012,能力验证提供者应有_____的准则和程序,以处理不适合统计评价的检测结果。（　　　）

A. 规范化　　　　　　B. 制度化　　　　　　C. 文件化　　　　　　D. 标准化

14. 依据 GB/T 31880—2015,检验检测机构应采取有效手段识别和保证_____、证书真实性;应有措施保证任何人员不得施加任何压力改变检验检测的实际数据和结果。（　　　）

A. 原始记录　　　　　B. 检验检测报告　　　C. 文件　　　　　　　D. 合同

15. 依据 GB/T 31880—2015,检验检测机构应有环境控制_____,确保设施和环境条件满足检验检测的要求。（　　　）

A. 文件及记录　　　　B. 程序及文件　　　　C. 程序及记录　　　　D. 措施

第三节　计量基础知识

1.《中华人民共和国计量法》规定:国际单位制计量单位和国家选定的其他计量单位,为国家法定计量单位。国家法定计量单位的名称、符号由_____公布。（　　　）

A. 国务院　　　　　　B. 有关部门　　　　　C. 地方政府　　　　　D. 计量部门

2. 在国家法定计量单位中,"质量"的单位名称是_____。（　　　）

A. 公斤力　　　　　　B. 牛顿　　　　　　　C. 千克(公斤)　　　D. 吨

3. 以下全部为国际单位制基本单位的是_____。（　　　）

A. m、K、kg、s　　　　　　　　　　　B. M、A、MPa、m

C. K、kg、s、M　　　　　　　　　　　D. ℃、K、kg、s

4. 选用 SI 单位的倍数或者分数单位,一般应使量的数值在_____内。（　　　）

　　A. 0.1~1000　　　B. 0.1~100　　　C. 1~1000　　　D. 1~10000

5. 按照国际单位制要求的记录形式,用千分之一的分析天平准确称重 0.9g 试样,正确的表述是_____。(　　)

　　A. 0.9g　　　　　B. 0.90g　　　　　C. 0.900g　　　　　D. 0.9000g

6. 下列选项中,关于数字修约规则的叙述不正确的是_____。(　　)

　　A. 四舍六入五考虑

　　B. 不允许连续修约

　　C. 修约间隔指修约值的最小数值单位

　　D. 极限数值也需要按四舍五入法则修约

7. 修约−12.65,修约间隔为1,下列选项正确的是_____。(　　)

　　A. −13　　　　　B. −14　　　　　C. −12.6　　　　　D. −12

8. 下列数字中有效数字位数最少的是_____。(　　)

　　A. 0.4630　　　　B. 0.0855　　　　C. 2.0380　　　　D. 3380.0

9. 将下列数字修约到个位,其中错误的是_____。(　　)

　　A. $25.5^- \rightarrow 25$　　B. $-25.5^+ \rightarrow -26$　　C. $23.5^+ \rightarrow 24$　　D. $-27.5^+ \rightarrow -27$

10. 由合成标准不确定度乘以一定的倍数(一般为 2~3 倍)得到的不确定度为_____。(　　)

　　A. 总不确定度　　B. 扩展不确定度　　C. A 类不确定度　　D. B 类不确定度

11. 一台准确度等级为 2.5 级的电流表,其满量程值为 100A,某次测量中对其输入 50A 的标准电流,其示值为 52A,则此次测量中电流表的相对误差为_____。(　　)

　　A. −0.025　　　　B. 2%　　　　　C. 2.5%　　　　　D. 4%

12. 在 N 次重复试验中,若随机事件 A 出现的次数为 n,则随机事件 A 出现的概率 P 为_____。(　　)

　　A. n/N　　　　　B. N/nx　　　　C. $\lim(n/N)$　　　D. $(n/X) \times 100\%$

13. 若已知某测量对象的测量结果和该测量对象的标准值,则示值误差可以用_____来估计。(　　)

　　A. 标准值与测量结果之差　　　　　　B. 标准值与测量结果之差的绝对值

　　C. 约定真值与测量结果之差　　　　　D. 测量结果与标准值之差

14. 将总体中的抽样单元按一定顺序排列,在规定范围内随机抽取一个或一组单元,然后按照一定规则确定其他样本单元的抽样叫作_____。(　　)

　　A. 简单随机抽样　　B. 系统抽样　　　C. 多阶段抽样　　　D. 整群抽样

15. A 和 B 为两个独立事件,A 单独发生的概率是 0.6,B 单独发生的概率是 0.3,则 A 和 B 同时发生的概率是_____。(　　)

　　A. 0.18　　　　　B. 0.3　　　　　C. 0.9　　　　　D. 0.45

16. 以下_____是指在规定条件下,对同一或类似被测对象重复测量所得示值或测得值间的一致程度。(　　)

　　A. 测量准确度　　B. 测量正确度　　　C. 测量精密度　　　D. 测量不确定度

第四章 多项选择题

第一节　工程建设法律法规及规范性文件

1. 依据《建设工程质量检测管理办法》，检测机构应当建立建设工程_____及检测报告记录与留存制度，对检测数据和检测报告的真实性、准确性负责。（　　）

A. 结果数据　　　B. 仪器设备　　　C. 过程数据　　　D. 检测影像资料

2. 依据《建设工程质量检测管理办法》，检测机构应当建立档案管理制度；_____按照年度统一编号，编号应当连续，不得随意抽撤、涂改；应当单独建立检测结果不合格项目台账。（　　）

A. 检测报告　　　B. 原始记录　　　C. 委托单　　　D. 检测合同

3. 依据《建设工程质量检测管理办法》，检测机构应当建立信息化管理系统，对检测数据采集、检测信息上传、检测报告出具、_____等活动进行信息化管理，保证建设工程质量检测活动全过程可追溯。（　　）

A. 人员培训　　　B. 检测业务受理　　　C. 检测档案管理　　　D. 费用收取

4. 依据《建设工程质量检测管理办法》，检测机构应当保持_____等方面符合建设工程质量检测资质标准，应当加强检测人员培训，按照有关规定对仪器设备进行定期检定或者校准，确保检测技术能力持续满足所开展建设工程质量检测活动的要求。（　　）

A. 房屋面积　　　B. 质量保证体系　　　C. 人员　　　D. 仪器设备

5. 依据《建设工程质量检测管理办法》，检测机构有以下_____行为的，由县级以上地方人民政府住房和城乡建设主管部门责令改正，并处 1 万元以上 5 万元以下罚款。（　　）

A. 未按照规定办理检测机构资质证书变更手续的

B. 未按照规定进行档案和台账管理的

C. 使用不能满足检测活动要求的检测人员

D. 未按规定在检测报告上签字盖章

6. 依据《建设工程质量检测机构资质标准》，下列关于综合资质检测机构标准的描述中正确的是_____。（　　）

A. 具备 9 个专项资质全部必备检测参数

B. 质量负责人应具有工程类专业正高级及以上技术职称，具有 8 年以上质量检测工作经历

C. 技术人员不少于 150 人

D. 具有全部 9 个专项资质

7. 依据《建设工程质量检测机构资质标准》，下列不满足申报道路工程专项资质标准的

选项有_____。(　　　)

　　A. 机构按照 RB/T 214—2017 建立了质量管理体系

　　B. 具备道路工程专项资质全部必备检测参数

　　C. 机构从事建设工程质量检测工作已有 2 年时间

　　D. 质量负责人具有工程类专业高级技术职称,具有 4 年质量检测工作经历

　　8. 依据《建设工程质量检测机构资质标准》,申报钢结构专项资质时,下列选项符合要求的有_____。(　　　)

　　A. 机构按照 GB/T 27025—2019 建立并运行了质量管理体系

　　B. 技术负责人具有工程类专业高级技术职称,具有 7 年质量检测工作经历

　　C. 有完善的信息化管理系统,质量检测活动全过程可追溯

　　D. 机构从事建设工程质量检测工作已有 2 年时间

　　9.《建设工程质量检测机构资质标准》中规定的技术人员包括_____。(　　　)

　　A. 出具检测报告的人员　　　　　　　　B. 检测人员

　　C. 办公室负责管理标准规范的人员　　　D. 检测报告审核人员

　　10. 依据《建设工程质量管理条例》,施工单位必须按照工程设计要求、施工技术标准和合同的约定,对_____进行检验,未经检验或者检验不合格的,不得使用。(　　　)

　　A. 商品混凝土　　　B. 建筑材料　　　C. 设备　　　　　D. 建筑构配件

第二节　试验室管理

　　1. 依据 GB/T 27025—2019,实验室活动是指_____。(　　　)

　　A. 校准　　　　　　　　　　　　　　　B. 检测

　　C. 与后续检测相关的抽样　　　　　　　D. 与后续校准相关的抽样

　　2. 依据 GB/T 27025—2019,实验室应当对_____进行授权。(　　　)

　　A. 方法验证人员　　B. 意见和解释人员　C. 报告批准人员　　D. 符合性声明人员

　　3. 依据 GB/T 27025—2019,对检测结果有效性有不利影响的因素包括_____。(　　　)

　　A. 灰尘　　　　　　　B. 电磁干扰　　　　C. 声音　　　　　　D. 振动

　　4. 依据 GB/T 27025—2019,当相关规范方法对环境条件有要求时,或环境条件影响检测结果的有效性时,实验室应_____环境条件。(　　　)

　　A. 检测　　　　　　　B. 监测　　　　　　C. 记录　　　　　　D. 控制

　　5. 依据 GB/T 27025—2019,实验室应获得正确开展实验室活动所需的并影响结果的设备,包括_____。(　　　)

　　A. 测量仪器　　　　　B. 软件　　　　　　C. 标准物质　　　　D. 试剂

　　6. 依据 GB/T 27025—2019,设备出现下列_____情况时,应停止使用。(　　　)

　　A. 设备过载　　　　　B. 处置不当　　　　C. 给出结果可疑　　D. 显示有缺陷

　　7. 依据 GB/T 27025—2019,实验室应确保影响实验室活动的外部提供的产品和服务的适宜性,这些产品和服务包括_____。(　　　)

　　A. 用于实验室自身的活动　　　　　　　B. 部分或全部直接提供给客户

　　C. 测量标准　　　　　　　　　　　　　D. 能力验证服务

8. 依据 GB/T 27025—2019,实验室应将抽样数据作为检测记录的一部分进行保存,抽样记录应包括_____信息。(　　)

A. 抽样方法　　　　B. 抽样日期　　　　C. 所用设备　　　　D. 环境条件

9. 依据 GB/T 27025—2019,当发生检测方法偏离时,实验室应_____。(　　)

A. 将偏离形成文件　B. 进行技术判断　C. 获得授权　　D. 报告最高管理者

10. 依据 GB/T 27025—2019,在制备、处置、运输和保存检测样品的过程中,应注意避免样品发生_____。(　　)

A. 变质　　　　　　B. 污染　　　　　　C. 丢失　　　　　　D. 损坏

11. 依据 GB/T 27025—2019,当样品需要在规定的环境条件下存储和进行状态调节时,应_____环境条件。(　　)

A. 保持　　　　　　B. 监控　　　　　　C. 记录　　　　　　D. 设定

12. 依据 GB/T 27025—2019,当客户知道被测样品偏离了规定条件仍坚持要求进行检测时,实验室应_____。(　　)

A. 向市场监管部门报备　　　　　　B. 在报告中作出免责声明

C. 拒绝开展检测活动　　　　　　　D. 指出偏离可能影响的结果

13. 依据 GB/T 27025—2019,当技术记录发生修改时,实验室应保存原始的以及修改后的数据和文档,包括_____。(　　)

A. 修改的日期　　B. 标识修改的内容　C. 负责修改的人员　D. 修改的原因

14. 依据 GB/T 27025—2019,以下属于不符合工作的是_____。(　　)

A. 检测过程不满足机构程序文件要求　B. 检测时间不满足与客户的约定

C. 仪器设备精度不满足标准要求　　　D. 检测结果不满足标准要求

15. 依据 GB/T 27025—2019,下列关于实验室信息管理系统的说法中正确的是_____。(　　)

A. 应防止未经授权的访问

B. 应被安全保护以防止篡改

C. 投入使用前应进行功能确认

D. 任何变更都应在批准后实施,形成文件并确认

16. 依据 GB/T 27025—2019,管理评审的输入信息包括_____。(　　)

A. 外部机构进行的评审　　　　　　B. 近期内部审核的结果

C. 客户和人员的反馈　　　　　　　D. 人员监控和培训

17. 依据《检验检测机构资质认定管理办法》,检验检测机构资质认定工作应当遵循_____的原则。(　　)

A. 客观公正　　　　B. 科学准确　　　　C. 统一规范　　　　D. 便利高效

18. 依据《检验检测机构资质认定管理办法》,当发生_____时,应向资质认定部门申请办理变更手续。(　　)

A. 检验检测标准发生变更　　　　　B. 报告授权签字人离职

C. 技术负责人发生变更　　　　　　D. 质量负责人发生变更

19. 依据《检验检测机构资质认定管理办法》,资质认定证书内容包括_____。(　　)

A. 发证机关　　　　　　　　　　　B. 证书编号

C. 检验检测能力范围　　　　　　　　　D. 资质认定标志

20. 依据《检验检测机构资质认定管理办法》,检验检测机构禁止行为包括_____。(　　)

A. 出租、出借资质认定证书或者标志

B. 伪造、变造、冒用资质认定证书或者标志

C. 使用已经过期或者被撤销、注销的资质认定证书或者标志

D. 转让资质认定证书或者标志

21. 依据《检验检测机构资质认定管理办法》,检验检测机构有以下_____情形时,资质认定部门应当依法办理注销手续。(　　)

A. 资质认定证书有效期届满,未申请延续或者依法不予延续批准

B. 以欺骗、贿赂等不正当手段取得资质认定

C. 检验检测机构依法终止

D. 检验检测机构申请注销资质认定证书

22. 依据《检验检测机构监督管理办法》,检测机构和人员对其出具的检测报告应依法承担_____法律责任。(　　)

A. 解读　　　　　　B. 民事　　　　　　C. 行政　　　　　　D. 刑事

23. 依据《检验检测机构监督管理办法》,检验检测机构及其人员应当独立于其出具的检验检测报告所涉及的利益相关方,不受任何可能干扰其技术判断的因素影响,保证其出具的检验检测报告_____。(　　)

A. 真实　　　　　　B. 客观　　　　　　C. 准确　　　　　　D. 完整

24. 依据《检验检测机构监督管理办法》,检验检测机构应当按照国家有关强制性规定的_____等要求进行检验检测。(　　)

A. 样品管理　　　　　　　　　　　　　B. 仪器设备管理与使用

C. 检验检测规程或者方法　　　　　　　D. 数据传输与保存

25. 依据《检验检测机构监督管理办法》,需要分包检验检测项目时,应当分包给_____的检验检测机构。(　　)

A. 具备相应能力　　B. 具有相应条件　　C. 常年合作　　D. 经客户同意

26. 依据《检验检测机构监督管理办法》,检测机构应通过官方网站或者其他公开方式作出自我声明,声明的内容应包括_____。(　　)

A. 遵守法定要求　　B. 独立公正从业　　C. 履行社会责任　　D. 严守诚实信用

27. 依据《检验检测机构监督管理办法》,省级市场监督管理部门可以结合_____对本行政区域内检验检测机构进行分类监管。(　　)

A. 风险程度　　B. 能力验证结果　　C. 监督检查结果　　D. 投诉举报情况

28. 依据《检验检测机构资质认定评审准则》,以下_____可以申请资质认定。(　　)

A. 机关法人

B. 事业单位法人

C. 企业法人

D. 不具备独立法人资格但取得其所在法人机构授权的检验检测机构

29. 依据《检验检测机构资质认定评审准则》,数据、结果质量控制活动包括内部质量控制活动和外部质量控制活动,其中内部质量控制活动包括_____。(　　)

A. 人员比对　　　　B. 留样再测　　　　C. 盲样考核　　　　D. 能力验证

30. 依据《检验检测机构资质认定评审准则》,检测机构制定的管理体系文件可以包括_____。(　　　)

A. 政策　　　　　　B. 制度　　　　　　C. 计划　　　　　　D. 作业指导书

31. 依据《检验检测机构资质认定评审准则》,检验检测机构资质认定一般程序的技术评审方式包括_____。(　　　)

A. 现场评审　　　　B. 书面审查　　　　C. 远程评审　　　　D. 告知承诺

第三节　计量基础知识

1. 以下单位符号的写法正确的有_____。(　　　)

A. 摄氏度—℃　　　B. 焦耳—J　　　　C. 牛顿—N　　　　D. 弧度—rad

2. 以下关于计量单位描述正确的有_____。(　　　)

A. 组合单位的中文名称与其符号表示的顺序一致

B. 书写单位名称时不加任何乘或除的符号或其他符号

C. 计量单位及词头的名称不得在叙述性文字中使用

D. 由 2 个以上单位相乘所构成的组合单位,其中文符号只用一种形式,即用居中圆点代表乘号

3. 极限数值为"$\geqslant 98.0$",采用全数值比较法,下列测定值中判定为合格的有_____。(　　　)

A. 98.00　　　　　B. 97.88　　　　　C. 97.96　　　　　D. 98.01

4. 下列关于速度单位"米每秒"的表述中正确的有_____。(　　　)

A. $m \cdot s^{-1}$　　　B. 米/秒　　　　　C. ms^{-1}　　　　D. m/s

5. 按照修约值比较法,下列选项中不符合盘条直径(10.0 ± 0.1)mm 要求的是_____。(　　　)

A. 9.97mm　　　　B. 9.84mm　　　　C. 10.10mm　　　　D. 10.15mm

6. 依据 GB/T 8170—2008,以下修约正确的有_____。(　　　)

A. 1.3555(修约 4 位有效数字):1.356

B. 0.153050(修约 4 位有效数字):0.1530

C. 16.4005(修约 4 位有效数字):16.40

D. 0.326550(修约 4 位有效数字):0.3266

7. 下列关于计量单位的表述中正确的是_____。(　　　)

A. 体积为 2 千米^2

B. $1nm = 10^{-9}m = 1m\mu m$

C. 加速度单位"米每二次方秒"的符号为 m/s^2

D. 室内温度为 25 摄氏度

8. 关于测量误差和测量不确定度,以下说法正确的是_____。(　　　)

A. 测量结果的误差与其测量不确定度在数值上没有确定关系

B. 测量误差可以为负值,而测量不确定度为非负值

C. 测量误差和不确定度均可以用于测量结果的修正

D. 测量误差是个具体的值,而测量不确定度表示一个区间

9. 以下选项中属于 B 类测量不确定度信息来源的是_____。( )

A. 仪器厂家提供的技术说明文件

B. 校准证书或其他证书提供的数据

C. 由试验得到的被测量的观测列统计分析的结果

D. 手册给出的参考数据的不确定度

10. m 表示砝码的质量,对其测量得到的最佳估计值为 100.02038g。若合成标准不确定度 $u(m)$ 为 0.35mg,取包含因子 $k=2$,则以下选项中表示的测量结果正确的是_____。( )

A. $m=100.02038g$:$U=0.70mg,k=2$ B. $m=(100.02038\pm0.00070)g,k=2$

C. $m=100.02038g$:$u(m)=0.35mg$ D. $m=100.02038g$:$u(m)=0.35mg,k=1$

11. 某测量仪器校准证书上显示,$\Delta=1.2mm,U=0.2mm,k=2$。以下理解正确的是_____。( )

A. 该仪器示值误差较大概率处于 1.0~1.4mm

B. 该仪器示值误差的标准不确定度为 0.1mm

C. 该仪器示值误差的包含概率为 95% 的扩展不确定度为 0.2mm

D. 该仪器示值误差的最佳估计值为 1.2mm

12. 制定能力验证参加方案应重点考虑实验室可能存在的"管理和技术方面"的风险,包括但不限于_____。( )

A. 技术人员流动情况   B. 计量溯源是否得到保证

C. 测量技术的稳定性   D. 环境设施、仪器设备的变化情况

13. 以下关于量值范围的表示方式,恰当的是_____。( )

A. 100±1g   B. 20℃±5℃   C. (50.0±0.5)N   D. 50~60%

14. 用游标卡尺对一个标称值为 XQ 的量块进行测量,测得值为 X。下列对测量误差的表示正确的有_____。( )

A. $X-XQ$ B. $|X-XQ|$ C. $(X-XQ)/XQ$ D. $|X-XQ|/X$

第五章 判断题

第一节　工程建设法律法规及规范性文件

1. 依据《建设工程质量检测管理办法》,对建设工程质量检测活动中的违法违规行为,任何单位和个人有权向建设工程所在地县级以上人民政府住房和城乡建设主管部门投诉、举报。 （　　）

2. 依据《建设工程质量检测管理办法》,检测结果利害关系人对检测结果存在争议时,以建设单位委托检测机构检测结果为准。 （　　）

3. 依据《建设工程质量检测管理办法》,检测机构跨省、自治区、直辖市承担检测业务时,应当向建设工程所在地的省、自治区、直辖市人民政府住房和城乡建设主管部门申报相应的建设工程质量检测专项资质。 （　　）

4. 依据《建设工程质量检测管理办法》,监理单位应当对检测试样的符合性、真实性及代表性负责。检测试样应当具有清晰的、不易脱落的唯一性标识、封志。 （　　）

5. 依据《建设工程质量检测管理办法》,检测机构若在检测过程中发现建设单位存在违反有关法律法规规定的行为,应当及时报告建设工程所在地县级以上地方人民政府住房和城乡建设主管部门。 （　　）

6. 依据 GB 50618—2011,检测机构应配备能满足所开展检测项目要求的检测设备,宜分为 A、B、C 三类进行管理。其中,C 类检测设备首次使用前也应进行校准或检测。 （　　）

7. 依据《住房和城乡建设部关于落实建设单位工程质量首要责任的通知》,建设单位是工程质量第一责任人,依法对工程质量承担全面责任。 （　　）

8. 依据《建设工程质量检测机构资质标准》,机构取得综合资质后,可开展全部专项资质的所有检测参数的检测业务。 （　　）

9. 依据《建设工程质量检测机构资质标准》,建设工程质量检测机构资质不分等级。 （　　）

10. 正高级工程师王某具有 10 年质量检测工作经历,符合《建设工程质量检测机构资质标准》中申报综合资质技术负责人的职称、工作年限要求。 （　　）

第二节　试验室管理

1. 依据 GB/T 27025—2019,检测机构最高管理者应对检测活动的公正性负责,不允许商业、财务或其他方面的压力损害公正性。　　　　　　　　　　　　　　　　（　）

2. 依据 GB/T 27025—2019,设施和环境条件应适合实验室活动,不应对结果有效性产生不利影响。　　　　　　　　　　　　　　　　　　　　　　　　　　　　（　）

3. 依据 GB/T 27025—2019,当实验室在永久控制之外的场所或设施中实施实验室活动时,可不用确保满足 GB/T 27025—2019 标准中有关设施和环境条件的要求。（　）

4. 依据 GB/T 27025—2019,检测机构可以通过编码的方式标识仪器设备的有效期,以便于使用人员识别其校准状态。　　　　　　　　　　　　　　　　　　　（　）

5. 依据 GB/T 27025—2019,外部提供的产品和服务不包括能力验证服务。　（　）

6. 依据 GB/T 27025—2019,要求或标书与合同之间的任何差异均应在实施实验室活动前解决,且每项合同都应被实验室和客户双方接受。　　　　　　　　　（　）

7. 依据 GB/T 27025—2019,当修改已确认过的方法时,应确定这些修改的影响。当发现影响原有的确认时,应重新进行方法确认。　　　　　　　　　　　　　（　）

8. 依据 GB/T 27025—2019,实验室在任何情况下都不可以用简化方式报告结果。

　　　　　　　　　　　　　　　　　　　　　　　　　　　　　　　　　　（　）

9. 依据《检验检测机构资质认定管理办法》,检验检测机构资质认定是一项自愿性的工作,机构可以依据自身的实际需求选择是否申请。　　　　　　　　　　　（　）

10. 依据《检验检测机构监督管理办法》,检测机构在检测活动中发现普遍存在的产品质量问题时,应及时向市场监督管理部门报告。　　　　　　　　　　　　　（　）

11. 依据《检验检测机构资质认定管理办法》,符合资质认定条件和要求的检验检测机构,向社会出具具有证明作用的检验检测数据、结果时,可以选择性地在其检验检测报告上标注资质认定标志。　　　　　　　　　　　　　　　　　　　　　　　（　）

12. 依据《检验检测机构监督管理办法》,使用未经校准的仪器设备出具的检测报告一定属于虚假报告。　　　　　　　　　　　　　　　　　　　　　　　　　（　）

13. 依据《检验检测机构监督管理办法》,市场监督管理部门可以依法查阅、复制有关检验检测原始记录、报告、发票、账簿及其他相关资料。　　　　　　　　　（　）

14. 依据《检验检测机构资质认定评审准则》,检验检测机构资质认定是国家对检验检测机构进入检验检测行业的一项行政许可制度。　　　　　　　　　　　　（　）

15. 依据《检验检测机构资质认定评审准则》,申请检验检测机构资质认定的检测机构,必须是独立法人机构。　　　　　　　　　　　　　　　　　　　　　　　（　）

16. 依据《检验检测机构资质认定评审准则》,只有质量手册、程序文件、作业指导书才是应受控的体系文件。　　　　　　　　　　　　　　　　　　　　　　　（　）

17. 依据《检验检测机构资质认定评审准则》,只有在使用非标准方法前,才应当对方法进行验证。　　　　　　　　　　　　　　　　　　　　　　　　　　　（　）

18. 依据《检验检测机构资质认定评审准则》,由于团体标准的适用范围相对较小,因此不具备申请资质认定的条件。　　　　　　　　　　　　　　　　　　　　　（　）

19. 依据《检验检测机构资质认定评审准则》，检验检测机构在进行数据、结果质量控制时，需要开展内部质量控制活动和外部质量控制活动。其中，盲样考核是外部质量控制活动中的一种。　　　　　　　　　　　　　　　　　　　　　　　　　　　　（　　）

20. 依据《检验检测机构资质认定评审准则》，用于测量环境条件的辅助测量设备对检验检测结果的影响微乎其微，因此无须满足计量溯源性的要求。　　　　　　　（　　）

21. 依据《检验检测机构资质认定评审准则》，当法定代表人不担任检验检测机构最高管理者时，法定代表人应依法对最高管理者进行授权，确保检验检测机构的正常运作和合法性。　　　　　　　　　　　　　　　　　　　　　　　　　　　　　　（　　）

22. 依据 GB/T 27043—2012，实验室间比对是指按照预先规定的条件，由 2 个实验室对相同的物品进行检测的组织、实施和评价。　　　　　　　　　　　　　（　　）

23. 依据 GB/T 37140—2018，产生粉尘物质的实验室宜布置在建筑物的顶层。（　　）

24. 依据 GB/T 37140—2018，产生有毒有害气体的实验室宜布置在建筑物的底层。
　　　　　　　　　　　　　　　　　　　　　　　　　　　　　　　　　（　　）

25. 依据 GB/T 31880—2015，检验检测机构承担法律责任的能力可以不与其检验检测活动相适应。　　　　　　　　　　　　　　　　　　　　　　　　　　　（　　）

26. 依据 GB/T 31880—2015，诚信是指个人和（或）组织诚实守信的行为与规范，包括在从业活动中承诺与行为的一致性。　　　　　　　　　　　　　　　　　（　　）

27. 依据 GB/T 31880—2015，检验检测设备应定期检定或校准，期间核查可以在任何时间开展。　　　　　　　　　　　　　　　　　　　　　　　　　　　　　（　　）

28. 依据 GB/T 31880—2015，检验检测记录、报告、证书可以随意涂改。　（　　）

第三节　计量基础知识

1. 目前国际单位制有 7 个基本单位，即长度、质量、时间、电流、热力学温度、物质的量、发光强度，其单位符号分别为 m、kg、s、a、k、mol、cd。　　　　　　　（　　）

2. 对只通过相乘构成的组合单位加词头时，词头通常加在组合单位中的第一个单位之前。
　　　　　　　　　　　　　　　　　　　　　　　　　　　　　　　　　（　　）

3. 数值 13.500 修约到个位数的结果为 13。　　　　　　　　　　　　　（　　）

4. 0.002250 的有效数字位数为 3 位。　　　　　　　　　　　　　　　　（　　）

5. 0.2 单位修约是将拟修约的数字乘以 5，再按照规定修约，所得数值再除以 2。
　　　　　　　　　　　　　　　　　　　　　　　　　　　　　　　　　（　　）

6. 标准或有关文件中，若对极限数值无特殊规定时，均应使用全数值比较法。如规定采用修约值比较法，应在标准中加以说明。　　　　　　　　　　　　　　　（　　）

7. 32.4501 修约到一位小数的结果为 32.4。　　　　　　　　　　　　　（　　）

8. －15.62 修约到个位数的结果为 －16。　　　　　　　　　　　　　　（　　）

9. 仪器的不确定度与仪器本身有关。因此，不管仪器被应用于什么测量条件，不确定度都不变。　　　　　　　　　　　　　　　　　　　　　　　　　　　　（　　）

10. 随机误差可以被消除。　　　　　　　　　　　　　　　　　　　　　（　　）

11. 由重复观测值评定的不确定度分量称为标准确定度的 B 类评定。　　（　　）

第六章 简答题

第一节　工程建设法律法规及规范性文件

1. 依据《建设工程质量检测管理办法》，检测人员有哪些行为时，由县级以上地方人民政府住房和城乡建设主管部门责令改正，处 3 万元以下罚款？

2. 依据 GB 50618—2011，检测机构应按标准规范要求配备检测设备，并进行分类管理。①哪几种类型的设备属于 A 类检测设备？②万能材料试验机、抗渗仪、液塑限测定仪、水准仪、预应力张拉设备、反复弯曲试验机、粘结强度检测仪、水泥流动度仪中哪些属于 A 类设备？

3. 依据 GB 50618—2011，检测报告结论应符合哪些规定？

4. 依据 GB 50618—2011，检测资料档案应包含哪些内容？

5. 依据《建设工程质量检测管理办法》,申请综合类资质或者资质增项的检测机构,在申请之日起前一年内有哪些行为时,资质许可机关不予批准其申请?

6. 依据 GB 50618—2011,检测机构宜按规定定期向建设主管部门报告哪些主要技术工作?

第二节　试验室管理

1. 依据 GB/T 27025—2019,实验室应保存对检测活动有影响的设备记录。这些记录应包括哪些内容?（至少列出 5 项）

2. 依据 GB/T 27025—2019,实验室应监控结果的有效性,并对监控进行策划和审查。请问监控方式包括哪些?（至少列出 5 项）

3. 依据 GB/T 27025—2019,请列举检测报告应包括的信息。（至少列出 10 项）

4. 依据 GB/T 27025—2019,简述实验室考虑与检测活动相关的风险和机遇的目的。

5. 依据 GB/T 27025—2019,简述实验室可以通过哪些途径来识别改进机遇?

6. 依据 GB/T 27025—2019,实验室应授权人员从事特定的实验室活动。上述人员具体包括哪些活动中的人员?

7. 依据 GB/T 27025—2019,简述实验室管理体系至少应包括的内容。

8.《检验检测机构监督管理办法》中所称检验检测机构是指什么样的组织?

9. 请依据《检验检测机构资质认定管理办法》,简述检测机构申请资质认定的条件。

10. 小 A 是某检测公司的员工,负责其公司资质认定证书变更维护事宜,请依据《检验检测机构资质认定管理办法》,告知他发生哪些事项时应当向资质认定部门申请办理变更手续。

11. 请依据《检验检测机构监督管理办法》,列举不实检测报告的情形。

12. 请依据《检验检测机构监督管理办法》，列举虚假检测报告的情形。

13. 某检测机构获得了资质认定，但被发现该公司的某授权签字人超范围签发检测报告。依据《检验检测机构监督管理办法》，该机构将被如何处罚？按照《建设工程质量检测管理办法》，应该如何处罚该机构？

14. 依据《〈检验检测机构资质认定评审准则〉条文释义》，授权签字人应具备哪些条件？

15. 依据《检验检测机构监督管理办法》，由县级以上市场监督管理部门责令限期改正，逾期未改正或者改正后仍不符合要求的，处 3 万元以下罚款的情形有哪些？

16. 依据《检验检测机构监督管理办法》，县级以上市场监督管理部门责令检验检测机构限期改正且处 3 万元罚款的情形有哪些？

第三节　计量基础知识

1. 0.2 单位修约的定义是什么？修约方法是什么？

2.《中华人民共和国法定计量单位》中规定我国的法定计量单位包括哪些？

第七章 ▶ 参考答案

第一节　填空题部分

（一）工程建设法律法规及规范性文件

1. 专业能力　2. 建设单位或者监理单位　3. 其他2个专项资质　4. 试样状况　5. 过程数据　6. 及时报告　7. 年度统一编号　8. 全过程可追溯　9. 复制　10. 隶属关系　11. 虚假检测报告　12. 资质许可机关　13. 超出资质许可范围　14. 1万元以上5万元以下　15. 检测技术能力　16. 资质重新核定申请　17. 建设工程所在地　18. 全部专项资质　19. 检测参数　20. 检测方案　21. 检测工作　22. 相关参数　23. 建筑构配件,设备　24. 质量缺陷　25. 建设单位,工程监理单位

（二）试验室管理

1. 相同或类似　2. 组织结构　3. 所有　4. 授权　5. 验证　6. 校准方案　7. 通知　8. 合同评审　9. 观察或获得　10. 有效　11. 6　12. 资质认定证书编号　13. 应当　14. 3年内　15. 撤销　16. 人员　17. 刑事　18. 检验检测活动　19. 代表性,真实性　20. 承担分包项目的检验检测机构　21. 检验检测专用章,授权签字人　22. 标注或者说明　23. 6　24. 商业秘密　25. 省级市场监督管理部门　26. 抽取检查对象,选派执法检查人员　27. 其他组织　28. 远程评审　29. 验证　30. 标识,储存　31. 临时设施　32. 纠正措施,预防措施　33. 仪器设备,环境设施　34. 管理,操作

（三）计量基础知识

1. SI单位,SI词头　2. SI导出单位　3. 米,m　4. 五十千米每小时　5. Nm或N·m　6. 70.0　7. 12　8. 840　9. 修约值比较法　10. 不符合要求　11. 随机误差

第二节　单项选择题部分

（一）工程建设法律法规及规范性文件

1	C	2	B	3	C	4	A	5	C
6	B	7	A	8	D	9	C	10	C

(二)试验室管理

1	D	2	C	3	C	4	B	5	C
6	C	7	A	8	A	9	A	10	B
11	A	12	B	13	C	14	B	15	A

(三)计量基础知识

1	A	2	C	3	A	4	A	5	C
6	D	7	A	8	B	9	D	10	B
11	D	12	A	13	D	14	B	15	A
16	C								

第三节　多项选择题部分

(一)工程建设法律法规及规范性文件

1	ACD	2	ABCD	3	BC	4	BCD	5	BD
6	AC	7	CD	8	ABC	9	ABD	10	ABCD

(二)试验室管理

1	ABCD	2	ABCD	3	ABCD	4	BCD	5	ABCD
6	ABCD	7	ABCD	8	ABCD	9	ABC	10	ABCD
11	ABC	12	BD	13	ABC	14	ABC	15	ABCD
16	ABCD	17	ABCD	18	ABC	19	ABCD	20	ABCD
21	ACD	22	BCD	23	ABCD	24	ABCD	25	ABD
26	ABCD	27	ABCD	28	ABCD	29	ABC	30	ABCD
31	ABC								

(三)计量基础知识

1	ABCD	2	ABD	3	AD	4	ABD	5	BD
6	ABCD	7	CD	8	ABD	9	ABD	10	AB
11	ABCD	12	ABCD	13	BC	14	AC		

第四节 判断题部分

(一)工程建设法律法规及规范性文件

1	√	2	×	3	×	4	×	5	√
6	√	7	√	8	×	9	√	10	×

(二)试验室管理

1	×	2	√	3	×	4	√	5	×
6	√	7	√	8	×	9	×	10	√
11	×	12	×	13	√	14	√	15	×
16	×	17	×	18	×	19	×	20	×
21	√	22	×	23	√	24	×	25	×
26	√	27	×	28	×				

(三)计量基础知识

1	×	2	√	3	×	4	×	5	×
6	√	7	×	8	√	9	×	10	×
11	×								

第五节 简答题部分

(一)工程建设法律法规及规范性文件

1.(1)同时受聘于两家或者两家以上检测机构;

(2)违反工程建设强制性标准进行检测;

(3)出具虚假的检测数据;

(4)违反工程建设强制性标准进行结论判定或者出具虚假判定结论。

2. (1)A类设备包括本单位的标准物质(如果有时);精密度高或用途重要的检测设备;使用频繁、稳定性差、使用环境恶劣的检测设备。

(2)属于A类设备的有万能材料试验机、水准仪、预应力张拉设备、粘结强度检测仪。

3.(1)材料的试验报告结论应按相关材料、质量标准给出明确的判定;

(2)当仅有材料试验方法而无质量标准时,材料的试验报告结论应按设计要求或委托方

要求给出明确的判定;

(3)现场工程实体的检测报告结论应依据设计及鉴定委托要求给出明确的判定。

4. 检测资料档案应包含检测委托合同、委托单、检测原始记录、检测报告和检测台账、检测结果不合格项目台账、检测设备档案、检测方案、其他与检测相关的重要文件等。

5.(1)超出资质许可范围从事建设工程质量检测活动;

(2)转包或者违法分包建设工程质量检测业务;

(3)涂改、倒卖、出租、出借或者以其他形式非法转让资质证书;

(4)违反工程建设强制性标准进行检测;

(5)使用不能满足所开展建设工程质量检测活动要求的检测人员或者仪器设备;

(6)出具虚假的检测数据或者检测报告。

6.(1)按检测业务范围进行检测的情况;

(2)遵守检测技术条件(包括实验室技术能力和检测程序等)的情况;

(3)执行检测法规及技术标准的情况;

(4)检测机构的检测活动,包括工作行为、人员资格、检测设备及其状态、设施及环境条件、检测程序、检测数据和检测报告等;

(5)按规定报送统计报表和有关事项。

(二)试验室管理

1.(1)设备的识别,包括软件和固件版本;

(2)制造商名称、型号、序列号或其他唯一性标识;

(3)设备符合规定要求的验证证据;

(4)当前的位置;

(5)校准日期、校准结果、设备调整、验收准则、下次校准的预定日期或校准周期;

(6)标准物质的文件、结果、验收准则、相关日期和有效期;

(7)与设备性能相关的维护计划和已进行的维护;

(8)设备的损坏、故障、改装或维修的详细信息。

2.(1)使用标准物质或质量控制物质;

(2)使用其他已校准能够提供可溯源结果的仪器;

(3)测量和检测设备的功能核查;

(4)适用时,使用核查或工作标准,并制作控制图;

(5)测量设备的期间核查;

(6)使用相同或不同方法重复检测或校准;

(7)留存样品的重复检测或重复校准;

(8)物品不同特性结果之间的相关性;

(9)报告结果的审查;

(10)实验室内比对;

(11)盲样测试。

3.(1)标题(例如"检测报告"或"抽样报告");

(2)实验室的名称和地址;

(3)实施实验活动的地点,包括客户设施、实验室固定设施以外的场所、相关的临时或移动设施；

　　(4)将报告中所有部分标记为完整报告一部分的唯一性标识，以及表明报告结束的清晰标识；

　　(5)客户的名称和联络信息；

　　(6)所用方法的识别；

　　(7)物品的描述、明确的标识，以及必要时，物品的状态；

　　(8)检测或校准物品的接收日期，以及对结果的有效性和应用至关重要的抽样日期；

　　(9)实施实验室活动的日期；

　　(10)报告的发布日期；

　　(11)如与结果的有效性或应用相关时，实验室或其他机构所用的抽样计划和抽样方法；

　　(12)结果仅与被检测、被校准或被抽样物品有关的声明；

　　(13)结果，适当时，带有测量单位；

　　(14)对方法的补充、偏离或删减；

　　(15)报告批准人的识别；

　　(16)当结果来自外部供应商时所做的清晰标识。

　　4.(1)确保管理体系能够实现其预期结果；

　　(2)增强实现实验室目的和目标的机遇；

　　(3)预防或减少实验室活动中的不利影响和可能的失败；

　　(4)实现改进。

　　5. 实验室可通过评审操作程序、实施方针、总体目标、审核结果、纠正措施、管理评审、人员建议、风险评估、数据分析和能力验证结果来识别改进机遇。

　　6. 实验室应对下列活动中的人员进行授权：

　　(1)开发、修改、验证和确认方法；

　　(2)分析结果，包括符合性声明或意见和解释；

　　(3)报告、审查和批准结果。

　　7.(1)管理体系文件；

　　(2)管理体系文件的控制；

　　(3)记录控制；

　　(4)应对风险和机遇的措施；

　　(5)改进；

　　(6)纠正措施；

　　(7)内部审核；

　　(8)管理评审。

　　8. 本办法所称检验检测机构，是指依法成立，依据相关标准等规定利用仪器设备、环境设施等技术条件和专业技能，对产品或者其他特定对象进行检验检测的专业技术组织。

　　9.(1)依法成立并能够承担相应法律责任的法人或者其他组织；

　　(2)具有与其从事检验检测活动相适应的检验检测技术人员和管理人员；

　　(3)具有固定的工作场所，工作环境满足检验检测要求；

　　(4)具备从事检验检测活动所必需的检验检测设备设施；

（5）具有并有效运行保证其检验检测活动独立、公正、科学、诚信的管理体系；

（6）符合有关法律法规或者标准、技术规范规定的特殊要求。

10. 有下列情形之一的,检验检测机构应当向资质认定部门申请办理变更手续：

（1）机构名称、地址、法人性质发生变更的；

（2）法定代表人、最高管理者、技术负责人、检验检测报告授权签字人发生变更的；

（3）资质认定检验检测项目取消的；

（4）检验检测标准或者检验检测方法发生变更的；

（5）依法需要办理变更的其他事项。

11. 检测报告存在以下情形之一且数据、结果存在错误或者无法复核的,属于不实检测报告：

（1）样品的采集、标识、分发、流转、制备、保存、处置不符合标准等规定,存在样品污染、混淆、损毁、性状异常改变等情形的；

（2）使用未经检定或者校准的仪器、设备、设施的；

（3）违反国家有关强制性规定的检验检测规程或者方法的；

（4）未按照标准等规定传输、保存原始数据和报告的。

12.（1）未经检验检测的；

（2）伪造、变造原始数据、记录,或者未按照标准等规定采用原始数据、记录的；

（3）减少、遗漏或者变更标准等规定的应当检验检测的项目,或者改变关键检验检测条件的；

（4）调换检验检测样品或者改变其原有状态进行检验检测的；

（5）伪造检验检测机构公章或者检验检测专用章,或者伪造授权签字人签名或者签发时间的。

13.（1）按照《检验检测机构监督管理办法》第二十五条,由县级以上市场监督管理部门责令限期改正；逾期未改正或者改正后仍不符合要求的,处 3 万元以下罚款。

（2）按照《建设工程质量检测管理办法》第四十五条,由县级以上地方人民政府住房和城乡建设主管部门责令改正,处 1 万元以上 5 万元以下罚款。

14.（1）熟悉检验检测机构资质认定相关法律、行政法规的规定,熟悉《检验检测机构资质认定评审准则》及相关技术文件的要求；

（2）具备从事相关专业检验检测的工作经历,熟悉所承担签字领域的检验检测技术、相应标准或者技术规范；

（3）熟悉检验检测报告审核签发程序,具备对检验检测结果做出评价的判断能力；

（4）检验检测机构应正式授权其签发检验检测报告的职责和范围；

（5）检验检测机构授权签字人应具有中级及以上相关专业技术职称或者同等能力。

15.（1）违反《检验检测机构监督管理办法》第八条第一款规定,进行检验检测的；

（2）违反《检验检测机构监督管理办法》第十条规定分包检验检测项目,或者应当注明而未注明的；

（3）违反《检验检测机构监督管理办法》第十一条第一款规定,未在检验检测报告上加盖检验检测机构公章或者检验检测专用章,或者未经授权签字人签发或者授权签字人超出其技术能力范围签发的。

16. 依据《检验检测机构监督管理办法》第二十六条,检验检测机构有下列情形之一的,法律、法规对撤销、吊销、取消检验检测资质或者证书等有行政处罚规定的,依照法律、法规的规定执行;法律、法规未作规定的,由县级以上市场监督管理部门责令限期改正,处 3 万元罚款:

(1)违反《检验检测机构监督管理办法》第十三条规定,出具不实检验检测报告的;

(2)违反《检验检测机构监督管理办法》第十四条规定,出具虚假检验检测报告的。

(三)计量基础知识

1. 0.2 单位修约是指按指定修约间隔对拟修约的数值 0.2 单位进行的修约。修约方法如下:将拟修约数值 X 乘以 5,按指定修约间隔对 $5X$ 按规定修约,所得数值($5X$ 修约值)再除以 5。

2. (1)国际单位制的基本单位;

(2)国际单位制的辅助单位;

(3)国际单位制中具有专门名称的导出单位;

(4)国家选定的非国际单位制单位;

(5)由以上单位构成的组合形式的单位;

(6)由词头和以上单位构成的十进倍数和分数单位。